Die Altersabhängigkeit der Beanspruchung von Montagemitarbeitern

Kerstin Börner

Die Altersabhängigkeit der Beanspruchung von Montagemitarbeitern

Eine Feldstudie in
der Automobilindustrie

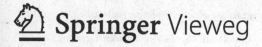

Kerstin Börner
Chemnitz, Deutschland

Dissertation Technische Universität Chemnitz, 2018 u.d.T. Kerstin Börner: "Die Alters-abhängigkeit der Beanspruchung von Montagemitarbeitern – eine Feldstudie in der Automobilindustrie."

Diese Arbeit wurde von der Fakultät für Maschinenbau der Technischen Universität Chemnitz als Dissertation zur Erlangung des akademischen Grades Doktoringenieur (Dr.-Ing.) genehmigt.

Tag der Einreichung: 29.06.2018
Betreuer: Prof. Dr. habil. Angelika C. Bullinger-Hoffmann
1. Gutachter: Prof. Dr. habil. Angelika C. Bullinger-Hoffmann
2. Gutachter: Prof. Dr.-Ing. Egon Müller
Tag der Verteidigung: 23.08.2018

ISBN 978-3-658-26377-5   ISBN 978-3-658-26378-2   (eBook)
https://doi.org/10.1007/978-3-658-26378-2

Die Deutsche Nationalbibliothek verzeichnet diese Publikation in der Deutschen National-bibliografie; detaillierte bibliografische Daten sind im Internet über http://dnb.d-nb.de abrufbar.

Springer Vieweg
© Springer Fachmedien Wiesbaden GmbH, ein Teil von Springer Nature 2019

Springer Vieweg ist ein Imprint der eingetragenen Gesellschaft Springer Fachmedien Wiesbaden GmbH und ist ein Teil von Springer Nature
Die Anschrift der Gesellschaft ist: Abraham-Lincoln-Str. 46, 65189 Wiesbaden, Germany

Kurzfassung

Im Kontext des demografischen Wandels stehen Unternehmen vor der Herausforderung, trotz eines steigenden Durchschnittsalters der Belegschaft und einem größer werdenden Anteil älterer Mitarbeiter, die Produktivität und die Arbeitsfähigkeit zu erhalten. Ausgehend vom Belastungs-Beanspruchungs-Konzept bestimmen Belastungshöhe und Belastungsdauer, in Abhängigkeit von den individuellen Fähigkeiten der Mitarbeiter, deren Beanspruchung. Durch das alter(n)sbedingte Nachlassen vor allem physischer Fähigkeiten ist bei gleichbleibender Belastung modellbedingt eine Zunahme der Beanspruchung der älteren Mitarbeiter zu vermuten. Gerade in produzierenden Unternehmen, in deren Montagebereich ein hoher Anteil manuell körperlicher Tätigkeiten ausgeführt wird, kann von einer höheren Beanspruchung älterer Mitarbeiter ausgegangen werden. Die Beanspruchung von Mitarbeitern unterschiedlichen Alters wurde in einer quasiexperimentellen Feldstudie bei einem sächsischen Automobilhersteller in der Motorendmontage untersucht. An jeweils zwei Messtagen erfolgte bei 35 Montagemitarbeitern zwischen 21 und 60 Jahren über 8 Stunden in der Frühschicht und bei laufender Produktion die Messung objektiver und subjektiver Daten. Dazu gehörten die kontinuierliche Messung von Beanspruchungsparametern (Herz- und Atemfrequenz), die zeitgesteuerte Videoaufnahme von Montageprozessen und der Einsatz von Fragebögen (WAI, MCTQ, Beanspruchungsratings, NASA-TLX). Die Auswertung der Daten über klassische Analysemethoden und die Mehrebenenanalyse konnte zeigen, dass das Alter einen erheblichen Einfluss auf die Höhe und den Verlauf der Beanspruchung der Mitarbeiter hat und ältere Montagemitarbeiter hinsichtlich der objektiven Parameter höher beansprucht werden als jüngere Mitarbeiter. Die Kumulation der objektiven Beanspruchung über der Zeit und dem Alter konte bereits im Schichtverlauf nachgewiesen werden. Die abgeleiteten Regressionsgleichungen zum Beanspruchungsverlauf ermöglichen die Übertragbarkeit der Ergebnisse in die Praxis und somit einen altersgerechten und beanspruchungsinduzierten Mitarbeitereinsatz.

Die Dissertation leistet einen Beitrag für die zukünftige Entwicklung und Gestaltung altersdifferenzierter und altersgerechter Arbeitssysteme, sodass den Mitarbeitern ein gesundes Altern im Erwerbsleben ermöglicht und die Zielstellung der Arbeitswissenschaft in Bezug auf die Gestaltung menschengerechter Arbeit unterstützt wird.

Inhaltsverzeichnis

Abbildungsverzeichnis

Tabellenverzeichnis

Abkürzungs- und Symbolverzeichnis

Abkürzung	Bezeichnung
ANOVA	ANalysis Of VARiance
BAuA	Bundesanstalt für Arbeitsschutz und Arbeitsmedizin
BIBB	Bundesinstitut für Berufsbildung
BMAS	Bundesministerium für Arbeit und Soziales
BMI	Body Mass Index
DEGS	Studie zur Gesundheit Erwachsener in Deutschland
DGUV	Deutsche Gesetzliche Unfallversicherung
EAWS	Ergonomic Assessment Worksheet
EMG	Elektromyographie
(H)AP	(Hand)Arbeitsplatz
IAB	Institut für Arbeitsmarkt- und Berufsforschung
k. A.	keine Angabe
LMM	Leitmerkmalmethode
min	Minute
MCTQ	Munich ChronoType Questionnaire
MW	Mittelwert
MZP	Messzeitpunkt
NASA-TLX	NASA Task Load Index
NIOSH	National Institute for Occupational Safety and Health
o. J.	ohne Jahr
PAQ	Puls-Atem-Quotient
REFA	Verband für Arbeitsstudien und Betriebsorganisation e.V. (ursprünglich: Reichsausschuss für Arbeitszeitermittlung)
RKI	Robert Koch Institut
SD	Standardabweichung
SPSS	Statistical Package for the Social Sciences
WAI	Work Ability Index
WHO	World Health Organization

Symbol	Maßeinheit	Bezeichnung
HF	min^{-1}	Herzfrequenz pro Minute
HF_{max}	min^{-1}	Maximale Herzfrequenz pro Minute
relHF	%	relative Herzfrequenz
relHF_s	%	relative Herzfrequenz im Arbeitsprozess Schwungscheibenmontage

1   Einleitung

1.1   Problemlage und Motivation

Der demografische Wandel, mit seinen strukturellen Veränderungen in der Zusammensetzung der Bevölkerung in Deutschland, wirkt sich auf die Erwerbsbevölkerung aus: die Anzahl der Menschen im erwerbsfähigen Alter nimmt ab und der Anteil älterer Mitarbeiter steigt an (Statistisches Bundesamt, 2015a, 2015b). Flankiert wird diese Entwicklung von einer Geburtenrate unter dem Bestanderhaltungsniveau, dem Älterwerden der Babyboomer-Generation und der schrittweisen Anhebung des Renteneintrittsalters auf 67 Jahre (Morschhäuser, 2002; SGB, 2008; Statistisches Bundesamt, 2017c). In den letzten Jahren hat sich die Erwerbsquote der Mitarbeiter in den Gruppen der 60- bis 64-Jährigen und 65- bis 69-Jährigen in etwa verdoppelt und das Durchschnittsalter der Erwerbstätigen liegt aktuell bei 43,4 Jahren (Statistisches Bundesamt, 2017a). Produzierende Unternehmen stehen vor der Herausforderung, mit den älter werdenden Mitarbeitern die Produktivität und Wettbewerbsfähigkeit des Unternehmens langfristig zu sichern und dabei die Arbeitsfähigkeit und Gesundheit der Mitarbeiter zu erhalten (Jaeger, 2015; Sachverständigenrat zur Begutachtung der gesamtwirtschaftlichen Entwicklung, 2011; Flato & Reinbold-Scheible, 2008; Hollmann, 2012).

Mitarbeiter jeden Alters sind im Arbeitskontext einer Vielzahl an unterschiedlichen Belastungen ausgesetzt (Schlick, Bruder, & Luczak, 2010). Diese können im Mensch-Maschine-System aus den Arbeitsaufgaben, der Arbeitsumwelt, der Arbeitsorganisation und dem Zusammenwirken von Mensch und Maschine resultieren (ebd.). Der Ursache-Wirkungs-Zusammenhang zwischen den Belastungen, die im Mensch-Maschine-System auf die Mitarbeiter einwirken, und der resultierenden, individuellen Beanspruchung der Mitarbeiter wird im Modell des Belastungs-Beanspruchungs-Konzeptes abgebildet (Rohmert, 1983). Ausgehend von dem Belastungs-Beanspruchungs-Konzept bestimmen Belastungshöhe und Belastungsdauer, in Abhängigkeit von den individuellen Fähigkeiten der Mitarbeiter, deren Beanspruchung (REFA, 1993; Rohmert, 1983; Spath, Westkämper, Bullinger, & Warnecke, 2017). Da alter(n)sbedingt vor allem physische Fähigkeiten einer Abnahme unterliegen (Baines, Mason, Siebers, & Ladbrook, 2004; Kenny, Yardley, Martineau, & Jay, 2008), ist bei gleichbleibender Belastung modellbedingt eine Zunahme der Beanspruchung der älteren Mitarbeiter zu vermuten. Gerade in produzierenden Unternehmen, in deren Montagebereich ein hoher Anteil von manuell körperlichen Tätigkeiten unter restriktiven Rahmenbedingungen ausgeführt wird, stellt sich die Frage, ob ältere Mitarbeiter durch die Belastungen im Produktionssystem höher beansprucht werden als jüngere Mitarbeiter.

Einen Lösungsansatz zur Beantwortung dieser Frage bietet die grundlagen- und anwendungsorientierte Labor- und Feldforschung, um Modelle, Methoden und Verfahren zur Analyse und Gestaltung von altersdifferenzierten Arbeitssystemen zu entwickeln (Schlick, Frieling, & Weggé, 2013). Dieses Vorgehen ermöglicht die Unterstützung der Unternehmen und ihrer Mitarbeiter in Bezug auf die Schaffung altersangemessener Arbeits- und Lernbedingungen (ebd.).

Die Motivation für die vorliegende Dissertation resultiert aus der Situation älterer Mitarbeiter im Arbeitskontext sowie dem Anspruch auf die Praxis übertragbare Erkenntnisse zu gewinnen und einen Beitrag hinsichtlich des methodischen Vorgehens bei der Datenauswertung zu leisten. Die Zunahme

© Springer Fachmedien Wiesbaden GmbH, ein Teil von Springer Nature 2019
K. Börner, *Die Altersabhängigkeit der Beanspruchung von Montagemitarbeitern*,
https://doi.org/10.1007/978-3-658-26378-2_1

des höheren Anteils älterer Mitarbeiter in der Erwerbsbevölkerung und der Anstieg der Erwerbsquote (Statistisches Bundesamt, 2015a, 2015b, 2017a) machen eine Auseinandersetzung mit dem Alter und den damit verbundenen Auswirkungen unumgänglich. Alter(n)sbedingt ergeben sich Veränderungen der menschlichen Fähigkeiten, die zu arbeitsrelevanten Leistungsveränderungen führen und bis zu einem gewissen Punkt kompensiert werden können (Ilmarinen, 2001; Jordan, 1995; Weineck, 2004). Ob und wie genau sich die alter(n)sbedingte Leistungsfähigkeit verändert, muss „für jede Art von Arbeit gesondert untersucht werden" (Zülch & Becker, 2006). Der Veränderung der Leistungsfähigkeit stehen die gleichbleibenden Anforderungen aus dem Arbeitssystem gegenüber (Hess-Gräfenberg, 2004; Ilmarinen, 2005). Diese Diskrepanz kann zu einer Überbeanspruchung älterer Mitarbeiter führen und sich über das Erwerbsleben hinweg in einer Kumulation der Belastungswirkungen respektive Beanspruchungsfolgen äußern (Buck, 2002; Jaeger, 2015; Wübbeke, 2005). Vorliegende Studien zur Situation älterer Mitarbeiter (z. B. BIBB/IAB-Befragungen) weisen Unterschiede in der Arbeitsbelastung nach, die sich hinsichtlich „Branche, Qualifikation und Mechanisierungsgrad der Tätigkeit bzw. des Arbeitsmittels" unterscheiden (Bäcker, 2009). Altersunterschiede werden als „relativ gering" beschrieben (ebd.). Die Interpretation der Ergebnisse ist dadurch erschwert, dass keine Trennung von Alters- oder Gruppeneffekten möglich ist, da zusätzliche Einflüsse zum Tragen kommen (ebd.). Festzuhalten bleibt, dass ältere Mitarbeiter durch die Intensität von Mehrfachbelastung und der Belastungsdauer einem Gesundheitsrisiko ausgesetzt sind (Bäcker, 2009; Wübbeke, 2005). Eine Untersuchung der Beanspruchung von Mitarbeitern unterschiedlichen Alters ist daher erforderlich. Um eine Übertragbarkeit der Forschungsergebnisse auf die Praxis zu ermöglichen und die „Komplexität der Realität" (Scherf, 2014) einzubeziehen, bietet sich die Durchführung einer Feldstudie an (Döring & Bortz, 2016; Bergius, 2013). In Bezug auf die Datenauswertung soll neben den klassischen Analysemethoden die Mehrebenenanalyse eingesetzt werden. Diese Methode ermöglicht die Analyse von abhängigen Daten über mehrere Ebenen hinweg und unter Einbeziehung von Kontextvariablen (Döring & Bortz, 2016; Nezlek, Schröder-Abé, & Schütz, 2006; Sedlmeier & Renkewitz, 2013). Dadurch können Zusammenhänge großer Stichprobenumfänge innerhalb und zwischen Messreihen auf unterschiedlichen Betrachtungsebenen gleichzeitig analysiert und interpretiert werden (Hofmann, 1997; Nezlek et al., 2006; Sedlmeier & Renkewitz, 2013). Diese Analysemethode ermöglicht somit die Auswertung der Beanspruchungsdaten von Mitarbeitern unterschiedlichen Alters.

1.2   Zielstellung und Aufbau der Dissertation

Inhalt und Ziel der vorliegenden Dissertation ist die Klärung der Frage, ob das Alter bei gleicher Belastung der Mitarbeiter zu einer unterschiedlichen Beanspruchung führt. Dabei wird, aufbauend auf dem aktuellen Stand der Wissenschaft und Technik, die Notwendigkeit zur Untersuchung der Beanspruchung von Mitarbeitern unterschiedlichen Alters aufgezeigt. Die strukturierte und forschungsmethodisch etablierte Vorgehensweise einer quasiexperimentellen Feldstudie soll in dem definierten und abgegrenzten Bereich einer getakteten Fließmontage bei laufender Produktion die Beanspruchung von Montagemitarbeitern unterschiedlichen Alters untersuchen. Da die im Zeitverlauf auf die Mitarbeiter einwirkende Belastung zu einer kumulierten Beanspruchung führen kann und somit voneinander abhängige Daten generiert werden, wird das Methodeninventar der Datenanalyse um die Anwendung der Mehrebenenanalyse erweitert.

Die Dissertation soll einen Beitrag für die zukünftige Entwicklung und Gestaltung altersdifferenzierter und altersgerechter Arbeitssysteme leisten, um den Mitarbeitern ein gesundes Altern im Erwerbsleben zu ermöglichen und die Zielstellung der Arbeitswissenschaft in Bezug auf die Gestaltung menschengerechter Arbeit zu unterstützen.

Die vorliegende Dissertation gliedert sich in fünf Kapitel, die in Abbildung 1 dargestellt sind. Aufbauend auf der Einleitung zur Arbeit in **Kapitel 1** wird im **Kapitel 2** der Stand der Wissenschaft und Technik vorgestellt. Dieses Kapitel befasst sich in einem ersten Themenkomplex mit den arbeitswissen-schaftlichen Grundlagen der Beziehung zwischen Belastung und Beanspruchung. Diese werden aus dem Modell des Mensch-Maschine-System abgeleitet und das Belastungs-Beanspruchungs-Konzept als Messsystem zur Untersuchung von menschbezogenen Ursache-Wirkungs-Beziehungen eingeführt. Die arbeitswissenschaftlichen Grundlagen schließen mit der Erläuterung von Methoden zur Ermittlung der Belastung und Beanspruchung. Den zweiten Themenkomplex der wissenschaftlichen Grundlagen stellen der Alterungsprozess und das Alter des Menschen dar. Darin werden alter(n)sbedingte Fähigkeitsveränderungen und deren modellhafte Umsetzung in ausgewählten Alternsmodellen vorgestellt. Anschließend erfolgt die Auseinandersetzung mit der Situation von älteren Mitarbeitern im Arbeitskontext. Den Abschluss des Kapitels 2 bilden die Zusammenfassung zum Stand der Wissen-schaft und Technik und die Ableitung der Forschungsfrage für das Dissertationsvorhaben.

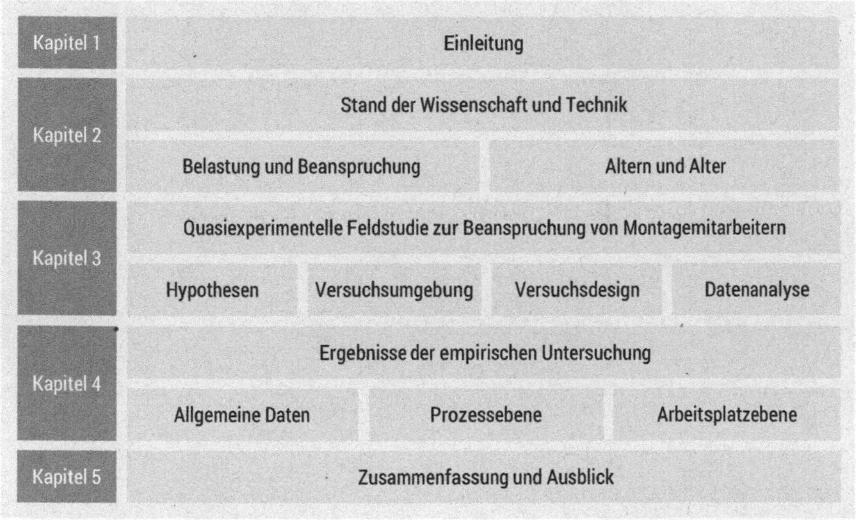

Kapitel 1	Einleitung			
Kapitel 2	Stand der Wissenschaft und Technik			
	Belastung und Beanspruchung		Altern und Alter	
Kapitel 3	Quasiexperimentelle Feldstudie zur Beanspruchung von Montagemitarbeitern			
	Hypothesen	Versuchsumgebung	Versuchsdesign	Datenanalyse
Kapitel 4	Ergebnisse der empirischen Untersuchung			
	Allgemeine Daten	Prozessebene		Arbeitsplatzebene
Kapitel 5	Zusammenfassung und Ausblick			

Abbildung 1:　Struktureller Aufbau der Dissertation

Kapitel 3 befasst sich mit der empirischen Untersuchung der Beanspruchung von Montage-mitarbeitern unterschiedlichen Alters. Zunächst werden die aus der Literatur abgeleiteten Hypothesen der Studie vorgestellt und es erfolgt die Auseinandersetzung mit den Anforderungen und Restriktionen der Versuchsumgebung im Feldversuch. Darauf aufbauend werden Versuchsdesign und Datenanalyse der quasiexperimentellen Feldstudie beschrieben. Das Versuchsdesign beinhaltet die Charakterisierung der Stichprobe, die Vorstellung der untersuchten Arbeitsplätze, die Erläuterung der eingesetzten Messmethoden und -instrumente sowie die Beschreibung der Versuchsdurchführung. Im Abschnitt Datenanalyse wird zunächst das Vorgehen bei der Rohdatenaufbereitung erläutert. Daran anschließend erfolgt die Vorstellung der angewendeten Analysemethoden zur Datenauswertung. Darin werden klassische Analysemethoden und die Mehrebenenanalyse beschrieben, die bei voneinander abhängigen Daten zur Anwendung kommt. Im **Kapitel 4** werden die Ergebnisse der empirischen Untersuchung strukturiert hinsichtlich der allgemeinen Daten sowie nach Prozess- und Arbeitsplatzebene aufgezeigt und nach den angewendeten Auswertemethoden gegliedert. Auf Prozessebene stehen dabei die Ergebnisse der objektiven Beanspruchung und der Leistungserfassung im Fokus. Auf der Arbeitsplatzebene werden die Ergebnisse der objektiven und subjektiven Beanspruchung vorgestellt. Die Diskussion des methodischen Vorgehens und der Ergebnisse der objektiven Beanspruchung, Leistungserfassung und subjektiver Beanspruchung erfolgen im letzten Abschnitt des Kapitels. Den Abschluss der Dissertation bildet das **Kapitel 5**. Darin werden zunächst die Inhalte der vorliegenden Dissertation zusammengefasst und ein Resümee zu den gewonnenen Erkenntnissen gezogen. Darauf aufbauend erfolgen ein Ausblick hinsichtlich anknüpfender wissenschaftlicher Fragestellungen und die Ableitung von Empfehlungen für die Praxis.

2 Stand der Wissenschaft und Technik

Kapitel 2 fokussiert die beiden relevanten Grundlagenthemen der vorliegenden Dissertation. Im Abschnitt 2.1 werden die arbeitswissenschaftlichen Grundlagen zur Belastung und Beanspruchung vorgestellt. Aufbauend auf einer Kurzdarstellung zur Arbeitswissenschaft wird das Mensch-Maschine-System (vgl. Abschnitt 2.1.1) als grundlegendes Modell zur Analyse und Gestaltung von Arbeitssystemen eingeführt. Die zentralen Begriffe Belastung und Beanspruchung werden anschließend am Mensch-Maschine-System erläutert, zueinander in Beziehung gesetzt und das Belastungs-Beanspruchungs-Konzept als Messsystem zur Untersuchung von menschbezogenen Ursache-Wirkungs-Beziehungen eingeführt (vgl. Abschnitt 2.1.2). Den Abschluss der arbeitswissenschaftlichen Grundlagen bildet die Darstellung von ausgewählten Methoden zur Ermittlung der Belastung (vgl. Abschnitt 2.1.3) und zur Ermittlung der Beanspruchung (vgl. Abschnitt 2.1.4). Nachfolgend wird im Abschnitt 2.2 der Themenkomplex Altern und Alter fokussiert. Dabei erfolgt zunächst die Auseinandersetzung mit den Veränderungen der Leistungsfähigkeit des Menschen im Alterungsprozess (vgl. Abschnitt 2.2.1). Anschließend werden ausgewählte Alternsmodelle vorgestellt (vgl. Abschnitt 2.2.2) und auf die Situation der älteren Mitarbeiter im Arbeitsprozess näher eingegangen (vgl. Abschnitt 2.2.3). Den Abschuss von Kapitel 2 bildet das Fazit und die Ableitung der Forschungsfrage (vgl. Abschnitt 2.3) für die vorliegende Dissertation.

2.1 Arbeitswissenschaftliche Grundlagen zur Belastung und Beanspruchung

Die **Arbeitswissenschaft** ist eine junge Wissenschaftsdisziplin, die sich im Zusammenhang mit der Industrialisierung als Erfahrungswissenschaft herausbildete (Bullinger, 1994). Die erste Erwähnung von Arbeitswissenschaft in der Literatur findet sich 1857 in der polnischen „Natur und Industrie" durch Jastrzebowski: „Die Bedeutung des Einsatzes unserer Lebenskräfte (...) wird für uns zum antreibenden Moment, uns mit einem wissenschaftlichen Ansatz zum Problem der **Arbeit** zu beschäftigen (...) und sogar zu ihrer (der Arbeit) Erklärung eine gesonderte Lehre zu betreiben (...) damit wir aus diesem Leben die besten Früchte, bei der geringsten Anstrengung mit der höchsten Befriedigung für das eigene und das allgemeine Wohl ernten und dabei Anderen und dem eigenen Gewissen gegenüber gerecht verfahren" (Jastrzebowski, 1857). Der Begriff Arbeit vereint dabei zwei verschiedene Sichtweisen (Schlick et al., 2010). Arbeit wird einerseits mit dem Tätigsein und der dazu notwendigen Mühe oder Anstrengung verbunden (ebd.). Andererseits wird unter Arbeit die Herstellung von Produkten oder Dienstleistungen verstanden und zeigt sich in der Definition von Arbeit als „jedes ziel- und zweckgerichtete Handeln zur Erzeugung von Gütern oder Denkleistung" (Hilf, 1976). Die Arbeitswissenschaft verfolgt das Ziel, die Arbeit „sowohl menschengerecht als auch effektiv und effizient" zu gestalten (Schlick et al., 2010). Von besonderer Bedeutung ist die gleichwertige Orientierung an beiden Zielkriterien, um eine optimale Gestaltung zu erzielen (Bullinger, 1994; Schlick et al., 2010).

Nach Luczak, Volpert, Raeithel, & Schwier (1987) ist Arbeitswissenschaft „die – jeweils systematische – Analyse, Ordnung und Gestaltung der technischen, organisatorischen und sozialen Bedingungen von Arbeitsprozessen mit dem Ziel, dass die arbeitenden Menschen in produktiven und effizienten Arbeitsprozessen schädigungslose, ausführbare, erträgliche und beeinträchtigungsfreie Arbeitsbedingungen vorfinden, Standards sozialer Angemessenheit nach Arbeitsinhalt, Arbeitsaufgabe sowie Entlohnung

© Springer Fachmedien Wiesbaden GmbH, ein Teil von Springer Nature 2019
K. Börner, *Die Altersabhängigkeit der Beanspruchung von Montagemitarbeitern*,
https://doi.org/10.1007/978-3-658-26378-2_2

und Kooperation erfüllt sehen, Handlungsspielräume entfalten, Fähigkeiten erwerben und in Kooperation mit anderen ihre Persönlichkeit erhalten und entwickeln können".

Aus dieser Kerndefinition der Arbeitswissenschaft lassen sich aufeinander aufbauende Kriterien ableiten (Schmauder & Spanner-Ulmer, 2014). Dabei gilt, dass zunächst „Kriterien einer niedrigeren Ebene erfüllt sein müssen, bevor die einer höheren Ebene greifen können" (Schlick et al., 2010). Die Realisierung der aufeinander aufbauenden Kriterien ebnet nach Schmauder & Spanner-Ulmer (2014) den Weg zur Gestaltung menschengerechter Arbeit. **Schädigungslosigkeit und Erträglichkeit** stellen die erste Ebene dar und sind gegeben, wenn die Arbeit „über ein ganzes Arbeitsleben hinweg ohne Gesundheitsschäden wiederholt werden" kann (ebd.). Sie beziehen sich sowohl auf physische als auch psychische Aspekte (ebd.). Von Bedeutung sind in diesem Zusammenhang Arbeitsschwere, Arbeitsdauer und Umweltbedingungen wie Lärm oder Klima (ebd.). Die **Ausführbarkeit** von Arbeit bezieht sich vor allem auf die menschlichen Fähigkeiten und Fertigkeiten, z. B. in Bezug auf die Erreichbarkeit von Stellteilen, das Aufbringen von erforderlichen Körperkräften oder die Wahrnehmung von Informationen (ebd.). Die Ebene **Zumutbarkeit und Beeinträchtigungsfreiheit** wird vom Empfinden eines Individuums in Bezug auf dessen Arbeit im gesellschaftlichen bzw. kulturellen Kontext und der Abwesenheit kurzfristiger Belastungswirkungen geprägt (ebd.). Die Umsetzung arbeitspsychologischer Erkenntnisse und Aspekte wie Motivation, Anerkennung oder Führungsverhalten ermöglichen auf der nächsthöheren Ebene die **Zufriedenheit und Persönlichkeitsentfaltung** der Individuen (ebd.). Die höchste Ebene **Sozialverträglichkeit** ist dann gegeben, wenn die arbeitenden Menschen in den Arbeitsgestaltungsprozess einbezogen sind und aktiv mitwirken (ebd.).

Für die Analyse und Gestaltung von Arbeitsprozessen wird in der Arbeitswissenschaft der systemische Ansatz zugrunde gelegt (Schlick et al., 2010). Allgemein besteht ein System aus einzelnen Elementen, die miteinander in Beziehung stehen und der Systemgrenze, welche die Systemelemente von der Umgebung abgrenzt (ebd.). Systeme sind nach Schmauder & Spanner-Ulmer (2014) modellhafte Abbildungen der Realität und ermöglichen durch diese Abstraktion eine differenzierte Betrachtung einzelner Systemelemente und Wechselwirkungen. Der systemische Ansatz ermöglicht dabei sowohl die Analyse als auch die Gestaltung komplexer Zusammenhänge auf unterschiedlichen Ebenen (Mikro- und Makroebene) (ebd.).

Im arbeitswissenschaftlichen Kontext stehen der arbeitende Mensch und die Gestaltung der technischen Komponenten, die der Mensch für seine Arbeit verwendet, im Mittelpunkt (Bullinger, 1994). Durch das Zusammenwirken von Mensch und Technik zur Leistungserstellung hat sich in der Arbeitswissenschaft der Begriff des Arbeitssystems etabliert (Schmauder & Spanner-Ulmer, 2014). Arbeitssysteme sind sozio-technische Systeme oder Mensch-Maschine-Systeme, welche „aus einem sozialen und einem technischen Teilsystem [bestehen], die miteinander verknüpft sind und in Wechselwirkung stehen" (Schlick et al., 2010). Das Mensch-Maschine-System ist ein in der Arbeitswissenschaft etabliertes Konzept (Geisler & Beyerer, 2009; Kindsmüller, Leuchter, Schulze-Kissing, & Urbas, 2004; Schlick et al., 2010).

2.1.1 Das Mensch-Maschine-System

Das Mensch-Maschine-System (Abbildung 2) basiert auf dem Strukturschema menschlicher Arbeit (Bubb, 1993; Schmidtke, 1981; VDI-Richtlinie 4006 Blatt 1). Es stellt nach Schmauder & Spanner-Ulmer (2014) einen Regelkreis dar und besteht aus den Elementen **Mensch** und **Maschine**. Diese Systemelemente sind in eine **Umwelt** eingebunden und erfüllen eine **Aufgabe** (ebd.). Aus der Interaktion von Mensch und Maschine resultiert ein **Ergebnis**, dessen Ausprägung als **Rückmeldung** an den Menschen erfolgt (ebd.).

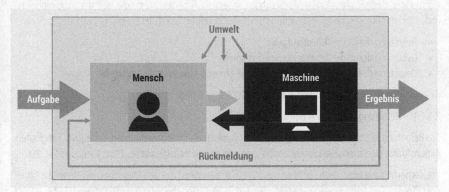

Abbildung 2:   Das Mensch-Maschine-System (nach Bubb, 1993; Schmauder & Spanner-Ulmer, 2014)

Der **Mensch** ist die „Person, die innerhalb des Arbeitssystems eine oder mehrere Tätigkeiten zur Erreichung eines Ziels durchführt" (DIN EN ISO 6385). Durch den Anspruch der menschzentrierten Gestaltung von Arbeitsprozessen und dem Ziel, das „Wohlbefinden des Menschen und die Leistung des Gesamtsystems zu optimieren" (DIN EN ISO 6385), kommt dem Menschen mit seinen individuellen Eigenschaften und Fähigkeiten eine besondere Bedeutung im Arbeitssystem zu (Schlick et al., 2010).

Das Element **Maschine** repräsentiert im Mensch-Maschine-System ein Arbeits- oder Betriebsmittel, welches zur Erfüllung der Arbeitsaufgabe eingesetzt wird (Schmauder & Spanner-Ulmer, 2014). Zu den Arbeits- oder Betriebsmitteln zählen nach DIN EN ISO 6385 „Werkzeuge, einschließlich Hard- und Software, Maschinen, Fahrzeuge, Geräte, Möbel, Einrichtungen und andere im Arbeitssystem benutzte (System-)Komponenten".

Die **Aufgabe** oder Arbeitsaufgabe ist eine bzw. sind mehrere Aktivitäten, die zur Erreichung des Ergebnisses erforderlich ist bzw. sind (DIN EN ISO 6385). Das **Ergebnis** entsteht durch die Interaktion zwischen Mensch und Maschine und stellt aufgrund seiner Charakteristik, d. h. Ausprägung in Qualität und Quantität, als Rückmeldung eine neue Eingangsinformation für das Mensch-Maschine-System dar (Schmauder & Spanner-Ulmer, 2014).

Alle Elemente und deren Wechselwirkungen sind eingebettet in die **Umwelt** oder Arbeitsumgebung, d. h. „physikalische, chemische, biologische, organisatorische, soziale und kulturelle Faktoren, die einen Arbeitenden umgeben" (DIN EN ISO 6385). Dazu zählen beispielsweise Lärm, Klima sowie Licht und Farbe (Schmauder & Spanner-Ulmer, 2014).

Das Mensch-Maschine-System repräsentiert nach Schmauder & Spanner-Ulmer (2014) ein Arbeitssystem auf **Mikroebene**, z. B. einen einzelnen Arbeitsplatz. Aus der Vernetzung von über- und untergeordneten sowie vor- und nachgelagerten Mikrosystemen, resultiert die Arbeitssystembetrachtung auf **Makroebene**, deren Schwerpunkte die Aufbau- und Ablauforganisation, Arbeitszeit- und Entgeltsysteme sowie Prozessoptimierung darstellen (ebd.).

Der Mensch ist im Mensch-Maschine-System unterschiedlichen **Belastungen** ausgesetzt (Kiepsch, Decker, & Harlfinger-Woitzik, 2009; REFA, 1984). Belastungen oder Arbeitsbelastungen sind definiert als „äußere Bedingungen und Anforderungen in einem Arbeitssystem, die auf die physiologische und/oder psychologische Beanspruchung einer Person einwirken" (DIN EN ISO 6385). Dazu gehören:

- Belastung durch die **Arbeitsaufgabe**,
- Belastung durch die **Arbeitsorganisation** sowie
- Belastung durch die **Arbeitsumwelt** und die **Mensch-Maschine-Schnittstelle**,

die nachfolgend differenziert werden (DIN EN ISO 6385; Schlick et al., 2010).

2.1.1.1 Belastung durch die Arbeitsaufgabe

Die **Belastung durch die Arbeitsaufgabe** kann physisch durch **Körperhaltung**, **repetitive Tätigkeiten**, **Aktionskräfte** oder **manuelle Lastenhandhabung** vorliegen (Hartmann et al., 2013; Kiepsch et al., 2009).

Die **Körperhaltung** wirkt nach Hartmann et al. (2013) belastend auf den Menschen ein, wenn die Arbeit über längere Zeit ohne Bewegungsmöglichkeit, d. h. in Zwangshaltung ausgeführt wird. Dabei erfolgt eine starke statische Muskelbelastung und es wird Druck auf verschiedene Gewebestrukturen ausgeübt (ebd.). Typische Zwangshaltungen sind Arbeiten mit gebeugtem Rücken, kniende oder hockende Tätigkeiten, dauerhaftes Stehen, erzwungene Sitzhaltungen oder Tätigkeiten über Schulter- bzw. Kopfniveau (ebd.).

Repetitive Tätigkeiten sind „kurzzyklische Tätigkeiten mit hohen Handhabungsfrequenzen" (DGUV, 2010), d. h. es erfolgen häufige, gleichartige Bewegungen. Gekennzeichnet sind repetitive Tätigkeiten, die z. B. an Arbeitsplätzen in der Montage oder Textilindustrie auftreten, dadurch:

- „dass sie ungefähr die gleiche Zeit (zumeist wenige Sekunden bis Minuten) je Arbeitszyklus benötigen,
- die Bewegungen zur Ausführung der Arbeit immer in der gleichen Weise erfolgen müssen und wenig Variationsmöglichkeiten zulassen,
- innerhalb eines Arbeitszyklus ein Herstellungsvorgang abgeschlossen oder ein Produkt fertiggestellt wird" (Hartmann, Spallek, & Ellegast, 2013).

Nach DIN 33411-1 ist eine **Aktionskraft** „eine Körperkraft, die nach außen vom Körper aus wirkt". Sie kann u. a. als Arm-, Hand- oder Beinkraft unter Einsatz von Muskelkraft ausgeübt werden (ebd.). Im Arbeitsalltag kommen Aktionskräfte z. B. beim Montieren von Werkstücken oder Maschinenteilen, Öffnen bzw. Schließen von Schutzeinrichtungen oder Betätigen von Stellteilen vor (DGUV, 2010).

„**Manuelle Lastenhandhabung** ist das Heben, Senken, Tragen, Um- oder Absetzen, Halten, Schieben, Ziehen oder vergleichbares Bewegen von Lasten mittels menschlicher Körperkraft" (DGUV, 2010).

Typische Arbeitsplätze mit Lastenhandhabung finden sich z. B. im Baugewerbe oder in der Kranken- und Altenpflege (ebd.).

Neben der physischen Komponente wirkt auch eine psychische Belastung auf den Menschen im Arbeitssystem (Schlick et al., 2010). Die psychische Belastung ist „die Gesamtheit aller erfassbaren Einflüsse, die von außen auf den Menschen zukommen und psychisch auf ihn einwirken" (DIN EN ISO 10075-1). Die Belastungen aus der Arbeitsaufgabe ergeben sich psychisch durch schwierige und komplexe Arbeitsinhalte, Arbeitstempo/Zeitdruck, hohe Verantwortung, gleichförmige Tätigkeiten (z. B. manuelle Entnahme von Pressteilen) oder die Erfordernis von Daueraufmerksamkeit (z. B. bei Tätigkeiten im Maschinenleitstand oder der visuellen Qualitätskontrolle), die ggf. zu psychischer Über- oder Unterforderung führen können (Joiko, 2008; Nagel & Petermann, 2016; Schlick et al., 2010).

2.1.1.2 Belastung durch die Arbeitsorganisation

Die Arbeitsorganisation bezieht sich „auf die Planung und Gestaltung von Arbeitsplätzen" (Schlick et al., 2010) und „ergänzt Ablauf- und Aufbauorganisation, indem sie die durchzuführende Arbeit in den Arbeitssystemen gestaltet" (Spath, 2009). **Belastungen durch die Arbeitsorganisation**, d. h. in Bezug auf „Arbeitszeit, Art und Weise der Reihenfolge von Tätigkeiten, Arbeitsablauf" (Joiko, 2008), ergeben sich beispielsweise durch:

* Schichtarbeit,
* Arbeitsteilung,
* zeitliche und räumliche Bindung sowie
* eingeschränkte **Kommunikation** (REFA, 1993).

Schichtarbeit kann nach REFA (1993) in unterschiedlichen Ausprägungen vorliegen, z. B. Arbeit in Früh-, Spät- und/oder Nachtschicht und sich je nach Lage auf beliebige Wochentage verteilen. Gründe für Schichtarbeit können sich aus technischer, wirtschaftlicher oder gesellschaftlicher Notwendigkeit ergeben (ebd.). Technische Gründe liegen u. a. bei kontinuierlich zu betreibenden Prozessen vor (z. B. in der Stahlindustrie oder der chemischen Industrie) (ebd.). Wirtschaftliche Gründe ergeben sich bei kapitalintensiven Betriebsmitteln, bei deren kontinuierlicher Nutzung die Herstellungskosten reduziert werden können oder bei der Zusammenarbeit mit Partnern in verschiedenen Zeitzonen (ebd.). Gesellschaftlich erforderliche Schichtarbeit liegt beispielsweise im Bereich Energieversorgung, Krankenpflege, Rettungsdienst, Gastronomie oder im Personen- und Güterverkehr vor (ebd.). Aus der Schichtarbeit können Belastungen durch die Lage der Arbeitszeit (z. B. Erfordernis der Leistungs-erbringung im physiologischen Leistungstief, Auswirkungen auf Essens- und Schlafrhythmus) sowie durch fehlende Kontakt- und Kommunikationsmöglichkeiten mit dem sozialen Umfeld resultieren (REFA, 1984, 1993). Studien bestätigen den negativen Einfluss von Schichtarbeit auf Herz-Kreislauf-System, Schlafrhythmus und Körpergewicht sowie die verstärkte Raucherneigung (Angerer & Petru, 2010; Morikawa et al., 2007; Rüdiger, 2004).

Arbeitsteilung, bei der komplexe Arbeitsaufgaben auf mehrere Menschen bzw. Maschinen aufgeteilt werden, ist gekennzeichnet durch „repetitive Arbeitsvorgänge mit kurzer Zykluszeit und hoher Wiederholfrequenz, die inhaltlich gleichförmig und anforderungsarm sind" (REFA, 1993). Je nach Ausprägung der Arbeitsteilung kann sich zum einen ein hoher Übungs- und Spezialisierungsgrad mit schneller Arbeitsgeschwindigkeit und geringer Fehlerrate ergeben, zum anderen aber auch eine einseitige körperliche Belastung resultieren (ebd.).

Zeitliche und räumliche Bindung der Menschen ergibt sich nach REFA (1993) u. a. bei verketteten Arbeitssystemen mit einem vorgegebenen Arbeitsrhythmus, z. B. bei der Tätigkeit an einer Fertigungs- oder Montagelinie. In Verbindung mit der Arbeitsteilung, in wenige, sich wiederholende Arbeits- vorgänge, die in einer vorgegebenen Ausführungszeit, d. h. taktgebunden, realisiert werden müssen, entsteht für die Mitarbeiter eine enge Zeitbindung (ebd.). Studien zeigen, dass zu hoher Zeitdruck den größten Einfluss auf das Entstehen von menschlichen Fehlern im Montageprozess hat (Saptari, Leau, & Mohamad, 2015). Die räumliche Bindung an einen Arbeitsplatz, d. h. Anwesenheitsnotwendigkeit von Menschen an der Maschine bzw. dem Ort der Leistungserbringung, liegt nach REFA (1993) z. B. bei der Bestückung oder Entnahme von Teilen, der Montage von Bauteilen oder der Kontrolle von Messwerten vor.

Arbeitsteilung und räumliche Bindung können zur Ausführung der Arbeitsaufgaben in Einzelarbeit führen und wirken sich auf die **Kommunikation** und Kooperation aus (REFA, 1993). Infolgedessen können zum einen fehlende Informationen oder eingeschränkte Kommunikation durch örtliche Trennung der Mitarbeiter oder auch Maschinen- und Prozessgeräusche resultieren, zum anderen kann soziale Isolation durch geringe soziale Kontakte entstehen (Joiko, 2008; Schlick et al., 2010).

2.1.1.3 Belastung durch die Arbeitsumwelt und die Mensch-Maschine-Schnittstelle

Die **Belastung durch die Arbeitsumwelt** wirkt nach Schlick et al. (2010) ebenfalls physisch und/oder psychisch auf den Menschen im Mensch-Maschine-System ein. Dazu gehören **Klima, Schall**, mechanische Schwingungen, Beleuchtung sowie Strahlung und Gefahrstoffe (REFA, 1984). Belastungen durch das **Klima** ergeben sich vorrangig durch Hitze- und Kältearbeit oder bei der Arbeit im Freien (ebd.). Die klimatischen Belastungen sind abhängig von den Parametern „Lufttemperatur, Luftfeuchte, Luftgeschwindigkeit, Wärmestrahlung, Arbeitsschwere oder Bekleidung" (ASR, 2010). Nach ASR A3.5 sollten Raumtemperaturen von 26 °C nicht überschritten werden (ebd.). Als **Schall** werden Schwingung in Gasen, Flüssigkeiten oder festen Stoffen bezeichnet (REFA, 1984). Im Arbeitsbezug wird Schall vorrangig als Lärm wahrgenommen und z. B. durch Maschinen- oder Prozessgeräusche hervorgerufen (REFA, 1984; Schlick et al., 2010). Im industriellen Umfeld sollten Werte unter 80 dB eingehalten werden (DIN EN ISO 11690-1).

Die Mensch-Maschine-Schnittstelle (Human-Machine-Interface (HMI) bzw. Benutzungsschnittstelle) umfasst „alle Bestandteile eines Systems (Software oder Hardware), die Informationen und Steuer- elemente zur Verfügung stellen, die für den Benutzer notwendig sind, um eine bestimmte Arbeits- aufgabe mit dem interaktiven System zu erledigen" (DIN EN ISO 9241-110). Dazu zählen sowohl die Informationseingabe über Schalter, Tasten oder Hebel als auch die Informationsausgabe z. B. über Anzeigen an Bildschirmen/Steuerständen oder die akustische bzw. visuelle Rückmeldung von Systemzuständen (ebd.). **Belastungen durch die Mensch-Maschine-Schnittstelle** ergeben sich u. a. durch fehlende Systemrückmeldungen oder Probleme bei der Informationsausgabe (Joiko, 2008).

2.1.2 Das Belastungs-Beanspruchungs-Konzept

Aus den im Mensch-Maschine-System wirkenden Belastungen auf den Menschen (vgl. Abschnitt 2.1.1) resultiert eine individuelle Beanspruchung (Schlick et al., 2010). Als Erklärungsmodell für den Zusammenhang von Belastung und Beanspruchung hat sich in der Arbeitswissenschaft das Belastungs-Beanspruchungs-Konzept etabliert (ebd.). Das Belastungs-Beanspruchungs-Konzept nach Rohmert (1983) liefert einen theoretischen Ansatz, um „die menschbezogenen Phänomene eines Arbeitssystems in einen Ursache-Wirkungs-Zusammenhang" (Schlick et al., 2010) zu bringen und ist in Abbildung 3 dargestellt.

Abbildung 3: Das Belastungs-Beanspruchungs-Konzept (nach Rohmert, 1983; Schlick et al., 2010)

Die **Beanspruchung** ist definiert als „innere Reaktion des Arbeitenden/Benutzers auf die Arbeitsbelastung, der er ausgesetzt ist und die von seinen individuellen Merkmalen (z. B. Größe, Alter, Fähigkeiten, Begabungen, Fertigkeiten usw.) abhängig ist" (DIN EN ISO 6385). Demzufolge ist die Beanspruchung sowohl eine Funktion der **Belastung**, als auch eine Funktion des **Menschen** (Schlick et al., 2010). Grundlegend werden Belastung und Beanspruchung „in der Arbeitswissenschaft neutral interpretiert" (DIN EN ISO 6385).

2.1.2.1 Die Belastungen als Einflüsse im Mensch-Maschine-System

Die **Belastungen**, die im Mensch-Maschine-System auf den Menschen einwirken können, wurden in Abschnitt 2.1.1 anhand von Belastungsarten beschrieben. Nach REFA (1993) ist eine Belastung die „Zusammenfassung von aufgaben- und situationsspezifischen Teilbelastungen". Eine Teilbelastung, die quantifizierbar ist, wird nach REFA (1993) und Schlick et al. (2010) als Belastungsgröße bezeichnet (z. B. Gewicht, Weg oder Temperatur). Teilbelastungen, die nur qualitativ beschrieben werden können, sind Belastungsfaktoren (z. B. Bewegungselemente, Betriebsklima) (ebd.).

Jede wirkende Teilbelastung (Abbildung 4) kann in die Anteile **Belastungshöhe** (Intensität) und **Belastungsdauer** (Zeit) zerlegt werden (REFA, 1993; Spath et al., 2017). Somit wird die gesamte Belastung „durch Höhe, Dauer, Reihenfolge, Überlagerung sowie die zeitliche Lage von Teilbelastungen innerhalb einer Schicht" beschrieben (REFA, 1993). Die Belastungen an einem Arbeitsplatz können hoch (Überbelastung) oder niedrig (Unterbelastung) sein (Dombrowski & Evers, 2014; Kiepsch et al., 2009).

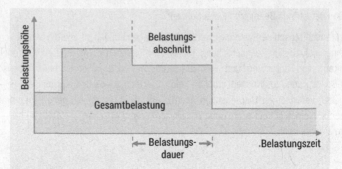

Abbildung 4: Zusammensetzung der Gesamtbelastung aus Teilbelastungen (Laurig, 1982)

Niedrige Belastung liegt z. B. an Arbeitsplätzen vor, bei denen Muskelkraft und Muskelarbeit des Menschen durch Mechanisierung und/oder Automatisierung ersetzt wurden (REFA, 1993). Eine hohe Belastung liegt physisch z. B. bei der manuellen Lastenhandhabung oder repetitiven Tätigkeiten und psychisch bei Arbeitstätigkeiten mit Taktbindung (hoher Zeitdruck, hohe Arbeitsgeschwindigkeit), starker Leistungsverdichtung oder komplexen Arbeitsaufgaben vor (Bauernhansl, 2014; Wirtz, 2010). Objektiv gleiche Belastungen führen in Abhängigkeit von den „individuellen Eigenschaften, Fähigkeiten, Fertigkeiten und Bedürfnissen" des Menschen zu unterschiedlicher Beanspruchung (Schlick et al., 2010). Teilbelastungen können zu Teilbeanspruchungen führen, sodass die Analyse von Auswirkungen unterschiedlicher Belastungshöhen für einzelne Belastungsabschnitte oder über die gesamte Belastungszeit erfolgen kann (Liedtke, 2013; Rokosch, Schick, & Schäfer, 2017; Schlick et al., 2010).

Bei den physischen und psychischen Belastungen aus der Arbeitsaufgabe besteht das Ziel nicht primär darin, diese zu reduzieren, sondern die Belastung so zu optimieren, dass der Mensch im Arbeitssystem weder über- noch unterfordert ist (Kiepsch et al., 2009). In Bezug auf die Belastungen aus der Arbeitsumwelt wird eine Reduktion angestrebt (ebd.).

2.1.2.2 Der Mensch mit seinen individuellen Merkmalen

Der Mensch ist nach Schlick et al. (2010) durch seine individuellen Merkmale (z. B. Alter, Geschlecht) gekennzeichnet, die als Persönlichkeitseigenschaften die menschliche Leistung bestimmen. Die menschliche Leistung unterliegt interindividuellen (zwischen verschiedenen Menschen) und intra-individuellen (innerhalb eines Menschen) Schwankungen (ebd.). Beispielsweise kann sich die Leistung von Menschen hinsichtlich ihres Übungsgrades interindividuell oder bezogen auf den Gesundheits-zustand zu verschiedenen Zeitpunkten intraindividuell unterscheiden (ebd.).

Die Persönlichkeitseigenschaften des Menschen werden unterteilt in:

- Konstitutionsmerkmale,
- Dispositionsmerkmale,
- Qualifikationsmerkmale und
- Anpassungsmerkmale (Schlick et al., 2010).

Die **Konstitutionsmerkmale**, zu denen **Geschlecht**, **Körperbau**, ethnische Herkunft und Erbanlagen gehören, werden nach Schlick et al. (2010) im arbeitswissenschaftlichen Kontext als unveränderbar im Lebenszyklus angesehen. Das **Geschlecht** hat Einfluss auf die Personaleinsatzplanung und die Gestaltung von Arbeitssystemen, da z. B. physiologische Unterschiede zwischen Männern und Frauen vorliegen (ebd.). Dies betriff in diesem Zusammenhang die maximal möglichen Muskelkräfte, die u. a. für die Handhabung von Lasten in Fertigung und Montage erbracht werden müssen oder die Leistungsfähigkeit des Herz-Kreislauf- und Atmungssystems (Schlick et al., 2010). In Bezug auf den **Körperbau** existieren zwischen den Menschen Unterschiede hinsichtlich Größe, Gewicht und Proportionen. Als Parameter wird zur Repräsentation des Körperbaus der Body Mass Index (BMI) verwendet (Laufs & Böhm, 2000). Die Klassifikation des BMI respektive des Adipositasgrades erfolgt nach der World Health Organization (WHO) sowie der Deutschen Adipositasgesellschaft (ebd.). In repräsentativen Studien wurde nachgewiesen, dass der BMI mit dem Alter zunimmt (Mensink et al., 2013). Ein erhöhter BMI gilt als Risikofaktor für Herz-Kreislauf-Erkrankungen und Diabetes (Kaiser & Schunkert, 2001; Mensink et al., 2013).

Alter, **Gesundheitszustand** und **rhythmologische Einflüsse** zählen nach Schlick et al. (2010) zu den **Dispositionsmerkmalen**, die als relativ stabil angenommen werden, sich im Lebenszyklus aber verändern können. In Bezug auf die Gestaltung von Arbeitssystemen und im demografischen Kontext spielt der Faktor **Alter** eine wichtige Rolle (ebd.). Betrachtet wird in diesem Zusammenhang die Erwerbsbevölkerung, die „in den kommenden Jahrzehnten immer stärker durch die Älteren geprägt" werden wird (ebd.). Eine differenzierte Auseinandersetzung mit dem Faktor Alter, erfolgt im Abschnitt 2.2. Der **Gesundheitszustand** eines Menschen wird vorrangig durch die subjektive Gesundheit bestimmt, die angibt, „wie Menschen ihre Gesundheit individuell erleben, wahrnehmen und bewerten" (RKI, 2015). Gesundheit wird nach der WHO definiert als: „Zustand des völligen körperlichen, geistigen und sozialen Wohlergehens und nicht nur das Fehlen von Krankheit oder Gebrechen" (WHO, 2014). Nach dem Gesundheitsbericht des Robert-Koch-Instituts schätzen 76,6 % der Männer und 72,9 % der Frauen „ihren Gesundheitszustand als gut oder sehr gut ein" (RKI, 2015). **Rhythmologische Einflüsse** beziehen sich nach Schlick et al. (2010) auf periodische Veränderungen von menschlichen Körperfunktionen, die biologisch bedingt sind. In Bezug auf den Arbeitskontext spielt die circadiane Rhythmik eine besondere Rolle, da sich arbeitszeitbedingt ggf. der biologische Rhythmus der „inneren Uhr" des Menschen und der soziale Rhythmus (z. B. Arbeit im Schichtdienst (vgl. Abschnitt 2.1.1.2)) unterscheiden (ebd.). Die Existenz und Wirkung einer inneren Uhr mit einem periodischen Wechsel von Ruhe und Aktivität bzw. Schlafen und Wachen sowie die Schwankung von verschiedenen Parametern wie Hormonkonzentration oder Körpertemperatur konnte in verschiedenen Isolationsexperimenten nachgewiesen werden (Aschoff, 1955; Aschoff & Wever, 1962). Aus dem Zusammenspiel der inneren Uhr und verschiedenen Zeitgebern (z. B. Licht, Arbeits- und Freizeit, Mahlzeiten) betten sich circadiane Uhren individuell in einen Tag von 24 Stunden ein (Roenneberg et al., 2007). Durch die genetische Veranlagung ist die Geschwindigkeit der inneren Uhr individuell und führt zur Herausbildung von verschiedenen Chronotypen, die in der Bevölkerung eine Normalverteilung aufweisen (ebd.). Frühe Chronotypen, d. h. Menschen, die früh schlafen gehen und früh aufstehen, werden als „Lerchen", späte Chronotypen als „Eulen" bezeichnet (Roenneberg & Merrow, 2005). Eine Ermittlung des individuellen

Chronotyps erfolgt über den Fragebogen Munich ChronoType Questionnaire (MCTQ) (Roenneberg et al., 2007; Roenneberg, Wirz-Justice, & Merrow, 2003), der u. a. zur Untersuchung von Einflüssen durch Schichtarbeit (vgl. Abschnitt 2.1.1.2) zum Einsatz kommt (Juda, Vetter, & Roenneberg, 2013; Wittmann, Dinich, Merrow, & Roenneberg, 2006; Martino, Oliveira, Mendes, Figueiredo De Martino Pasetti, & Sonati, 2014). Neben dem Chronotyp ist der Social Jetlag (SJL) ein wichtiger Parameter. Dieser repräsentiert den Schlafmangel, der sich z. B. durch erzwungene Arbeitszeiten und verfrühtes Aufstehen ergibt (Juda, Münch, Wirz-Justice, Merrow, & Roenneberg, 2006; Kantermann, Juda, Merrow, & Roenneberg, 2007; Wittmann et al., 2006). Die Beachtung der biologischen Rhythmen ist erforderlich (Hildebrandt, Lehofer, & Moser, 1998; Mann, Rutenfranz, & Aschoff, 1972), „um Leistungs-schwächen, Fehler, überhöhte Belastung, Beanspruchung und Ermüdung entgegenzuwirken" (Schlick et al., 2010). Eine Störung dieser Rhythmen, vor allem in Bezug auf die Nacht- und Schichtarbeit, kann zu erheblicher Verschlechterung der Erholung und Regeneration führen (Hildebrandt, 1976a, 1976b).

Zu den **Qualifikations- und Kompetenzmerkmalen**, die durch kurz- bis langfristige Lernprozesse veränderbar sind, zählen nach Schlick et al. (2010) u. a. Erfahrungen, Fähigkeiten (vgl. Abschnitt 2.2.1) und Fertigkeiten. Die Veränderung wird durch eine Interaktion des Menschen mit der Umwelt erreicht, z. B. können im Mensch-Maschine-System bei der Bearbeitung von Arbeitsaufgaben die Fähigkeiten und/oder Fertigkeiten erweitert bzw. neu erworben werden (ebd.). In diese Veränderungsprozesse sind neben dem Neuerwerb, auch die Umstrukturierung oder der Abbau von Fähigkeiten und Fertigkeiten eingeschlossen (ebd.). Der Begriff Qualifikation beinhaltet „das Vermögen zur Ausführung einer voll-ständigen Arbeitshandlung, vorgegeben durch die Arbeitsorganisation und Arbeitssystemgestaltung" (ebd.). Da in diesem Zusammenhang mit Qualifikation aber noch kein Einbezug der individuellen Eigenschaften des Menschen erfolgt, wird nach Weinert (2002) in der Literatur der Begriff Kompetenz verwendet. Kompetenzen sind „die bei Individuen verfügbaren oder durch sie erlernbaren kognitiven Fähigkeiten und Fertigkeiten, um bestimmte Probleme zu lösen sowie die damit verbundenen motivationalen, volitionalen und sozialen Bereitschaften und Fähigkeiten, um die Problemlösungen in variablen Situationen erfolgreich und verantwortungsvoll nutzen zu können" (Weinert, 2002).

Anpassungsmerkmale, wie z. B. Motivation, können nach Schlick et al. (2010) kurzfristig durch Intervention verändert werden. In der Arbeitswissenschaft sind dahingehend die Konstrukte Arbeitsmotivation und Arbeitszufriedenheit von Bedeutung, da sie die „Einstellung der berufstätigen Menschen zu ihrer Arbeit" beschreiben und ihnen positive Auswirkungen zugeschrieben werden (ebd.).

Von den beschriebenen Persönlichkeitseigenschaften, die bei jedem Menschen vielfältig und komplex sind, ist abhängig, wie die im Mensch-Maschine-System vorliegenden Belastungen wirksam werden, d. h. welche individuelle Beanspruchung resultiert (Schlick et al., 2010).

2.1.2.3 Die Beanspruchung als individuelle Reaktion auf die Belastung

Beanspruchung kann nach Walch (2011b) sowohl **positive** als auch **negative** Wirkungen auf den Menschen haben (Tabelle 1). Zu den **positiven Beanspruchungsfolgen** gehören Trainings-, Übungs-und Anregungseffekte (Wirtz, 2010). Trainingseffekte (z. B. Verbesserung der Feinmotorik, Muskel-aufbau) ergeben sich durch Belastungswechsel und Nutzung verschiedener Muskelgruppen, indem z. B. ein regelmäßiger Arbeitsplatz- und Aufgabenwechsel erfolgt (Walch, 2011a). „Überdauernde, mit

Lernprozessen verbundene Veränderung der individuellen Leistung" wird als Übungseffekt bezeichnet (DIN EN ISO 10075-1). Zu den Anregungseffekten durch die Arbeitsanforderungen zählen Aufwärmeffekte und Aktivierung (ebd.). Der Aufwärmeffekt ist „eine häufige Folge psychischer Beanspruchung, die bald nach Beginn der Tätigkeit dazu führt, dass diese Tätigkeit mit weniger Anstrengung als anfangs ausgeführt wird" (ebd.). Aktivierung bezeichnet einen „Zustand mit unterschiedlich hoher psychischer und körperlicher Funktionstüchtigkeit" und kann in einem optimalen Bereich, in dem die Aktivierung weder zu hoch noch zu niedrig ist, die höchste Funktionstüchtigkeit sicherstellen (ebd.).

Tabelle 1:   Auswirkung der Konstellation von Belastung und Belastbarkeit (Walch, 2011b)

Konstellation	Wirkung
Belastung übersteigt Belastbarkeit erheblich/langzeitlich	Gesundheitsschädigend
Belastung übersteigt Belastbarkeit geringfügig/kurzzeitig	Trainings-, Entwicklungsreiz oder Überforderungserleben
Belastung bewirkt einseitige Beanspruchung	Lokale Überforderung, zugleich lokale Rückbildung von Leistungsvoraussetzungen
Belastung entspricht Belastbarkeit	Erhalt und Förderung von Fähigkeiten
Belastung unterschreitet Belastbarkeit	Rückbildung von Fähigkeiten

Negative Beanspruchungsfolgen können Unterforderung bzw. Überforderung sein und beeinträchtigende Effekte nach sich ziehen, die „zur Erholung eine zeitliche Unterbrechung oder Änderung der Tätigkeit erfordern" (DIN EN ISO 10075-1). Physisch können z. B. Fehlbelastungen, lokale Überforderung und weitere gesundheitliche Störungen oder Schädigungen resultieren (Hartmann et al., 2013; REFA, 1993). Fehlbelastungen können z. B. im Nacken, Schultergürtel oder Rücken beim dauerhaften Sitzen am Arbeitsplatz auftreten bzw. durch einseitige Belastung und Arbeitsteilung entstehen (Kiepsch et al., 2009; REFA, 1993). Die negativen Folgen der Wirkung von Beanspruchungen können zu arbeitsbedingten Erkrankungen des Stütz- und Bewegungsapparates, Gelenkverschleiß oder psychischen Erkrankungen führen (Badura, 2010; DGB-Index Gute Arbeit GmbH, 2012; Hartmann et al., 2013). Für den arbeitenden Menschen können daraus kurzzeitige Fehlzeiten am Arbeitsplatz bzw. über die Erwerbsbiografie hinweg Berufskrankheiten, Arbeitsunfähigkeit und vorzeitiges Ausscheiden aus dem Erwerbsleben resultieren (Boedeker, Friedel, Friedrichs, & Röttger, 2008; DAK Forschung, 2014; Dragano, 2007).

Das in diesem Abschnitt ausführlich erläuterte Belastungs-Beanspruchungs-Konzept dient in der vorliegenden Dissertation als zentrales Konzept. „Die Nutzung von Belastungs-Beanspruchungs-Beziehungen im Rahmen eines Messkonzeptes erlaubt die gezielte Untersuchung der Wirkung definierter Tätigkeitsbedingungen auf den Menschen" (Schlick et al., 2010). Um deren Wirkung auf den Menschen zu untersuchen, ist daher zum einen die Kenntnis der Belastung erforderlich, zum anderen muss die Beanspruchung ermittelt werden, um eine Aussage in Bezug auf die Auswirkung der Belastung treffen zu können. Aus diesem Grund werden in den nachfolgenden Abschnitten die Methoden zur Ermittlung der Belastung und Beanspruchung näher betrachtet.

2.1.3   Methoden zur Ermittlung der Belastung

Die auf den Menschen einwirkende Belastung im Mensch-Maschine-System setzt sich nach REFA (1993) und Spath et al. (2017) aus Teilbelastungen mit den Dimensionen Belastungshöhe und Belastungsdauer zusammen (vgl. Abschnitt 2.1.2). Zur Realisierung von Arbeitsaufgaben werden durch den Menschen verschiedene **Arbeitsformen** verrichtet: **vorwiegend körperliche Arbeit** bzw. **vorwiegend informatorische Arbeit** (REFA, 1993). Bei der vorwiegend körperlichen Arbeit, die u. a. in der Montage vorliegt, werden Kräfte erzeugt oder abgegeben, sodass Muskeln, Herz-Kreislauf-System und Sinnesorgane beansprucht werden (ebd.). An Arbeitsplätzen in der Verwaltung wird vorwiegend informatorische Arbeit verrichtet, die Sinnesorgane und geistige Fähigkeiten erfordert (Tabelle 2) (ebd.). In der Dissertation erfolgt die Betrachtung von Montagetätigkeiten, d. h. vorwiegend körperlicher Arbeit.

Tabelle 2:   Grundtypen von Arbeitsaufgaben (nach Bullinger, 1994; REFA, 1993)

Arbeitsform	Körperliche Arbeit		Informatorische Arbeit		
	muskulär	motorisch	reaktiv	kombinativ	kreativ
Was verlangt die Aufgabe vom Menschen?	Kräfte abgeben	Bewegungen ausführen	Reagieren und Handeln	Informationen kombinieren	Informationen erzeugen
Welche Organe oder Funktionen werden beansprucht?	Muskeln, Sehnen, Skelett, Atmung, Kreislauf	Sinnesorgane, Muskeln, Sehnen, Kreislauf	Sinnesorgane, Reaktions-, Merkfähigkeit sowie Muskeln	Denk- und Merkfähigkeit sowie Sinnesorgane	Denk-, Merk- sowie Schluss- folgerungs- fähigkeit
Beispiele	Tragen	Montieren	Autofahren	Konstruieren	Erfinden

Im Bereich der körperlichen Arbeit treten verschiedene Arten von Belastungen auf (vgl. Abschnitt 2.1.1; Abbildung 5): Belastung durch Körperhaltung, Aktionskräfte, Lastenhandhabung und/oder repetitive Tätigkeiten (Kugler et al., 2010; Schlick et al., 2010).

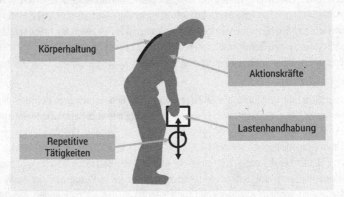

Abbildung 5:   Tätigkeitsbezogene Belastungen (nach Kugler et al., 2010; Schlick et al., 2010)

Die Belastungsarten ergeben sich aus der Charakteristik der Arbeitsaufgabe und können sich aus verschiedenen Anteilen zusammensetzen (Riedel, Gillmeister, Kinne, & Reiss, 2012). Der manuelle

Transport von Mülltonnen erfordert z. B. eine horizontale Lastenhandhabung, während bei Montagetätigkeiten, die sich taktgebunden kurzzyklisch wiederholen, überwiegend Belastungen durch repetitive Tätigkeiten vorliegen (Steinberg, Caffier, Liebers, & Behrendt, 2008; Steinberg, Liebers, & Klußmann, 2014). Um die körperlichen Belastungen und deren „Risiken bezüglich arbeitsbezogener Gesundheitsgefährdungen [...] standardisiert zu identifizieren und zu bewerten", stehen eine Vielzahl an Bewertungsverfahren zur Verfügung (Kugler et al., 2010). Neben DIN-Normen, die z. B. Grenzwerte der Ausführbarkeit in Bezug auf Körperhaltung, Kräfte oder Lasten enthalten (DIN EN 1005-2; DIN EN 1005-3; DIN EN 1005-4; DIN 33411-4), haben sich verschiedene **Einzel- und Kombinationsverfahren** in der Praxis etabliert (Kugler et al., 2010).

Der Schwerpunkt der Verfahren (Tabelle 3) liegt auf der Identifikation und Reduktion von Belastungen des Muskel-Skelett-Systems, die aktuell mit 22,2 % die Hauptursache für Arbeitsunfähigkeitstage bilden (Marschall, Hildebrandt, Sydow, & Nolting, 2017). Die Verfahren nutzen für die Beurteilung der Belastung u. a. Grenzwerte (z. B. NIOSH) oder Ampelmodelle (z. B. Leitmerkmalmethoden (LMM)) und setzen damit auf der ersten Ebene der arbeitswissenschaftlichen Kriterien zur Gestaltung menschengerechter Arbeit an.

Tabelle 3:   Bewertungsverfahren der physischen Belastung (Börner & Bullinger-Hoffmann, 2017; Börner, Löffler, & Bullinger-Hoffmann, 2017)

Energieumsatz	Körperhaltung	Aktionskräfte	Lastenhandhabung	Repetitive Tätigkeiten
		Normen		
	- DIN EN 1005-4 - ISO 11228	- DIN EN 1005-3 - DIN 33411-5	- DIN EN 1005-2 - ISO 11228-1 - ISO 11228-2	- DIN EN 1005-5 - ISO 11228-3
		Analysierende Systeme		
- Spitzer - Hettinger - Garg - Tafelwerte - Schätzverfahren	- Ergo-Test - LUBA - OWAS - SAK	- Bosch - Bullinger - Burandt - Davis/Stubbs - Montagespezifischer Kraftatlas - RULA - Schultetus - VDI-Verfahren	- Burandt - LMM-HHT - LMM-ZS - NIOSH - REFA - Siemens - Schultetus - Snook/Ciriello - VDI-Verfahren	- HAL-TLVs - LMM-mA - OCRA - Strain Index
		Kombinationsverfahren		
Ergonomic Assessment Worksheet (EAWS)				
Automotive Assembly Worksheet (AAWS)				
New Production Worksheet (NPW)				
Bewertung der körperlichen Belastung (IAD-BkB)				

Die Auswahl eines oder mehrerer Verfahren zur Bewertung von physischen Belastungen erfolgt nach Kugler et al. (2010) nach der Belastungsart, dem Beurteilungsniveau (Grob-/Screeningverfahren/ Expertenverfahren/kontinuierliche Messung) und in Abhängigkeit der Vorkenntnis der Anwendergruppe (z. B. Ergonomieexperten). Liegen am Arbeitsplatz einzelne Belastungsschwerpunkte vor, dann kommen Einzelverfahren, z. B. die Leitmerkmalmethode Heben, Halten, Tragen (LMM-HHT) bei der Lastenhandhabung oder die Leitmerkmalmethode manuelle Arbeitstätigkeiten (LMM-mA) bei repetitiven Tätigkeiten, zur Anwendung (ebd.). Kombinationsverfahren, wie das Ergonomic Assessment Worksheet, werden vor allem in der Automobil- und Zulieferindustrie sowie der Elektroindustrie eingesetzt (ebd.). Diese Verfahren berücksichtigen die Tatsache, dass z. B. bei Montagetätigkeiten zeitnah verschiedene Belastungsarten auftreten können und summieren „Körperhaltungen und -bewegungen mit geringem Kraftaufwand/Lastgewicht, höhere Kraftaufwände und das Handhaben von Lasten" zu einer Bewertung (Kugler et al., 2010).

Das Kombinationsverfahren **Ergonomic Assessment Worksheet (EAWS)** wurde nach Schaub & Ahmadi (2007) am Institut für Arbeitswissenschaft (IAD) der Technischen Universität Darmstadt entwickelt und basiert auf dem Automotive Assembly Worksheet (AAWS) sowie der Bewertung körperlicher Belastungen (IAD-BkB). Es bildet die Belastungssituationen mit kurzen Taktzeiten und stereotypen Bewegungsmustern ab und vergibt für ergonomisch ungünstige Situationen Belastungspunkte, die mit Höhe und Dauer der Belastung ansteigen (Schaub & Ahmadi, 2007). Das Kombinationsverfahren dient zur ergonomischen Bewertung von statischen Haltungen (Sektion 1), Aktionskräften (Sektion 2), Lastenhandhabungen (Sektion 3) sowie repetitiven Tätigkeiten (Sektion 4) (ebd.). Neben den einzelnen Sektionen sind in den Formblättern des Verfahrens Bereiche für Arbeitsplatzinformationen, die Punktbewertung und Extrapunkte, z. B. für Handgelenkstellungen, Vibrationen oder besondere Belastungen vorgesehen (Schaub, Caragnano, Britzke, & Bruder, 2012). **Sektion 1** berücksichtigt Körperstellung sowie Rumpf- und Armhaltungen, die in der Schicht durch den Mitarbeiter eingenommen werden, für Lasten unter 3 kg und Aktionskräften zwischen 30 und 40 N (DIN 33411-4; Schaub et al., 2012). Die eingenommenen Körperhaltungen, z. B. Stehen, Knien oder Klettern, werden bez. ihrer Dauer bewertet, wobei besondere Situationen wie zusätzliche Rumpfdrehung oder -neigung einbezogen werden (Schaub et al., 2012). In **Sektion 2** werden Aktionskräfte der Finger sowie Arm- und Ganzkörperkräfte pro Minute bzw. Schicht bewertet (DIN EN 1005-3; Schaub et al., 2012). Sektion 2 ist kompatibel mit der DIN EN 1005-3 und enthält in der Version V1.3.3 Daten aus dem Montagespezifischen Kraftatlas (Schaub et al., 2012; Wakula, Berg, Schaub, & Bruder, 2009). Das schichtbezogene manuelle Handhaben von Lasten über 3 kg, z. B. beim Umsetzen, Halten, Tragen sowie Ziehen und Schieben, wird in **Sektion 3** eingestuft (Schaub et al., 2012). Diese ist kompatibel mit der Leitmerkmalmethode LMM-HHT sowie DIN EN 1005-2, ISO 11228-1 und ISO 11288-2 (ebd.). In **Sektion 4** erfolgt die Belastungsbewertung der oberen Extremitäten bei kurzzyklischen Wiederholungen der Arbeitstätigkeit, d. h. repetitiven Tätigkeiten (Schaub & Ahmadi, 2007; Schaub et al., 2012). Dabei werden Krafthöhe, -frequenz oder -dauer sowie Greifbedingungen und Zusatzfaktoren berücksichtigt (Schaub et al., 2012). Die Sektion basiert auf dem OCRA-Verfahren, der DIN EN 1005-5, ISO 11228-3 und der Leitmerkmalmethode manuelle Arbeitstätigkeiten (LMM-mA) (ebd.).

Die Bewertung der Belastungen bei der Arbeitstätigkeit erfolgt nach Schaub (2012) durch Summation der Punktbewertungen der Sektionen 1 bis 3 als Gesamtkörperbewertung. Die Bewertung der oberen Extremitäten (Sektion 4) erfolgt getrennt, wobei die höchste der beiden Bewertungen für das Gesamtergebnis ausschlaggebend ist (ebd.). Bei einer Bewertung von 0 bis 25 Punkten ist die Arbeitstätigkeit im grünen Bereich, d. h. es liegt ein niedriges Belastungsrisiko vor und Maßnahmen sind nicht erforderlich (ebd.). Zwischen 25 und 50 Punkten (gelber Bereich) besteht ein mögliches Belastungsrisiko und es sollten Gestaltungsmaßnahmen ergriffen werden (ebd.). Bei mehr als 50 Punkten besteht ein hohes Belastungsrisiko und es sind Maßnahmen zur Risikobeherrschung erforderlich (Schaub et al., 2012). Der Einsatz des EAWS-Verfahrens als „Leitplanke für ergonomische Gestaltung" (Deutsche MTM-Vereinigung e. V., 2012) wird stetig vorangetrieben und in der Praxis eingesetzt (Dombrowski & Evers, 2014; Chakravarthy, Subbaiah, & Shekar, 2015).

Neben der Kenntnis der Belastung, die aus der Arbeitsaufgabe auf den Menschen im Mensch-Maschine-System einwirkt, ist die Ermittlung der Beanspruchung – als individuelle Reaktion des Menschen auf die Belastung – erforderlich, sodass nachfolgend verschiedene Methoden vorgestellt werden.

2.1.4 Methoden zur Ermittlung der Beanspruchung

In Abhängigkeit von der Arbeitsform (vgl. Tabelle 2) werden verschiedene Organe bzw. Funktionen durch die Arbeitstätigkeit beansprucht, z. B. Muskeln, Kreislauf, Atmung, Sinnesorgane (Bullinger, 1994; REFA, 1993). Jede Belastung ruft dabei eine individuelle Beanspruchung hervor, sodass „eine direkte Messung der Beanspruchung [...] nicht möglich" ist (Bullinger, 1994). Um eine Bewertung der Beanspruchung vorzunehmen und damit z. B. „bedenkliche Beanspruchungsreaktionen" zu vermeiden, werden **Beanspruchungsermittlungsverfahren (subjektive Techniken, Leistungsanalysen** und **physiologische Verfahren)** und **Beanspruchungsindikatoren** zur Beurteilung eingesetzt (Tabelle 4) (ebd.).

Als **subjektive Techniken** zur **Selbsteinschätzung** der Beanspruchung stehen standardisierte und erprobte Fragebögen zur Verfügung, z. B. die Eigenzustandsskala (EZ-Skala) nach Nitsch (1976) (Bullinger, 1994), der NASA-Task Load-Index (NASA-TLX) (Hart & Staveland, 1988) oder die Borg-Skala (Borg, 1982). Die Eigenzustandsskala setzt sich aus 40 Items (z. B. schläfrig, gut gelaunt, energiegeladen) in 14 Dimensionen, „die hinsichtlich ihres Zutreffens für den augenblicklichen Zustand auf einer sechsstufigen Ratingskala (1 „kaum" bis 6 „völlig") einzuschätzen sind" und ermöglicht so eine Beurteilung der psychischen Beanspruchung (Kellmann & Golenia, 2003). Die EZ-Skala mit einer Bearbeitungszeit von ca. 10 Minuten wurde ursprünglich für sportpsychologische Fragestellungen entwickelt, ist aber auch für arbeitspsychologische Untersuchungen geeignet und wurde bereits für die Beurteilung von Prüfungssituationen, bei der Maschinenbedienung und weiterer Arbeitsformen eingesetzt (Kellmann & Golenia, 2003; Schlick et al., 2010). Der NASA Task-Load-Index (NASA-TLX) ermöglicht die subjektive Einschätzung von physischer und psychischer Beanspruchung (Hart & Staveland, 1988). In verschiedenen Dimensionen wird auf einer Skala von 1 – 20 eine Selbsteinschätzung vorgenommen (Hart, 2006; Patakim, Schulze Kissing, Mahlke, & Thüring, 2005). Der validierte Fragebogen ist hinsichtlich seiner Nutzung zur Beanspruchungsmessung bei arbeitswissenschaftlichen Fragestellungen verbreitet (Dorrian, Baulk, & Dawson, 2011; Noyes & Bruneau, 2007;

Pickup, Wilson, & Sharpies, 2005). Obwohl ursprünglich zur Beurteilung von Einzeltätigkeiten entwickelt, ist der NASA-TLX auch für multidimensionale Arbeitstätigkeiten geeignet (Dorrian et al., 2011). Die Borg-Skala dient „der Quantifizierung empfundener Erschöpfung als Maß für physische Stärke" (Kroidl, Schwarz, Lehnigk, & Fritsch, 2015). Die Probanden schätzen auf einer mit der Herzfrequenz korrelierenden Skala die empfundene Erschöpfung zwischen 6 (überhaupt nicht anstrengend) und 20 (maximale Anstrengung) ein (ebd.). Der eingeschätzte Wert wird mit 10 multipliziert und spiegelt in etwa die zugehörige Herzfrequenz wider (ebd.). In der Praxis ist die Übereinstimmung „im unteren Bereich besser als im oberen" (ebd.).

Tabelle 4:   Methoden der Beanspruchungsermittlung und -beurteilung (Bullinger, 1994)

Beanspruchungs-Ermittlungsverfahren		
Subjektive Techniken	Objektive Techniken	
	Leistungsanalysen	Physiologische Verfahren
- Selbsteinschätzung (Beanspruchungs-skalierung) - Beobachtung	- Multimomentaufnahmen - Leistungserfassung - Problemlösungsverhalten	- Elektro-Kardiographie (EKG) - Elektro-Myographie (EMG) - Elektro-Okulographie (EOG) - Elektro-Enzephalogramm (EEG) - Körperkerntemperaturmessung - Ermittlung der Flimmerverschmelzungsfrequenz

Beanspruchungs-Beurteilungsparameter	
Physische Beanspruchung	Psychische Beanspruchung
- Herzschlagfrequenz - Arrhythmie der Herzschlagfrequenz - Atemfrequenz - Aktionspotentiale der Muskulatur - Veränderungen der Muskulatur - Veränderungen des Blutdrucks - Veränderungen der Haut- und Kernkörpertemperatur - Veränderungen der Zusammensetzung von Körperflüssigkeiten (Schweiß, Harn, Blut) - Flimmerverschmelzungsfrequenz	- Herzschlagfrequenz - Arrhythmie der Herzschlagfrequenz - Atemfrequenz - Veränderungen des Hautwiderstands und der -temperatur - Veränderungen des Blutdrucks - Veränderungen der Zusammensetzung von Körperflüssigkeiten - Veränderungen der elektrischen Signale des Gehirns - Spannungsschwankungen bei Bewegungen des Augapfels - Lidschlagfrequenz - Flimmerverschmelzungsfrequenz

Eine weitere subjektive Technik ist die **Beobachtung** (Bullinger, 1994). Eine wissenschaftliche Beobachtung erfolgt als „zielgerichtete, systematische und regelgeleitete Erfassung, Dokumentation und Interpretation von Merkmalen, Ereignissen oder Verhaltensweisen mithilfe menschlicher Sinnesorgane und/oder technischer Sensoren zum Zeitpunkt ihres Auftretens" (Döring & Bortz, 2016). Nach Kromrey (2009) werden die Varianten der Beobachtung in fünf Dimensionen unterschieden:

- verdeckt/offen (der Beobachter ist erkennbar bzw. nicht (durch einseitig durchsichtige Scheibe)),
- teilnehmend/nicht teilnehmend (Beobachter interagiert mit den Probanden oder nicht),
- systematisch/nicht systematisch (Beobachtung erfolgt geplant/standardisiert oder ungeplant/ spontan),

- natürliche/künstliche Situation (Beobachtung unter normalen Bedingungen im Feld oder unter kontrollierten Bedingungen im Labor) sowie
- Selbstbeobachtung/Fremdbeobachtung (Befragung als Datenerhebungsinstrument erfolgt vorwiegend als Fremdbeobachtung).

Die **Leistungsanalyse** kann z. B. in Form der **Leistungserfassung** erfolgen, bei der „über einen festgesetzten Zeitraum hinweg [...] die Leistung der Arbeitsperson gemessen wird" (Bullinger, 1994). Dabei werden eingebrachte Kräfte (z. B. durch Kraftmesssensoren), durchgeführte Bewegungen (z. B. Erfassung über Motion Capturing) oder das Ergebnis (z. B. die produzierte Stückzahl) der Ausführung der Arbeitsaufgabe (vgl. Abschnitt 2.1.1) gemessen (Mühlstedt, 2012; Wakula et al., 2009). Im Rahmen der Zeitwirtschaft, die nach Schlick et al. (2010) Methoden zur Verfügung stellt, um Arbeitsprozesse zu optimieren bzw. zu bewerten, erfolgt u. a. die Ermittlung von Ist-Zeiten. Diese können im Vergleich mit den planungsbezogenen Soll-Zeiten, z. B. für einzelne Arbeitsgänge, eine Rückmeldung in Bezug auf den Leistungsstand eines Mitarbeiters geben (ebd.). Für die Leistungserfassung von Ist-Zeiten in Verbindung mit einer offenen Beobachtung sollte der Hawthorne-Effekt beachtet werden. Dieser postuliert, dass „Untersuchungspersonen ihr Verhalten ändern, weil sie untersucht werden" (Döring & Bortz, 2013) und wurde in zahlreichen Studien thematisiert (Colbjørnsen, 2003; McCambridge, Witton, & Elbourne, 2014; Sedgwick & Greenwood, 2015).

Physiologische Verfahren, die zur Messung von bestimmten Parametern eingesetzt werden, sollten so angelegt sein, dass „die Belästigung des Menschen durch die Messmethode möglichst gering" ist (Bullinger, 1994). Dazu bieten sich elektrophysiologische Verfahren an, bei denen die Messdaten am Körper erfasst und berührungslos an ein Auswertegerät übertragen werden (ebd.). Geeignete Messparameter und gleichzeitig Beanspruchungs-Beurteilungsparameter der physischen und psychischen Beanspruchung sind u. a. Herz- und Atemfrequenz (ebd.).

Bei körperlicher Beanspruchung, die aus einer vorwiegend körperlichen Belastung (d. h. Körperhaltung, Aktionskräfte, Lastenhandhabung und/oder repetitive Tätigkeiten) resultiert, ergeben sich folgende Beanspruchungsfälle:

- Skelettbeanspruchung mit dem Verschleiß von Wirbelsäule, Gelenken, Sehnen und Muskelansätzen,
- Kreislaufbeanspruchung, die zu einem Anstieg von Herzfrequenz oder Atemfrequenz führt sowie
- Muskelbeanspruchung, welche die Muskelermüdung zur Folge hat (Kiepsch et al., 2009).

Je nach Beanspruchungsfall ergeben sich geeignete Parameter bzw. Verfahren zur Beanspruchungsermittlung. Für Skelett- und Muskelbeanspruchungen, die z. B. bei Zwangshaltungen am Arbeitsplatz auftreten, bietet sich die Ermittlung der Herzfrequenz, des Arbeitsenergieumsatzes oder die Elektromyographie (EMG) an (Hartmann et al., 2013). Bei Tätigkeiten mit kardiopulmonaler, d. h. Herz und Lunge betreffender Beanspruchung, z. B. bei der Lastenhandhabung, werden **Herzfrequenz**, **Atemfrequenz** und weitere Parameter in die Analyse einbezogen (Hildenbrand & Rieger, 2015; Knott, Mayr, & Bengler, 2015; Sammito et al., 2014).

Die „Herzfrequenz gibt Informationen über die Beanspruchung des Herzkreislaufsystems als Reaktion auf Belastungen" (Sammito et al., 2014). Als physiologischer Parameter wird die **Herzfrequenz**, neben dem Einsatz als Indikator in der Medizin, auch in anderen Forschungsbereichen wie Arbeitsphysiologie, Arbeitswissenschaft und Psychologie eingesetzt (ebd.). Die Herzfrequenz wird in Schlägen pro Minute angegeben und ist ein etablierter Parameter zur Einschätzung der Beanspruchung (ebd.). Durch physische sowie psychische Belastung im Arbeitssystem kommt es zu einer Anpassungsreaktion des Herzens, welches „erheblichen reaktiven Störauslenkungen" (Hildebrandt et al., 1998) unterliegt und sehr sensibel auf Veränderungen, vor allem emotionale und motorische Belastung, reagiert (Bullinger, 1994; Hauschild et al., 2012). Weiterhin gehört die Herzfrequenz zum autonomen Nervensystem des Menschen (Müller, 2013; Ziemssen, Süß, & Reichmann, 2001) und zu den Vorgängen, „die nicht oder nur in begrenztem Maße einer willentlichen Beeinflussung zugänglich sind" (Rief & Bernius, 2011).

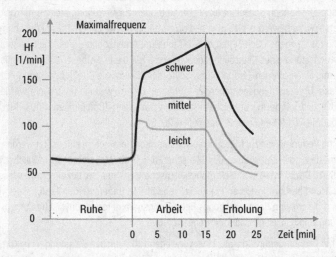

Abbildung 6:   Herzfrequenz bei wechselnder körperlicher Arbeit (nach Abdolvahab-Emminger & Benz, 2005)

Die Herzfrequenz eines Erwachsenen liegt nach Sammito et al. (2014) in Ruhe zwischen 60 und 80 Schlägen pro Minute und steigt durch Belastung an (Abbildung 6). Bei schwerster körperlicher Arbeit können Werte von 180 bis 200 Schlägen pro Minute erreicht werden (Abdolvahab-Emminger & Benz, 2005; Lehmann, 1953; Sammito et al., 2014). Relevante Parameter in Verbindung mit der Herzfrequenz sind die **maximal mögliche Herzfrequenz**, die **relative Herzfrequenz** und die **Ruheherzfrequenz** (Sammito et al., 2014).

Die **maximal mögliche Herzfrequenz** (HFmax) wird „vom Lebensalter bestimmt und nimmt mit zunehmendem Alter ab" (Sammito et al., 2014). Ab ca. 20 Jahren reduziert sich die maximale Herzfrequenz alle 10 Jahre um 6 – 8 Schläge, wobei sich diese Entwicklung unabhängig vom jeweiligen Trainingszustand vollzieht (Such & Meyer, 2010). Die Ermittlung der individuellen maximalen Herzfrequenz erfolgt über die Verrichtung von dynamischer Muskelarbeit auf einem Laufband bzw. Fahrradergometer (Sammito et al., 2014). Die maximale Herzfrequenz ist jedoch abhängig von der Belastungsart sowie der Motivation des Probanden „und wird in der Regel nur beim Laufen oder Rudern erzielt", da „beim Radfahren weniger Muskeln eingesetzt" werden (Such & Meyer, 2010). Da die individuelle Ermittlung der maximalen Herzfrequenz nicht in jedem Fall möglich ist, existiert eine allgemein gebräuchliche Formel (1) für die Abschätzung der relativen Herzfrequenz (Fox, Naughton, & Haskell, 1971):

$$HF_{max} = 220 - Lebensalter \tag{1}$$

Die Gültigkeit dieser Formel ist allerdings vor allem in Bezug auf die Anwendung bei älteren Probanden nicht gegeben (Tanaka, Monahan, & Seals, 2001). Auf Basis einer Metastudie mit über 351 Studien und insgesamt 18.712 Probanden leiteten Tanaka et al. (2001) daher eine differenzierte Regressionsgleichung (Formel (2)) ab, die auch von Sammito et al. (2014) empfohlen wird:

$$HF_{max} = 208 - 0,7 \cdot Lebensalter \tag{2}$$

„Eine während der (Arbeits-)Belastung gemessene Herzfrequenz in der Nähe der HF$_{max}$ [deutet] auf eine hohe kardiale Beanspruchung hin" (Sammito et al., 2014). Das Verhältnis der gemessenen Herzfrequenz und der maximalen Herzfrequenz spiegelt sich in der **relativen Herzfrequenz** wider (Formel (3); Heitkamp, Schimpf, Hipp, & Niess, 2005; McArdle, Katch, & Katch, 2010; U. S. Department of Health and Human Service, 2008).

$$relHF = \frac{HF}{HF_{max}} \tag{3}$$

Orientierende Werte zur Beurteilung der relativen Herzfrequenz finden sich überwiegend in Empfehlungen im Gesundheits- und Präventionsbereich sowie in der Sportwissenschaft und sind in Tabelle 5 zusammengefasst. Der Wert der relativen Herzfrequenz dient dabei zur Klassifikation von physischer Aktivität. Während ältere Quellen eine Differenzierung der Intensitätsklassen aufweisen, wurde in jüngerer Zeit zu einer aggregierten Klassifizierung übergegangen und eine Unterteilung in „moderate" (dt. mäßig, mittel) und „vigorous" (dt. energisch, kraftvoll) vorgenommen. Mittlere physische Aktivität wird dabei mit einem Anstieg der Herz- und Atemfrequenz und einem leichten Schwitzen verbunden (Miles, 2007; National Health Service, 2015; U. S. Department of Health and Human Service, 2008). Bei diesem Aktivitätslevel kann eine Person sprechen, aber nicht mehr singen (National Health Service, 2015). Liegt eine energische bzw. kraftvolle Intensität der Aktivität vor, erfolgt ein starker Anstieg der Atem- und Herzfrequenz (U. S. Department of Health and Human Service, 2008). Auf diesem Aktivitätslevel können lediglich ein paar Worte gesprochen werden, bevor eine Atempause erforderlich ist (National Health Service, 2015).

Beispiele für Aktivitätsbeschreibungen von mittlerer und energischer Intensität sind in Centers for Disease Control and Prevention & Ainsworth (2003) angegeben. Neben sportlichen Aktivitäten finden sich Beispiele für berufliche Aktivitäten (ebd.). Die mittlere Intensität, d. h. für einen Bereich der relativen Herzfrequenz zwischen 50 und 70 %, gilt u. a. für Berufe mit längeren Phasen des Laufens, Ziehen oder Schieben von Gewichten (mindestens 34 kg), Heben von Gegenständen (weniger als 22 kg) oder Aufgaben, die Bewegungen der Arme, Beine oder gelegentliche Ganzkörperbewegungen erfordern, z. B. Montagetätigkeiten (ebd.). Über die genannten Gewichte hinausgehende berufliche

Lastenhandhabung fällt in den Bereich der energischen bzw. kraftvollen Intensität, z. B. Bautätigkeit, Forstarbeit oder Feuerbekämpfung (Centers for Disease Control and Prevention & Ainsworth, 2003).

Tabelle 5:   Klassifikation der Intensität von Aktivitäten bez. der relativen Herzfrequenz

Intensitätsklassifikation	Relative Herzfrequenz	Bezogen auf...	Quelle
- Very light	< 30 %		
- Light	30 – 49 %		
- Moderate	50 – 69 %	60 Minuten	U. S. Department of Health and
- Hard	70 – 89 %		Human Services (1996)
- Very hard	≥ 90 %		
- Maximal	100 %		
- Very light	< 35 %		
- Light	35 – 54 %		
- Moderate	55 – 69 %	60 Minuten	Pollock et al. (1998)
- Hard	70 – 89 %		
- Very hard	≥ 90 %		
- Maximal	100 %		
- Trainingsbereich A-1	60 – 70 %	Einsteiger	
- Trainingsbereich A-2	70 – 80 %	Mittlere Intensität	Bachl, Schwarz, & Zeibig (2006a,
- Trainingsbereich A-3	80 – 90 %	Trainierte Ausdauersportler	2006b)
- Trainingsbereich A-4	bis Maximum	Leistungssport	
- Moderate	k. A.	30 Minuten/Tag; 5x pro	Miles (2007)
- Vigorous	80-90%	Woche	
- Moderate	55 – 70 %	-	McArdle et al. (2010)
- Vigourous	70 – 90 %		
- Moderate	50 – 70 %	Bis 300 Minuten pro Woche	Centers for Disease Control and
- Vigourous	70 – 85 %	Bis 150 Minuten pro Woche	Prevention (2015)
- Moderate	k. A.	Bis 300 Minuten pro Woche	National Heart, Lung, and Blood
- Vigourous	k. A.	Bis 150 Minuten pro Woche	Institute (2016)

Neben der maximalen Herzfrequenz wird in der Arbeitswissenschaft die **Ruheherzfrequenz** als Bezugspunkt zur Beurteilung der Herzfrequenz bei der Arbeit herangezogen (Sammito et al., 2014). Zur Ermittlung dieser Bezugsherzfrequenz wird vor Aufnahme der Arbeitstätigkeit „eine Ruhephase von mindestens fünf, idealerweise 15 Minuten, ohne körperliche und emotionale Belastung" empfohlen (ebd.). Die Ermittlung sollte sitzend erfolgen, wobei die Ruheherzfrequenz durch zwei Messungen über jeweils 30 Sekunden bestimmt wird und die Probanden mindestens 30 Minuten vor der Messung auf Rauchen, Essen, Kaffee und physische Anstrengung verzichtet haben sollten (Becker & Hettinger, 1993; Palatini et al., 2006; Sammito et al., 2014).

Bei einer Laboruntersuchung sollte dieses Vorgehen unbedingte Voraussetzung sein, bei Untersuchungen am Arbeitsplatz kann diese Vorgabe nicht in jedem Fall realisiert werden (Sammito et al., 2014).

Die Geräte zur Messung der Herzfrequenz unter Arbeitsbelastung sollten neben der möglichst geringen „Belästigung" der Probanden (Bullinger, 1994) folgenden Bedingungen genügen:

- „Nichtinvasivität,
- mechanische Robustheit (insbesondere Felduntersuchungen an Arbeitsplätzen mit körperlicher Schwerarbeit bzw. Umgebungsbedingungen wie Hitze, Nässe, Kälte usw.) und
- Rückwirkungsfreiheit (das Verfahren darf das Messergebnis selbst nicht beeinflussen)" (Sammito et al., 2014).

Die Vor- und Nachteile von verschiedenen Messsystemen sind in Tabelle 6 aufgeführt.

Tabelle 6: Vor- und Nachteile von Messsystemen zur Herzfrequenzmessung (Sammito et al., 2014)

System	Vorteile	Nachteile
Stationäres (24h-)EKG	- EKG-Aufzeichnung - nicht invasiv - visuelle Überprüfung der R-Zacken-Detektierung	- nicht tragbar - nur für Laboruntersuchungen und Intensivstationen geeignet - störende Kabel
Mobiles (24h-)EKG	- tragbare, kleine Geräte - geeignet für Labor- und Felduntersuchung - EKG-Aufzeichnung - nicht invasiv - visuelle Überprüfung der R-Zacken-Detektierung	- störende Kabel
Brustgurtsysteme mit Speicherung in separater Pulsuhr	- tragbare, kleine Geräte - hohe Rückwirkungsfreiheit - nicht invasiv	- keine EKG-Aufzeichnung - Störungen der Datenübertragung (Stromleitungen, Fahrzeuge usw.) - kein Medizinprodukt nach MPG (Medizinproduktegesetz)
Brustgurtsysteme mit Speicherung im Brustgurt	- tragbare, kleine Geräte - hohe Rückwirkungsfreiheit - nicht invasiv	- zumeist keine EKG-Aufzeichnung - kein Medizinprodukt nach MPG (Medizinproduktegesetz)

Die Herzfrequenz wird von verschiedenen Faktoren beeinflusst, deren Kenntnis nach Sammito et al. (2014) zur Bewertung und Beurteilung erforderlich ist. Dazu gehören u. a.:

- Atmung: es kommt jeweils beim Ein- und Ausatmen zu einer kurzfristigen Zunahme der Herzfrequenz,
- Geschlecht: Frauen haben eine höhere Herzfrequenz als Männer,
- Herz-Kreislauf-Erkrankungen: unterschiedliche Auswirkungen,
- Hitze (hohe Temperaturen) sowie Kälte (niedrige Temperaturen): Hitze und Kälte erhöhen die Herzfrequenz,
- Lärm: durch Lärm kommt es zu einem Anstieg der Herzfrequenz,
- psychiatrische Erkrankungen: bei Angststörungen, Panikattacken oder schweren Depressionen kann eine erhöhte Herzfrequenz vorliegen,
- Rauchen: aktives bzw. passives Rauchen kann die Herzfrequenz erhöhen,

- Stress, mentale Anspannung: arbeitsplatzbezogener Stress kann zu einem Anstieg der Herzfrequenz führen,
- circadianer Rhythmus/Tageszeit: „Die Herzfrequenz unterliegt einem circadianen Rhythmus, wobei es zu einer nächtlichen Absenkung der Herzfrequenz kommt" (Sammito et al., 2014).

Weiterhin gilt ein erhöhter BMI (Adipositas Grad I bis III) als Risikofaktor für das Herz-Kreislauf-System und führt zu einer erhöhten Herzfrequenz (Kaiser & Schunkert, 2001; Laufs & Böhm, 2000).

Die Veränderung der Herzfrequenz (vgl. Abbildung 6) wird durch die „dynamische Belastung großer Muskelgruppen, aber auch statische Muskelbelastungen, die thermische sowie die psychische Belastung hervorgerufen. Diese Einflussgrößen wirken gemeinsam auf das Herzkreislaufsystem und führen bei erhöhten Belastungen zu entsprechend erhöhten Werten" (Sammito et al., 2014). Die gemessenen Werte der Herzfrequenz, die als Indikatoren für die Beanspruchung von Personen dienen, sind individuell und arbeitsplatzbezogen zu betrachten (ebd.). Zusätzlich zur Messung der objektiven Daten wird die Kombination mit ergänzenden Methoden empfohlen, z. B. Fragebögen zum subjektiven Beanspruchungserleben oder dem Gesundheitszustand (ebd.). Weitere Parameter, wie Lärm und Temperatur, sollten als physikalische Arbeitsplatzbedingungen ermittelt werden (ebd.).

Die **Atemfrequenz** bezeichnet die Häufigkeit der Ein- und Ausatmungsvorgänge pro Minute und verändert sich mit der wirkenden körperlichen Belastung (Staudinger & Sarikas, 2010). „Die Regulationsmechanismen der Atmung sind vielgestaltig, da sich die Atmung in Tiefe, Frequenz und Rhythmus ständig an die Bedürfnisse des Organismus anpassen muss (z. B. Mehrbelüftung bei Arbeit, Änderung des Atemrhythmus beim Sprechen, Schlucken, Husten, Niesen usw.). Entsprechend komplex und sensibel ist dieser Vorgang" (Faller, 2009). Die Atemfrequenz beträgt bei Erwachsenen zwischen 7 und 20 Atemzüge pro Minute (Larsen & Ziegenfuß, 2013; Staudinger & Sarikas, 2010). In Studien ermittelte Weckenmann (1982) bei einer Stichprobe von „30 Frauen mit 36,6 ± 14,7 Jahren und 27 Männern mit 48,7 ± 15,6 Jahren" eine Atemfrequenz von 16 bis 18 Atemzügen pro Minute im Stehen (Weckenmann, 1975, 1982). Die Atemfrequenz gehört zu den ultradianen Rhythmen und hat eine Periodendauer von einer Minute (Hildebrandt et al., 1998). Sie reagiert nicht so sensibel wie die Herzfrequenz auf Belastungsveränderungen, ist aber im Minutenbereich ein geeigneter Parameter (Pearce & Milhorn, 1977).

Schwankungen der Atemfrequenz sind u. a. auf verschiedene Arten der Atmung zurückzuführen. Bei der schnellen, flachen Atmung werden bis zu 30 Atemzüge pro Minute erreicht, allerdings ist der Atemeffekt gering (Spornitz, 1993). Demgegenüber steht die tiefe und langsame Atmung mit weniger Atemzügen, aber einem großen Atemeffekt (ebd.). Der Ablauf des Ein- und Ausatmungsprozesses erfolgt nach Faller (2009) automatisch und wird über das Atemzentrum, welches sich im Stammhirn zwischen Rückenmark und Gehirn befindet, gesteuert. Neben der automatischen Steuerung existiert eine willentliche Steuerung (Unterbrechung oder Veränderung) der Atmung, wobei Ein- und Ausatmen sowie Atempausen in gewissen Grenzen beeinflusst werden können (ebd.). Gründe dafür sind z. B. Sport, Sprechen oder die bewusste Atmung bei Erregung oder Angst (ebd.). Im Normalfall sollte der Atem „autonom fließen und möglichst frei, flexibel und ökonomisch auf alle inneren und äußeren Einflüsse reagieren können" (Faller, 2009).

Die Atemfrequenz wird u. a. von der Körpertemperatur (erhöhte Atemfrequenz bei Fieber), der Temperatur der Atemluft und Stress (erhöht die Atemfrequenz) beeinflusst (Staudinger & Sarikas, 2010). Hormone, wie z. B. das Adrenalin, welches bei psychischer Erregung oder körperlicher Arbeit ausgeschüttet wird, steigern die Atemfrequenz, wohingegen es bei starker Unterkühlung zu einer Reduktion der Atemfrequenz kommt (Faller, 2009). Ein weiterer Einflussparameter auf die Atemfrequenz ist das Rauchen: die Bronchien verengen sich und es kommt zu einer Verminderung der Sauerstofftransportkapazität im Blut (de Marées, 2003). Das Rauchverhalten in der Bevölkerung und der Einfluss des Rauchens werden in Studien untersucht (Zeiher, Kuntz, & Lange, 2017). Infolge des Rauchens kommt es neben der Erhöhung der Herzfrequenz ebenso zu einer Erhöhung der Atemfrequenz (Balakumar & Kaur, 2009; Weil, Stritzke, & Schunkert, 2012).

Im menschlichen Körper stehen Herz- und Lungenaktivität in einem engen Zusammenhang (de Marées, 2003). Auf den Menschen einwirkende körperliche Belastung, z. B. durch Muskelarbeit, führt dazu, dass sich die Herzfrequenz erhöht und auch die Atemfrequenz ansteigt (ebd.). Aus der Kopplung von Herz- und Atemrhythmus lässt sich ein weiterer vegetativer Indikator ableiten: der **Puls-Atem-Quotient (PAQ)** (Hauschild et al., 2012). Dieser gibt an „wie oft das Herz während eines Atemzuges schlägt" (ebd.). Der Begriff Puls-Atem-Quotient wurde durch Hildebrandt in Untersuchungen seit den 1960er Jahren geprägt und wird unter der Bezeichnung PAQ bzw. QP/A in der Literatur geführt (Bräuer, Küchler, & Wolburg, 1973; Heckmann, 2001; Hildebrandt & Daumann, 1965). An dieser Stelle wird explizit auf den Unterschied von Herzfrequenz und Puls bzw. Pulsfrequenz hingewiesen (Sammito et al., 2014). Der Puls wird peripher erfasst, d. h. am Hals oder Handgelenk ermittelt und kann eine Differenz zur Herzfrequenz aufweisen, die als Pulsdefizit bezeichnet wird (ebd.). In der vorliegenden Dissertation wird die in der Literatur verbreitete Bezeichnung PAQ beibehalten, die Ermittlung des Quotienten erfolgt über den Parameter Herzfrequenz.

Zwischen den rhythmischen Funktionen von Herzfrequenz und Atmung existiert eine harmonische Frequenzabstimmung, die vor allem unter Ruhebedingungen vorliegt und im Schlaf intensiviert wird (Raschke, Bockelbrink, & Hildebrandt, 1976). „Das Frequenzverhältnis beträgt beim gesunden ruhenden Menschen 4:1" (Hildebrandt et al., 1998). Die Abstimmung, d. h. Koordination der Rhythmen hat „besonders bei hintereinander geschalteten Systemen (z. B. Atmung – Kreislauf; Abschnitte des Verdauungstraktes) funktionelle und ökonomische Bedeutung für das Gesamtsystem" (ebd.). Unter trophotropen Bedingungen (bei Entspannung) konnte diese Abstimmung durch Studien gezeigt werden, während unter ergotropen Bedingungen (bei Leistungssteigerung) die rhythmischen Funktionen durchbrochen und teilweise aufgehoben wurden (Engel, Hildebrandt, & Voigt, 1969). In Untersuchungen beim Stehen und bei leichten Belastungen konnten „ein allgemeines regulatorisches Prinzip" und eine „Konkordanz [Übereinstimmung] zwischen Puls und Atmung" nachgewiesen werden (Hildebrandt, 1960; Weckenmann, 1982). In diesem Zusammenhang wurden die Begriffe rhythmische Konkordanz (Erhöhung der Puls- und Atemfrequenz, sodass der PAQ gleich bleibt) und rhythmische Diskordanz (Veränderung der Puls- und Atemfrequenz derart, dass sich der PAQ verändert) geprägt (Weckenmann, 1975). Der PAQ wird, gemeinsam mit weiteren Indikatoren, in der „Kardiologie, Psychiatrie und Psychosomatik" eingesetzt und dient als dynamischer und koordinativer Indikator der

„Evaluation von Stress und Überforderungszuständen in der Arbeits- und Präventivmedizin" (Hauschild et al., 2012).

Bei Entspannung sinkt der PAQ, bei Anspannung erhöht er sich und erreicht am Tag unter ergotropen Bedingungen, d. h. bei Anpassung des Körpers an äußere Belastungen durch Aktivitätssteigerung, Verhältnisse im Spektrum zwischen 2:1 und 12:1 (Hauschild et al., 2012; Hildebrandt et al., 1998; Marti, 2013). Neben dem Idealverhältnis des PAQ von 4:1 in Ruhe liegen durch Untersuchungen weitere charakteristische Werte vor. Bei Studien zur Ermittlung des PAQ im Stehen wurde ein Wert von 5:1 festgestellt (Weckenmann, 1982). Studien zur Untersuchung des PAQ bei körperlicher Belastung wurden u. a. durch Hildebrandt & Daumann (1965) bei einem Probandenkollektiv aus 16 männlichen Versuchspersonen zwischen 19 und 28 Jahren durchgeführt. Einschränkend wurde auf die Möglichkeit der willentlichen Beeinflussung der Atemfrequenz hingewiesen (ebd.). In verschiedenen Leistungsstufen zwischen 30 und 150 Watt über eine Dauer von 30 Minuten (9 davon wegen Erschöpfung vorzeitig abgebrochen) stiegen sowohl Puls- als auch Atemfrequenz „bis fast auf das Dreifache der Ruhewerte" an (ebd.). Trotz dieser Veränderung blieb das Frequenzverhältnis der Parameter „im Bereich von 4,0 bis 4,5:1" (Hildebrandt & Daumann, 1965). Damit näherte sich der PAQ bei Arbeit wieder dem Verhältnis des ruhenden Menschen von 4:1, wobei ein zunehmendes Konvergieren zum Normwert mit zunehmender Belastung festgestellt wurde (ebd.). Der Puls-Atem-Quotient wird aufgrund seiner Abhängigkeit von Herzfrequenz und Atemfrequenz durch die im Vorfeld beschriebenen Einflussgrößen bestimmt. Weiterhin wird in der Literatur auf die Abhängigkeit des PAQ vom Chronotyp hingewiesen (Hildebrandt, 1976a). In verschiedenen Studien wurde eine „Unverträglichkeit von Nacht- und Schichtarbeit" bei Menschen vom Morgentyp („Lerchen") nachgewiesen, wohingegen Abendtypen („Eulen") geringere Umstellungsprobleme bez. ihrer Lebensweise und Anpassung an das Schichtsystem haben (Hildebrandt, 1976; Östberg, 1973; Pátkai, 1971).

Die im aktuellen Abschnitt beschriebenen Parameter und deren Einflussfaktoren sollten bei der Untersuchung der Beanspruchung einbezogen werden. Nachdem im Abschnitt 2.1 ausführlich die Messmethoden, Parameter und deren Einflüsse dargelegt wurden, werden im zweiten Grundlagenabschnitt der vorliegenden Dissertation die Themen Altern und Alter fokussiert.

2.2   Altern und Alter

Altern ist ein natürlicher biologischer Vorgang, der sich im Laufe des Lebens vollzieht (Meissner-Pöthig, Michalak, & Schulz, 2004). Der Alterungsprozess beginnt mit der Befruchtung und endet mit dem Tod (ebd.). Er erfolgt auf allen hierarchischen Ebenen von einzelnen Zellen über einzelne Organe bis hin zu Organsystemen (ebd.). „Altern ist [...] ein genetisch „programmierter", lebenslanger, universeller, irreversibler und notwendiger Prozess" (Meissner-Pöthig et al., 2004). In den nachfolgenden Abschnitten wird zunächst auf die Auswirkungen des Alterungsprozesses auf die menschlichen Fähigkeiten eingegangen, anschließend werden ausgewählte Modelle des Alterns vorgestellt und darauf aufbauend der ältere Mitarbeiter im Arbeitskontext betrachtet.

2.2.1 Alter(n)sbedingte Veränderung der Fähigkeiten des Menschen

Im Laufe des Lebens kommt es zu Veränderungen der individuellen physischen und psychischen Fähigkeiten, die unterschiedlichen Alterungsprozessen unterliegen (Abbildung 7) (Meissner-Pöthig et al., 2004). Auf welche Art und Weise sich Veränderungen vollziehen und wie stark jeder einzelne Mensch von den Veränderungen betroffen ist, unterliegt inter- und intraindividuellen Schwankungen und kann nicht allgemein vorhergesagt werden (Iller, 2005).

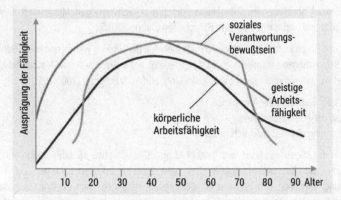

Abbildung 7: Die asynchronen Verläufe von körperlichem, geistigem und seelisch-sozialem Altern (Meissner-Pöthig et al., 2004)

Genetisch bedingt ist ein Anteil von 20 – 30 %, die weitere Entwicklung ist stark geprägt vom persönlichen Lebenswandel (sportliche Aktivität, Ernährung, Alkoholkonsum, Rauchen, Schlafverhalten), aber auch von der Erwerbsbiografie und den summierten Belastungen, die im Berufsleben auf die Menschen einwirken (Rensing & Rippe, 2013). Die große Bandbreite der individuellen Variabilität der Leistungsfähigkeit im Alter resultiert nach Weineck (2004) aus dem Alterungsprozess und Alterungsebenen des menschlichen Organismus, der aus verschiedenen Organsystemen besteht. „Zwar altert der Organismus als Ganzes, aber seine Organe, Gewebe, Zellen und subzelluläre Strukturen haben ein mehr oder weniger ausgeprägtes eigenzeitliches Altern" (Weineck, 2004).

Tabelle 7: Tendenzielle Verläufe ausgewählter alter(n)sbedingter Veränderungen menschlicher Fähigkeiten (Adenauer, 2002; Jaeger, 2015; Prasch, 2010)

Tendenziell abnehmend	Tendenziell gleichbleibend	Tendenziell zunehmend
- Sehvermögen	- Sprachkompetenz	- Sozialkompetenz
- Hörvermögen	- Aufmerksamkeit	- Selbsteinschätzung
- Muskelkraft	- Konzentrationsfähigkeit	- Lebens- und Berufserfahrung
- Bewegungsgeschwindigkeit	- Kreativität	- Zuverlässigkeit
- Kurzzeitgedächtnis		- Beurteilungsvermögen
- Reaktionsgeschwindigkeit		
- Wahrnehmungsfähigkeit		

Der Fokus der vorliegenden Dissertation liegt auf Mitarbeitern im Arbeitsprozess, daher werden nachfolgend die Veränderungen der individuellen Fähigkeiten des Menschen während der Spanne des Erwerbslebens betrachtet. Dabei treten folgende Entwicklungstendenzen auf (Tabelle 7):

- „mit höherem Alter eher abnehmende Fähigkeiten,
- mit dem Alter unverändert bleibende Fähigkeiten,
- Fähigkeiten, die sich mit zunehmendem Alter positiv entwickeln können" (Jaeger, 2015).

Zu den tendenziell **abnehmenden Fähigkeiten** zählen u. a. **Sehvermögen, Muskelkraft, Bewegungsgeschwindigkeit** und bestimmte **kognitive Fähigkeiten** (Jaeger, 2015).

Über Augen und Ohren werden 90 % der Informationen aus der Umwelt wahrgenommen (Schmalstieg, 2012). Das **Sehvermögen** verändert sich alter(n)sbedingt auf vielfältige Weise. Natürliche Alterungsvorgänge des Auges sind nach Jacobi, Biesaliski, Gola, Huber, & Sommer (2005) z. B.:

- Verlust der Elastizität der Augenlinse,
- Trübung der Augenlinse sowie
- Verkleinerung des Pupillendurchmessers.

Die Elastizität der Augenlinse lässt nach Jacobi et al. (2005) ab etwa 45 Jahren nach und führt zur Herausbildung von Altersweitsichtigkeit und dem Nachlassen der Fähigkeit zur Nah- und Fernanpassung. Zwischen dem 50. und 60. Lebensjahr verlängern sich die Anpassungszeiten an verschiedene Beleuchtungssituationen (Biermann & Weißmantel, 2003). Da sich die Zellzusammensetzung der Linse im Laufe des Lebens verändert, kommt es zur Reduktion der Transparenz, d. h. einer Eintrübung der Linse (Jacobi et al., 2005). Der Pupillendurchmesser reduziert sich zwischen 30 und 80 Jahren um ca. 60 %, sodass die Lichtmenge auf der Netzhaut geringer wird (ebd.). Diese anatomischen Veränderungen haben Auswirkungen auf verschiedene Seheigenschaften. Der Nahpunkt, als kürzester Abstand eines Sehobjektes vom Auge, bei dem ein scharfes Sehen gerade noch möglich ist, rückt immer weiter vom Auge weg und ist etwa ab dem 45. Lebensjahr weiter entfernt als der normale Leseabstand von 33 cm (Biermann & Weißmantel, 2003; Speckmann, Hescheler, & Köhling, 2009). Die Kontrastwahrnehmung, die durch Auswertung der Helligkeitsunterschiede benachbarter Flächen erfolgt, verschlechtert sich ab dem 40. Lebensjahr (Berke, 2016; Speckmann et al., 2009). Studien zufolge benötigen 70 % der Menschen über 60 Jahren den 3-fachen Kontrast im Vergleich zu 20-Jährigen, um die gleiche visuelle Leistungsfähigkeit zu erreichen (Berke, 2016; Blackwell & Blackwell, 1971). Die Eintrübung der Augenlinse hat ebenso Einfluss auf das Farbsehen: die Linse des Auges wird, beginnend mit dem 30. Lebensjahr, gelblicher und absorbiert den kurzwelligen Teil des Lichts stärker (Keil, 2011; Speckmann et al., 2009). Weiterhin verkleinert sich das Gesichtsfeld mit zunehmendem Alter, da das Auge durch Substanzverlust der Gesichtsknochen tiefer in die Augenhöhle sinkt (Berke, 2016). Bei einem verkleinerten Gesichtsfeld werden Objekte, die sich aus der Umgebung in das Gesichtsfeld bewegen, erst verspätet wahrgenommen und Objekte am Rande des Gesichtsfeldes schlechter gesehen (ebd.). Das Gesichtsfeld eines 60-Jährigen ist ca. 50 % kleiner als das Gesichtsfeld eines 20-Jährigen (ebd.).

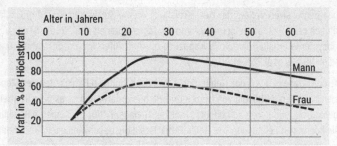

Abbildung 8:   Physische Leistungsfähigkeit von Frauen und Männern in Abhängigkeit vom Alter (nach Becker & Hettinger, 1993)

Im fortgeschrittenen Alter führen Veränderungen am Bewegungssystem zu Auswirkungen „auf die Funktionalität und Beweglichkeit des Menschen" (Jacobi et al., 2005). Zum aktiven Bewegungssystem gehören Muskeln und Hilfseinrichtungen wie Sehnen und Sehnenscheiden, zum passiven Bewegungsapparat zählen Knochen, Knorpel und Bänder (Richard & Kullmer, 2013). Die Veränderung der Muskelkraft, vor allem der maximalen Muskelkraft, hängt mit der alter(n)sbedingten Abnahme der Skelettmuskelmasse zusammen (Prasch, 2010; Scherf, 2014; Weineck, 2004). Die Muskelkraft-abnahme „gilt als eine der bekanntesten Alterserscheinungen" und verläuft unterschiedlich in den einzelnen Muskelgruppen (Weineck, 2004). Das Maximum der Muskelkraft (Abbildung 8) wird zwischen 25 und 35 Jahren erreicht (Becker & Hettinger, 1993; van den Berg, 2007). Bis zum Alter von ca. 50 bis 60 Jahren reduziert sich die Muskelkraft um 4 – 5 % pro Dekade, danach um ca. 15 % pro Dekade (van den Berg, 2007). Von den alter(n)sbedingten Veränderungen sind neben der Maximalkraft auch die Schnellkraft oder Explosionskraft (Granacher, 2003), die Beinmuskelkräfte (Lindle et al., 1997), die Kräfte der Hände und Arme (Lindle et al., 1997) sowie die Kraftdosierung betroffen (Olafsdottir, Zhang, Zatsiorsky, & Latash, 2007). Weitere Veränderungen des Bewegungsapparates betreffen die Band-scheiben, wobei Untersuchungen zufolge bereits „ab dem 50. Lebensjahr alle Bandscheiben degeneriert sind" (van den Berg, 2007). Dieser Prozess beginnt bei Männern bereits mit 30 Jahren, wobei Übergewichtige stärker betroffen sind (ebd.). Die degressive Entwicklung von Muskel- und Skelettsystem, mit ihren Auswirkungen auf Belastbarkeit und Beweglichkeit im Arbeitsprozess tritt „im Speziellen natürlich bei einseitig belastenden Tätigkeiten" auf (Bruch et al., 2010).

Die Bewegungsgeschwindigkeit unterliegt ebenfalls einer alter(n)sbedingten Abnahme (Hodgkins, 1962). Am Beispiel schneller, rhythmischer Bewegungen, die sich aus Willkür- und Reflexbewegungen zusammensetzen, konnte anhand von Studien zu den oberen Extremitäten eine signifikante Alters-abhängigkeit nachgewiesen werden (Potvin, Syndulko, Tourtellotte, Lemmon, & Potvin, 1980; Schulz, 2002). Dabei wurde festgestellt, dass ein Anspruch an die Genauigkeit der Bewegung und der Treff-sicherheit besteht, aber zu einer Verringerung der Bewegungsgeschwindigkeit führt (Schulz, 2002).

Die alter(n)sbedingten Veränderungen einzelner Organe führen nach Weineck (2004) insgesamt zur Reduktion der Leistungsfähigkeit im Alter. Insbesondere „die Veränderungen des aktiven und passiven Bewegungsapparates, des Herz-Kreislauf- und des Herz-Lungen-Systems sind für die Verringerung der körperlichen Leistungsfähigkeit während des Alterns verantwortlich" (Weineck, 2004). Studien bestätigen den degressiven Verlauf der Herz-Kreislauf-, Atem-, Stoffwechsel- und muskulären Funktionen um jährlich ca. 1 – 2 % ab einem Alter von 30 Jahren (Baines et al., 2004; Kenny et al., 2008). Andere Organsysteme erhalten ihre volle Kapazität bis zum Alter von ca. 50 Jahren und nehmen anschließend ab (Kenny et al., 2008).

Wie alle anderen Organe ist auch das Gehirn und somit die **kognitiven Fähigkeiten** des Menschen von Veränderungen betroffen. Abhängig von Reizen und Herausforderungen ist es sehr flexibel und „wird ständig umgebaut, abgebaut, neu aufgebaut" (Voelcher Rehage, Tittlbach, Jasper, & Regelin, 2013). In Bezug auf die kognitiven Leistungen wie Gedächtnis, Reaktionsgeschwindigkeit, Koordination sowie Informationsaufnahme und -verarbeitung, erfolgt eine Differenzierung in kristallisierte und flüssige Intelligenz (Abbildung 9), die sich im Altersgang unterschiedlich entwickeln (Biermann & Weißmantel, 2003; Oswald & Gunzelmann, 1991; Seibt, Thinschmidt, Lützendorf, & Knöpfel, 2004).

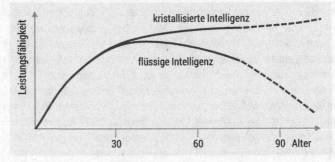

Abbildung 9:   Entwicklung psychischer Funktionen mit dem Alter (Oswald & Gunzelmann, 1991)

Kristallisierte Intelligenz umfasst nach Biermann & Weißmantel (2003) Fähigkeiten und Erfahrungen, die im Laufe des Lebens erworben wurden sowie das individuell gewachsene Wissen. Untersuchungen konnten zeigen, dass der Anteil der kristallisierten Intelligenz im Alter erhalten bleibt und sogar weiter ansteigen kann (Abbildung 9) (Oswald & Gunzelmann, 1991). Unter flüssiger Intelligenz ist die „grundlegende, neuronal verankerte Lern- und Leistungskapazität" zu verstehen (Biermann & Weißmantel, 2003). Sie dient dazu, neu auftretende, kognitive Probleme zu lösen und ist von der Gehirnkapazität abhängig (ebd.). Strukturelle Veränderungen im Alter sind u. a. die verringerte Durchblutung des Gehirns und der Abbau von Nervenzellen (Biermann & Weißmantel, 2003; Voelcher-Rehage et al., 2013). Die Folgen wirken sich auf den flüssigen Intelligenzanteil aus, d. h. Informationsverarbeitungsprozesse und Situationen, in denen Umstellungs- und Anpassungsfähigkeit erforderlich sind (Biermann & Weißmantel, 2003; Salthouse, 2000). Betroffen sind daher vor allem **Kurzzeitgedächtnis** (auch Arbeitsgedächtnis) und **Reaktionsgeschwindigkeit** (Ackermann, 2005; Biermann & Weißmantel, 2003; Voelcher-Rehage et al., 2013).

Im Kurzzeit- oder Arbeitsgedächtnis können Informationen kurzzeitig, d. h. für Minuten bis Stunden gespeichert und verarbeitet werden, wobei die Speicherkapazität des Systems begrenzt ist (Bösel, 2006; Šapkin, 2012). Die „Kapazitäten des Speicherns und die Gedächtnisleistung im **Kurzzeitgedächtnis**" (Kade, 2009) nehmen im Altersgang ab (Meister, 2007). Eine Studie mit 60 jüngeren

(20 – 35 Jahre) und 50 älteren (50 – 65 Jahre) Erwerbstätigen zeigte, dass es älteren Mitarbeitern schwerer fällt, handlungsrelevante Informationen zu aktualisieren und sich an wechselnde Handlungsanweisungen anzupassen (Šapkin, 2012). Die Ergebnisse deuten darauf hin, dass das Gehirn in der Lage ist, altersbezogene Defizite zu kompensieren, allerdings zu Lasten des Herz-Kreislauf-Systems (ebd.).

Die Reaktion auf Reize aus der Umwelt erfolgt bei älteren Menschen bedächtiger und langsamer, d. h. „die Reaktionsdauer wird länger, die **Reaktionsgeschwindigkeit** verlangsamt sich vor allem bei komplexen Anforderungen" (Biermann & Weißmantel, 2003). Beginnend mit dem 20. Lebensjahr verringert sich die Reaktionsgeschwindigkeit (Hodgkins, 1962). Auswirkungen zeigen sich dahingehend bez. der Hand-Auge-Koordination und Gleichgewichtsfähigkeit (Ackermann, 2005).

Alter(n)sbedingte Veränderungen der Sinne (z. B. Sehen, Hören) in Verbindung mit den kognitiven Veränderungen wirken sich auf die **Wahrnehmungsfähigkeit** aus (Schlick et al., 2010). Wahrnehmung bezeichnet dabei die aktive Teilhabe der Psyche an der Umgebung (Ansorge & Leder, 2011). In Abhängigkeit von der Wahrnehmungsfähigkeit wird nur eine Auswahl der Umgebung wahrgenommen – diese Selektion der Wahrnehmung wird als Aufmerksamkeit bezeichnet (ebd.). Im Arbeitsprozess ist die Aufmerksamkeit des Mitarbeiters erforderlich, wobei Informationen „korrekt aufzunehmen und zu bearbeiten und in entsprechende Reaktionen unter Abschirmung gegen äußere Störreize umzusetzen" sind (Schmidtke, 1966). Somit wirkt eine Vielzahl an Reizen auf den Mitarbeiter ein, wobei eine Unterscheidung in relevante Reize (z. B. Anzeigen von Instrumenten zur Überwachung des Fertigungsablaufes) und Störreize erforderlich ist (ebd.). Störreize sind Informationen, die am Arbeitsplatz auftreten, aber nicht zur Arbeitsaufgabe gehören und ausgeblendet bzw. gefiltert werden müssen (ebd.). Ältere Menschen sind nach van den Berg (2007) nicht mehr so gut in der Lage, die zusätzlich zur Aufgabe vorliegenden, aber irrelevanten Informationen auszublenden und ihre Aufmerksamkeit auf den für die Aufgabe bedeutsamen Reiz zu lenken. Sie sind schneller ablenkbar und langsamer bei Aufgaben, die eine hohe Aufmerksamkeit erfordern (ebd.). Diese liegt bei Aufgaben vor, bei denen viele Teilhandlungen simultan und koordiniert durchgeführt werden müssen (ebd.).

Zu den über die Erwerbsspanne tendenziell **gleichbleibenden Fähigkeiten** gehört z. B. Sprachkompetenz (Jaeger, 2015). Ältere sind Jüngeren bei sprachlichen Aufgaben überlegen, da ihnen durch den Erfahrungsvorsprung bez. sprachlicher Prozesse z. B. die visuelle Worterkennung leichter fällt (BMAS, 2012). Hirnphysiologische Untersuchungen machen deutlich, dass ältere Menschen kompensatorische Strategien einsetzen (vgl. Abschnitt 2.2.2), um einer ggf. verminderten Leistungsfähigkeit entgegenzuwirken (ebd.). Dieses Vorgehen ermöglicht die Aufrechterhaltung des kognitiven Potentials (ebd.).

Sozialkompetenz, Selbsteinschätzung, Lebens- und Berufserfahrung, Zuverlässigkeit und Beurteilungsvermögen zählen zu den tendenziell **zunehmenden Fähigkeiten** (Jaeger, 2015). Eine Vielzahl dieser Fähigkeiten entwickelt und verbessert sich im Laufe der Erwerbsbiographie durch erworbene Erfahrungen und Qualifikationen (Bruch et al., 2010; BMAS, 2013). Da die Fähigkeiten dem Bereich der kristallisierten Intelligenz zugeordnet werden können, sind sie weniger von den neuronalen Strukturen und der Gehirnkapazität abhängig (Biermann & Weißmantel, 2003). Ein kontinuierlicher Gebrauch der kognitiven Funktionen sorgt dafür, dass diese im Alter sogar noch ansteigen können (vgl. Abbildung 9) (ebd.). Ältere Mitarbeiter nehmen „ihre Aufgaben sehr ernst und sind sich ihrer Verantwortung in besonderem Maße bewusst" (BMAS, 2012). Durch die jahrelange Erfahrung im Umgang mit anderen Kollegen oder durch die Arbeit in Teams bauen ältere Mitarbeiter eine umfangreiche Sozialkompetenz auf und können besser mit Stress oder eigenen Emotionen umgehen (Bruch et al., 2010). Durch effektive und routinierte Problemlösestrategien und Erfahrungswissen sind ältere Mitarbeiter dazu in der Lage, Schwierigkeiten, berufliche Rückschläge und Arbeitsdruck gut zu bewältigen (ebd.).

Die körperlichen und geistigen Entwicklungen im Verlauf des Lebens werden nach Baldin (2008) zu folgenden Veränderungen zusammengefasst:

- Bei der Veränderung der körperlichen Leistungsfähigkeit handelt es sich nicht um plötzlich auftretende Ereignisse, sondern um kontinuierliche Prozesse (ebd.).
- Gesunde Lebensführung und körperliche Aktivität können zu einem Erhalt der körperlichen Leistungsfähigkeit im Alter beitragen (ebd.).
- Die seelisch-geistige Leistungsfähigkeit, in Bezug auf Wissen, Handlungskompetenz und Erfahrung, kann auch im höheren Lebensalter ansteigen (ebd.).

In Bezug auf die Veränderungen menschlicher Fähigkeiten, die tendenziell zunehmen, konstant bleiben oder abnehmen können (Tabelle 7), wird bereits bei Scherf (2014) kritisch angemerkt, „ob von Ergebnissen isolierter Tests einzelner Leistungsmerkmale Rückschlüsse auf die allgemeine Leistungsfähigkeit gezogen werden" können (Scherf, 2014). Studien, die unter Laborbedingungen einzelne Leistungsparameter und deren Limits testen, können in der Realität angewendete Kompensationseffekte nicht erfassen und bilden die „Komplexität der Realität" von Handlungsabläufen nicht ab (ebd.). Weiterhin sind in diesem Zusammenhang die intra- und interindividuellen Unterschiede bez. der Verläufe von Leistungsparametern im Altersgang zu bedenken sowie deren Überlagerung und gegenseitige Beeinflussung, die letztendlich zu einer großen Streubreite der körperlichen und geistigen Leistungsfähigkeit mit zunehmendem Lebensalter führen (Hess-Gräfenberg, 2004; Jordan, 1995; Riedel et al., 2012). In Bezug auf diese Thematik haben sich verschiedene Betrachtungsweisen der Altersverläufe etabliert, die im nachfolgenden Abschnitt näher beschrieben werden.

2.2.2 Ausgewählte Modelle des Alterns

Wenn es um das Alter geht, stellt sich die Frage: Ab wann ist ein Mensch alt? Die Frage kann nach Brandenburg & Domschke (2007) aus objektiver und subjektiver Sicht zu unterschiedlichen Antworten führen. Weiterhin besteht eine Diskrepanz in der gesellschaftlichen Wahrnehmung von Alter: „alt werden will jeder, alt sein oder sich alt fühlen will keiner" (ebd.).

Zur Unterscheidung von Alter in Bezug auf das Ergebnis eines Alterungsprozesses existieren verschiedene Formen von Alter:

- das chronologische oder **kalendarische Alter**,
- das **biologische** oder individuelle **Alter**,
- das **psychologische Alter** und
- das **soziale** oder soziologische **Alter** (Weineck, 2004).

Diese Formen stimmen selten miteinander überein, beeinflussen sich allerdings gegenseitig (Reimann, 1994). Das **kalendarische Alter** ist eine neutrale Bezeichnung von Alter auf einer numerischen Skala bezogen auf den Zeitpunkt der Geburt eines Menschen (Weineck, 2004). In der Realität zeigt sich, dass große Unterschiede zwischen Menschen des gleichen kalendarischen Alters vorliegen können (Keil, 2011). Das **biologische Alter** beschreibt die biologische Beschaffenheit eines Organismus im Vergleich zu Normwerten und wird durch Reifungsvorgänge (z. B. in Bezug auf die individuelle Biographie), exogene Faktoren (z. B. sozioökonomische und ökologische Bedingungen) und vom eigenen Verhalten (z. B. Ernährung, Schlafverhalten etc.) beeinflusst (Keil, 2011; Rensing & Rippe, 2013; Weineck, 2004). Das biologische Alter kann nach Meissner-Pöthig et al. (2004) erheblich vom kalendarischen Alter abweichen und wird durch aufwändige gerontologische Messverfahren in Verbindung mit definierten Altersindizes ermittelt. Das **psychologische Alter** wird beeinflusst durch „die individuelle Verarbeitung des lebenslangen Alterungsprozesses" (Müller, 2011), subjektiven Reaktionen auf erlebte Anforderungen und Aufgaben sowie durch das individuelle Selbstbild einer Person (Weineck, 2004). Die Gesellschaftsstruktur bestimmt das **soziale Alter** einer Person, wonach bestimmte Alterseinteilungen sowie Verhaltenserwartungen bzw. -vorschriften bez. des chronologischen Alters vorliegen (Reimann, 1994; Weineck, 2004). Je nach Lebensbereich variieren die Lebensjahre, ab denen eine Person als jung oder alt bezeichnet wird (Reimann, 1994).

In der Arbeitswissenschaft und den angrenzenden Wissenschaftsdisziplinen existieren verschiedene Modelle des Alterns:

- **Defizitmodell des Alterns**,
- **SOK-Modell** und das
- **Kompensationsmodell** oder Employability-Modell **des Alterns**.

Das **Defizitmodell des Alterns** postuliert eine durchgängig negative Betrachtung von Altern und Alter (Jaeger, 2015). Nach diesem Modell altern alle Menschen in der gleichen Weise und der Alterungsprozess wird mit der Abnahme und dem Verfall von Leistungsfähigkeit und Qualifikation gleichgesetzt (Bellmann, Gewiese, & Leber, 2006; Jaeger, 2015). In diesem Zusammenhang werden ältere Arbeitnehmer „überdurchschnittlich häufig Leistungsminderung, Qualifikationsdefizite, Gesundheitsgefährdung und Lernunwilligkeit sowie generell verringerte Arbeitsproduktivität zugeschrieben" (Bäcker & Heinze, 2013). Dieses Modell bildete sich in einer frühen Periode der Alternsforschung heraus und „ging einher mit den Ergebnissen früherer amerikanischer Intelligenztests, die bei zunehmendem Alter fallende Werte aufwiesen" (van den Berg, 2007). Diese wurden von Yerkes an US-Soldaten zwischen 18 und 60 Jahren durchgeführt, um aus den Ergebnissen eine Eignung für die Offizierslaufbahn abzuleiten (Yerkes, 1921). Das Defizitmodell mit der Vorstellung des generellen altersbezogenen Leistungsabbaus war in verschiedenen Forschungsdisziplinen vorherrschend, wobei die Möglichkeit zu Erhalt bzw. Verbesserung der Leistungsfähigkeit ausgegrenzt wurde (Keil, 2011). Mit Längsschnittuntersuchungen, bei denen eine Trennung der psychologischen Leistung in flüssige und kristallisierte Intelligenz erfolgte (Abbildung 9), konnte das Defizitmodell widerlegt werden (ebd.). Forschungsergebnisse zeigen, dass in Bezug auf Leistungsdifferenzen größere Unterschiede innerhalb der gleichen Altersgruppe vorliegen, als zwischen unterschiedlichen Altersgruppen (Behrend, 2002).

Aus der Psychologie entstammt das Modell der **Selektiven Optimierung mit Kompensation (SOK)**, das mit seinen drei Komponenten in einem handlungstheoretischen Rahmen wirksam wird und somit erfolgreiches Altern ermöglicht (Baltes & Baltes, 1990; Baltes, Baltes, Freund, & Lang, 1999). Je nach inhaltlichem Anwendungsbereich können Selektion, Optimierung und Kompensation spezifiziert werden (Staudinger & Baltes, 2000).

Allgemeingültig sind folgende Beschreibungen der Prozesse:

- „Selektion bezieht sich auf die Richtung, das Ziel oder das Ergebnis von Entwicklung […],
- Optimierung bezieht sich auf die Ressourcen, die Mittel, die das Erreichen von Entwicklungszielen oder Entwicklungsresultaten ermöglichen […],
- Kompensation bezeichnet eine adaptive Reaktion auf den Verlust von Mitteln (Ressourcen), die dazu dient, den Funktionsstatus aufrecht zu erhalten […]"(Staudinger & Baltes, 2000).

Durch **Selektion**, d. h. Auswahl, werden Ziele und Aktivitäten bewusst oder unbewusst reduziert (Baltes, P. B., 1996). Diese greift in Bezug auf Alltags- oder Berufssituationen, die sich mit zunehmendem Alter nicht mehr bzw. nicht mehr so gut ausführen lassen, u. a. bei hoher Belastung des Muskel-Skelett-Systems (z. B. bei schwerem Heben und Tragen) oder der Wahrnehmungsfähigkeit (z. B. bei Nacht-fahrten) (Scherf, 2014). Unter **Optimierung** wird das Bestreben verstanden, vorhandene Reserven auszuschöpfen und erforderliche „Handlungsmittel zu pflegen" (Baltes, P. B., 1996). Dies kann durch regelmäßiges und gezieltes Training der körperlichen und geistigen Fähigkeiten (z. B. durch sportliche Aktivitäten oder Denksportherausforderungen) erfolgen und wird durch Ergebnisse der Trainings-forschung gestützt (ebd.). In Situationen, bei denen keine Selektion möglich bzw. das Optimierungs-potential ausgeschöpft ist, wird die Strategie der **Kompensation** angewendet, indem z. B. Bewegungen langsamer ausgeführt werden (Scherf, 2014). Dieses vorausschauende Handeln, Anpassen von Handlungsstrategien und Bewegungsabläufen zur Zielerreichung kompensiert den „Verlust von einmal vorhandenen Fähigkeiten und Verhaltensweisen" (Baltes, P. B., 1996).

Paul Baltes, Mitbegründer der SOK-Theorie, erläuterte Selektion, Optimierung und Kompensation in einem Interview praktisch am Beispiel von Arthur Rubinstein, der noch mit 80 Jahren als gefragter Konzertpianist auftrat, dessen Erfolgsgeheimnis: „Erstens spiele er weniger Stücke, brauche folglich weniger im Kopf zu behalten (Selektion). Zweitens übe er diese häufiger (Optimierung). Und drittens spiele er vor schnellen Passagen extra langsam – das lässt die langsamen bedeutungsvoller und die schnellen schneller erscheinen (Kompensation)" (Etzold, 2003). Nach der SOK-Theorie erfolgt in jedem Entwicklungsprozess und über die gesamte Lebensspanne hinweg eine Neukombination von Selek-tion, Optimierung und Kompensation (Staudinger & Baltes, 2000). Ab einem Alter von ca. 80 Jahren erlauben „die Prozesse der Selektion, der Optimierung und der Kompensation keinen völligen Ausgleich der Verluste mehr" (Staudinger & Baltes, 2000).

Seit Beginn der 1990er Jahre etablierte sich mit dem arbeitswissenschaftlichen **Kompensationsmodell** bzw. Employability-Modell eine differenzierte Betrachtung des Alterns und die Arbeitswissenschaft distanzierte sich von der Defizit-Theorie (Schlick et al., 2010; Schmauder & Spanner-Ulmer, 2014).

Im Gegensatz zum Defizitmodell zeichnet sich das Kompensationsmodell durch folgende Annahmen aus (vgl. Abschnitt 2.2.1):

- Der Alterungsprozess wird als Wandel von Fähigkeiten verstanden, die abnehmen, stabil bleiben oder zunehmen können (Adenauer, 2002; Jaeger, 2015).
- Es existieren individuelle Unterschiede, die von verschiedenen Einflussfaktoren abhängig sind, d. h. „jeder altert zu einem anderen Zeitpunkt und in unterschiedlicher Weise" (Schlick et al., 2010).
- Organe und Funktionen einer Person unterliegen unterschiedlichen Alterungsprozessen (Adenauer, 2002; Weineck, 2004).
- Es gibt Unterschiede bez. der körperlichen und geistigen Entwicklung (Adenauer, 2002).
- Im Alter sind Verhaltensänderung und Lernen möglich (Axhausen, 2002; BMAS, 2014; Zimmermann, 2008).
- Die Leistungsfähigkeit Älterer sollte differenziert beurteilt werden (Adenauer, 2002).

Den Hintergrund für das arbeitswissenschaftliche Kompensationsmodell bildet das „Haus der Arbeitsfähigkeit", welches im Kontext des demografischen Wandels ein Erklärungsmodell darstellt, um das Ziel zu erreichen, eine sowohl alterns- als auch altersgerechte Arbeitswelt zu schaffen (Schmauder & Spanner-Ulmer, 2014).

Das Konzept der Arbeitsfähigkeit wurde Ende des 20. Jahrhunderts vom „Finnish Institute of Occupational Health" (FIOH) vorgestellt und gründet sich zum Teil auf Langzeitstudienergebnissen mit mehr als 6.500 Probanden (Deller, 2008). Arbeitsfähigkeit ist nach Ilmarinen & Tempel (2002) „als die Summe von Faktoren definiert, welche eine Person in einer bestimmten beruflichen Situation in die Lage versetzen, gestellte Aufgaben erfolgreich zu bewältigen" (Rimser, 2014). Das Konzept unterstreicht nach Deller (2008), dass Arbeitsfähigkeit auf den Wechselwirkungen zwischen den Anforderungen der Arbeit auf der einen Seite und den menschlichen Ressourcen auf der anderen Seite beruht. Für eine gute Arbeitsfähigkeit muss „die Passung zwischen Arbeitenden und Arbeit" stimmen (ebd.).

Das Haus der Arbeitsfähigkeit setzt sich nach Deller (2008) aus vier aufeinander aufbauenden Stockwerken zusammen: **Gesundheit, Qualifikation, Werte** und **Arbeit. Gesundheit**, als „physische, psychische und soziale Leistungsfähigkeit" (Riedel et al., 2012) bildet die Grundlage für die Arbeitsfähigkeit, wobei sich beide gegenseitig beeinflussen (Deller, 2008). Eingeschränkte Gesundheit kann sich negativ auf die Arbeitsfähigkeit auswirken, die gezielte Verbesserung der Gesundheit und damit Leistungsfähigkeit der Mitarbeiter wiederum positiv (ebd.). Mit Hilfe der **Qualifikation**, d. h. angeeignetem Wissen, Können und Schlüsselkompetenzen, begegnen die Mitarbeiter den ihnen gestellten beruflichen Anforderungen sowie Herausforderungen (ebd.). Im Arbeitsprozess und der Auseinandersetzung mit eigenen Einstellungen und der Motivation gegenüber der Arbeit bilden sich **Werte** heraus, die einen Einfluss auf die Ausprägung der Arbeitsfähigkeit haben (ebd.). Die **Arbeit**, „durch Belastung und Beanspruchung determiniert" (Riedel et al., 2012), bildet das größte Stockwerk und beinhaltet in einem komplexen Konstrukt Arbeitsplatz, Arbeitsaufgaben, das soziale Umfeld (Kollegen, Führungskräfte) sowie Arbeitsorganisation und -umgebung (Deller, 2008). Auf das Haus der Arbeitsfähigkeit wirken zusätzlich die gesetzlichen Regelungen in Form von Arbeitsschutz oder dem Betriebsärztlichen Dienst sowie das persönliche Umfeld (u. a. Familie und Freunde) des Mitarbeiters (ebd.).

In einer Langzeitstudie von 1981 bis 1992 fanden Ilmarinen & Tempel (2002) folgende Aspekte, die sich positiv auf die Arbeitsfähigkeit auswirken:

- „Verminderung von repetitiven monotonen Bewegungen" [...],
- „Zufriedenheit mit dem Verhalten des Vorgesetzten" [...],
- „anstrengendes körperliches Training in der Freizeit" (Ilmarinen & Tempel, 2002).

Die Arbeitsfähigkeit (work ability) wird nach Deller (2008) über einen Fragebogen ermittelt. Der daraus generierte Wert (Arbeitsfähigkeitsindex, WAI (Work Ability Index)) ermöglicht eine Einschätzung der Arbeitsfähigkeit und wird in Studien eingesetzt (Dombrowski & Evers, 2014; Frieling & Kotzab, 2014; Kloimüller, Karazman, Geissler, Karazman-Morawetz, & Haupt, 2000). Weiterhin dient der Wert als Indikator, um Handlungsbedarf zur Aufrechterhaltung oder Verbesserung der Arbeitsfähigkeit abzuleiten (Deller, 2008). Die Arbeitsfähigkeit kann bis ins späte Erwerbsleben aufrechterhalten werden, wenn die Arbeitsanforderungen und die individuellen Fähigkeiten in Einklang stehen (Hess-Gräfenberg, 2004).

Im Zusammenhang mit der SOK-Theorie und der Arbeitsfähigkeit findet sich in der Literatur das Konzept des „erfolgreichen Alterns" oder „successful aging" (Baltes & Baltes, 1990, 1994; Ilmarinen, 2005). Erfolgreiches Altern bezieht sich dabei nicht nur auf das Altwerden an sich, sondern auf die „Anpassung und Meisterung des eigenen Lebens" (Baltes, M. M., 1996). Zur Erfassung des Konstruktes wird dabei ein vielseitiges Kriterienprofil, bestehend aus Lebenslänge, körperlicher und geistiger Gesundheit, Lebenssinn und -zufriedenheit sowie persönliche Handlungskontrolle vorgeschlagen (Baltes & Baltes, 1994). Erfolgreiches Altern liegt vor, wenn „mehr Jahre und mehr Lebensqualität" erreicht werden (Baltes & Baltes, 1994). Um die psychische und physische Leistungsfähigkeit lange zu erhalten und „erfolgreich" zu Altern kann jeder Mensch „beitragen durch gesunde Ernährung, Verzicht auf Nikotin, Mäßigung beim Alkoholkonsum, körperliche Bewegung/alter(n)sangepassten Sport, Inanspruchnahme von Vorsorgeuntersuchungen, Vermeidung von negativem Stress, Förderung von positiven Situationen, geistige Aktivitäten, Erhalt/Entwicklung sozialer Kompetenz, aktive Teilnahme am Leben und positive Auseinandersetzung mit dem eigenen Älterwerden" (Brandenburg & Domschke, 2007).

Die Auswirkungen der Veränderungen der menschlichen Fähigkeiten sind inter- und intraindividuell und werden von verschiedenen Faktoren beeinflusst (vgl. Abschnitt 2.2.1; Iller, 2005). Aufgrund der vielfältigen Fähigkeitsausprägungen und Abhängigkeiten kann es zu einer großen Diskrepanz der menschlichen Fähigkeiten im Alter kommen (Jaeger, 2015). Welche Auswirkungen sich aus diesen Entwicklungen für ältere Mitarbeiter im Arbeitsleben und für die Unternehmen ergeben, wird im nachfolgenden Abschnitt näher betrachtet.

2.2.3   Ältere Mitarbeiter im Arbeitskontext

In Bezug auf den älteren Menschen im erwerbsfähigen Alter, d. h. den älteren Arbeitnehmer oder „aging worker", gibt es keine einheitliche Festlegung (Hess-Gräfenberg, 2004). „Als alternde o. ältere Arbeitnehmer werden Personen bezeichnet, die in der zweiten Hälfte ihres Berufslebens stehen, aber das Pensionsalter noch nicht erreicht haben und noch gesund sind" (OECD, 1967). Die Arbeitsmedizin zieht bez. präventiver Aspekte **älterer Mitarbeiter** die Altersgrenze bei 45 Jahren – auch die WHO spricht ab 45 Jahren vom „aging worker" (Brandenburg & Domschke, 2007; Landau & Pressel, 2009). Aus der arbeitswissenschaftlichen Sichtweise heraus erfolgt ebenso ab einem Lebensalter von 45 Jahren die Zuordnung zu den älteren Mitarbeitern, da etwa ab dem 45. Lebensjahr die arbeitsrelevanten Leistungsveränderungen auftreten (Ilmarinen, 2001).

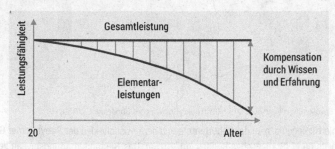

Abbildung 10:   Kompensation von Einschränkungen der körperlichen und geistigen Leistungsfähigkeit durch Wissen und Erfahrung (nach Jordan, 1995)

Nach Riedel et al. (2012) kann „nicht generell von einem Leistungsabfall im Laufe des späteren Berufslebens ausgegangen werden" und hohe Leistungen können bis an die Grenze des Ruhestandes erbracht werden (Abbildung 10). Dies erfolgt durch den Ausgleich nachlassender Fähigkeiten über Wissen und Erfahrung (Jordan, 1995). Die Anwendung von Kompensationsmöglichkeiten (vgl. Kompensationsmodell und SOK-Theorie in Abschnitt 2.2.2) hängt u. a. von Aus- und Weiterbildung, lebenslangem Training, optimalen beruflichen Anforderungen, Gesundheitszustand sowie Umfeldbedingungen ab (Riedel et al., 2012). Da das Erwerbsleben eines Menschen einen Großteil der Lebensspanne einnimmt, hat es nach Ilmarinen (2005) einen großen Einfluss auf den Alterungsprozess und die Chance auf ein erfolgreiches Altern beim Arbeiten. Unabdingbare Voraussetzungen dafür sind Kenntnisse bez. des Alterns und deren Einbeziehung bei der Gestaltung der physikalischen und sozialen Arbeitsumgebung (ebd.).

Die prognostizierte **Veränderung in der Bevölkerungsstruktur** in Deutschland führt dem Statistischen Bundesamt (2015a) zufolge bis 2060 dazu, dass das Durchschnittalter der Bevölkerung ansteigt und sich der Anteil älterer Menschen an der Gesamtbevölkerung erhöht. Ursache dafür sind „die abnehmende Zahl der Geburten und das Altern der gegenwärtig stark besetzten mittleren Jahrgänge" (Statistisches Bundesamt, 2015a). Von den demografischen Veränderungen der Gesamtbevölkerung sind ebenso Unternehmen und ihre Mitarbeiter betroffen: die **Anzahl der Menschen im erwerbsfähigen Alter nimmt ab** und der **Anteil älterer Mitarbeiter steigt an** (Statistisches Bundesamt, 2015a, 2015b).

Zur erwerbsfähigen Bevölkerung zählen Menschen „im Alter von 15 Jahren und älter" (Statistisches Bundesamt, 2017b). Das Renteneintrittsalter steigt im Zeitraum zwischen 2012 und 2029, schrittweise von 65 auf 67 Jahre an (SGB, 2008). Abbildung 11 zeigt die demografische Entwicklung in Deutschland, bezogen auf die Erwerbsbevölkerung zwischen 15 und 67 Jahren (dunkelgrau). In konkreten Zahlen wird die **Anzahl der Menschen im erwerbsfähigen Alter**, nach aktuellen Berechnungen des Statistischen Bundesamtes (2015b), von 55,4 Millionen (2015) auf 38,9 Millionen (2060) **abnehmen**.

Abbildung 11: Bevölkerungspyramiden 2015 – 2060 (nach Statistisches Bundesamt, 2015b)

Die Gründe hierfür liegen u. a. in der **Geburtenrate** und dem Ausscheiden der **Babyboomer-Generation** aus dem Arbeitsmarkt (Statistisches Bundesamt, 2015a). Das Bestanderhaltungsniveau liegt bei 2,1 Kindern pro Frau, die **Geburtenrate** mit 1,5 Kindern darunter (Statistisches Bundesamt, 2015a, 2017c). Dies hat zum einen zur Folge, dass weniger Jugendliche in den Arbeitsmarkt eintreten, wodurch sich ein Nachwuchskräftemangel ergibt und zum anderen, dass die Anzahl von potenziellen Müttern geringer wird, wodurch sich die künftige Kinderzahl weiter reduziert (Morschhäuser, 2002; Statistisches Bundesamt, 2015a). Als **Babyboomer-Generation** werden Menschen der Geburtsjahrgänge zwischen 1956 und 1965 bezeichnet (Oertel, 2014). Diese stellen die aktuell größte Altersgruppe der Gesamtbevölkerung und gleichzeitig größte Altersgruppe in den Unternehmen dar (Morschhäuser, 2002). Geburtenrückgang, Älterwerden und Ausscheiden der Babyboomer-Generation sowie Anhebung des Renteneintrittsalters führen zusammen mit dem Rückgang der Anreize für den Ruhestand (z. B. Altersteilzeit) dazu, dass „sich der Anteil älterer an den Erwerbstätigen wie Arbeitsuchenden erhöhen [wird] und auch die Belegschaften [...] älter werden" (ebd.).

Auf dem Arbeitsmarkt ist der **Anstieg des Anteils älterer Mitarbeiter** bereits spürbar: Zwischen 2002 und 2012 hat sich die Erwerbsquote der Mitarbeiter (Abbildung 12) in den Gruppen der 60- bis 64-Jährigen und 65- bis 69-Jährigen in etwa verdoppelt (Statistisches Bundesamt, 2014). Das Durchschnittsalter der Erwerbstätigen steigt somit kontinuierlich an und betrug dem Statistischen Bundesamt (2017) zufolge 2015 in Deutschland 43,4 Jahre – 1991 waren es noch 38,8 Jahre. Unterschiede zwischen berufstätigen Männern (1991: 39,4 Jahre; 2015: 43,4 Jahre) und Frauen (1991: 37,9 Jahre; 2015: 43,3 Jahre) sind aktuell kaum noch vorhanden (ebd.).

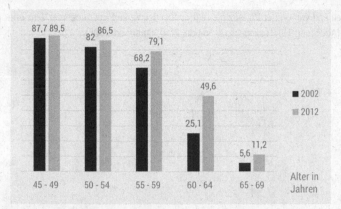

Abbildung 12:   Erwerbsquote bei Arbeitnehmern ab 45 Jahren in Prozent (nach Statistisches Bundesamt, 2014)

Vor dem Hintergrund der demografischen Veränderungen müssen sich Unternehmen den zukünftigen Herausforderungen stellen. Dazu gehören u. a.:

- Erhalt der **Produktivität** und Wettbewerbsfähigkeit (Jaeger, 2015; Sachverständigenrat zur Begutachtung der gesamtwirtschaftlichen Entwicklung, 2011),
- Erhalt von **Arbeitsfähigkeit** und **Gesundheit** der Mitarbeiter (Flato & Reinbold-Scheible, 2008; Hollmann, 2012).

Mit Alter und Arbeiten sind die Themen Leistungsfähigkeit und **Produktivität** eng verknüpft (Spanner-Ulmer, Mühlstedt, Scherf, & Roscher, 2012). In Bezug auf die Arbeitsmarktentwicklung stellt sich im Kontext der demografischen Veränderungen „die Frage, inwieweit eine alternde Erwerbsbevölkerung eine sinkende Wachstumsrate der Arbeitsproduktivität verursacht" (Sachverständigenrat zur Begutachtung der gesamtwirtschaftlichen Entwicklung, 2011). Eine Studie in den Branchen Produktion, Handel und Dienstleistung zeigt zusammengefasst einen Produktivitätsanstieg bis zum Alter von etwa 40 Jahren, der bis etwa 55 Jahren nahezu konstant bleibt und anschließend abfällt (Aubert & Crépon, 2003). In der Vergangenheit wurden Untersuchungen zur Produktivität nach Börsch-Supan, Düzgün, & Weiss (2007) vor allem auf einzelne Leistungskomponenten und Alter bezogen. Der Zusammenhang zwischen Arbeitsproduktivität und Alter wird allerdings von vielen verschiedenen Faktoren bestimmt, z. B. Erfahrung, Leistungsfähigkeit, Organisationsform, Gruppenzusammensetzung und Arbeitsbedingungen, sodass sich ein komplexes Gefüge an Einflussfaktoren ergibt (ebd.). Im heutigen Verständnis ist Arbeitsproduktivität nicht als Einzelleistung zu verstehen, sondern wird durch die Zusammenarbeit mit Kollegen realisiert (Börsch-Supan et al., 2007). Der Anstieg der Altersspanne, u. a. mit der Anhebung des Renteneintrittsalters verbunden, führt zu einer größeren Altersheterogenität, die „sowohl positive als auch negative Auswirkungen auf die Produktivität einer Gruppe haben kann" (Meyer & Nyhuis, 2012).

Die **Arbeitsfähigkeit** (vgl. Abschnitt 2.2.2) verändert sich im Laufe des Erwerbslebens (Ilmarinen, 2005). Ab ca. 50 Jahren „sind vor allem männliche Erwerbstätige in ihrer Arbeitsfähigkeit stärker beeinträchtigt als weibliche Erwerbstätige" (Riedel et al., 2012). Die Entwicklung der Arbeitsfähigkeit im Alter ist individuell und von großer Varianz geprägt, wobei der Verlauf mit zunehmendem Alter degressiv geprägt ist (Abbildung 13) (Hasselhorn & Freude, 2007; Ilmarinen, 2005).

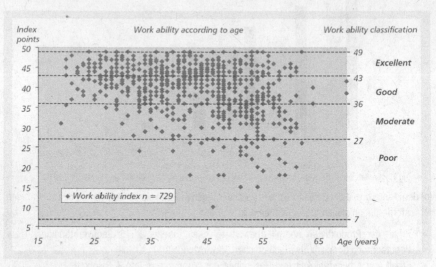

Abbildung 13:   Individuelle Verteilung der Arbeitsfähigkeit im Altersgang (Ilmarinen, 2005)

Um die Arbeitsfähigkeit der Mitarbeiter ein Arbeitsleben lang zu erhalten, werden nach Lohmann-Haislah (2012) verschiedene Maßnahmen empfohlen, die sich der Verhältnis- bzw. Verhaltensprävention zuordnen lassen. Verhältnisprävention bezieht sich auf Gesundheitsrisiken, die sich aus der Arbeit ergeben, z. B. durch Arbeitsverfahren, Arbeitsabläufe und Arbeitszeiten (ebd.). Im Gegensatz dazu werden unter Verhaltensprävention Maßnahmen verstanden, die auf das einzelne Individuum abzielen und damit die Vermeidung und Minimierung von Gesundheitsrisiken bzw. Förderung von Gesundheitskompetenz und gesundheitsgerechtem Verhalten anstreben (Lohmann-Haislah, 2012). Nach Hess-Gräfenberg (2004) werden folgende Maßnahmen zur Aufrechterhaltung der Arbeitsfähigkeit empfohlen:

- Minimierung von physikalischen Belastungen (z. B. Hitze, Kälte) und Einflüssen (z. B. Lärm, Vibrationen),
- „monotone und repetitive Tätigkeiten, Arbeiten mit einseitig statischer Belastung, Tragen schwerer Lasten oder Tätigkeiten, die in Zwangshaltung ausgeführt werden müssen" vermeiden,
- Gestaltungsspielraum bez. Arbeitsablauf, -methode und -geschwindigkeit vorsehen und
- regelmäßige Fort- und Weiterbildung anbieten (Hess-Gräfenberg, 2004).

Einen großen Anteil an der Abnahme der Arbeitsfähigkeit im Altersgang hat die **Gesundheit**, welche die Basis im Haus der Arbeitsfähigkeit darstellt (Ilmarinen, 2005). Eine nachlassende Gesundheit zeigt sich in Form von Arbeitsunfähigkeitstagen im Altersverlauf (ebd.). Nach Marschall et al. (2017) liegt in den jungen Altersgruppen eine höhere Anzahl an Arbeitsunfähigkeitsfällen im Vergleich zu älteren Gruppen vor. Die Häufigkeit bei jüngeren Arbeitnehmern resultiert vor allem aus einem höheren Unfall- und

Verletzungsrisiko bei Freizeitaktivitäten und geringfügigen Erkrankungen, z. B. Atemwegsinfekten (ebd.). Demgegenüber steht eine mit zunehmendem Alter ansteigende Arbeitsunfähigkeitsdauer (ebd.). „Bei den über 60-Jährigen werden rund 61 Prozent des Krankenstandes durch Erkrankungen von über sechs Wochen Dauer verursacht" (Marschall et al., 2017). Der Gesundheitszustand der Mitarbeiter spielt in Bezug auf die Leistungsfähigkeit eine entscheidende Rolle: „Der eine fährt mit 90 noch Fahrrad, der andere kann sich nach einem Bandscheibenvorfall kaum noch rühren". (Morschhäuser, 2002). Eine intensive Gesundheitsförderung, verbunden mit der Forderung, Arbeitsinhalte und -organisation in der Art zu gestalten, dass „die Mitarbeiter über ihre Lebensarbeitszeit hinweg ohne arbeitsbedingte physische oder psychische Einschränkungen arbeiten können" (Buck, 2002) sollen zu einer neuen Arbeitsqualität für die Menschen beitragen (Frieling, 2006).

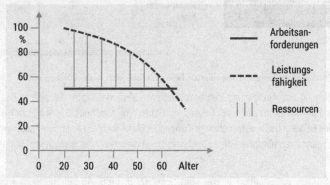

Abbildung 14: Arbeitsanforderungen und Leistungsfähigkeit (Ilmarinen, 2005)

Produktivitätsanforderungen und die Verlängerung des Erwerbslebens adressieren dabei sowohl allein, als auch gemeinsam den Aspekt vom „gleichbleibenden alternsignoranten Anforderungsprofil und einem sich in seiner Gesamtheit wandelnden psychophysischen Fähigkeitsprofil" (Hess-Gräfenberg, 2004). Verdeutlicht wird dieser Zusammenhang folgendermaßen: Die Leistungsfähigkeit reduziert sich (vgl. Abschnitt 2.2.1), aber die Anforderungen der Arbeit bleiben konstant (Abbildung 14; Buck, 2002; Ilmarinen, 2005). Die Leistungsfähigkeit des Menschen, bestehend aus physischen, psychischen und sozialen Komponenten, sollte die Arbeitsanforderungen aber übersteigen, um die Gesundheit, Sicherheit und Erholung der Mitarbeiter zu gewährleisten (Ilmarinen, 2005). Es besteht die Notwendigkeit, Arbeitsbedingungen derart zu gestalten, dass ein gesunder Verbleib älterer Mitarbeiter im Arbeitsprozess ermöglicht wird (ebd.).

Die Auswirkungen von gleichbleibenden Arbeitsanforderungen und veränderter Leistungsfähigkeit zeigt sich z. B. in Bezug auf Ausführungszeiten von Arbeitstätigkeiten. Bereits in den 1950er Jahren konnte durch Studien von Graf (1955) und de Jong (1959) festgestellt werden, dass sich alter(n)s-bedingte Unterschiede in den Ausführungszeiten ergeben. Die schnellere Ausführung von Arbeits-tätigkeiten ergab in einer Studie von Graf (1955), dass sich die jüngeren Mitarbeiter durch Unterschreitung der vorgegebenen Ausführungszeiten mehr erholungswirksame Wartezeiten (30 %)

im Vergleich zu älteren Mitarbeitern (7 %) erarbeiten konnten (Keil, Hensel, & Spanner-Ulmer, 2010; Zülch & Becker, 2006).

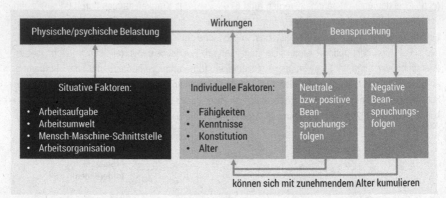

Abbildung 15: Wirkzusammenhänge von Belastung und Beanspruchung (nach Jaeger, 2015)

Unter Einbeziehung des Alterns und den beschriebenen Veränderungen, die sich in Bezug auf die menschlichen Fähigkeiten im Laufe des Lebens vollziehen (vgl. Abschnitt 2.2), ergibt sich ein differenziertes Bild des Belastungs-Beanspruchungs-Konzeptes (Abbildung 15) unter Einbeziehung der Beanspruchungsfolgen, deren negative Folgen „sich mit zunehmendem Alter kumulieren" können (Jaeger, 2015).

Vorliegende Studien zur Situation älterer Mitarbeiter (z. B. BIBB/IAB-Befragungen) weisen Unterschiede in der Arbeitsbelastung nach, die sich hinsichtlich „Branche, Qualifikation und Mechanisierungsgrad der Tätigkeit bzw. des Arbeitsmittel" unterscheiden (Bäcker, 2009). Altersunterschiede werden als „relativ gering" beschrieben (ebd.). Die Interpretation der Ergebnisse ist dadurch erschwert, dass keine Trennung von Alters- oder Gruppeneffekten möglich ist, da zusätzliche Einflüsse, wie z. B. der „Healthy-Worker-Effekt" zum Tragen kommen (ebd.). Der „Healthy-Worker-Effekt" bezeichnet nach Hartmann (2015) einen Prozess der Selbstauslese bei belastenden Arbeitstätigkeiten, sodass „hoch belastete Personen eher aufgrund von Krankheit aus dem Berufsleben ausscheiden und daher bei den älteren Erwerbstätigen der Anteil von Belasteten insgesamt abnimmt, weil nur die Gesunden und Unbelasteten im Erwerbsleben verbleiben" (Dragano, 2007). Dieser Effekt wird in verschiedenen Studien beschrieben (Baillargeon, 2001; Li & Sung, 1999; Shah, 2009).

Weitere Studien zur Belastung dokumentieren, dass ältere Mitarbeiter einem Gesundheitsrisiko aufgrund „der Intensität der einwirkenden körperlichen und psychisch-mentalen Arbeitsbelastungen, deren Zusammenwirken (Mehrfachbelastungen) und vor allem von der Belastungsdauer" ausgesetzt sind (Wübbeke, 2005). Dabei weisen diejenigen Mitarbeiter, welche einem hohen Belastungsniveau ausgesetzt sind, hinsichtlich der physischen und psychischen Gesundheit schlechtere Werte auf (Tophoven & Hiesinger, 2015). Als belastend für ältere Mitarbeiter werden u. a. Arbeit unter Zeitdruck, körperlich schwere Arbeit sowie Arbeit in Schichtsystemen genannt (Hasselhorn & Burr, 2015; Hess-Gräfenberg, 2004; Riedel et al., 2012). Wie sich die Belastungen auswirken, die im Laufe des

Erwerbslebens auf die Mitarbeiter einwirken, ist allerdings nicht bekannt. Die Erkenntnis der bisherigen Forschung ist, dass „primär die langjährigen belastenden und einschränkenden Arbeitsbedingungen" die Ursache für Beeinträchtigungen sind (Wachtler, 2000). Dazu gehören **einseitige Belastungen** und die **zunehmende Leistungsverdichtung** im Arbeitsprozess (Jaeger, 2015; DGB-Index Gute Arbeit GmbH, 2012). Im organisatorischen Kontext wird im Zuge von Vermeidung **einseitiger Belastungen** das Konzept der Job Rotation (Arbeitsplatzwechsel) als Lösungsansatz genutzt (Dombrowski & Evers, 2014; Kratzsch, 2000). Studien, die sich mit der Integration menschlicher Kriterien zur Gestaltung von Job Rotation befassen, nutzen dabei vor allem Aspekte der subjektiven Bewertung der Arbeitsbelastung, menschliche Fehler und kumulierte Arbeitsbelastung (Yoon, Ko, & Jung, 2016). Das Konzept der Job Rotation bietet Potential, allerdings erfolgt der Einsatz bislang nicht auf Basis arbeitswissenschaftlicher Erkenntnisse und unter Beachtung der Beanspruchung der Mitarbeiter (Keil, 2011). Eine **zunehmende Leistungsverdichtung**, die sich u. a. durch den Wegfall von Wartezeiten, unnötigen Bewegungen oder nicht wertschöpfenden Abläufen äußern kann, wird von den Mitarbeitern verstärkt berichtet (Becks, 2003; DGB-Index Gute Arbeit GmbH, 2012). Ältere Mitarbeiter können der Leistungsverdichtung durch Anwendung geeigneter Strategien (z. B. SOK-Strategien; Baltes & Baltes, 1990) bis zu einem gewissen Maß entgegenwirken (Jordan, 1995). Bei anhaltender aktueller Entwicklung in Bezug auf die Leistungsverdichtung ist mit einer Zunahme von Leistungs- und Fähigkeitseinschränkungen älterer Mitarbeiter zu rechnen (INQA, 2011).

Um sich der demografischen Entwicklung der Erwerbsbevölkerung und den damit verbundenen Herausforderungen zu stellen, ist es erforderlich, eine alters- und alternsgerechte Arbeitswelt zu schaffen und dazu **altersdifferenzierte Arbeitssysteme** zu entwickeln und zu gestalten (BMAS, 2012, 2013). Dies umfasst Themen der alter(n)sgerechten Arbeitsgestaltung, vor allem in Bezug auf Arbeitsplatz, Arbeitsorganisation und Arbeitszeit, betriebliche Gesundheitsförderung sowie Qualifizierung und Weiterbildung (BMAS, 2013). Dazu sind geeignete Strategien erforderlich, die bislang nur als Modelllösungen vorliegen (Bäcker, 2009). Einen Lösungsansatz dazu bietet die grundlagen- und anwendungsorientierte Labor- und Feldforschung, um Modelle, Methoden und Verfahren zur Analyse und Gestaltung von altersdifferenzierten Arbeitssystemen zu entwickeln, um Unternehmen zu unterstützen und den Mitarbeitern altersangemessene Arbeits- und Lernbedingungen zu ermöglichen (Schlick et al., 2013).

2.3 Fazit und Ableitung der Forschungsfrage

In den bisherigen Ausführungen lag der Fokus auf den Schwerpunktthemen für die vorliegende Dissertation. Im Abschnitt 2.1 wurden ausgewählte arbeitswissenschaftlichen Grundlagen vorgestellt, welche die Basis für das Forschungsvorhaben bilden. Das Mensch-Maschine-System (vgl. Abschnitt 2.1.1) bildet hierbei den Ausgangspunkt, um eine systematische Beschreibung und Analyse eines Arbeitssystems, seiner Elemente und deren Wechselwirkungen vornehmen zu können. Mit dem Belastungs-Beanspruchungs-Konzept nach Rohmert (1983) wurde in Abschnitt 2.1.2 ein theoretischer Ansatz eingeführt, um „die menschbezogenen Phänomene eines Arbeitssystems in einen Ursache-Wirkungs-Zusammenhang" (Schlick et al., 2010) zu bringen und im Rahmen eines Messkonzepts gezielt zu untersuchen. Dazu wurden in Abschnitt 2.1.3 Methoden zur Ermittlung der Belastung behandelt und der Themenkomplex mit den Methoden zur Ermittlung der Beanspruchung vervollständigt (vgl. Abschnitt 2.1.4). Demgegenüber wurde im Abschnitt 2.2 der Themenkomplex Altern und Alter näher betrachtet. Dazu erfolgte die Darstellung der alter(n)sbedingten Veränderungen der menschlichen Fähigkeiten, deren Entwicklung anhand von Studien belegt wurde (vgl. Abschnitt 2.2.1). Im Abschnitt 2.2.2 wurden ausgewählte wissenschaftliche Modelle des Alterns vorgestellt und abschließend der ältere Mitarbeiter im Arbeitskontext fokussiert. Dabei konnte verdeutlicht werden, dass Unternehmen in Bezug auf die Veränderungen, welche sich durch den individuellen Alterungsprozess und die demografische Entwicklung in Deutschland ergeben, vor der Herausforderung stehen, ihre Produktivität und Wettbewerbsfähigkeit sowie die Arbeitsfähigkeit und Gesundheit ihrer Mitarbeiter langfristig zu erhalten (vgl. Abschnitt 2.2.3). Um diese Ziele zu erreichen, sind die Schaffung einer alters- und alternsgerechte Arbeitswelt und die Entwicklung von altersdifferenzierten Arbeitssystemen notwendig.

Für eine Analyse eines Arbeitssystems (vgl. Abschnitt 2.1.1) dient das Belastungs-Beanspruchungs-Konzept (vgl. Abschnitt 2.1.2) als Modell für den Ursache-Wirkungs-Zusammenhang zwischen Belastung (vgl. Abschnitt 2.1.3) und Beanspruchung (vgl. Abschnitt 2.1.4) und als Messkonzept zur „gezielten Untersuchung der Wirkung definierter Tätigkeitsbedingungen auf den Menschen" (Schlick et al., 2010). Nach dem Belastungs-Beanspruchungs-Konzept nach Rohmert (1983) bestimmen Belastungshöhe und Belastungsdauer, in Abhängigkeit von den individuellen Fähigkeiten der Mitarbeiter, deren Beanspruchung (vgl. Abbildung 3; Abbildung 15; REFA, 1993; Spath et al., 2017). Die individuellen Fähigkeiten unterliegen im Laufe des Lebens Veränderungen (vgl. Abschnitt 2.2.1) und können basierend auf dem arbeitswissenschaftlichen Kompensationsmodell (vgl. Abschnitt 2.2.2) zunehmen, abnehmen oder konstant bleiben (Adenauer, 2002; Jaeger, 2015). Die alter(n)sbedingte Veränderungen der individuellen Fähigkeiten führen bei älteren Mitarbeitern nicht zu einer generellen Verschlechterung beruflicher Leistungsfähigkeit (vgl. Abschnitt 2.2.3; Riedel et al., 2012). Ob und wie genau sich die alter(n)sbedingte Leistungsfähigkeit verändert, muss „für jede Art von Arbeit gesondert untersucht werden" (Zülch & Becker, 2006). Unter Einbeziehung der Erkenntnisse bez. der im Laufe des Lebens nachlassenden physischen Fähigkeiten (Kenny et al., 2008; Weineck, 2004), ist bei **gleichbleibender Belastung** modellbedingt eine **Zunahme der Beanspruchung der älteren Mitarbeiter** zu vermuten.

Um diese Zusammenhänge unter definierten Tätigkeitsbedingungen in einem Mensch-Maschine-System (vgl. Abschnitt 2.1.1) zu untersuchen, bietet sich die **manuelle Fließmontage** eines produzierenden Unternehmens an. Ein „**Montagesystem** dient der Herstellung von Baugruppen" (Schenk, Wirth, & Müller, 2014) oder Produkten „in einer bestimmten Zeit" (Lotter, 2012). Bei **manuellen Montageprozessen** „steht der Mensch wie bei kaum einem anderen Fertigungsprozess im Mittelpunkt" (Lotter, 2012), da die Montage ausschließlich bzw. überwiegend (Unterstützung z. B. durch Pneumatikschrauber) durch den Menschen ausgeführt wird (Willnecker, 2000). Der Mensch benötigt dabei vor allem seine physischen Fähigkeiten, z. B. Sehen, Muskelkraft und Beweglichkeit, für die Realisierung der Arbeitsaufgabe (vgl. Abschnitt 2.1.1; Scherf, 2014). **Fließmontage** bedeutet, dass die Montagetätigkeit „auf mehrere verkettete Arbeitsplätze mit einer definierten **Zeitvorgabe** pro Station verteilt" wird (Lotter, 2014). Durch die Fließmontage ergeben sich **restriktive Rahmenbedingungen** für die Realisierung der Arbeitsaufgabe im Mensch-Maschine-System. Zum einen erfolgt die Ausführung der Arbeit **taktgebunden**, d. h. eine Montage unter **Zeitvorgabe**, und zum anderen unter Vorgabe der Reihenfolge sowie Art und Weise der einzelnen Arbeitsschritte und -abläufe (Lotter, 2014). Diese Restriktionen erschweren die Möglichkeiten des Einsatzes von SOK-Strategien (vgl. Abschnitt 2.2.2; Scherf, 2014). Da in der manuellen Fließmontage ein **hoher Anteil von manuell körperlichen Tätigkeiten** unter **restriktiven Rahmenbedingungen** ausgeführt wird, kann in diesem Untersuchungsfeld eine **höhere Beanspruchung älterer Mitarbeiter** vermutet werden.

Die vermutete höhere Beanspruchung älterer Mitarbeiter im Vergleich zu jüngeren Mitarbeitern ergibt sich, neben den bereits genannten, auch aus folgenden Aspekten: der geforderten **Arbeitsleistung** und der Verlängerung des **Erwerbslebens**. Die **Arbeitsleistung** einer manuellen Fließmontage kann in Form von Stückzahl, Qualität oder Vergleich von Ist- und Soll-Zeiten bestimmt werden (vgl. Abschnitt 2.1.4; Bullinger, 1994). Die Anforderungen und Belastungen im Arbeitssystem (vgl. Abschnitt 2.2.3) gelten für und wirken auf jeden Mitarbeiter, unabhängig vom Alter, gleichermaßen. Unbestritten können ältere Mitarbeiter durch Kompensation von Leistungsveränderungen einzelner Fähigkeiten hohe Leistungen bis an die Grenze des Ruhestandes erbringen (vgl. Abbildung 10; Riedel et al., 2012), aber dieser Kompensationsprozess führt ggf. zu einer höheren Beanspruchung. Die Verlängerung des **Erwerbslebens**, z. B. durch die Erhöhung des Renteneintrittsalters (vgl. Abschnitt 2.2.3; SGB, 2008), verbunden mit den arbeitsrelevanten Leistungsveränderungen ab ca. 45 Jahren (Ilmarinen, 2001), legt die Vermutung nahe, dass ältere Mitarbeiter überfordert sein könnten bzw. einer höheren Beanspruchung unterliegen (vgl. Abbildung 15).

Aus den dargelegten Zusammenhängen und dem vorliegenden Stand der Wissenschaft und Technik, leitet sich die Forschungsfrage für die vorliegende Dissertation ab:

Werden ältere Mitarbeiter in einem taktgebundenen, manuellen Montagesystem bei gleicher Belastung höher beansprucht als jüngere Mitarbeiter?

Die Beantwortung dieser Forschungsfrage und die Ergebnisse einer empirischen Untersuchung liefern einen wichtigen Beitrag für die Entwicklung und Gestaltung von altersdifferenzierten Arbeitssystemen, die den Mitarbeitern ein gesundes Altern im Erwerbsleben ermöglichen und die Zielstellung der Arbeitswissenschaft in Bezug auf die Gestaltung menschengerechter Arbeit unterstützen. Die zur Beantwortung der Forschungsfrage durchgeführte empirische Studie wird im nachfolgenden Kapitel beschrieben.

3 Quasiexperimentelle Feldstudie zur Beanspruchung von Montagemitarbeitern

Im Kapitel 3 erfolgt die detaillierte Beschreibung der empirischen Untersuchung der Beanspruchung von Montagemitarbeitern. Dazu werden zunächst die Hypothesen der Studie vorgestellt (vgl. Abschnitt 3.1) und die Anforderungen an Versuchsdurchführung und Versuchsumgebung beschrieben (vgl. Abschnitt 3.2). Darauf aufbauend erfolgt im Abschnitt 3.3 die Darstellung des Versuchsdesigns, bestehend aus den Erläuterungen zur Stichprobe, der Beschreibung der untersuchten Arbeitsplätze, der Vorstellung der verwendeten Messmethoden und -instrumente sowie der Bericht zur Versuchsdurchführung. Den Abschluss des Kapitels bildet die Beschreibung der Datenanalyse im Abschnitt 3.4, in dem die Rohdatenaufbereitung zur Studie näher erläutert wird und die Auseinandersetzung mit verschiedenen Analysemethoden erfolgt, die aus der Charakteristik der vorliegenden Daten resultieren.

3.1 Hypothesen der Studie

Im Kapitel 2 wurde mit den grundlegenden Themenkomplexen Belastung und Beanspruchung sowie Altern und Alter ausführlich der Stand der Wissenschaft und Technik dargestellt. Abgeleitet aus der Literatur ergibt sich für die vorliegende Studie folgende Forschungshypothese: Die **Beanspruchung** der Mitarbeiter nimmt bei gleicher **Belastung** im **Alter** zu. Um diese Forschungshypothese so detaillieren zu können, dass sie empirisch überprüft werden kann, ist eine Präzisierung von Belastung, Beanspruchung und Alter erforderlich. In Abbildung 16 sind die verschiedenen Ausprägungen der Begriffe in Form eines morphologischen Kastens dargestellt.

Untersuchungsfokus	Ausprägung		
Belastungshöhe	Prozessebene		Arbeitsplatzebene
Belastungsdauer	Zeitblock bis Schicht		
Beanspruchung	Objektive Beanspruchung	Leistung	Subjektive Beanspruchung
Alter	Kalendarisches Alter		

Abbildung 16: Präzisierung der Forschungshypothese bez. Belastung, Beanspruchung und Alter

Die auf den Menschen wirkende **Belastung** setzt sich aus der **Belastungshöhe** und **Belastungsdauer** zusammen (vgl. Abschnitt 2.1.2.1; REFA, 1993; Spath et al., 2017). Die **Belastungshöhe** kann in den verschiedenen Belastungsabschnitten unterschiedlich sein (vgl. Abbildung 4). Da Teilbelastungen zu Teilbeanspruchungen führen können (Schlick et al., 2010), bietet sich sowohl die Analyse eines einzelnen Belastungsabschnittes als auch die Analyse über die gesamte Belastungszeit mit einer mittleren Belastungshöhe an (Liedtke, 2013; Rokosch et al., 2017). Für die Betrachtung der **gleichen Belastungshöhe** ergeben sich daraus sowohl eine **Mikroebene** (= **Prozessebene**) als auch eine **Makroebene** (= **Arbeitsplatzebene**) (Abbildung 16). Auf der Mikroebene (= Prozessebene) erfolgt die Untersuchung der Beanspruchung, bezogen auf die Belastungshöhe eines definierten und abgegrenzten Arbeitsprozesses. Ist ein Arbeitsprozess durch manuelle Lastenhandhabung (vgl. Abschnitt 2.1.1.1) charakterisiert, dann liegt eine hohe Belastung vor (Bauernhansl, 2014; Wirtz, 2010)

© Springer Fachmedien Wiesbaden GmbH, ein Teil von Springer Nature 2019
K. Börner, *Die Altersabhängigkeit der Beanspruchung von Montagemitarbeitern*,
https://doi.org/10.1007/978-3-658-26378-2_3

und es resultiert daraus eine kardiopulmonale Beanspruchung (vgl. Abschnitt 2.1.4; Knott et al., 2015; Sammito et al., 2014). Auf der Makroebene (= Arbeitsplatzebene) wird als Belastungshöhe die mittlere Gesamtbelastung der Arbeitsplätze betrachtet. Beide Ebenen sind demnach differenziert bez. der Beanspruchung der Mitarbeiter zu untersuchen. Um alter(n)sbedingte Unterschiede zwischen den Probanden ermitteln zu können, wird ein hohes Belastungsniveau angestrebt (vgl. Abbildung 6; Sammito et al., 2014; Abdolvahab-Emminger & Benz, 2005).

Eine lange **Belastungsdauer** kann bei älteren Mitarbeitern zu einem Gesundheitsrisiko führen (Bäcker, 2009; Wübbeke, 2005). Die Kumulation der Beanspruchungsfolgen im Laufe des Lebens wurde bereits bei Jaeger (2015) angesprochen, sodass mit zunehmendem Alter und über dem Schichtverlauf aufgrund der höheren Belastungsdauer eine höhere Beanspruchung Älterer zu vermuten ist. Da Erholungspausen während der Schicht Einfluss auf die Höhe und den Verlauf der Beanspruchungs-entwicklung haben können (Schlick et al., 2010), ist eine detaillierte Betrachtung der Belastungsdauer in Form von Zeitblöcken erforderlich. Als Zeitblöcke werden die Arbeitsabschnitte zwischen den Erholungspausen definiert. Diese sind sowohl einzeln, als auch zusammenhängend bis hin zur Gesamt-belastungsdauer (=Arbeitsschicht) in die Analyse einzubeziehen (Schlick et al., 2010).

Die **Beanspruchung** der Mitarbeiter kann nach Bullinger (1994) über objektive Techniken (physiologische Verfahren, Leistungsanalyse) und subjektive Techniken ermittelt werden (vgl. Tabelle 4; Abschnitt 2.1.4), sodass diese zu **objektiver Beanspruchung**, **Leistung** und **subjektiver Bean-spruchung** differenziert werden können und dementsprechend über unterschiedliche Messgrößen ermittelt werden (ebd.). Die Erhebung objektiver und subjektiver Beanspruchungsparameter folgt der Empfehlung von Sammito et al. (2014).

Die **objektive Beanspruchung**, kann in Form von verschiedenen Parametern bewertet werden (vgl. Tabelle 4). Da sich die Herzfrequenz in der Praxis als etablierter Parameter erwiesen hat, wird diese als Messgröße herangezogen (Bullinger, 1994; Sammito et al., 2014). Zur Beurteilung der Beanspruchung wird die gemessene Herzfrequenz auf die maximale Herzfrequenz bezogen, sodass diese **relative Herz-frequenz (relHF)** ein Maß für die Beanspruchung darstellt (Tanaka et al., 2001). Die gleiche gemessene Herzfrequenz würde demnach bezogen auf die maximale Herzfrequenz eine höhere Beanspruchung der älteren Mitarbeiter in Form der relativen Herzfrequenz bedeuten. Während einer Arbeitsschicht wird, in Anlehnung an Jaeger (2015), eine Kumulierung der Beanspruchung vermutet (vgl. Abbildung 15). Wenn die Kumulation der Belastungswirkung im Laufe des Erwerbslebens stattfindet (Buck, 2002; Wübbeke, 2005), ist sie ggf. bereits im Schichtverlauf nachweisbar, sodass eine Analyse der relativen Herzfrequenz über der Zeit erfolgen sollte. Die Analyse bezieht sich auf die Höhe des Belas-tungsniveaus (Konstante der Funktion) und deren Verlauf (Anstieg der Funktion). Als weiterer Parameter für die objektive Beanspruchung wird der **Puls-Atem-Quotient (PAQ)** in die Untersuchung einbezogen (vgl. Abschnitt 2.1.4). Bisherige Studien zeigen bez. des PAQ, dass dieser bei Entspannung sinkt und sich bei Anspannung erhöht, da sich der Körper an äußere Belastungen durch Aktivitäts-steigerung anpasst (Tanaka et al., 2001). Unter der Annahme, dass eine höhere Beanspruchung der älteren Mitarbeiter vorliegt, wird davon ausgegangen, dass der PAQ der älteren Mitarbeiter höher ist, als der PAQ der jüngeren Mitarbeiter. Weiterhin wird aufgrund der Kumulation der Belastungswirkung bzw. Beanspruchungsfolgen (Buck, 2002; Jaeger, 2015; Wübbeke, 2005) mit zunehmender Belastungsdauer analog zur relativen Herzfrequenz eine Zunahme des PAQ im Alter und Schichtverlauf vermutet.

Die Leistungserfassung zählt nach Bullinger (1994) zu den Techniken der objektiven Beanspruchungsermittlung. Als Parameter für die **Leistung** kann die Stückzahl bzw. die Ist-Zeit (Bearbeitungszeit) pro Stück herangezogen werden (vgl. Tabelle 4; Abschnitt 2.1.4; Bullinger, 1994; Schlick et al., 2010). Da die Mitarbeiter einer manuellen, getakteten Fließmontage aufgrund der verketteten Arbeitsplätze keinen direkten Einfluss auf die Gesamtstückzahl haben, wird die **Montagezeit** pro Arbeitsprozess (Ist-Zeit) als Parameter genutzt. Durch eine schnellere Ausführung von Arbeitstätigkeiten durch jüngere Mitarbeiter wären diese in der Lage, sich zusätzliche erholungswirksame Wartezeiten innerhalb eines Arbeitsprozesses bzw. Taktes herauszuarbeiten (Graf, 1955; de Jong, 1959; Zülch & Becker, 2006). Weiterhin sind durch eine alter(n)sbedingte Verringerung der Bewegungsgeschwindigkeit (Potvin et al., 1980; Schulz, 2002), Reaktionsgeschwindigkeit (Hodgkins, 1962) und Wahrnehmungsfähigkeit (van den Berg, 2007) längere Montagezeiten älterer Mitarbeiter zu vermuten. Ein Nachlassen der physischen Leistungsparameter und Anwendung von SOK-Strategien würde eine bedächtigere, d. h. langsamere, Ausführung der Arbeitsaufgaben durch ältere Mitarbeiter nahelegen (Baltes & Baltes, 1990; Kenny et al., 2008).

Ältere Mitarbeiter, die einer hohen Belastung ausgesetzt sind, weisen eine schlechtere physische und psychische Gesundheit auf (Tophoven & Hiesinger, 2015). Aufgrund des Nachlassens einzelner Fähigkeiten und der gleichbleibenden Anforderungen der Arbeitstätigkeit ist alter(n)sbedingt ein stärkeres Erleben der **subjektiven Beanspruchung** in Bezug auf physische und psychische Aspekte zu vermuten (Ilmarinen, 2005; Kenny et al., 2008).

In Bezug auf das Alter ist aus der Literatur und aus Studien bekannt, dass für ältere Mitarbeiter u. a. Arbeit unter Zeitdruck, körperlich schwere Arbeit sowie Arbeit in Schichtsystemen belastend sind (Hasselhorn & Burr, 2015; Hess-Gräfenberg, 2004; Riedel et al., 2012). Aufgrund der kumulierten Belastungswirkung über das Erwerbsleben, verbunden mit einem Nachlassen der physischen Leistungsfähigkeit (Weineck, 2004), resultiert demzufolge eine höhere Beanspruchung mit zunehmenden Alter (Hess-Gräfenberg, 2004; Ilmarinen, 2001; Kenny et al., 2008). Als Maß für das Alter wird das kalendarische Alter als Parameter herangezogen.

Die aus der Literatur dargelegten Zusammenhänge und die aufgezeigten Differenzierungen (vgl. Abbildung 16) bez. Belastung (Belastungshöhe und -dauer), Beanspruchung (Parameter: relative Herzfrequenz, PAQ, Montagezeit, subjektive physische und psychische Beanspruchung) und Alter in verschiedenen Betrachtungsebenen (Mikro- und Makroebene) münden in der Ableitung von folgenden Hypothesen für die vorliegende Studie.

Auf **Mikroebene (= Prozessebene)** ergeben sich für die **objektive Beanspruchung** mit dem Parameter **relative Herzfrequenz** die Hypothesen:

- Hypothese 1_1: Die relative Herzfrequenz der älteren Mitarbeiter ist im gleichen Arbeitsprozess und Zeitblock höher als die relative Herzfrequenz der jüngeren Mitarbeiter, d. h. es besteht ein positiver Zusammenhang zwischen Alter und relativer Herzfrequenz.

- Hypothese 1_2: Die Konstante des linearen Verlaufs der relativen Herzfrequenz der älteren Mitarbeiter im gleichen Arbeitsprozess und Zeitblock ist größer als die Konstante des linearen Verlaufs der relativen Herzfrequenz der jüngeren Mitarbeiter.
- Hypothese 1_3: Der Anstieg des linearen Verlaufs der relativen Herzfrequenz der älteren Mitarbeiter im gleichen Arbeitsprozess und Zeitblock ist größer als der Anstieg des linearen Verlaufs der relativen Herzfrequenz der jüngeren Mitarbeiter.

Der Parameter PAQ wird auf Prozessebene nicht untersucht, da die Atemfrequenz als eine der Eingangsgrößen dieses Beanspruchungsparameters nicht die Sensitivität der Herzfrequenz bez. der Reaktionen auf äußere Einwirkungen aufweist (Pearce & Milhorn, 1977).

Auf **Mikroebene** (= **Prozessebene**) wird in Bezug auf die **Leistung**, deren Ermittlung anhand des Parameters **Montagezeit** erfolgt, folgende Hypothese abgeleitet:

- Hypothese 2: Die Montagezeiten der älteren Mitarbeiter sind im gleichen Arbeitsprozess und Zeitblock größer als die Montagezeiten der jüngeren Mitarbeiter, d. h. es besteht ein positiver Zusammenhang zwischen Alter und Montagezeit.

Auf **Makroebene** (= **Arbeitsplatzebene**) resultieren für die **objektive Beanspruchung** mit dem Parameter **relative Herzfrequenz** die Hypothesen:

- Hypothese 3_1: Die relative Herzfrequenz der älteren Mitarbeiter ist am gleichen Arbeitsplatz und Zeitblock höher als die relative Herzfrequenz der jüngeren Mitarbeiter, d. h. es besteht ein positiver Zusammenhang zwischen Alter und relativer Herzfrequenz.
- Hypothese 3_2: Die Konstante des linearen Verlaufs der relativen Herzfrequenz der älteren Mitarbeiter am gleichen Arbeitsplatz und Zeitblock ist größer als die Konstante des linearen Verlaufs der relativen Herzfrequenz der jüngeren Mitarbeiter.
- Hypothese 3_3: Der Anstieg des linearen Verlaufs der relativen Herzfrequenz der älteren Mitarbeiter am gleichen Arbeitsplatz und Zeitblock ist größer als der Anstieg des linearen Verlaufs der relativen Herzfrequenz der jüngeren Mitarbeiter.

Auf **Makroebene** (= **Arbeitsplatzebene**) leiten sich für die **objektive Beanspruchung** mit dem Parameter **PAQ** die folgenden Hypothesen ab:

- Hypothese 4_1: Der Puls-Atem-Quotient der älteren Mitarbeiter ist am gleichen Arbeitsplatz und Zeitblock höher als der Puls-Atem-Quotient der jüngeren Mitarbeiter, d. h. es besteht ein positiver Zusammenhang zwischen Alter und Puls-Atem-Quotient.
- Hypothese 4_2: Die Konstante des linearen Verlaufs des Puls-Atem-Quotienten der älteren Mitarbeiter am gleichen Arbeitsplatz und Zeitblock ist größer als die Konstante des linearen Verlaufs des Puls-Atem-Quotienten der jüngeren Mitarbeiter.
- Hypothese 4_3: Der Anstieg des linearen Verlaufs des Puls-Atem-Quotienten der älteren Mitarbeiter am gleichen Arbeitsplatz und Zeitblock ist größer als der Anstieg des linearen Verlaufs des Puls-Atem-Quotienten der jüngeren Mitarbeiter.

Abbildung 17 verdeutlicht für die Hypothesen bez. der Beanspruchungsparameter relative Herz-frequenz und PAQ zusammenfassend die Beziehung der vermuteten Zusammenhänge hinsichtlich der Höhe der objektiven Beanspruchung sowie Konstante und Anstieg der Verlaufsentwicklung.

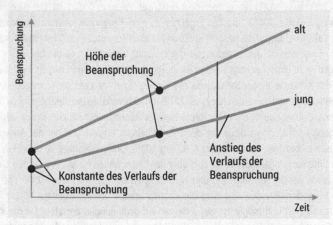

Abbildung 17: Visualisierung der Hypothesen zur objektiven Beanspruchung

Auf **Makroebene (= Arbeitsplatzebene)** werden für die **subjektive Beanspruchung** folgende Hypothesen aufgestellt:

- Hypothese 5_1: Die subjektiv erlebte psychische Beanspruchung der Beanspruchungsratings wird von den älteren Mitarbeitern am Arbeitsplatz mit hohem Belastungsrisiko stärker als bei den jüngeren Mitarbeitern wahrgenommen, d. h. es besteht ein positiver Zusammenhang zwischen Alter und der subjektiv erlebten psychischen Beanspruchung.
- Hypothese 5_2: Die subjektiv erlebte physische Beanspruchung des NASA-TLX wird von den älteren Mitarbeitern am Arbeitsplatz mit hohem Belastungsrisiko stärker als bei den jüngeren Mitarbeitern wahrgenommen, d. h. es besteht ein positiver Zusammenhang zwischen Alter und der subjektiv erlebten physischen Beanspruchung.

3.2   Anforderungen und Restriktionen der Versuchsumgebung

Für die Beantwortung der Forschungsfrage, ob und inwiefern ältere Mitarbeiter stärker beansprucht werden als jüngere Mitarbeiter, sind in Bezug auf die Versuchsdurchführung die **Wahl des empirischen Feldes** und die **Art des Experiments** von Bedeutung.

Bei der **Wahl des empirischen Feldes**, d. h. der Durchführung der Studie im Labor oder im Feld, werden folgende Aspekte in Betracht gezogen:

- **Übertragbarkeit der Ergebnisse auf die Praxis**,
- weitgehende **Reduktion von Störvariablen** sowie die
- Gegenüberstellung von **Aufwand und Nutzen**.

Der Anspruch der **Übertragbarkeit der Ergebnisse auf die Praxis**, um eine Grundlage für die Gestaltung altersdifferenzierter und altersgerechter Arbeitssysteme zu schaffen, setzt eine hohe externe Validität voraus. Diese bezieht sich auf die Generalisierbarkeit der Ergebnisse, d. h. Übertragbarkeit auf „andere Orte, Zeiten, Wirkvariablen, Treatmentbedingungen oder Personen" und ist bei einer Feldstudie gegeben (Döring & Bortz, 2016). Aus den Ergebnissen einer Feldstudie lassen sich praxisrelevante Empfehlungen ableiten, die auf die Realität übertragbar sind (Bergius, 2013). Weiterhin erfolgt in einer Feldstudie die Einbeziehung der „Komplexität der Realität" (Scherf, 2014), die bei isolierten Labor-untersuchungen nicht berücksichtigt werden kann. Bei der Datenerhebung mittels Feldstudie ist die Genauigkeit der Kontrolle eingeschränkt, da die Bedingungen im Feld nicht vorgegeben werden können, sondern vorgefunden werden (Bergius, 2013). Um **Störvariablen** weitestgehend zu reduzieren, bietet sich eine Untersuchung im Labor an, allerdings können auch in der Praxis Störvariablen Berücksichtigung finden, indem diese bei der Datenerhebung erfasst und bei der Auswertung als Kontrollvariablen einbezogen werden (Bortz & Döring, 2006). Eine Möglichkeit ist dabei ein möglichst abgegrenzter Untersuchungsraum mit gleichbleibenden Bedingungen für alle Probanden. Der nicht zu vernachlässigende Aspekt von **Aufwand und Nutzen** spielt bei der Wahl der Studie ebenfalls eine wichtige Rolle. Bei der Untersuchung wird die Beanspruchung von Mitarbeitern unterschiedlichen Alters unter restriktiven und möglichst gleichbleibenden Bedingungen ermittelt. Da die individuelle Reaktion, d. h. resultierende Beanspruchung, der Probanden auf die wirkende Belastung sowohl in Höhe als auch Richtung offen untersucht werden soll, erfolgt die Betrachtung über eine vollständige Arbeitsschicht. In diesem Zusammenhang wäre im Labor sowohl die vollständige Prozessnachbildung (Aufbau eines Versuchsstandes, kontinuierliche Materialzuführung, Taktnachbildung, Demontage usw.) als auch die Herauslösung der Probanden aus ihrem natürlichen Arbeitsumfeld für die Unter-suchung erforderlich. Unter Beachtung der vorgenannten Aspekte zur Klärung der Forschungsfrage erfolgt die Durchführung der Untersuchung als Feldstudie.

Die **Art des Experiments** wird zwischen experimentell bzw. quasiexperimentell unterschieden (Bortz & Döring, 2006). Bei einem **Experiment** werden nach Kühl (2009) die Bedingungen bzw. Faktoren bestimmter Variablen (unabhängige Variable (UV)) gezielt variiert und beobachtet, welche Auswir-kungen bzw. Reaktionen sich auf andere Variablen (abhängige Variable (AV)) ergeben (ebd.). Da ggf. weitere Variablen existieren, die einen möglichen Einfluss auf die abhängige Variable haben können, werden Kontrollvariablen in der Untersuchung erhoben und „aus der abhängigen Variablen herausgerechnet (herauspartialisiert)" (Bortz & Döring, 2006). Weitere mögliche Einflussgrößen, „die den Einfluss der unabhängigen auf die abhängige Variable" (Kühl, 2009) verfälschen, aber in der Untersuchung nicht erhoben wurden, werden als Störvariablen (SV) bezeichnet (Bortz & Döring, 2006; Kühl, 2009). Bei Experimenten erfolgt nach Bortz & Döring (2006) eine zufällige Zuordnung der Untersuchungsobjekte, z. B. Probanden, zu den Untersuchungs- und Kontrollbedingungen (Randomi-sierung). Durch diese Maßnahme „werden bei genügend großer Gruppengröße personenbezogene Störvariablen neutralisiert" (Bortz & Döring, 2006). Ein Experiment wird dann als **Quasiexperiment** bezeichnet, wenn die unabhängige Variable nicht künstlich manipuliert bzw. variiert werden kann, um die Wirkung auf die abhängige Variable zu untersuchen (ebd.). Dies ist dann der Fall, wenn es sich um eine Personenvariable handelt, z. B. Alter, Geschlecht, Schichtzugehörigkeit oder Art der Erkrankung (ebd.).

Da bei der vorliegenden Untersuchung des Einflusses des Alters (UV) auf die Beanspruchung (AV) von Montagemitarbeitern keine Variation des Alters möglich ist (d. h. randomisierte Zuweisung eines Alters zu einer Person) und keine vollständige Kontrolle von Störvariablen erfolgt, wird diese Art der Studie als **quasiexperimentelle Feldstudie** bezeichnet (Bortz & Döring, 2006; Sedlmeier & Renkewitz, 2008). Sie zeichnet sich demnach durch eine geringe interne, aber hohe externe Validität aus (Bortz & Döring, 2006). Bei der Datenerhebung in einer quasiexperimentellen Feldstudie ergeben sich besondere Bedingungen bzw. ein Spannungsfeld: Zum einen die **Anforderungen an die Versuchsumgebung**, die durch das Erfordernis der Einhaltung wissenschaftlicher Qualitätskriterien bestehen und zum anderen die **Restriktionen der Versuchsumgebung**, die aus der Datenerhebung in der Realität resultieren.

Die Untersuchungsaspekte der quasiexperimentellen Feldstudie und die daraus resultierenden **Anforderungen an die Versuchsumgebung** sind in Abbildung 18 dargestellt. Um die objektive Beanspruchung im Schichtverlauf untersuchen zu können, ist eine möglichst umfängliche bzw. **lange Belastungsdauer** erforderlich, sodass bei gleicher Belastungshöhe (vgl. Belastungshöhe und -dauer in Abschnitt 2.1.2.1) ggf. Unterschiede in der Beanspruchung der Probanden feststellbar sind. Dies erfordert eine Datenerhebung über die gesamte Schichtdauer.

Weiterhin besteht die Anforderung darin, Arbeitsplätze mit einer großen Belastungshöhe bzw. einem **hohen Belastungsrisiko** nach EAWS (vgl. Abschnitt 2.1.3) einzubeziehen, um Beanspruchungsunterschiede feststellen zu können (vgl. Abbildung 14). Die große Belastungshöhe ist zur Generierung einer Reaktion des Herz-Kreislauf-Systems erforderlich (vgl. Abbildung 6; Abschnitt 2.1.4).

Untersuchungsaspekte	Anforderungen
Lange Belastungsdauer	Messung über die gesamte Schicht
Hohes Belastungsrisiko	Hohe EAWS-Punktwerte
Hoher Anteil manueller Tätigkeiten	Montagebereich
Hoher Übungsgrad der Probanden	Im Arbeitsprozess eingesetzte Mitarbeiter
Arbeitsfähige Probanden	Work Ability Index
Geschlecht der Probanden	Männlich
Mengenfertigung	Getaktete Fließmontage
Schichtsystem	Frühschicht

Abbildung 18: Untersuchungsaspekte und Anforderungen an die Versuchsumgebung

Das Ziel der Studie besteht darin, Auswirkungen von Altersunterschieden auf die Leistungsfähigkeit zu untersuchen. Daher sind Arbeitsprozesse erforderlich, die einen **hohen Anteil manuell körperlicher**

Tätigkeiten aufweisen (vgl. Abschnitt 2.3). Der Produktionsbereich eines Unternehmens gliedert sich in Fertigung und Montage (Müller, Engelmann, Löffler, & Strauch, 2009). In der Fertigung bilden Prozesszeiten, d. h. durch den Menschen nicht beeinflussbare Zeiten, „einen wesentlichen Anteil der gesamten Bearbeitungszeit" eines Produktes (Saljé & Brandin, 1980), sodass eine Untersuchung im Fertigungsbereich nicht geeignet ist. Demgegenüber bietet der Montagebereich eines Unternehmens mit einem hohen Anteil manuell körperlicher Tätigkeiten einen geeigneten Untersuchungsbereich.

Weiterhin ist, bezogen auf die Analyse von Montagezeiten und zur Vermeidung von Stresssituationen ungeübter Teilnehmer, ein **hoher Übungsgrad der Probanden** erforderlich (vgl. Abschnitte 2.1.2.2 und 2.1.4), da sich Anwendung und Vergleich von Soll-Zeit-Vorgaben bei der Ausführung von manuellen Arbeitstätigkeiten auf den „durchschnittlich geübten Menschen" (Bokranz & Landau, 2011) beziehen. Daher erfolgt die Datenerhebung bei erfahrenen und im Montageprozess am Arbeitsplatz regulär eingesetzten Mitarbeitern.

Ergänzend besteht die Anforderung, **arbeitsfähige Probanden** in die Untersuchung einzubeziehen (vgl. Arbeitsfähigkeit in Abschnitt 2.2.2), d. h. leistungsfähige Mitarbeiter ohne gesundheitliche Einschränkungen (z. B. durch Krankheiten, Verletzungen), die in der Lage sind, ihre reguläre Arbeit am Arbeitsplatz auszuführen und bei denen kein ärztliches Attest (z. B. durch Hausarzt oder Arbeitsmediziner) für die Arbeitsplätze der Datenerhebung vorliegt.

Der Einfluss des **Geschlechts der Probanden** auf die Beanspruchung ist nicht Gegenstand der Betrachtung, allerdings beeinflusst das Geschlecht als Konstitutionsmerkmal physiologische Eigenschaften (vgl. Abschnitt 2.1.2.2) und die Herzfrequenz (vgl. Abschnitt 2.1.4). Dies würde eine differenzierte Analyse der Probandengruppen erforderlich machen, sodass nur männliche Probanden in die Datenerhebung einbezogen werden.

Um den Einfluss von Kompensationsmöglichkeiten (vgl. Abschnitt 2.2.2), z. B. bei der Reihenfolge der Arbeitsschritte oder Dauer der Bearbeitungszeit im Montageprozess, möglichst gering zu halten, erfolgt die Datenerhebung in der manuellen, getakteten Fließmontage. Diese ist durch eine **Mengen- oder Massenfertigung** gekennzeichnet, bei der „gleichartige Produkte in sehr großen Stückzahlen" durch hoch spezialisierte Mitarbeiter hergestellt werden (MTM, o. J.). Mit einer geringen Arbeitsweisenstreuung, der Umsetzung des Bringprinzips und kurzzyklischen, repetitiven Tätigkeiten, bietet eine manuelle, getaktete Fließmontage restriktive Rahmenbedingungen, die äußere Störgrößen stark minimieren und somit ggf. Unterschiede im Alter aufzeigen können.

In der Praxis erfolgt die Montage von Baugruppen oder Produkten in verschiedenen **Schichtsystemen**, z. B. Früh-, Spät- und/oder Nachtschicht (vgl. Abschnitt 2.1.1.2). Um den Einfluss des Schichtsystems zu eliminieren, eine möglichst geringe Vorbelastung der Probanden für vergleichbare Ergebnisse in Bezug auf die Beanspruchung und Montagezeiten zu generieren sowie den Aufwand der Datenerhebung in einem vertretbaren Maß zu halten, erfolgt die Datenaufnahme ausschließlich in der Frühschicht. Da ein Einfluss der Schichtwahl, z. B. in Bezug auf Unterschiede in der Beanspruchung oder bei Montagezeiten, von Früh- oder Spättypen (vgl. Chronotyp in Abschnitt 2.1.2.2) der Probanden nicht ausgeschlossen werden kann, wird dieser Faktor als Kontrollvariable einbezogen.

Abbildung 19: Symbolbild einer manuellen, getakteten Fließmontage (Karius, 2015)

Als Untersuchungsbereich zur Klärung der Forschungsfrage wird daher eine manuelle, getaktete Fließmontage (Abbildung 19) mit geringen Kompensationsmöglichkeiten gewählt: die Motorendmontage eines sächsischen Automobilherstellers. Da bei der Datenerhebung in einer Feldstudie auch bestimmte Bedingungen im Feld vorgefunden werden, ergeben sich zwangsläufig **Restriktionen durch die Versuchsumgebung**, die in Versuchsdesign und -durchführung einzubeziehen bzw. dabei zu beachten sind.

Für die Datenerhebung in der Motorendmontage eines sächsischen Automobilherstellers müssen folgende Vorgaben seitens des Praxispartners beachtet werden. Da es sich um ein wirtschaftlich orientiertes Produktionsunternehmen handelt, darf durch die Datenerhebung keine Störung des regulären Produktionsprozesses erfolgen. Diese Restriktion ist sowohl für die Wahl der Messmittel der objektiven Beanspruchungsmessung, als auch für die Auswahl der Fragebögen für die subjektive Beanspruchungsermittlung von Bedeutung. Der Montagebereich des Praxispartners gliedert sich in verschiedene Montagelinien (MoLis). Diese sind wiederum derart in einzelne Abschnitte unterteilt, dass jeweils 9 verkettete Montagestationen bzw. Montagearbeitsplätze zu einem Abschnitt zusammengefasst werden. Für jeden Abschnitt ist ein Team zuständig, das aus 10 spezialisierten Facharbeitern besteht. Dies sind die 9 Mitarbeiter je Abschnitt und ein Teamleiter, der neben den Teamleiteraufgaben über die Schicht hinweg als Springer eingesetzt wird, wenn einzelne Mitarbeiter ihren Arbeitsplatz verlassen. Durch die auf einzelne Arbeitsplätze spezialisierten Mitarbeiter und der ausschließlichen Zuständigkeit jedes Teams für einen bestimmten Montageabschnitt, limitiert dieser Umstand den zur Verfügung stehenden Probandenpool. Weiterhin steht produktionsseitig nur eine begrenzte Auswahl an Arbeitsplätzen mit einem hohen Belastungsrisiko zur Verfügung. Im Rahmen der unternehmensweit und über mehrere Jahre praktizierten ergonomischen Optimierung bez. der Arbeitsplätze konnte ein Großteil der erhöhten Belastungen identifiziert und durch organisatorische, technische oder konstruktionsseitige Maßnahmen gemindert werden. Trotz dieser Maßnahmen existieren Arbeits-plätze an den Montagelinien, bei denen das untersuchungsseitig notwendige hohe Belastungsrisiko gegeben ist. Um zu verhindern, dass einzelne Mitarbeiter eines Teams dauerhaft der Arbeit an einem Arbeitsplatz mit einem hohen Belastungsrisiko ausgesetzt sind, erfolgt eine arbeitsorganisatorisch geregelte Rotation der Mitglieder eines Teams über die Montagearbeitsplätze des Abschnittes. Die Rotation wird immer mit den Arbeitspausen initiiert, sodass ein Mitarbeiter maximal zwei Stunden pro Tag an einem Arbeitsplatz zum Einsatz kommt. Mitarbeiter, die ein ärztliches Attest für bestimmte Arbeitsplätze besitzen, lassen diese entsprechend aus. Die anforderungsseitig für die Datenaufnahme erforderliche lange Belastungsdauer an den identifizierten Arbeitsplätzen, bei denen ein hohes Belastungsrisiko vorliegt, wurde zum Schutz und in Abstimmung mit den Mitarbeitern in eine halbschichtige, d. h. ca. vierstündige, Montagetätigkeit an dem Arbeitsplatz mit erhöhtem Belastungs-risiko umgewandelt. Ausgleichend werden die anderen ca. 4 Stunden der Arbeitstätigkeit an einem Arbeitsplatz mit niedrigem Belastungsrisiko durchgeführt. Eine weitere Einschränkung ergibt sich in Verbindung zwischen den Teams pro Montageabschnitt und dem Produktportfolio in den Arbeits-schichten. Je Montageabschnitt können theoretisch drei Schichtgruppen mit je 10 Mitarbeitern für die quasiexperimentelle Feldstudie akquiriert werden. Das Produktportfolio ermöglicht die Montage unterschiedlicher Motorentypen, z. B. TDI (Dieselmotor mit Direkteinspritzung) oder TSI/TFSI (Benzin-motor mit Direkteinspritzung und Aufladung durch Kompressor oder Turbolader) (Volkswagen, 2017). Die verschiedenen Motorentypen resultieren in unterschiedlichen Arbeitsprozessen und Belastungen und aufgrund der Produktionsplanung und -steuerung in der Zuordnung zu einzelnen Schichtteams. Teams, die zwar am Arbeitsplatz einsetzbar sind, kommen daher aufgrund der Motorenart mit anderen Belastungen nicht für die Feldstudie in Frage. Da in der Untersuchung auch der Faktor Montagezeit eine Rolle spielt, sind zur Auswertung einzelner Montageprozesse Videoaufzeichnungen erforderlich, um einen exakten Start- und Endpunkt für die Zeitanalyse zu erhalten. Die durchgängige Videoauf-zeichnung der Mitarbeiter am Arbeitsplatz wird seitens des Betriebsausschusses nicht gewünscht und erfolgt daher nach einem definierten arbeitszeit- und pausenspezifischen Plan.

Im nachfolgenden Abschnitt werden das Versuchsdesign mit der Stichprobe, den untersuchten Arbeitsplätzen, den eingesetzten Messmethoden und -instrumenten sowie die Durchführung der Datenerhebung detailliert beschrieben. Anschließend erfolgt die differenzierte Auseinandersetzung mit den angewendeten Methoden der Datenauswertung, indem die eingesetzten klassischen Analyse-methoden und die Mehrebenenanalyse vorgestellt werden.

3.3   Versuchsdesign

Die Untersuchung der Beanspruchung von jüngeren und älteren Mitarbeitern erfolgt als quasiexperimentelle Feldstudie und basiert auf der theoretischen Grundlage des Belastungs-Beanspruchungs-Konzeptes, mit dem „die gezielte Untersuchung der Wirkung definierter Tätigkeits-bedingungen auf den Menschen" in einem Messkonzept möglich ist (Schlick et al., 2010).

Bei diesem Quasiexperiment (Abbildung 20) werden die **Belastungen** (vgl. Abschnitt 2.1.1), die auf die Probanden einwirken, konstant gehalten. Die Probanden (vgl. Abschnitt 3.3.1) sind männlich, geübt, arbeitsfähig und unterscheiden sich durch ihr Alter, welches der unabhängigen Variablen (UV) des

Quasiexperimentes entspricht. Die abhängige Variable (AV) ist die **Beanspruchung**, die als objektive Beanspruchung, Leistungserfassung und subjektive Beanspruchung ermittelt werden kann (vgl. Tabelle 4). Variablen, die neben dem Alter einen Einfluss auf die Beanspruchung haben können, werden als **Kontrollvariablen** (KV) dokumentiert bzw. gemessen und in die Datenauswertung einbezogen.

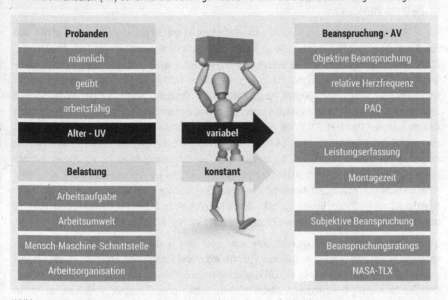

Abbildung 20: Das Belastungs-Beanspruchungs-Konzept als Messkonzept des Quasiexperiments

Die Belastungen, die auf die Probanden einwirken, entstammen den Bereichen **Arbeitsaufgabe**, **Arbeitsumwelt**, **Mensch-Maschine-Schnittstelle** und **Arbeitsorganisation** (vgl. Abbildung 3; Abbildung 20). Die **Arbeitsaufgaben** sind in einem manuellen, getakteten Montagesystem durch einen Prozessablaufplan mit Arbeitsgängen, Montageschritten usw. vorgegeben und mit entsprechenden Ausführungszeiten hinterlegt (Schenk et al., 2014). Die Arbeitsaufgaben wirken über die Körperhaltung, repetitive Tätigkeiten, Aktionskräfte oder manuelle Lastenhandhabung physisch und durch gleichförmige Tätigkeiten und Zeitdruck psychisch auf die Probanden ein (vgl. Abschnitt 2.1.1). Im Versuch wirken vor allem die Faktoren Lastenhandhabung und repetitive Tätigkeiten. Eine detaillierte Beschreibung der Arbeitsplätze und ausgewählten Arbeitsaufgaben erfolgt in Abschnitt 3.3.2. Die **Arbeitsumwelt**, u. a. mit Klima, Schall, mechanischen Schwingungen und Beleuchtung, wirkt von außen auf die Probanden ein. Die Arbeitsumweltbedingungen in einer Montagehalle sind für die Datenaufnahme nicht beeinflussbar und müssen demzufolge im Feldversuch als gegeben hingenommen werden. Wie in Sammito et al. (2014) empfohlen, werden ausgewählte Arbeitsumweltfaktoren (Lärm, Temperatur) als Kontrollvariablen erfasst. Die Belastungen durch die **Mensch-Maschine-Schnittstelle** sind aufgrund der überwiegend manuellen, vom Menschen voll beeinflussbaren Tätigkeiten, die an den Arbeitsplätzen ausgeführt werden, minimal. Aus der **Arbeitsorganisation** wirken u. a. Arbeitszeit und Arbeitsablauf als Belastungen auf die Probanden ein. Im Versuch betrifft dies die Arbeit im Schichtsystem, die Arbeitsteilung sowie die zeitliche und räumliche Bindung. Die Schichtbelastung ist für alle Probanden als Arbeit in der Frühschicht konstant. Die Arbeitsteilung wirkt am Arbeitsplatz durch die repetitiven Tätigkeiten mit hoher Wiederholfrequenz konstant auf alle Probanden ein (vgl. Abschnitt 3.3.2). Die zeitliche und räumliche Bindung ist durch die verketteten und getakteten Arbeitsplätze der Fließmontage hoch, aber für alle Probanden konstant.

Wie in Abschnitt 2.1.2 beschrieben, kann die Belastung in die Dimensionen **Belastungshöhe** und **Belastungsdauer** unterteilt werden, die je Belastungsabschnitt wirksam werden (vgl. Abbildung 4; REFA, 1993; Spath et al., 2017). Die **Belastungshöhe** am Arbeitsplatz liegt nach dem Kombinationsverfahren EAWS vor (vgl. Abschnitt 2.1.3). Mit Hilfe dieses Verfahrens wird ein Punktwert für das Belastungsrisiko einer Arbeitstätigkeit ermittelt (Schaub & Ahmadi, 2007). Das EAWS-Verfahren wird bei dem sächsischen Automobilhersteller standardisiert eingesetzt und ist in die Softwareumsetzung *AP-Ergo* integriert (Neubert, 2013). Die Software *AP-Ergo* dient der Visualisierung der Belastung auf Basis der Punktebewertung mittels EAWS (Huck, 2014). Die Belastungshöhe an den untersuchten Arbeitsplätzen wird in Abschnitt 3.3.2 beschrieben. Die **Belastungsdauer** ist für alle Probanden konstant. Diese führen ihre Arbeitstätigkeit an zwei Messtagen jeweils gegenläufig für eine halbe Arbeitsschicht (ca. 4 Stunden) an einem Arbeitsplatz mit erhöhtem Belastungsrisiko und an einem Arbeitsplatz mit niedrigem Belastungsrisiko durch (vgl. Abschnitt 3.3.2). Die wirkende Belastung ist, soweit im Feldversuch möglich, für alle Probanden konstant (vgl. Abbildung 20).

Die **Beanspruchung**, als abhängige Variable, wird über verschiedene Beanspruchungsermittlungsverfahren eruiert (vgl. Tabelle 4; Bullinger (1994)), wobei die kombinierte Erhebung objektiver und subjektiver Daten von Sammito et al. (2014) empfohlen wird. Objektiv erfolgt die Messung von Herz-Kreislauf-Parametern (Herzfrequenz, Atemfrequenz) mittels physiologischer Verfahren, die in die Beanspruchungsparameter relative Herzfrequenz und PAQ überführt werden. Die Leistungserfassung erfolgt durch die Ableitung der Montagezeit für einen definierten Prozessabschnitt. Die subjektive Beanspruchungsermittlung wird über die Selbsteinschätzung mittels standardisierter und erprobter Fragebögen durchgeführt. Eine detaillierte Beschreibung der Messmethoden und Parameter erfolgt in Abschnitt 3.3.3.

Als **Kontrollvariablen**, mit einem potentiellen Einfluss auf die Beanspruchung, werden **Body Mass Index (BMI)**, **Chronotyp**, **Rauchen**, die Arbeitsumweltfaktoren **Lärm** und **Temperatur** sowie die **Stückzahl** erfasst (Sammito et al., 2014). Der **BMI**, ermittelt aus „Körpergewicht in Kilogramm geteilt durch das Quadrat der Körpergröße in Metern", wird hinsichtlich seines Wertes zur Klassifikation von Unter- oder Übergewicht genutzt (Laufs & Böhm, 2000). Der **Chronotyp** (vgl. Persönlichkeitseigenschaften in Abschnitt 2.1.2) kann in unterschiedlicher Hinsicht Einfluss auf die Beanspruchung haben. Zum einen unterliegt die Herzfrequenz einem circadianen Rhythmus und damit ebenso der PAQ, der sich aus der Herzfrequenz ableitet (vgl. Herzfrequenz und PAQ in Abschnitt 2.1.4; Hildebrandt, 1976a). Zum anderen kann ein Einfluss des Chronotyps auf die Leistung der Mitarbeiter (Montagezeit) nicht ausgeschlossen werden, da eine Störung der circadianen Rhythmik (z. B. Einsatz von Spättypen („Eulen") in der Frühschicht) zu Leistungsschwächen oder überhöhter Beanspruchung führen kann (Hildebrandt, 1976a; Schlick et al., 2010). Eine weitere Variable stellt das **Rauchen** dar, da es einen Einfluss auf die Herzfrequenz und die Atemfrequenz hat (vgl. Abschnitt 2.1.4; Balakumar & Kaur, 2009;

Weil et al., 2012). Operationalisiert wird Rauchen als Anzahl der Zigaretten pro Tag. Die Arbeitsumwelt kann in einer quasiexperimentellen Feldstudie nicht beeinflusst werden. Da sowohl **Lärm** als auch **Temperatur**, d. h. Hitze bzw. Kälte, einen Einfluss auf die Herzfrequenz haben können, werden diese Arbeitsumweltfaktoren in der Feldstudie dokumentiert (vgl. Herzfrequenz in Abschnitt 2.1.4; Sammito et al., 2014). Die arbeitsorganisatorische Verkettung der Montagearbeitsplätze zu einer Fließmontage minimieren die individuellen Einflussmöglichkeiten der Probanden auf die Leistung des Gesamt-systems. Um diesen Einfluss trotzdem nicht außer Acht zu lassen, wird die **Stückzahl** (Motoren pro Tag) als Kontrollvariable aufgenommen (vgl. Leistungsanalyse in Abschnitt 2.1.4).

Zusätzliche Störeinflüsse, wie z. B. die willentliche Beeinflussung der Atemfrequenz, können durch die Datenerhebung über die gesamte Schicht nahezu ausgeschlossen werden. Der Einfluss des Hawthorne-Effekts kann für die Erhebung objektiver Körperfunktionsdaten (Herz- und Atemfrequenz) über die gesamte Schichtdauer als gering betrachtet werden. In Bezug auf die Leistungsmessung über die Montagezeit herrscht Unkenntnis der Probanden bez. der Zeitpunkte der Videoaufzeichnung, allerdings kann eine Verhaltensänderung und damit Beeinflussung der Arbeitsweise während Datenaufnahme am Messtag nicht ausgeschlossen werden. Weitere nicht beeinflussbare Aspekte, die im Feld vorgefunden werden, sind die Vorbelastung der Probanden (z. B. durch Arbeitsweg oder Schlaf-dauer vor der Messung), die Aktivität der Probanden in den Erholungspausen oder prozessbedingte Störungen im Produktionsablauf.

3.3.1 Stichprobe

Die Akquise der Probanden erfolgte in zwei Teams an zwei Montagelinien über zwei Arbeitsschichten mit dem gleichen Motorenproduktionsplan. Insgesamt wurden 55 ausschließlich männliche Werker über die Durchführung der Feldstudie informiert und als Probanden zur freiwilligen Teilnahme eingeladen. Davon verweigerten 16 Werker die Teilnahme, zwei Werker hatten ein Attest für den Unter-suchungsarbeitsplatz mit erhöhtem Belastungsrisiko, einer konnte aufgrund unzureichender Deutsch-kenntnisse nicht teilnehmen und ein weiterer war durch seine Schichtführertätigkeit mehrere Jahre nicht mehr am Montageband eingesetzt und daher ungeübt.

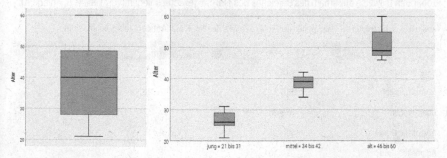

Abbildung 21: Boxplot des Alters der Probanden (links) und Boxplot der Altersgruppen (rechts)

An der quasiexperimentellen Feldstudie zur Untersuchung der Beanspruchung von Montagemitar-beitern nahmen 35 männliche Probanden zwischen 21 und 60 Jahren teil (Abbildung 21 links; Anlage

A; MW = 39,63 Jahre; Median = 40,00 Jahre; SD = 11,755 Jahre). Die Probanden wurden anhand ihres Alters in drei Altersgruppen eingeteilt: in jüngere (21 – 31 Jahre), mittlere (34 – 42 Jahre) und ältere Probanden (46 – 60 Jahre). Die Einteilung erfolgte zum einen in Bezug auf die Grenze von 45 Jahren (Brandenburg & Domschke, 2007; Ilmarinen, 2001; Landau & Pressel, 2009) und zum anderen aufgrund vorhandener, natürlicher Alterslücken in der Verteilung der Probanden (Abbildung 21 rechts; Anlage A). Somit befinden sich in der jungen Altersgruppe 13, in der mittleren Altersgruppe 7 und in der älteren Altersgruppe 15 Probanden.

Alle Probanden sind Facharbeiter, die regulär am Arbeitsplatz eingesetzt werden und geübt sind (vgl. Abbildung 20). Die Facharbeiter weisen teilweise langjährige Montageerfahrung zwischen 0,5 und 36 Jahren auf (Abbildung 22; Anlage A; MW = 8,107 Jahre; SD = 8,0657 Jahre).

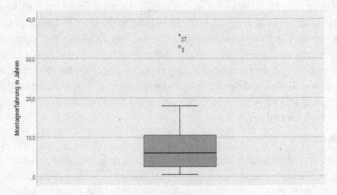

Abbildung 22: Boxplot der Montageerfahrung der Probanden in Jahren

Hinsichtlich des Körperbaus liegen naturgemäß Unterschiede bez. Größe und Gewicht vor, die über den Parameter BMI ausgedrückt werden können. Bei der Untersuchung der Beanspruchung jüngerer und älterer Montagemitarbeiter wird der BMI als Kontrollgröße in die Analyse einbezogen, da die Probanden teilweise außerhalb des Bereiches des Normalgewichtes liegen (vgl. Tabelle 8; Anlage A).

Tabelle 8:   Verteilung der Häufigkeiten der Probanden bez. der BMI-Klassifikation (Laufs & Böhm, 2000)

Klassifikation	BMI	Anzahl Probanden der Stichprobe
Untergewicht	< 18,5	0
Normalgewicht	18,5 – 25	16
Übergewicht	25 – 30	11
Adipositas Grad I	30 – 35	5
Adipositas Grad II	35 – 40	3
Adipositas Grad III	> 40	0

Alle Probanden sind arbeitsfähig, d. h. leistungsfähige Mitarbeiter ohne gesundheitliche Einschränkungen (z. B. durch Krankheiten, Verletzungen), die in der Lage sind, ihre normale Arbeit am Arbeitsplatz auszuführen. Es liegt kein ärztliches Attest (z. B. durch Hausarzt oder Arbeitsmediziner) für die Arbeitsplätze der Untersuchung vor. Eine Überprüfung der Probanden erfolgte im Rahmen einer arbeitsmedizinischen Untersuchung durch den Arbeitsmedizinischen Dienst des Unternehmens. Dabei wurden verschiedene Parameter erhoben (z. B. Körpergröße, Gewicht, Rauchen) und Probanden mit Herz-Kreislauf-Erkrankungen bzw. bei diesbezüglicher Medikamenteneinnahme dokumentiert, wovon vier Probanden betroffen waren. In einem Expertengespräch mit einer Arbeitsmedizinerin wurde ein Ausschluss dieser Probanden als zu hart gewertet, da z. B. ein mehrere Jahre zurückliegender Herzinfarkt oder allergisches Asthma im Frühjahr keine Ausschlusskriterien per se darstellen. Da alle Probanden Elemente des Mensch-Maschine-System sind, am Arbeitsprozess teilnehmen und den wirkenden Belastungen ausgesetzt sind, wurden die vier Probanden zunächst unter Vorbehalt in die Datenaufnahme der Feldstudie einbezogen.

3.3.2 Arbeitsplätze

Der Fokus der Untersuchung der Beanspruchung von Montagemitarbeitern unterschiedlichen Alters lag auf Arbeitsplätzen mit einem hohen Belastungsrisiko um ggf. vorhandene Unterschiede feststellen zu können (vgl. Abschnitt 3.2). Die Auswahl der Arbeitsplätze erfolgte im Spannungsfeld zwischen der Anforderung des Belastungsniveaus und dem durch die hochspezialisierten Facharbeiter sowie Team- und Schichtorganisation limitierten Probandenpool.

Abbildung 23: Schwungscheibenarbeitsplätze HAP 140 (links) und HAP B34 (rechts) an zwei Montagelinien

Zur Auswahl des Untersuchungsarbeitsplatzes wurden die Arbeitsplätze der gesamten Montagelinie hinsichtlich ihres Belastungsrisikos auf Basis der vorliegenden Dokumente zur EAWS-Bewertung analysiert. Für die Studie wurde der Arbeitsplatz der Schwungscheibenmontage (Abbildung 23) ausgewählt, der an zwei Montagelinien vorhanden war. Der Schwungscheibenarbeitsplatz ist durch folgende Belastungsschwerpunkte im Mensch-Maschine-System gekennzeichnet. Hinsichtlich der Belastung durch die Arbeitsaufgabe (vgl. Abschnitt 2.1.1.1) liegen folgende Belastungsarten vor:

Körperhaltung (Arbeit im Stehen), manuelle Lastenhandhabung (Handhabung der Schwungscheibe), Aktionskräfte (Montieren von Werkstücken) und repetitive Tätigkeiten (Arbeit im taktgebundenen Montagesystem). Belastungen durch die Arbeitsorganisation (vgl. Abschnitt 2.1.1.2) ergeben sich durch Schichtarbeit (Früh-, Spät- und Nachtschicht, abhängig vom Produktionsprogramm), Arbeitsteilung (hoher Übungs- und Spezialisierungsgrad, vorgegebene Reihenfolge der Arbeitsschritte) sowie die zeitliche und räumliche Bindung durch das verkettete Arbeitssystem mit einem definierten Arbeitsrhythmus (Zeitdruck, Arbeitsgeschwindigkeit). Die Belastung durch die Arbeitsumwelt (vgl. Abschnitt 2.1.1.3) erfolgt vorrangig durch die Maschinen- und Prozessgeräusche in der Werkhalle. Belastungen durch die Mensch-Maschine-Schnittstelle sind an diesem Arbeitsplatz nur in geringem Maß vorhanden, da hauptsächlich manuelle Tätigkeiten am Werkstück (hier: Motor) vorgenommen werden.

Die beiden Schwungscheibenarbeitsplätze an verschiedenen Montagelinien haben bez. der Belastung nahezu identische Werte hinsichtlich des Belastungsrisikos nach EAWS, das auf die Mitarbeiter wirkt. Arbeitsplatz HAP 140 weist ein Belastungsrisiko von 48,96 Punkten auf, bei Arbeitsplatz HAP B34 ist ein Belastungsrisiko von 48,06 Punkten gegeben (vgl. Anlage B). Beide Arbeitsplätze liegen hinsichtlich des Belastungsrisikos im oberen gelben Bereich, d. h. zwischen 25 und 50 Punkten (vgl. EAWS in Abschnitt 2.1.3). Die Schwungscheibenarbeitsplätze werden zum einen für die Analyse der objektiven Beanspruchung und Montagezeit in dem abgegrenzten und identischen Arbeitsprozess *Schwungscheibenmontage* (= Prozessebene, Hypothese 1_1 bis 1_3; Hypothese 2) und zum anderen für die Analyse des gesamten Arbeitsplatzes (= Arbeitsplatzebene, Hypothese 3_1 bis 3_3; 4_1 bis 4_3) genutzt. Die Analyse des abgegrenzten Arbeitsprozesses ermöglicht die Untersuchung der Wirkung für eine definierte Belastung (= Lastenhandhabung der Schwungscheibe), die Analyse des gesamten Arbeitsplatzes bezieht die Belastungen durch weitere Arbeitstätigkeiten im Takt mit ein (z. B. Montage Abdeckblech, Wechsel der Paletten, Bereitstellung von Material). Der Arbeitsprozess *Schwungscheibenmontage* wird an beiden Schwungscheibenarbeitsplätzen ausgeführt, sodass neben der Analyse der objektiven Beanspruchung auch die Montagezeiten einbezogen werden. Die Schwungscheiben werden durch die Probanden von einer Palette mit 8 Schwungscheiben pro Lage entnommen und am Motorblock fixiert. Der Arbeitsprozess *Schwungscheibenmontage* für die Untersuchung der Montagezeiten beginnt nach MTM (Methods Time Measurement) mit dem Hinlangen zur Schwungscheibe und endet mit dem Loslassen der ersten Schraube (Hypothese 2). Die Schwungscheibenarbeitsplätze werden aufgrund des erhöhten Belastungsrisikos für die Untersuchung der subjektiv erlebten Beanspruchung genutzt (Hypothese 5_1 und 5_2).

Da die Untersuchung der Beanspruchung an den Arbeitsplätzen mit erhöhtem Belastungsrisiko nur für die Dauer von ca. 4 Stunden zulässig war (vgl. Abschnitt 3.2), wurde die Datenerhebung um den Ausgleichsarbeitsplatz erweitert, der durch ein geringes Belastungsrisiko gekennzeichnet ist. Anhand der vorliegenden EAWS-Bewertungen hinsichtlich des Belastungsrisikos an den Arbeitsplätzen wurde dafür je Montagelinie ein weiterer Arbeitsplatz ausgewählt. Der Auswahlfokus lag dabei auf dem möglichst gleichen, geringen Belastungsrisiko.

Abbildung 24: Ausgleichsarbeitsplätze HAP 100 (links) und HAP A36 (rechts) an zwei Montagelinien

Die Ausgleichsarbeitsplätze (Abbildung 24) weisen ein Belastungsrisiko von 12,31 (HAP A36) bzw. 14,44 (HAP 100) Punkten auf, d. h. es liegt ein geringes Belastungsrisiko im grünen Bereich vor (vgl. EAWS in Abschnitt 2.1.3; Anlage B). Die wirkenden Belastungen an den Ausgleichsarbeitsplätzen (vgl. Abschnitt 2.1.1) sind den Belastungsarten Körperhaltung (Arbeit im Stehen), Aktionskräfte (Montieren von Werkstücken) und repetitive Tätigkeiten (Arbeit im taktgebundenen Montagesystem) zuzuordnen. Die Belastungen hinsichtlich Arbeitsumwelt, Arbeitsorganisation und Mensch-Maschine-Schnittstelle entsprechen denen der Schwungscheibenarbeitsplätze. An allen Arbeitsplätzen wird die Montage-tätigkeit in stehender Arbeitsposition durchgeführt.

3.3.3   Messmethoden und -instrumente

Die Messmethoden und -instrumente zur Ermittlung der objektiven und subjektiven Beanspruchungs-daten nach Sammito et al. (2014), ordnen sich in die Bereiche **objektive Techniken**, **Leistungsanalyse** und **subjektive Techniken** ein (vgl. Tabelle 4; Abbildung 20; Bullinger, 1994). Deren Auswahl erfolgte vor dem Hintergrund des Einsatzes im Feldversuch. Die Messmethoden und -instrumente wurden in Vorversuchen bez. der Tauglichkeit für den praktischen Einsatz getestet und in weiteren Studien eingesetzt (Börner, Scherf, Leitner-Mai, & Spanner-Ulmer, 2011; Scherf, Börner, Leitner-Mai, & Spanner-Ulmer, 2010; Scherf, Leitner-Mai, Börner, & Spanner-Ulmer, 2010). Bei den verwendeten Fragebögen kamen ausschließlich standardisierte und erprobte Fragebögen zum Einsatz.

Im Bereich **objektive Techniken** (vgl. Tabelle 4) erfolgte die Messung von Körperfunktionswerten. Aufgrund der am Arbeitsplatz Schwungscheibe vorliegenden Belastungen, mit Lastenhandhabung und repetitiven Tätigkeiten (vgl. Abschnitt 3.3.2), der Arbeitsausführung im Stehen mit verschiedenen Körperbewegungen (z. B. Körperdrehung, Schritte, Beugen) lag der Schwerpunkt auf der Herz-Kreislaufbeanspruchung, sodass die kardiopulmonalen Parameter Herzfrequenz und Atemfrequenz fokussiert wurden (vgl. Beanspruchungsfälle in Abschnitt 2.1.4; Tabelle 4). Die Messung der Parameter erfolgte mit dem biomechanisch-physiologischen Monitoringsystem BioHarness™ der Firma Zephyr.

Dieses System ermöglicht die kombinierte Erfassung von Herzfrequenz, Atemfrequenz und Hauttemperatur sowie eine Aktivitätsanalyse über ein einziges Messsystem (Abbildung 25), das in einem tragbaren Brustgurt integriert ist (Zephyr Technology Ltd., 2010).

Abbildung 25: Datenlogger-Einheit (links) und Brustgurt (rechts) des Zephyr BioHarness™-Systems (Zephyr Technology Ltd., 2009)

Das BioHarness™-System realisiert das kabellose Monitoring der Parameter und ist daher minimalinvasiv für die Probanden (vgl. Abschnitt 2.1.4; Tabelle 6). Der kabellose, atmungsaktive, dehn- und waschbare Brustgurt wird dazu unter der Kleidung getragen (Zephyr Technology Ltd., 2010). Die Aufzeichnung der Daten erfolgt entweder *live* über Echtzeit-Telemetrie oder *offline* im Daten-Logger-Modus (ebd.). Da eine Liveübertragung im Produktionsumfeld der Feldstudie nicht zulässig war, wurden die Daten für die Langzeitmessung kontinuierlich über die gesamte Schichtdauer in der Datenlogger-Einheit gespeichert und per USB ausgelesen. Die Ausgabe der Herzfrequenzwerte erfolgte sekundengenau als *beats per minute* (Schläge pro Minute) und die der Atemfrequenz als *breaths per minute* (Atemzüge pro Minute) (Zephyr Technology Ltd., 2009). Der Einsatz des Messsystems wurde bereits in Studien beschrieben (Kim, Roberge, Powell, Shafer, & Jon Williams, 2013; Neubert, 2011; Romagnol, 2015) und erfolgreich für weitere Versuche in der Praxis eingesetzt (Börner, Leitner-Mai, Scherf, & Spanner-Ulmer, 2012; Börner, Scherf, Leitner-Mai, & Spanner-Ulmer, 2012; Börner, Scherf, Leitner-Mai, & Spanner-Ulmer, 2013). Die Praxistauglichkeit der Messung von Herzfrequenzen im Feldversuch war nach Sammito et al. (2014) gegeben.

Eine Leistungsanalyse (vgl. Tabelle 4) wurde über die Leistungserfassung des Parameters Montagezeit realisiert. Um die Montagezeiten ermitteln zu können, erfolgte eine Videoaufzeichnung der Montageprozesse. Da diese nicht durchgängig über die gesamte Schicht zulässig war (vgl. Abschnitt 3.2), erfolgten die Aufzeichnungen über ein softwaregesteuertes Zeitaufnahmeschema. Dazu wurde ein schicht- und pausenbezogenes Raster von Messzeitpunkten (MZP) mit einem Abstand von 5 – 10 Minuten definiert. Die jeweilige Aufzeichnungsdauer betrug 4 Minuten, sodass mindestens 2 vollständige Takte pro Messung enthalten sind. Die Aufzeichnung der Videos erfolgte rechnergestützt über ein Aquila-Komplett-System zur optischen Bewegungsaufnahme und Datenverarbeitung der Firma Fusion Systems GmbH (Abbildung 26). Dazu wurde an jeder Montagelinie ein Aufzeichnungsrechner mit Monitor, Maus und Tastatur installiert. Der Aufzeichnungsrechner war mit jeweils 4 Schwarz-Weiß-FireWire-Kameras, mit einer Auflösung von 640x480 Pixel, 30 Bildern pro Sekunde und Vario-Objektiven (3,5 mm – 10,7 mm), über ein Ethernetkabel verbunden. Die 4 Kameras wurden derart an den Montagelinien angebracht, dass der Schwungscheibenarbeitsplatz mit 2 bzw. 3 Kameras und der Ausgleichsarbeitsplatz mit 2 bzw. 1 Kamera ausgestattet waren.

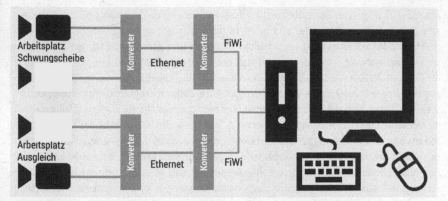

Abbildung 26: Struktureller Aufbau des Aquila-Komplett-Systems

Ergänzt wurde das Aquila-Komplett-System durch die Softwarefunktionen Quadsplit und Scheduler. Die Quadsplit-Funktion ermöglicht die Speicherung eines Videostreams, der mehrere (2, maximal 4) Kamerabilder in einer gemeinsamen Ansicht darstellt (Abbildung 27). Dabei ist für jede der 4 Bild-Komponenten die Einstellung/Auswahl möglich, welches der insgesamt verfügbaren Kamerabilder eingeblendet werden soll.

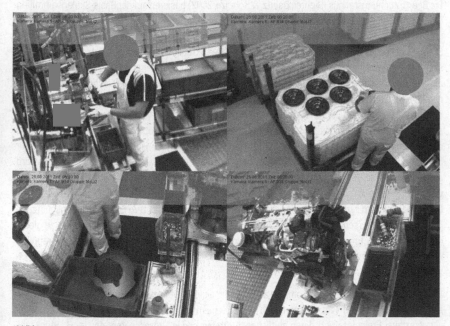

Abbildung 27: Monitordarstellung der Quadsplit-Funktion

Abbildung 27 zeigt einen Screenshot der Quadsplit-Funktion, bei der 3 Kameras auf den Schwung-scheibenarbeitsplatz ausgerichtet sind (oben rechts und unten) und 1 Kamera den Ausgleichs-arbeitsplatz darstellt (oben links). Der Scheduler ermöglicht ein automatisiertes Starten und Stoppen der Videoaufzeichnung zu den definierten Messzeitpunkten (vgl. Protokoll in Anlage C). Die Eingabe der Zeiten erfolgt über eine Setting-Funktion und bietet die Möglichkeit, Kameras bzw. Kameragruppen zu selektieren und Zusatzdaten, wie z. B. Gruppenname, Kamerabezeichnung oder Arbeitsplatz, zu speichern. Neben dem automatischen Starten über den Scheduler besteht im Bedarfsfall zusätzlich die Möglichkeit der manuellen Videoaufzeichnung. Den Probanden waren weder das Zeitaufnahme-schema bzw. die Aufzeichnungszeitpunkte bekannt, noch war anhand der Kameras ersichtlich, wann eine Videoaufzeichnung der Montageprozesse erfolgte. Durch diese Maßnahme sollte der Einfluss des Hawthorne-Effektes möglichst gering gehalten werden. Auszuschließen sind dessen Einflüsse auf die Leistung der Probanden allerdings nicht, aufgrund der Anwesenheit von Versuchsleiter und Assistent sowie der Tatsache der Durchführung von Datenaufnahmen an den Messtagen.

Als **subjektive Techniken** (vgl. Tabelle 4) wurden die **Selbsteinschätzung** der Probanden mittels Frage-bogen und eine **Beobachtung** eingesetzt. Da die Datenerhebung der Feldstudie während des laufenden Produktionsprozesses erfolgte (vgl. Abschnitt 3.2) kamen als Erhebungsmethoden nur Kurzfrage-bögen in Frage. Eingesetzt wurden die **Beanspruchungsratings** und die Kurzform des **NASA-Task Load Index (NASA-TLX)** (Landau, Abendroth, Meyer, & Ackert, 2003; Landau, et al., 2006; Hellwig et al., 2012). Die Beanspruchungsratings (Richter, Debitz, & Schulze, 2002) basieren auf der Basis-Skalensammlung der Eigenzustandsskala (EZ-Skala) nach Nitsch (1976) und den Rating-Skalen von Plath & Richter (1984). Die Beanspruchungsratings bestehen aus 12 Items (Eigenschaften), die auf einer 6-stufigen Skala zwischen (1) *überhaupt nicht* und (6) *sehr* für den aktuellen Stimmungszustand einzuschätzen sind (vgl. Fragebogen VOR bzw. NACH der Arbeit in Anlage C). Die Items dieser Kurzversion können anhand einer Faktorenanalyse dem positiven Faktor *Engagement/Positive Gestimmtheit* und den negativen Faktoren *Psychische Ermüdung, Sättigung/Stress* und *Monotonie* zugeordnet werden und erlauben „innerhalb von ca. 30 Sekunden eine Befindensdiagnostik" (Richter et al., 2002), Die Bean-spruchungsratings kamen bereits bei anderen Studien zum Einsatz (Kobiela, 2010; Korunka, 2012). Bei der Kurzform des NASA-TLX als sogenannter Raw TLX (RTLX) nach Hart (2006), erfolgt analog zur Langform die Einschätzung der einzelnen Dimensionen auf einer Skala von 1 bis 20, allerdings wird auf die paarweise Gewichtung der Dimensionen, wie in Byers, Bittner, & Hill (1989) aufgezeigt, verzichtet. Der Einsatz des RTLX wird in Studien beschrieben (Patten et al., 2006; Stadler et al., 2016). Die Borg-Skala kam in der Studie aufgrund des Versuchsdesigns nicht zum Einsatz. Die Einschätzung der empfundenen Erschöpfung nach der Arbeitstätigkeit als Maß für die Herzfrequenz wäre zu global gewesen und eine Erhebung zu den Messzeitpunkten hätte einen ständigen Eingriff in die reguläre Arbeitstätigkeit der Probanden bedeutet und zu Unterbrechung geführt bzw. als zusätzlicher Stress-faktor gewirkt.

Die **Beobachtung** erfolgte nach Kromrey (2009) offen, nicht teilnehmend, systematisch, natürlich und als Fremdbeobachtung (vgl. Abschnitt 2.1.4). In einem **standardisierten Beobachtungsprotokoll** wurden dabei **Ereignisse** und deren **zeitliches Auftreten** sowie Prozessparameter (z. B. Stückzahl,

Motorenbezeichnung) und Arbeitsumweltfaktoren (Temperatur, Lärm) festgehalten (Abbildung 28; vgl. Protokoll in Anlage C).

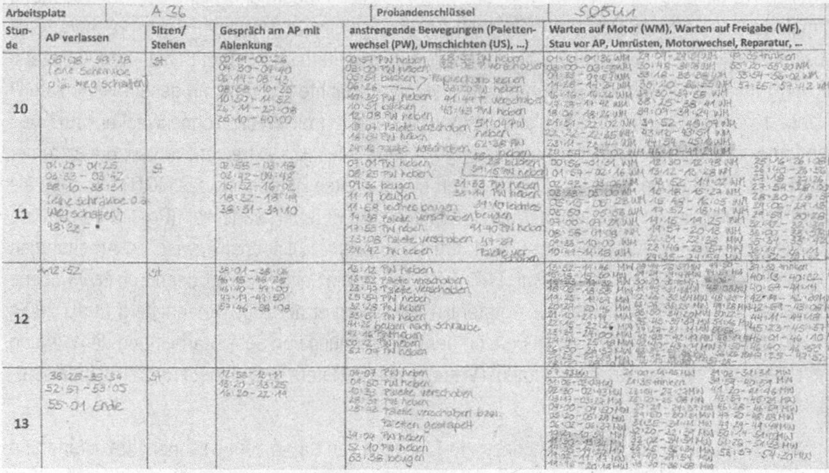

Arbeitsplatz A 36				Probandenschlüssel S05U1	
Stunde	AP verlassen	Sitzen/ Stehen	Gespräch am AP mit Ablenkung	anstrengende Bewegungen (Paletten-wechsel (PW), Umschichten (US), ...)	Warten auf Motor (WM), Warten auf Freigabe (WF), Stau vor AP, Umrüsten, Motorwechsel, Reparatur, ...
10					
11					
12					
13					

Abbildung 28: Auszug aus dem Protokoll einer Beobachtung

Als Ereignisse wurden „Arbeitsplatz verlassen" (z. B. zur Pause, bei Toilettengang), „Sitzen/Stehen" falls ein kurzzeitiger Wechsel der Arbeitsposition erfolgte, „Gespräch am AP mit Ablenkung" (z. B. bei Unterhaltung mit Kollegen, Schichtführer), „anstrengende Bewegungen" (z. B. Entfernen der leeren Paletten, Umschichten der Schwungscheiben von der Palette in eine Haltevorrichtung) und prozessbedingte Unterbrechungen wie „Warten auf Motor" (d. h. kein Motor zur Montage verfügbar, da noch am vorgelagerten Arbeitsplatz montiert wird), „Warten auf Freigabe" (d. h. fertig montierter Motor kann nicht an nachfolgenden Arbeitsplatz weitertransportiert werden), „Stau" (Motoren stauen sich vor dem nachgelagerten Arbeitsplatz), „Umrüsten" (Vorbereiten eines neuen Motortyps, Material holen), „Motorwechsel" (Lesen und Unterschreiben der Laufzettel bei neuem Motorentyp) sowie „Reparatur" (Bandstillstand, verursacht durch einen Arbeitsplatz an der verketteten Montagelinie) dokumentiert. Jedes zeitliche Auftreten der Ereignisse wurde mit Start und Endzeit sekundengenau protokolliert. Die Zeitnahme erfolgte mit Casio Digitaluhren vom Typ F-91W, die vor jedem Messtag mit der Rechnerzeit synchronisiert wurden. Weiterhin wurden im Protokoll jeder Wechsel des Motorentyps und zu jedem Messzeitpunkt die Daten der Halleninformationsanzeige dokumentiert. Der Wechsel des Motorentyps ist von Bedeutung, da sich das Gewicht der jeweiligen Schwungscheibe unterscheidet. Das Gewicht der Schwungscheiben liegt zwischen 5,9 kg und 12,2 kg und hat ggf. Einfluss auf die Beanspruchung der Probanden oder die Montagezeit. Von den Daten der Halleninformationsanzeige wurde die Sorte (d. h. aktueller Motorentyp), Sorten-IST, Gesamt-IST und Bandabnahme protokolliert. Die gesammelten Informationen aus dem Beobachtungsprotokoll dienten als Grundlage für die Bereinigung der Rohdaten (vgl. Abschnitt 3.4.1) und die Auswertung allgemeiner Prozessdaten (vgl. Abschnitt 4.1).

Als studienbegleitender Fragebogen zur Erhebung der Kontrollvariable Chronotyp wurde der **Munich ChronoType Questionnaire (MCTQ)** für Schichtarbeiter eingesetzt (vgl. Fragebogen MCTQ in Anlage C; Roenneberg et al., 2007; Roenneberg, et al., 2003). Dieser Fragebogen dient der Untersuchung rhythmologischer Einflüsse bez. der Frühschicht (vgl. Abschnitt 3.2) und der Beanspruchung (vgl. Dispositionsmerkmale in Abschnitt 2.1.2). Der MCTQ für Schichtarbeiter erfragt Schlaf- und Aktivitäts-zeiten der Probanden in Bezug auf Früh-, Spät- und Nachtschichten, z. B. Wann gehen Sie schlafen? Wie lange brauchen Sie, um einzuschlafen? Wann stehen Sie (mit Wecker/ohne Wecker) auf? Aus diesen Daten wird z. B. der Chronotyp auf einer Skala von 0 bis 6 (0 = extremer Frühtyp; 6 = extremer Spättyp) ermittelt (Roenneberg et al., 2003). Aufgrund der breiten Datenbasis des MCTQ mit mehr als 55.000 Probanden, liegen aus der Literatur entsprechende Referenzwerte vor (Roenneberg et al., 2007). Weiterhin ist eine Aussage zum Social Jetlag (SJL), einer Diskrepanz zwischen Arbeitstagen und freien Tagen, möglich (Wittmann et al., 2006). Der SJL ist ein Schlafmangel, der durch erzwungene Arbeitszeiten, z. B. durch Schichtarbeit, entsteht (Roenneberg et al., 2007; Roenneberg et al., 2003; Wittmann et al., 2006). Der MCTQ ist im Bereich der Untersuchung von Schichtarbeit und der Wirkung auf den Menschen ein etabliertes Instrument (Vetter, Fischer, Matera, & Roenneberg, 2015; Juda et al., 2013; Martino et al., 2014).

Nach Sammito et al. (2014) wird die ergänzende Erhebung von Daten zum **Gesundheitszustand** und physikalischen Arbeitsplatzbedingungen wie **Lärm** und **Temperatur** empfohlen. Neben der Erhebung von Daten zum **Gesundheitszustand** in der arbeitsmedizinischen Untersuchung, erfolgte der Einsatz der Kurzform des Fragebogens **Work Ability Index (WAI)** zur Ermittlung der Arbeitsfähigkeit (vgl. Arbeitsfähigkeit und Gesundheit in Abschnitt 2.1.2; Arbeitsfähigkeit in Abschnitt 2.2.2; Abbildung 20). Der WAI ist ein praxistauglicher, anwendungserprobter und weit verbreiteter Fragenkatalog (Hess-Gräfenberg, 2004; Dombrowski & Evers, 2014). Kurz- und Langform des WAI unterscheiden sich nach Hasselhorn & Freude (2007) hinsichtlich der erfragten Krankheiten: die Langversion erfragt 51 Krankheiten, die Kurzversion enthält 14 Krankheitsgruppen. Der Fragebogen in der Kurzform besteht aus 10 Fragen, welche „die physischen und psychischen Arbeitsanforderungen, den Gesundheits-zustand und die Leistungsreserven des Arbeitnehmers betreffen" (Hasselhorn & Freude, 2007). Die Beantwortung der Fragen resultiert in Punktwerten im Bereich zwischen 7 und 49 Punkten (ebd.). Der WAI wurde bereits langjährig erfolgreich in Skandinavien eingesetzt, hat sich als Standard etabliert und bietet eine solide Referenzdatenbasis (Tempel, 2003). Weiterhin kam er bei vergleichbaren Untersuchungen zum Einsatz (Frieling & Kotzab, 2014; Schlick et al., 2010), auch in Kombination mit dem MCTQ (Oberlinner, Halbgewachs, & Yong, 2016). In der Literatur findet sich ein Zusammenhang von geringer Schlafdauer und geringen Werten bez. des Work Ability Index (Yong et al., 2016). Als physikalische Arbeitsplatzbedingungen wurden **Lärm** und **Temperatur** erfasst. Die Lärmmessung erfolgte stündlich über ein 5-minütiges Messintervall mit einem kalibrierten, handgehaltenen Schall-pegelmessgerät von Brüel & Kjaer (2250-L). Die Hallentemperatur wurde mit einem Mebus Innen-thermometer in °C alle 10 Minuten über die Schichtdauer ermittelt.

Eine schematische Darstellung der Messmethoden und -instrumente zeigt Abbildung 29. Die Synchronisation der automatischen Videoaufzeichnung und den BioHarness™-Einheiten wurde vor Messbeginn über ein Softwaretool realisiert und somit die Rechnerzeit auf die BioHarness™-Einheiten übertragen.

Abbildung 29: Schematische Darstellung der Messmethoden und -instrumente

Mit Hilfe der vorgestellten Messmethoden und -instrumente erfolgte die Datenaufnahme der quasiexperimentellen Feldstudie zur Untersuchung der Beanspruchung der Montagemitarbeiter unterschiedlichen Alters. Für die gesamte Versuchsdauer waren stets ein Versuchsleiter am Schwung-scheibenarbeitsplatz und ein Assistent am Ausgleichsarbeitsplatz während der Datenerhebung anwesend. Dieses Vorgehen diente dazu, den reibungslosen Versuchsablauf abzusichern und die Dokumentation von Ereignissen durchzuführen. Im nachfolgenden Abschnitt wird die entsprechende Versuchsdurchführung beschrieben.

3.3.4   Versuchsdurchführung

Die gesamte Versuchsdurchführung erstreckte sich über einen Zeitraum von 18 Monaten und wird nachfolgend in den Phasen **Vorbereitung**, **Messung** und **Nachbereitung** beschrieben.

In der **Vorbereitungsphase** erfolgte zunächst die notwendige organisatorische Abstimmung mit Personalabteilung, Bereichsleitern und Betriebsausschuss des Unternehmens. Anschließend wurden die Arbeitsplätze für die Datenerhebung ausgewählt (vgl. Abschnitt 3.3.2) und eine Vorinformation zur Studie als Aushang an die Mitarbeiter der entsprechenden Montagelinien ausgegeben. Danach wurden die bez. der Montagelinie, des Teams und der Schicht in Frage kommenden 55 Mitarbeiter (vgl. Abschnitt 3.3.1) zu Informationsveranstaltungen eingeladen. Diese dienten dazu, die Mitarbeiter über Ziel, Inhalt und Ablauf der quasiexperimentellen Feldstudie zu informieren und als freiwillig teilnehmende Probanden zu gewinnen. Den Mitarbeitern wurde dabei eine Einverständniserklärung inklusive Probandenschlüssel, ein Informationsblatt mit einer kurzen Zusammenfassung des Versuchsablaufs und ein Auszug aus dem Bundesdatenschutzgesetz ausgehändigt (vgl. Probanden-information in Anlage D). Die 35 freiwillig teilnehmenden Probanden erhielten eine Einladung zur arbeitsmedizinischen Untersuchung und die studienbegleitenden Fragebögen WAI und MCTQ. Der Aufbau des Versuchstandes, d. h. Installation der Rechentechnik und Montage des Video-aufzeichnungssystems (vgl. Abbildung 26) an den beiden Montagelinien, erfolgte während einer Betriebsversammlung.

Tabelle 9:   Beispielhafter Ablauf eines Messtages

Uhrzeit	Beschreibung
ca. 5:30 Uhr	Beginn des Messtages für Versuchsleiter und Assistent, Rechen- und Kameratechnik an der Montagelinie nach Checkliste starten, BioHarness™-Einheiten und Casio Uhren mit Rechnerzeit synchronisieren
ca. 5:45 Uhr	Begrüßung der beiden Probanden des Messtages in den Räumen des Arbeitsmedizinischen Dienstes, Anlegen der BioHarness™-Brustgurte, Ausfüllen der Beanspruchungsratings
ca. 6:00 Uhr	Arbeitsbeginn für Proband X an dem Arbeitsplatz mit erhöhtem Belastungsrisiko, Arbeitsbeginn für Proband Y an dem Arbeitsplatz mit niedrigem Belastungsrisiko, kontinuierliche Messung der Körperfunktionswerte, softwaregesteuerte Videoaufzeichnung, Dokumentation über ein standardisiertes Beobachtungsprotokoll
ca. 10:00 Uhr	Ausfüllen der Beanspruchungsratings und NASA-TLX, Wechsel der Arbeitsplätze
ca. 10:10 Uhr	Arbeitsbeginn für Proband Y an dem Arbeitsplatz mit erhöhtem Belastungsrisiko, Arbeitsbeginn für Proband X an dem Arbeitsplatz mit niedrigem Belastungsrisiko, kontinuierliche Messung der Körperfunktionswerte, softwaregesteuerte Videoaufzeichnung, Dokumentation über ein standardisiertes Beobachtungsprotokoll
ca. 14:00 Uhr	Arbeitsende, Ausfüllen der Beanspruchungsratings und NASA-TLX, Ablegen und Reinigen der BioHarness™-Brustgurte, Ende der Datenaufnahme für den Messtag

Die **Messung** selbst wurde an den ausgewählten Arbeitsplätzen mit erhöhtem und niedrigem Belastungsrisiko (vgl. Abschnitt 3.3.2) an jeweils zwei Messtagen durchgeführt. Dazu wurden die Probanden beobachtet, vermessen und befragt. Beispielhaft ist der Ablauf der Versuchsdurchführung für einen Messtag in Tabelle 9 beschrieben. Die gesamte Versuchsdurchführung am Messtag wurde über detaillierte Checklisten standardisiert, sodass ein einheitlicher Ablauf an den Messtagen erfolgte (vgl. Anlage D). An einem Messtag begannen die Probanden ihre Arbeitstätigkeit an einem Arbeitsplatz mit erhöhtem Belastungsrisiko und wechselten nach der Hälfte der Schicht an einen Arbeitsplatz mit niedrigem Belastungsrisiko. Die Datenaufnahme am zweiten Messtag erfolgte entsprechend gegenläufig. Dazu bildeten jeweils zwei Probanden ein Duo, da sie an den Messtagen aus dem regulären Rotationsprinzip herausgelöst waren und unabhängig von ihrem Team agierten.

In der **Nachbereitungsphase** erhielten die Probanden als kleines Dankeschön für die Teilnahme an der Studie ihre individuellen Messdaten als BioFeedback (Abbildung 30), das positiv aufgenommen wurde. Zusätzlich erfolgte bei den Teams beider Montagelinien eine Abschlusspräsentation zur Studie.

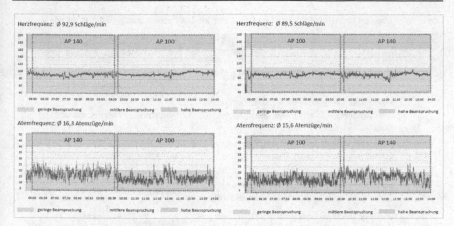

Abbildung 30: BioFeedback eines Studienteilnehmers

3.4 Datenanalyse

Die Daten aus der quasiexperimentellen Feldstudie zur Untersuchung der Beanspruchung von Montagemitarbeitern liegen zum Teil in Rohdaten vor und sind im Vorfeld der Auswertung zu bereinigen bzw. durch Berechnung in auswertbare Parameter zu überführen (vgl. Abschnitt 3.4.1). Zudem ist aufgrund der Charakteristik der vorliegenden Daten eine Erweiterung der Analysemethoden erforderlich.

Das Methodeninventar klassischer Analysemethoden beinhaltet z. B. Korrelationen, Regressionen, Varianten von Gruppenvergleichen und der Varianzanalyse (Sedlmeier & Renkewitz, 2013). Diese zählen zu den „am häufigsten angewandten statistischen Techniken" und werden in einer Vielzahl von Studien eingesetzt (ebd.). In der vorliegenden Dissertation kommen diese klassischen Analyse-methoden, z. B. für Vergleiche zwischen den Probanden, ebenso zum Einsatz (vgl. Abschnitt 3.4.2). Die objektiven Beanspruchungsparameter weisen folgende Besonderheiten auf: Die Daten der Messungen im Zeitverlauf sind voneinander abhängig und sie können gruppiert, d. h. Probanden zugeordnet, werden (Döring & Bortz, 2016; Hox, 2010; Sedlmeier & Renkewitz, 2013). Für die Auswertung von Daten, die auf verschiedenen Ebenen (z. B. Messzeitpunkte, Probanden) vorliegen, und zum Einbezug weiterer Kontextvariablen (z. B. Alter), wird eine Mehrebenenanalyse vorgenommen (vgl. Abschnitt 3.4.3). Diese Analysemethode ist bei großen Datensätzen, Messwiederholungen und der Untersuchung des Einflusses von Kontextvariablen geeignet (Döring & Bortz, 2016; Hox, 2010). Im Zusammenhang mit arbeitswissenschaftlichen Fragestellungen finden sich dazu Studien in der Literatur (Diestel & Schmidt, 2013; Schulte & Kauffeld, 2012; Turgut, Sonntag, & Michel, 2014).

Die für die Datenanalyse relevanten Parameter sind für die einzelnen Hypothesen der Studie (vgl. Abschnitt 3.1) in Tabelle 10 in einer Übersicht mit Eingangsparametern, Analyseebene und Auswer-tungsmethode dargestellt.

Tabelle 10: Übersicht zu den Hypothesen mit Eingangsparametern, Analyseebene und Auswertungsmethode

Hypothese	Eingangsparameter	Analyseebene	Auswertungsmethode
1_1	Ø relHF je MZP im Prozess Schwungscheibe, je Zeitblock und Messtag; Alter; beeinflussende Variablen	Mikroebene	Klassische Analysemethoden
1_2	Konstante des Verlaufs der Ø relHF je MZP im Prozess Schwungscheibe je Messtag; Alter; beeinflussende Variablen	Mikroebene	Mehrebenenanalyse
1_3	Anstieg des Verlaufs der Ø relHF je MZP im Prozess Schwungscheibe je Messtag; Alter; beeinflussende Variablen	Mikroebene	Mehrebenenanalyse
2	Montagezeit je MZP Prozess Schwungscheibe, je Zeitblock und Messtag; Alter; beeinflussende Variablen	Mikroebene	Klassische Analysemethoden
3_1	Ø relHF je Minute am Arbeitsplatz, je Zeitblock und Arbeitsplatz; Alter; beeinflussende Variablen	Makroebene	Klassische Analysemethoden
3_2	Konstante des Verlaufs der Ø relHF je Minute am AP; Alter; beeinflussende Variablen	Makroebene	Mehrebenenanalyse
3_3	Anstieg des Verlaufs der Ø relHF je Minute am AP; Alter; beeinflussende Variablen	Makroebene	Mehrebenenanalyse
4_1	MW PAQ je Arbeitsplatz, je Zeitblock und Messtag; Alter; beeinflussende Variablen	Makroebene	Klassische Analysemethoden
4_2	Konstante des Verlaufs des PAQ je Arbeitsplatz; Alter; beeinflussende Variablen	Makroebene	Mehrebenenanalyse
4_3	Anstieg des Verlaufs des PAQ je Arbeitsplatz; Alter; beeinflussende Variablen	Makroebene	Mehrebenenanalyse
5_1	Faktorenwerte Beanspruchungsratings (psychisch) am AP Schwungscheibe; Alter	Makroebene	Klassische Analysemethoden
5_2	Werte NASA-TLX (physisch) am AP Schwungscheibe; Alter	Makroebene	Klassische Analysemethoden

Die Auswertung der Parameter erfolgt innerhalb der Mikroebene (= prozessbezogen) und der Makroebene (= arbeitsplatzbezogen) (vgl. Abschnitt 3.1). Dazu wird eine Differenzierung nach der Belastungshöhe, d. h. die Analyse des Arbeitsprozesses *Schwungscheibenmontage* als Belastungsspitze (Mikroebene) und des Arbeitsplatzes für die Gesamtbelastung (Makroebene) vorgenommen. Weiterhin erfolgen eine detaillierte Auswertung hinsichtlich der Belastungsdauer (d. h. im Zeitverlauf) und die Analyse der Entwicklung in den einzelnen Zeitblöcken (z. B. von 12:15 – 14:00 Uhr), an den Arbeitsplätzen (z. B. von 6:00 – 10:00 Uhr) und für die Messtage (z. B. von 6:00 – 14:00 Uhr). Dieses Vorgehen, mit der Betrachtung von Teil- und Gesamtbelastung (vgl. Abschnitt 2.1.2.1), ermöglicht die Feststellung, ob und wann sich ggf. Änderungen in der Beanspruchung im Zeitverlauf ergeben.

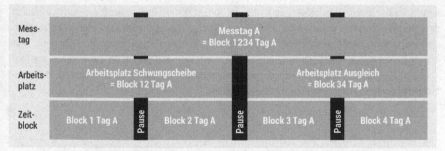

Abbildung 31: Schematische Darstellung der Zeitblöcke für die Datenauswertung am Beispiel des Messtages A

Abbildung 31 zeigt dazu beispielhaft für den Messtag A die einzelnen Analyseabschnitte und Bezeichnungen der Zeitblöcke. Die Analyse der Daten erfolgt dabei für einzelne Zeitblöcke und/oder über mehrere Zeitblöcke hinweg. Die Bezeichnungen der Zeitblöcke und Messtage wird für die bessere Nachvollziehbarkeit durchgängig für die Auswertung der Daten und Darstellung der Ergebnisse beibehalten (vgl. Kapitel 4). Die Bezeichnungen der Analyseabschnitte für Messtag A und B sind in Tabelle 11 dargestellt. Je nach Hypothese wirken andere beeinflussende Parameter (vgl. Tabelle 10; Abschnitt 3.3), die in der Ergebnispräsentation jeweils gesondert aufgeführt werden.

Tabelle 11:   Übersicht zu Arbeitszeiten und Bezeichnung der Analyseabschnitte

Zeit	Bezeichnung Messtag A	Bezeichnung Messtag B
06:00 – 07:40 Uhr	Block 1 Tag A	Block 1 Tag B
08:00 – 10:00 Uhr	Block 2 Tag A	Block 2 Tag B
10:10 – 11:50 Uhr	Block 3 Tag A	Block 3 Tag B
12:15 – 14:00 Uhr	Block 4 Tag A	Block 4 Tag B
06:00 – 10:00 Uhr	Block 12 Tag A (= AP Schwungscheibe)	Block 12 Tag B (= AP Ausgleich)
10:10 – 14:00 Uhr	Block 34 Tag A (= AP Ausgleich)	Block 34 Tag B (= AP Schwungscheibe)
06:00 – 14:00 Uhr	Block 1234 Tag A (= Messtag A)	Block 1234 Tag B (= Messtag B)

3.4.1   Rohdatenaufbereitung

Ein Großteil der Daten, die über die Datenerhebung der quasiexperimentellen Feldstudie erhoben wurden, liegt als sogenannte Rohdaten vor. Dazu gehören z. B. die Herzfrequenzdaten, die Montagezeiten und Daten der Fragebögen. Diese Rohdaten können nicht direkt ausgewertet werden, sondern müssen vor der Analyse in andere Einheiten transferiert, zugeordnet bzw. über Berechnungsformeln umgewandelt werden.

Da vier Probanden unter Vorbehalt in die Studie aufgenommen wurden (vgl. Abschnitt 3.3.1), erfolgte zunächst die Betrachtung dieser Herzfrequenzwerte. Abbildung 32 zeigt die Daten der Herzfrequenzwerte aller 35 Probanden am Messtag A (d. h. Wechsel vom erhöhten Belastungsrisiko zum niedrigen Belastungsrisiko) ohne die Pausenwerte und über die gesamte Schicht (Minute 1 bis 480). Schwarz hervorgehoben sind die Herzfrequenzdaten der vier vorbehaltlichen Probanden. Diese sind hinsichtlich ihrer Herzfrequenzwerte weder an der unteren, noch an der oberen Grenze des Datenfeldes verortet, sie sind gesund, haben keine Beeinträchtigungen (z. B. durch Krankheiten, Verletzungen), kein ärztliches Attest (z. B. durch Hausarzt oder Arbeitsmediziner) und sind in der Lage, genau wie ihre Kollegen, ihre normale Arbeit am Arbeitsplatz auszuführen. Aus diesen Gründen werden die Erhebungsdaten von 35 Probanden in der Studie analysiert.

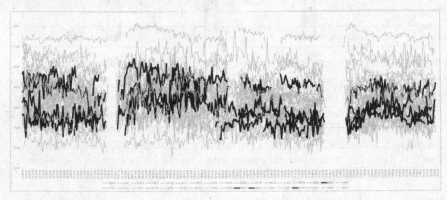

Abbildung 32: Herzfrequenzwerte eines Messtages

Da das empfohlene Vorgehen zur Ermittlung der Ruheherzfrequenz (d. h. untere Herzfrequenzgrenze), wie in Sammito et al. (2014) beschrieben, im Feld nicht realisiert werden konnte, wird die gemessene Herzfrequenz an der oberen Herzfrequenzgrenze (HF_{max}) orientiert und als relative Herzfrequenz (relHF) als Maß für die Beanspruchung der Probanden verwendet (vgl. relative Herzfrequenz in Abschnitt 2.1.4; Sammito et al., 2014). Die Berechnung der relativen Herzfrequenz erfolgt durch Formel (3). Die maximale Herzfrequenz (HF_{max}) wird nach Tanaka et al. (2001) ermittelt (vgl. Formel (2)).

Der Work Ability Index (WAI) des studienbegleitenden Kurz-Fragebogens zur Ermittlung der Arbeitsfähigkeit wurde nach der Vorschrift von Hasselhorn & Freude (2007) manuell berechnet. Die Auswertung des studienbegleitenden Fragebogens zum Chronotyp (MCTQ) erfolgte auf Basis einer Kooperationsvereinbarung durch die Experten des Zentrums für Chronobiologie des Instituts für Medizinische Psychologie der Ludwig-Maximilians-Universität München.

Auf der **Mikroebene** (Hypothese 1_1 bis 1_3; Hypothese 2), d. h. arbeitsprozessbezogen, erfolgte neben der Analyse der relativen Herzfrequenz und der Montagezeit für den Arbeitsprozess *Schwungscheibenmontage* (Hypothese 1_1 und 2) die Betrachtung der Verläufe der relativen Herzfrequenz im Zeitverlauf (Hypothese 1_2 und 1_3). Zur Generierung der arbeitsprozessbezogenen Daten wurden je Messzeitpunkt die Videoaufzeichnungen analysiert. Der an den Arbeitsplätzen HAP 140 und HAP B34 identische Arbeitsprozess *Schwungscheibenmontage* wurde nach der Prozesssprache MTM-1 vom *Hinlangen zur Schwungscheibe* bis zum *Loslassen der Schraube* identifiziert. Dazu erfolgte die Ermittlung der Zeiten in der Software *VirtualDub* (Version 1.16.19). Die gesamten Messzeitpunkte, mit Start-, Endzeit und Zeitdifferenz wurden in Microsoft Excel dokumentiert (Hypothese 2) und die Herzfrequenzwerte des betreffenden Zeitabschnitts zugeordnet. Dazu wurden die Rohdaten der Herzfrequenzwerte aus den BioHarness™-Einheiten über die Software *OmniSense* exportiert und die durchschnittliche Herzfrequenz bzw. durchschnittliche relative Herzfrequenz berechnet. Die Daten der relativen Herzfrequenz in den MZPs dienten als Grundlage für die Untersuchung der Hypothesen 1_1, 1_2 und 1_3 in Bezug auf Höhe und zeitlichen Verlauf der Beanspruchung.

Für die Untersuchung der Beanspruchungsdaten auf **Makroebene** (Hypothese 3_1 bis 3_3; 4_1 bis 4_3; 5_1 bis 5_2), d. h. der Analyse der Daten unabhängig vom Prozess und über den gesamten Arbeitsplatz mit seinem entsprechenden Belastungsrisiko, war im Vorfeld die Bereinigung der gemessenen Herz- und Atemfrequenzwerte erforderlich. Die Rohdaten der Herz- und Atemfrequenzwerte, die über den Schichtverlauf in der BioHarness™-Einheit gespeichert wurden, beinhalteten Zeitabschnitte, die nicht zur belastungswirksamen Montagetätigkeit gehören. Dazu zählen z. B. Zeiten von „Nichtarbeit", d. h. persönliche Verteilzeit (z. B. Arbeitsplatz verlassen, Toilettengang, Trinken) oder prozessbedingte Wartezeit (z. B. Warten auf Motor, Warten auf Freigabe). Abbildung 33 zeigt am Beispiel eines Probanden die Rohdaten der Herzfrequenzwerte in einem Zeitblock mit den zu entfernenden Bereichen. Hellgrau dargestellt sind Phasen, in denen der Proband saß, mittelgrau Abwesenheitszeiten vom Arbeitsplatz und dunkelgrau sind Wartezeiten hinterlegt. Die Entfernung der entsprechenden Werte der Herzfrequenz (Hypothese 3_1 bis 3_3) erfolgte sekundengenau auf Basis der Dokumentation des Beobachtungsprotokolls (vgl. Abbildung 28). Neben den bereits genannten Zeitabschnitten wurden auch Werte der Phasen entfernt, bei denen die Probanden während der Arbeitstätigkeit miteinander sprachen, da zum einen dadurch die Atemfrequenz beeinflusst wird (vgl. Atemfrequenz in Abschnitt 2.1.4), die für die Berechnung des PAQ (Hypothese 4_1 bis 4_3) erforderlich ist, und zum anderen eine Reaktion der Herzfrequenz in Abhängigkeit vom Gesprächsinhalt (z. B. Diskrepanzen mit Kollegen bzw. Schichtführer, Stresssituationen) nicht auszuschließen ist.

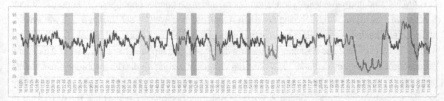

Abbildung 33: Ausschnitt aus den Rohdaten der Herzfrequenzwerte eines Probanden mit Bereichen persönlicher Verteilzeit, prozessbedingter Wartezeit und Wechsel der Körperhaltung

Aus den Herzfrequenzdaten der bereinigten Montagetätigkeit am Arbeitsplatz wurden analog zur Mikroebene die Werte der relativen Herzfrequenz ermittelt. Die Werte der relativen Herzfrequenz wurden minutenweise gemittelt, sodass kontinuierliche Daten von Arbeitsbeginn bis Arbeitsende vorlagen. Für Hypothese 3_1 wurden die Mittelwerte der relativen Herzfrequenz für einzelne Zeitblöcke errechnet. Die Verläufe über die Schicht (Hypothese 3_2 und 3_3) wurden über die Mehrebenenanalyse untersucht. Neben den Herzfrequenzdaten wurden die Daten der Atemfrequenz für die Berechnung des PAQ verwendet (Hypothese 4_1 bis 4_3). Der PAQ wurde aus den Daten der Herz- und Atemfrequenz berechnet und minutenweise gemittelt. Die Auswertung des PAQ mit klassischen Analysemethoden und der Mehrebenenanalyse erfolgte ausschließlich auf Makroebene, da die

Atemfrequenz nicht so sensibel wie die Herzfrequenz reagiert (Pearce & Milhorn, 1977) und daher für die kurzzyklischen Schwungscheibenprozesse nicht geeignet ist.

In den nachfolgenden Abschnitten werden die angewendeten Analysemethoden beschrieben, die zur Auswertung der erhobenen Daten eingesetzt wurden. Für die Datenauswertung zur Prüfung der Hypothesen (vgl. Abschnitt 3.1) kamen klassische Analysemethoden (vgl. Abschnitt 3.4.2) und die Mehrebenenanalyse (vgl. Abschnitt 3.4.3) zur Anwendung.

3.4.2   Klassische Analysemethoden

Die Auswertung der vorliegenden Daten über **klassische Analysemethoden** wie Varianzanalyse und Korrelation erfolgte in *IBM® SPSS® Statistics*. Dazu wurden die vorliegenden Daten zunächst über die deskriptive bzw. explorative Datenanalyse grafisch überprüft (z. B. mittels Häufigkeitsverteilungen, Boxplots, Streudiagramme) und beschrieben (z. B. Mittelwert, Median, Standardabweichung) sowie die statistischen Tests anhand der gegebenen Voraussetzungen festgelegt. Der Fokus der Analyse lag dabei zum einen auf dem Vergleich zwischen den verschiedenen Altersgruppen (vgl. Abschnitt 3.3.1), zum anderen auf dem Erkenntnisgewinn hinsichtlich des Verlaufs von Parametern im Altersgang, sodass eine **altersgruppenbezogene** und eine **altersverlaufsbezogene** Auswertung resultieren.

Altersgruppenbezogen, d. h. im Vergleich der Parameter zwischen jungen, mittleren und älteren Probanden, wurde eine einfaktorielle Varianzanalyse (one-way *ANOVA* (**AN**alysis **O**f **VA**riance)) durchgeführt. Mit Hilfe einer Varianzanalyse kann die Frage beantwortet werden, „ob zwischen den Stichprobenmittelwerten Unterschiede bestehen", d. h. sich die drei Altersgruppen hinsichtlich der getesteten Parameter überzufällig unterscheiden (Sedlmeier & Renkewitz, 2013). Überzufällig bedeutet in diesem Zusammenhang „nicht auf Stichprobeneffekte zurückführbar" und „dass ein entsprechender Zusammenhang in der Population vorliegt" (Döring & Bortz, 2016). Voraussetzungen für eine *ANOVA* sind normalverteilte, varianzhomogene und voneinander unabhängige Daten (Sedlmeier & Renkewitz, 2013). Um im Nachgang der *ANOVA* festzustellen, welche der Gruppen sich wie voneinander unterscheiden, werden Post-hoc-Tests durchgeführt (Döring & Bortz, 2016). Als Post-hoc-Test wird der *Bonferroni-Post-hoc-Test* angewendet, da dieser bez. des Alpha-Fehlers robuster und für kleine Gruppengrößen geeignet ist (Field, 2012). Sind die Voraussetzungen für die Durchführung einer *ANOVA* nicht erfüllt, werden für den Gruppenvergleich nicht-parametrische Tests, d. h. verteilungsfreie Signifikanztests, angewendet (Döring & Bortz, 2016). Das geeignete Gegenstück zur *ANOVA* ist in diesem Fall der *Kruskal-Wallis-Test* (Field, 2012). Da dieser Test, ebenso wie die *ANOVA*, lediglich feststellen kann, ob ein Unterschied zwischen den Gruppen existiert, wird im Anschluss als Post-Hoc-Test ein *Paarweiser Vergleich* durchgeführt und die angepasste Signifikanz (d. h. unter Beachtung der *Bonferroni-Korrektur* für den Alpha-Fehler) angegeben. Die Ergebnisse werden mit dem entsprechenden p-Wert berichtet, wobei $p \leq 0{,}05$ als statistisch signifikant gilt (Döring & Bortz, 2016).

Die **altersverlaufsbezogene** Analyse bezieht sich auf Zusammenhänge zwischen Alter und ausgewählten Parametern. In diesem Fall wird Pearson´s Korrelationskoeffizient r als Maß und die Richtung des Zusammenhangs von Variablen angegeben (Döring & Bortz, 2016). Bei Pearson bedeutet 0 „kein Effekt" und 1 „perfekter Effekt" (Field, 2012). Nach Cohen (1988) gelten Zusammenhänge von $r = 0{,}10$ als klein bzw. schwach, ab $r = 0{,}30$ als mittel und ab $r = 0{,}50$ als groß bzw. stark (Field, 2012; Sedlmeier

& Renkewitz, 2013). Der Zusammenhang zwischen zwei Variablen wird über eine *bivariate Korrelation* ermittelt (Döring & Bortz, 2016). Um den „Einfluss einer oder mehrerer Kontrollvariablen" zu eliminieren, werden *Partialkorrelationen* durchgeführt (ebd.) (vgl. Kontrollvariablen in Abschnitt 3.3).

Die beschriebenen klassischen Analysemethoden der explorativen Datenanalyse werden für die Analyse der Daten im Schichtverlauf, d. h. über der Zeit, um die Mehrebenenanalyse ergänzt. Der Hintergrund dazu ist die Problematik, wenn in der Untersuchung Daten erhoben werden, die voneinander abhängig sind. Als Beispiel sei dazu die Varianzanalyse der Mittelwerte genannt. Die Mittelwerte der relativen Herzfrequenz jedes Probanden werden pro Zeitblock gebildet und miteinander verglichen. In diesem Fall erfüllen diese Daten auch die Voraussetzung der Unabhängigkeit, da die Probanden voneinander unabhängig sind (siehe altersgruppenbezogene Auswertung). Diese Betrachtung und Analyse der Mittelwerte berücksichtigt allerdings nicht die Zeitabhängigkeit der objektiven Beanspruchungsparameter innerhalb der Blöcke. Beispielsweise ergeben sich für die relative Herzfrequenz durch die Belastungskumulation über der Arbeitsdauer vermutlich zum Zeitpunkt t = 0 Minuten andere Werte als zum Zeitpunkt t = 480 Minuten. Außerdem können sich die Verläufe und damit die Entwicklung der Messwerte über der Zeit unterscheiden: Ein ansteigender Verlauf von Proband X und ein abfallender Verlauf bei Proband Y können aggregiert im Mittel den gleichen Wert aufweisen und würden demnach keine Unterschiede bei der Auswertung über eine *ANOVA* aufweisen. Unter den beschriebenen Bedingungen, d. h. bei Abhängigkeit der Daten untereinander (Messwerte über der Zeit) und der Zuordnung zu Gruppen (hier: Probanden), wie es in der vorliegenden Studie der Fall ist, ist eine Mehrebenenanalyse die Methode der Wahl (Döring & Bortz, 2016; Hox, 2010).

3.4.3   Mehrebenenanalyse

Die Auswertung der Daten für die Mehrebenenanalyse wurde in *HLM for Windows* durchgeführt und an geeigneter Stelle durch die grafische Darstellung ausgewählter Daten in *Microsoft Excel* ergänzt. Die **Mehrebenenanalyse** (auch *Mehrebenenregression* oder *Hierarchisch Lineare Modellierung*) kommt bei hierarchischen Datenstrukturen zum Einsatz, d. h. Daten, die aufgrund ihrer Struktur natürlichen Gruppen zugeordnet werden können, z. B. Patienten zu Kliniken, Schüler zu Schulen, wiederholende Messungen zu Personen (Döring & Bortz, 2016; Walter & Rack, 2009). In der Literatur wird die Mehrebenenanalyse von verschiedenen Autoren beschrieben (Hox, 2010; Langer, 2009; Nezlek et al., 2006) und deren Anwendung in Veröffentlichungen publiziert (Haumann & Wieseke, 2013; Keller, 2003; van Dick, Wagner, Stellmacher, & Christ, 2005).

Die Vorteile und Überlegenheit einer Mehrebenenanalyse zeigen sich u. a. in folgenden Punkten:

- gleichzeitige Untersuchung von Beziehungen innerhalb einer Ebene und über mehrere Ebenen hinweg,
- „kein balanciertes Design" erforderlich, „welches vollständige Daten für alle Personen und alle Messzeitpunkte erfordert" (Langer, 2009) und
- die Abstände zwischen den Messzeitpunkten können variieren (Langer, 2009; Hofmann, 1997; Nezlek et al., 2006).

Die Mehrebenenanalyse ist eine Sonderform der Regression, die verschiedene Analyseebenen bei der Auswertung berücksichtigt und bei großen Stichprobenumfängen angewendet wird (Döring & Bortz, 2016; Sedlmeier & Renkewitz, 2013). Die Zusammenhänge von Daten können sich je nach Ebene unterscheiden und werden von Nezlek et al. (2006) am fiktiven Beispiel „Zusammenhang von Produktivität und Kohäsion" (Zusammenhalt) in Arbeitsteams beschrieben.

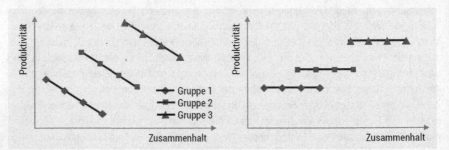

Abbildung 34: Verschiedene Zusammenhänge auf unterschiedlichen Ebenen (nach Nezlek et al., 2006)

Abbildung 34 zeigt dazu unterschiedliche Zusammenhänge von Daten auf Individual- und Gruppen-ebene: Im linken Bild liegt ein „negativer Zusammenhang auf individueller Ebene" und ein „positiver Zusammenhang auf Gruppenebene" vor; im rechten Bild zeigt sich „kein Zusammenhang auf individueller Ebene" und ein „positiver Zusammenhang auf Gruppenebene" (ebd.). Anhand des Beispiels wird deutlich, dass je nach Betrachtungsebene der Zusammenhang zwischen den Daten anders interpretiert werden würde und somit „Schätzungen von Effekten (Zusammenhängen) und Varianzen verfälscht werden sowie inkorrekte Signifikanzbefunde auftreten" können (ebd.).

Eine Mehrebenenstruktur von Daten liegt wie im fiktiven Beispiel vor, wenn Individuen einer Gruppe zugeordnet werden können oder wie in der quasiexperimentellen Feldstudie, wenn „Daten mit Mess-wiederholungen, bei denen pro Person mehrere Messzeitpunkte vorliegen", analysiert werden (Nezlek et al., 2006). Dabei muss jede der Einheiten auf einer niedrigeren Ebene eindeutig zu einer Einheit der höheren Ebene zugordnet werden können (Hartig & Bechtoldt, 2005).

Damit eine Analyse sowohl innerhalb einer Ebene, als auch über Ebenen hinweg möglich ist, werden gleichzeitig mehrere Modelle gebildet und berechnet (Hofmann, 1997). Ein Modell bildet die Bezie-hungen innerhalb einer Ebene ab, ein weiteres Modell beschreibt die Beziehungen zwischen den Einhei-ten (ebd.). Unter bestimmten Voraussetzungen (z. B. Elemente pro Ebene) sind auch weitere Ebenen möglich, wobei sich dadurch die Komplexität der Modelle erhöht (Sedlmeier & Renkewitz, 2013).

Messwiederholungsdesigns werden als 2-Ebenen-Modell dargestellt, wobei die Personen die überge-ordnete Ebene (hier: Probanden) und die Beobachtungszeitpunkte die untergeordnete Ebene (hier: Messzeitpunkte) bilden (Abbildung 35) (Langer, 2009; Nezlek et al., 2006). Die Zugehörigkeit zu einer übergeordneten Ebene, z. B. Person, liefert für die Analyse der Daten wichtige Informationen, da die Werte der Messungen innerhalb einer Person ähnlicher sind, als die Messungen zwischen verschiedenen Personen (Sedlmeier & Renkewitz, 2013).

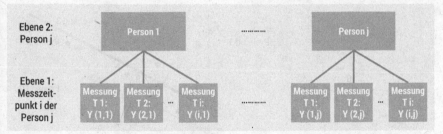

Abbildung 35: Datenstruktur einer Wiederholungsmessung bei Hierarchisch Linearen Modellen (nach Langer, 2009)

Als Nachteile der Mehrebenenanalyse werden in der Literatur u. a. die Notwendigkeit einer großen Stichprobe („30/30-Regel"; Langer, 2009; Sedlmeier & Renkewitz, 2013) und die Erhebung einer Vielzahl von „in Beziehung stehenden Faktoren auf allen Ebenen" genannt, um deren Einflüsse prüfen zu können (Walter & Rack, 2009). Damit die Mehrebenenanalyse zu verlässlichen Ergebnissen führt, sollte „eine genügend große Anzahl an Untersuchungseinheiten auf jeder Untersuchungsebene" vorliegen (Walter & Rack, 2009). Als Orientierung wird eine Richtgröße von mindestens 10 Einheiten pro Ebene angegeben (Sedlmeier & Renkewitz, 2013; Walter & Rack, 2009). Generell gilt allerdings die „30/30-Regel", die zur Durchführung der Mehrebenenanalyse 30 Einheiten auf Ebene 2 fordert, von denen jede Einheit wiederum eine Stichprobe von 30 Einheiten umfasst (Langer, 2009; Sedlmeier & Renkewitz, 2013). In der quasiexperimentellen Stichprobe mit Messwiederholungen für 35 Probanden (2. Ebene; Abbildung 35) befinden sich auf der Ebene der Messzeitpunkte, 616 bis 668 Einheiten bei der prozessbezogenen Betrachtung und 5.713 bis 12.065 Einheiten bei der arbeitsplatzbezogenen Betrachtung.

Für die Analyse des Zusammenhangs von Daten und möglichen Einflussfaktoren, werden bei der Mehrebenenanalyse lineare Regressionsgleichungen auf den einzelnen Ebenen gebildet, die aufgrund der geschachtelten Datenstrukturen miteinander verbunden sind (Langer, 2009; Nezlek et al., 2006; Sedlmeier & Renkewitz, 2013). Daraus ergeben sich *Hierarchisch Lineare Modelle* (HLM) (Langer, 2009; Walter & Rack, 2009). Die Grundform einer einfachen linearen Regression (Abbildung 36, links) ist in Formel (4) dargestellt (Engel, 1998):

$$y_i = \beta_0 + \beta_1 x_{1i} + e_i \qquad (4)$$

y_i - abhängige Variable
β_0 - Regressionskonstante, intercept
β_1 - Regressionssteigung, slope
x_{1i} - beeinflussende Variable, Prädiktor
e_i - Residuum, Fehlerterm
i - Messzeitpunkt (hier: Arbeitsminute); $i = 1, ..., n$

Diese Formel würde, am Beispiel des Zusammenhangs zwischen den Messzeitpunkten (= Arbeitsminuten codiert als Zeit) und der relativen Herzfrequenz, die Werte der relativen Herzfrequenz (y_i) als Funktion der Zeit ($\beta_0 + \beta_1 x_{1i}$) und eines Zufalls- oder Residualtermes (Fehlerterm; e_i) voraussagen (Engel, 1998). Die Regressionsgleichung hat dabei einen Anstieg (slope; β_1) der beeinflussenden Variable (Prädiktor; hier: Zeit) und eine Konstante (intercept; β_0) (ebd.).

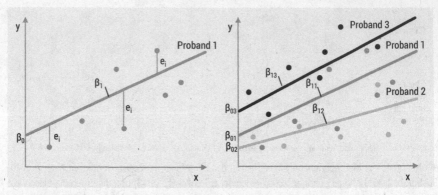

Abbildung 36: Einfache lineare Regression (links) und Beispiel für mehrere Regressionsgleichungen für mehrere
               Probanden (rechts) (Hartig & Bechtoldt, 2005; Sedlmeier & Renkewitz, 2013)

Soll die Regression nicht nur für einen Probanden (Abbildung 36, links), sondern für mehrere Probanden durchgeführt werden (Abbildung 36, rechts), kann dies z. B. über die multiple Regression erfolgen
(Sedlmeier & Renkewitz, 2013). Dieses Verfahren hat den Nachteil, dass hierbei aggregierte Werte in
die Gesamtregression einfließen (Sedlmeier & Renkewitz, 2013; Walter & Rack, 2009). Eine Alternative
bietet die Regressionsanalyse mit *Hierarchisch Linearen Modellen*, bei denen keine aggregierten Werte
verwendet werden, sodass die ursprünglichen Daten die Grundlage der Analyse bilden (Walter & Rack,
2009).

Mit Hilfe einer Mehrebenenanalyse können „verschiedene Teilmodelle unterschiedlichen Komplexi-
tätsgrades" abgebildet werden (Walter & Rack, 2009). Eine wesentliche Voraussetzung für eine
sinnvolle Anwendung der Mehrebenenanalyse ist das Vorhandensein von Varianzunterschieden
zwischen den Regressionskonstanten und/oder -koeffizienten der Einheiten (hier: Probanden) (ebd.).
In Bezug auf die Varianzunterschiede können sich nach Hofmann (1997) unterschiedliche Ausprägungen für die Varianz von Konstante und/oder Anstieg ergeben (Abbildung 37).

Falls kein Varianzunterschied vorliegt (Abbildung 37, Fall A), dann bietet die Mehrebenenanalyse
„keinen Vorteil gegenüber der linearen Regression" (Walter & Rack, 2009). Bestehen Varianzunterschiede, dann stehen in HLM verschiedene Modelle zur Verfügung, die sich nach der zugrunde
liegenden Fragestellung oder Annahme hinsichtlich der Daten unterscheiden (Langer, 2009; Walter
& Rack, 2009).

Diese Modelle gehören zur Gruppe der *random coefficient models* und werden entsprechend der
vorliegenden Varianzen unterschieden in:

- Modelle mit Varianz der Regressionskonstanten (*random intercept models*; Abbildung 37, Fall B),
- Modelle mit Varianz der Regressionskoeffizienten (*random slope models;* Abbildung 37, Fall C),
- Modelle mit Varianz der Regressionskonstanten und -koeffizienten (*random intercept and random
  slope models;* Abbildung 37, Fall D) (Hofmann, 1997; Kreft & Leeuw, 2002; Langer, 2009).

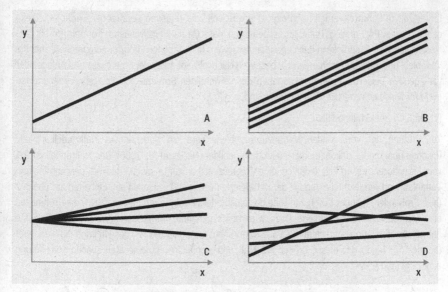

Abbildung 37: Ausprägungen von Konstante und Anstieg für Modelle der 1. Ebene (Hofmann, 1997)

Bei den vorliegenden Daten liegt die Annahme zugrunde, dass sich im Schichtverlauf (= Variable Zeit auf Ebene 1) und unter dem Einfluss des Alters der Probanden (= Variable Alter auf Ebene 2) sowohl die Konstante (intercept) als auch der Anstieg (slope) des Verlaufs der relativen Herzfrequenz respektive PAQ verändern (vgl. Hypothesen 1_2, 1_3 und 3_2, 3_3 in Abschnitt 3.1; Abbildung 17; Tabelle 10). In diesem Fall erfolgt eine Modellierung mit Varianz der *intercepts* und *slopes* (Abbildung 37, Fall D). Dazu wird eine Analyse für die Ebene 1 durchgeführt und die Beziehung zwischen unabhängigen und abhängigen Parametern innerhalb der Einheit dargestellt (Whitener, 2001). Für die vorliegenden Daten bedeutet dies die Beziehung zwischen Zeit (UV) und relativer Herzfrequenz (AV) bzw. PAQ (AV) je Proband (Einheit). Für die Analyse auf der 2. Ebene bilden die *intercepts* und *slopes* wiederum die abhängigen Variablen unter Einbezug von weiteren Kontextvariablen (Prädiktoren) der übergeordneten Ebene (hier: Alter) (Whitener, 2001).

Für die Durchführung einer Mehrebenenanalyse werden nach Hox (2010) folgende Schritte empfohlen:

(1) Bildung eines Nullmodells,

(2) Modellbildung mit unabhängigen Variablen,

(3) Modellbildung mit Kontextvariablen (Prädiktoren) und

(4) Prüfung der Modellgüte: Devianzvergleich (Haumann & Wieseke, 2013).

Die einzelnen Schritte werden nachfolgend am Beispiel der relativen Herzfrequenz erläutert. Diese gelten für den PAQ analog. Dabei ist zu beachten, dass die dazu verwendeten Formeln (5) bis (11) hinsichtlich ihrer Ausdrücke in den Legenden der jeweils angegebenen Literatur entsprechen, aber die Variablen- und Indexbezeichnungen zur besseren Nachvollziehbarkeit der Ergebnisse und Anlagen der vorliegenden Dissertation an die Ausgaben der verwendeten Software für die Mehrebenenanalyse (*HLM for Windows Version 7.01*) angepasst sind.

(1) Bildung eines Nullmodells

Zur Prüfung der vorliegenden Varianzunterschiede wird ein sogenanntes **Nullmodell** (totally unconditional model, unkonditioniertes Modell) gebildet (Nezlek et al., 2006). Das Nullmodell ist frei von Prädiktoren, es enthält lediglich eine Regressionskonstante als „Mittelwert der abhängigen Variablen" und vergleicht die Varianz der Mittelwerte (hier: relHF) zwischen den Einheiten auf Ebene 2 (hier: Probanden) (Langer, 2009). Mit Hilfe des Nullmodells erfolgt nach Garson (2013) die Prüfung, ob eine Mehrebenenstruktur vorliegt. Dazu wird der sogenannte *Intraklassenkorrelationskoeffizient* ρ (intraclass correlation coefficient; ICC) aus den Varianzkomponenten (σ^2) des Nullmodells berechnet (Formel (5)) (ebd.). Ist dieser größer als Null und signifikant, ist eine Mehrebenenmodellierung angezeigt (ebd.).

$$ICC = \frac{\sigma_{r_0}^2}{\sigma_{r_0}^2 + \sigma_e^2} \tag{5}$$

Ein Beispiel für eine Ergebnisausgabe der Varianzprüfung eines Nullmodells anhand der vorliegenden Daten zeigt Tabelle 12. Der ICC, der nach Garson (2013) einen maximalen Wert von 1,0 annehmen kann, ist mit 0,978 größer Null und mit p < 0,001 signifikant, d. h. es liegt eine Mehrebenenstruktur vor.

Tabelle 12:   Beispiel für die HLM-Ausgabe zum Nullmodell: Final estimation of variance components

Random Effect	Standard Deviation	Variance Component	d.f.	χ^2	p-value
INTRCPT1, r_0	6,67960	44,61700	33	38969,13665	<0,001
level-1, e	2,57754	6,64371			

Neben der Prüfung der Varianzunterschiede dient das Nullmodell auch als Referenzmodell, um die Güte der nachfolgend gebildeten vollständigen Modelle, d. h. Modelle mit Prädiktoren, zu prüfen (Fiebig & Urban, 2014). Dazu wird die Modellgüte in Form der **Devianz** bestimmt (vgl. Schritt 4).

(2) Modellbildung mit unabhängigen Variablen

Wurde anhand des Nullmodells festgestellt, dass Varianzunterschiede vorhanden sind, können mittels HLM die Modellgleichungen für die unabhängige Variable erzeugt werden (Walter & Rack, 2009). Für die unabhängig Variable (hier: Zeit) ergeben sich dabei folgende Formeln (6) bis (8) (Engel, 1998; Haumann & Wieseke, 2013; Woltman, Feldstain, MacKay, & Rocchi, 2012). Die Ausgabe in HLM erfolgt sowohl einzeln, als auch ineinander eingesetzt als *Mixed Model*-Gleichung.

$$Level - 1\ Model: \qquad y_{ti} = \pi_{0i} + \pi_{1i}x_{ti} + e_{ti} \qquad (6)$$
$$Level - 2\ Model: \qquad \pi_{0i} = \beta_{00} + r_{0i} \qquad (7)$$
$$\pi_{1i} = \beta_{10} + r_{1i} \qquad (8)$$

y_{ti} - abhängige Variable

π_{0i} - Regressionskonstante (random intercept) der i-ten Einheit der Ebene 1

π_{1i} - Regressionssteigung (random slope) der Ebene 1 abhängig von x_{ti}

x_{ti} - beeinflussende Variable, Prädiktor auf Ebene 1

e_{ti} - Residuum, Fehlerterm

β_{00} - Mittelwert der Regressionskonstanten auf Ebene 2

β_{10} - Mittelwert der Regressionskoeffizienten der Ebene 2

r_{0i} - Residuum, Fehlerterm der Regressionskonstanten

r_{1i} - Residuum, Fehlerterm der Regressionskoeffizienten

t - Messzeitpunkt (hier: Arbeitsminute); $t = 1, ..., n$

i - Proband; $i = 1, ..., m$

Nach dem Konzept der *Hierarchisch Linearen Modellierung* wird „der Einfluss von Variablen der Ebene 1 zunächst durch für jede Einheit separate Regressionsanalysen beleuchtet" (Walter & Rack, 2009). Bezogen auf die vorliegende Datenstruktur (vgl. Abbildung 35) ergeben sich somit 35 einzelne Regressionsgleichungen für den Zusammenhang zwischen den Messzeitpunkten (Variable Zeit) und der relativen Herzfrequenz. Dabei wird geprüft, ob die Konstante (π_{0i}) bzw. der Anstieg (π_{1i}) der Regressionsgeraden variieren, d. h. die Konstanten bzw. Anstiege aller Probanden werden miteinander verglichen (Walter & Rack, 2009). Variieren diese nennenswert, lohnt es sich, auf Ebene 2 nach beeinflussenden Kontextvariablen (Prädiktoren) zu suchen (ebd.). In Tabelle 13 ist anhand eines Beispiels auf Basis der vorliegenden Daten ersichtlich, dass ein signifikanter Unterschied mit p < 0,001 für Konstante und Anstiege vorliegen und Prädiktoren der 2. Ebene in die Modellbildung einbezogen werden sollten.

Tabelle 13: Beispiel für die HLM-Ausgabe zum Modell mit der Variable Zeit

Random Effect	Standard Deviation	Variance Component	d.f.	χ^2	p-value
INTRCPT1, r_0	6,68041	44,62793	33	50910,61666	<0,001
ZEIT slope, r_1	0,01826	0,00033	33	1704,43100	<0,001
level-1, e	2,25508	5,08539			

(3) Modellbildung mit Kontextvariablen (Prädiktoren)

Da Konstante (π_{0i}) und Anstieg (π_{1i}) der einzelnen Regressionsgeraden zufällig variieren können (Abbildung 37, Fall D), werden diese als eigenständige Zufallseffekte mit einem Term für Konstante (β_{00} bzw. β_{01}) und Anstieg (β_{10} bzw. β_{11}) modelliert (*random coefficient model*), sodass sich daraus folgende Formeln (9) bis (11) ergeben (Engel, 1998; Haumann & Wieseke, 2013; Woltman et al., 2012). Die Formel wird in HLM kombiniert als *Mixed Model*-Gleichung für die Gesamtregressionsgleichung ausgegeben. Als beeinflussende Kontextvariablen (Prädiktoren) der zweiten Ebene werden theoretisch hergeleitete Parameter für die Modellbildung eingesetzt und deren möglicher Einfluss auf die relative

Herzfrequenz geprüft, z. B. das Alter der Probanden, Rauchen und weitere Variablen. „Signifikante Koeffizienten auf Prädiktoren der Konstanten und Anstiege weisen die übergreifenden Beziehungen nach" (Whitener, 2001).

$$Level - 1\ Model: \qquad y_{ti} = \pi_{0i} + \pi_{1i}x_{ti} + e_{ti} \qquad\qquad (9)$$
$$Level - 2\ Model: \qquad \pi_{0i} = \beta_{00} + \beta_{01}x_i + r_{0i} \qquad\qquad (10)$$
$$\pi_{1i} = \beta_{10} + \beta_{11}x_i + r_{1i} \qquad\qquad (11)$$

x_i - beeinflussende Variable, Prädiktor auf Ebene 2

Tabelle 14 zeigt am Beispiel vorliegender Daten für das *Alter* einen Wert von $p < 0,001$ für den *intercept*, d. h. der Prädiktor Alter hat einen signifikanten Einfluss auf die Konstante der Gesamtregressionsgeraden.

Tabelle 14:   Beispiel für die HLM-Ausgabe zur Prüfung des Einflusses des Prädiktors Alter auf Konstante und Anstieg

Fixed Effect	Coefficient	Standard	Fixed Effect	Coefficient	Standard
For INTRCPT1, π_0					
INTRCPT2, β_{00}	50,401086	0,991782	50,819	32	<0,001
AGE, β_{01}	0,268633	0,071591	3,752	32	<0,001
For ZEIT slope, π_1					
INTRCPT2, β_{10}	0,005026	0,003066	1,639	32	0,111
AGE, β_{11}	0,000276	0,000248	1,111	32	0,275

Die Ausgabe der Ergebniswerte der Modellrechnungen der vorliegenden Daten erfolgt in den Originaleinheiten. Dies bedeutet bei einem positiven Koeffizienten in Bezug auf die Variable Alter (β_{01}; Tabelle 14), dass mit einem um 0,26 Jahre erhöhten Alter (= 3,2 Monate) die Konstante der Gesamtregressionsgeraden eine um 1 % höhere relative Herzfrequenz aufweist. Somit haben ältere Mitarbeiter eine höhere relative Herzfrequenz als die jüngeren Mitarbeiter.

Parameter, welche in den Einzelmodellen (d. h. Modelle mit jeweils einer Variablen) als signifikant beeinflussende Variablen bestätigt wurden, werden zusätzlich in Kombinationsmodellen geprüft (d. h. Modelle mit mehreren Variablen) (vgl. Haumann & Wieseke, 2013). In HLM werden mehrere Tabellen mit Finalberechnungen ausgegeben. Bei den Ausgaben zu den „fixed effects" (Tabelle 14) wird diejenige mit robusten Standardfehlern verwendet, wenn die abhängige Variable (hier: relative Herzfrequenz) keine Normalverteilung aufweist (Garson, 2013).

(4) Prüfung der Modellgüte: Devianzvergleich

Die **Devianz** gibt Aufschluss darüber, inwiefern sich die Modellgüte im Vergleich zum Nullmodell verbessert (Haumann & Wieseke, 2013). Dazu wird die Devianz gebildeter Modelle mit der des Nullmodells über den Varianz-Kovarianz-Komponenten-Test (*Variance-Covariance components test*) verglichen (Fiebig & Urban, 2014; Haumann & Wieseke, 2013). Weisen die gebildeten Modelle, mit weiteren beeinflussenden Variablen (Prädiktoren) bez. der abhängigen Variablen, eine signifikant kleinere Devianz gegenüber dem Nullmodell auf, ist das Nullmodell zu verwerfen und das neu gebildete Modell als Erklärung der Zusammenhänge zu verwenden (Garson, 2013; Langer, 2009).

Da mittels Mehrebenenanalyse die Daten im Zeitverlauf, d. h. über die Schicht hinweg, ausgewertet werden können, wird dieser Analysefokus nachfolgend als schichtverlaufsbezogen bezeichnet. Die Ergebnisse bez. der in diesen Abschnitten vorgestellten Auswertungen, d. h. **altersgruppen- und altersverlaufsbezogen** mit den klassischen Analysemethoden (vgl. Abschnitt 3.4.2) und **schichtverlaufsbezogen** über die Mehrebenenanalyse (vgl. Abschnitt 3.4.3), werden für die allgemeinen Daten sowie auf Prozess- und Arbeitsplatzebene im nachfolgenden Kapitel strukturiert aufgezeigt.

4   Ergebnisse der empirischen Untersuchung

Im vorliegenden Kapitel erfolgt in Abschnitt 4.1 die Darstellung der allgemeinen Daten der empirischen Untersuchung. Im Anschluss daran werden die Ergebnisse der quasiexperimentellen Feldstudie zur Beanspruchung von Montagemitarbeitern unterschiedlichen Alters auf Prozessebene (vgl. Abschnitt 4.2) und Arbeitsplatzebene (vgl. Abschnitt 4.3) anhand der Hypothesen vorgestellt. Den Abschluss des Kapitels bildet die Diskussion (vgl. Abschnitt 4.4). Darin erfolgen die Diskussion des methodischen Vorgehens sowie die Spiegelung und kritische Reflexion der Ergebnisse auf Prozess- und Arbeitsplatzebene an der Literatur und den hypothetischen Annahmen. Zur besseren Übersicht werden in diesem Kapitel die Ergebnisse sowie die SPSS- und HLM-Ausgaben auszugsweise dargestellt, für die vollständigen Datentabellen und Modelle wird auf die Anlagen E, F und G verwiesen.

4.1   Ergebnisse der allgemeinen Daten

In diesem Abschnitt werden die Analysen der beeinflussenden Parameter (Kontrollvariablen) und der studienbegleitenden Fragebögen vorgestellt, die mittels klassischer Analysemethoden ausgewertet und teilweise als Prädiktoren in die Mehrebenenanalyse einbezogen wurden (vgl. Anlage E).

Als Kontrollvariablen wurden **BMI**, **Chronotyp**, **Rauchen** (Zigaretten pro Tag), die Arbeitsumweltfaktoren **Lärm** und **Temperatur** sowie die **Stückzahl** der montierten Motoren in einem standardisierten Beobachtungsprotokoll (vgl. Anlage C) erfasst und ausgewertet. Der **BMI**, als Einflussparameter auf die Herzfrequenz (vgl. Abschnitt 2.1.4), liegt bei 11 Probanden im Bereich Übergewicht und bei 8 Probanden im Bereich Adipositas I. bis III. Grades (vgl. Tabelle 8), d. h. 54,3 % der Probanden sind übergewichtig. In der Stichprobe zeigt sich ein Zusammenhang zwischen Alter und BMI von r = 0,545 (p < 0,001), sodass der BMI eine wichtige Kontrollgröße darstellt.

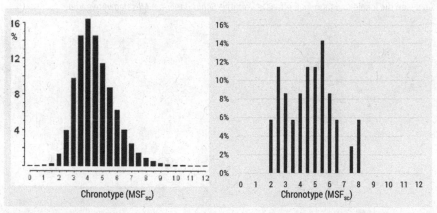

Abbildung 38: Verteilung der Chronotypen (n = 55.000) in der Bevölkerung (links) (Juda et al., 2006; Roenneberg et al., 2007) und in der untersuchten Stichprobe (rechts)

Mit dem studienbegleitenden Fragebogen MCTQ wurde der **Chronotyp** ermittelt. Aufgrund der Arbeitstätigkeit im Schichtsystem zählt der **Chronotyp** zu den Kontrollvariablen. Die Charakterisierung des

© Springer Fachmedien Wiesbaden GmbH, ein Teil von Springer Nature 2019
K. Börner, *Die Altersabhängigkeit der Beanspruchung von Montagemitarbeitern*,
https://doi.org/10.1007/978-3-658-26378-2_4

Chronotyps als Früh- oder Spättyp basiert auf dem Wert des MSF (Mid-Sleep on Free days; mittlerer Schlaf an freien Tagen), korrigiert um das Schlafdefizit (Social Jetlag), welches sich z. B. in einer Arbeitswoche mit erzwungenen Weckzeiten ansammelt (vgl. Abschnitt 2.1.2.2; Wittmann et al., 2006). Dieser Korrekturparameter wird als MSF_{SC} bezeichnet (ebd.).

Abbildung 38 zeigt im linken Bild die Verteilung der Chronotypen in der Bevölkerung und rechts die Verteilung in der Stichprobe, die mit p = 0,369 eine Normalverteilung aufweist. Die Analyse der Daten der Stichprobe ergab eine negative Korrelation von Alter und Chronotyp mit r = -0,452 (p = 0,003). Die Korrelationen von Chronotyp und der subjektiven Beanspruchung zeigen, je größer der Chronotyp ist, d. h. je stärker die Probanden zum Spättyp zählen, desto müder, erschöpfter, gereizter und weniger heiter oder frisch fühlen sie sich zu Beginn der Frühschicht. Ausgewählte Daten dazu zeigt Tabelle 15.

Tabelle 15:   Korrelationen zwischen Chronotyp und Stimmung vor der Schicht

	06:00 müde Tag A	06:00 erschöpft Tag A	06:00 müde Tag B	06:00 heiter Tag B	06:00 frisch Tag B	06:00 erschöpft Tag B	06:00 gereizt Tag B	06:00 gelangweilt Tag B
MSFsc	0,315	0,369*	0,446**	-0,424*	-0,369*	0,384*	0,397*	0,368*

* Die Korrelation ist auf dem Niveau von 0,05 signifikant. ** Die Korrelation ist auf dem Niveau von 0,01 signifikant.

Der Social Jetlag, als Diskrepanz zwischen Schlafbedarf und erzwungenen Weckzeiten (vgl. Abschnitt 2.1.2.2; Wittmann et al., 2006), korreliert mit dem Chronotyp mit r = 0,329 (p = 0,027). Die Probanden der Stichprobe weisen einen Schlafmangel von bis zu 4,25 Stunden pro Woche auf. Da sowohl der Chronotyp als auch dessen weitere abgeleitete Parameter Social Jetlag und Sleep Duration (Schlafdauer) globale Variablen darstellen, die studienbegleitend erhoben wurden, wird für die weiteren Analysen die lokale und taggenau erfasste Variable *Schlafdauer am Messtag* verwendet.

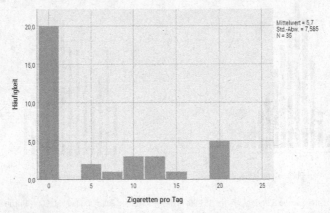

Abbildung 39: Verteilung der Raucher (Zigaretten pro Tag) unter den Probanden

Die Analyse des Rauchverhaltens zeigte, dass 20 Probanden keine Zigaretten und 15 Probanden (42,6 %) zwischen 5 und 20 Zigaretten pro Tag **rauchen** (Abbildung 39).

Die Arbeitsumweltfaktoren **Lärm** und **Temperatur** waren im Versuch nicht beeinflussbar (vgl. Abschnitt 3.2), wurden aber im Protokoll dokumentiert und in die Analyse einbezogen. Die Verteilung von Lärm (MW = 75,1782 dB; SD = 0,08871) und Temperatur (MW = 24,95 °C; SD = 0,22138) an den Messtagen ist in Abbildung 40 dargestellt, wobei bei der Temperatur zwei Ausreißer mit 27,82 °C und 28,69 °C feststellbar sind. Da sich die Parameter Lärm und Temperatur auf die Herzfrequenz auswirken können (vgl. Abschnitt 2.1.4; Sammito et al., 2014), wurden sie für die Partialkorrelationen als Parameter beibehalten (vgl. Abschnitte 4.2 und 4.3).

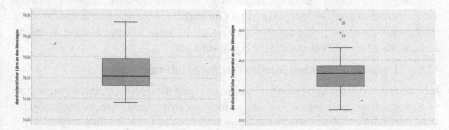

Abbildung 40: Boxplot für Lärm und Temperatur an den Messtagen

Aufgrund der verketteten Montagearbeitsplätze haben die Mitarbeiter selbst nur sehr geringe Beeinflussungsmöglichkeiten in Bezug auf die **Stückzahl** als Parameter der Leitungserfassung. Aus den dokumentierten Motorstückzahlen war mit r = 0,093 (p = 0,594) kein Zusammenhang zwischen Alter und den in einer Schicht montierten Motoren feststellbar. Aus diesem Grund wurde die Montagezeit für einen Arbeitsprozess als Referenzparameter in die Analyse einbezogen (vgl. Abschnitt 4.2.2).

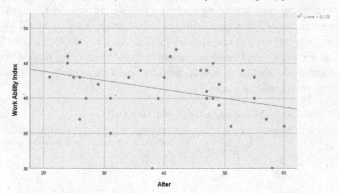

Abbildung 41: Streudiagramm der WAI-Werte der Stichprobe

Die Analyse der Daten des studienbegleitenden Fragebogens zur Arbeitsfähigkeit (**WAI**) ergab einen Mittelwert von MW = 41,31 Punkten (SD = 4,323 Punkte), welcher nach der WAI-Klassifikation einer guten Arbeitsfähigkeit entspricht (vgl. Abbildung 13; Ilmarinen, 2005). Abbildung 41 zeigt einen degressiven Verlauf des WAI im Altersgang. Dieser Zusammenhang zwischen Alter und WAI beträgt r = -0,347 und ist signifikant (p = 0,021). Die Korrelation der WAI-Werte mit der Schlafdauer ergab mit r = 0,252 (p = 0,072) einen nicht signifikanten, aber vorhandenen Zusammenhang.

Die nachfolgenden Abschnitte zeigen die Ergebnisse zum Arbeitsprozess *Schwungscheibenmontage* (Mikroebene) und zu den Arbeitsplätzen (Makroebene).

4.2   Ergebnisse auf Prozessebene

Die Ergebnisse auf Prozessebene beziehen sich auf die Hypothesen 1_1 bis 1_3 und 2, d. h. die Datenauswertung zur objektiven Beanspruchung und Leistung im Arbeitsprozess *Schwungscheibenmontage*. Nachfolgend werden die Ergebnisse zu den einzelnen Hypothesen entsprechend der Analyseebene und Auswertungsmethode vorgestellt (vgl. Tabelle 10). Da der Arbeitsprozess *Schwungscheibenmontage* nur auf den Arbeitsplätzen mit dem erhöhten Belastungsrisiko ausgeführt wurde, beziehen sich die Auswertungen auf die Zeitblöcke B1, B2 sowie B12 (am Messtag A) und die Zeitblöcke B3, B4 sowie B34 (am Messtag B) (vgl. Abbildung 31).

4.2.1   Ergebnisse der objektiven Beanspruchung (relHF) auf Prozessebene

Auf Prozessebene werden für die objektive Beanspruchung mit dem Parameter relative Herzfrequenz die Ergebnisse der altersgruppen- und altersverlaufsbezogenen Auswertung mittels klassischer Analysemethoden und die schichtbezogene Auswertung mittels Mehrebenenanalyse vorgestellt.

4.2.1.1   Altersgruppen- und altersverlaufsbezogene Auswertung der relativen Herzfrequenz

Die **altersgruppen- und altersverlaufsbezogene Auswertung** referenziert auf die Hypothese 1_1.

Hypothese 1_1: Die relative Herzfrequenz der älteren Mitarbeiter ist im gleichen Arbeitsprozess und Zeitblock höher als die relative Herzfrequenz der jüngeren Mitarbeiter, d. h. es besteht ein positiver Zusammenhang zwischen Alter und relativer Herzfrequenz.

Für die **altersgruppenbezogene Auswertung** wurden die Mittelwerte der relativen Herzfrequenz in den Messzeitpunkten für den Arbeitsprozess *Schwungscheibenmontage* (relHF_s) mittels *ANOVA* (Post-Hoc-Test: *Bonferroni-Post-Hoc-Test*) analysiert. Die Voraussetzungen für die *ANOVA* lagen für einzelne Zeitblöcke nicht vor: Block 1 Tag A (keine Normalverteilung) und Block 12 Tag A sowie Block 4 Tag B (keine Homogenität der Varianzen), sodass diese mit dem *Kruskal-Wallis-Test* (Post-Hoc-Test: *Paarweiser Vergleich*) ausgewertet wurden.

Tabelle 16:   ANOVA und Bonferroni-Post-Hoc-Test für die relHF_s in den MZP

Zeitblock	Signifikanz nach ANOVA	Signifikanz zwischen den Gruppen (Bonferroni-Post-Hoc-Test)		
		jung und alt	jung und mittel	mittel und alt
Block 2 Tag A	0,001**	0,013*	0,003**	0,709
Block 3 Tag B	0,018*	0,071	0,031*	1,000
Block 34 Tag B	0,014*	0,067	0,024*	1,000

* p < 0,05 ** p < 0,01

Die *ANOVA* zeigt signifikante Unterschiede zwischen den Altersgruppen für alle analysierten Blöcke (Tabelle 16). Der Post-Hoc-Test ergab für alle Blöcke signifikante Unterschiede zwischen *jung* und *mittel*. Im Block 2 Tag A liegen signifikante Unterschiede zwischen den Gruppen *jung* und *alt* vor, die

Blöcke 3 Tag B und 34 Tag B liegen über der Signifikanzgrenze. Unterschiede zwischen *mittel* und *alt* liegen in den Blöcken nicht vor.

Tabelle 17: Kruskal-Wallis-Test und Paarweiser Vergleich für die relHF_s in den MZP

Zeitblock	Signifikanz nach Kruskal-Wallis-Test	Signifikanz zwischen den Gruppen (Paarweiser Vergleich)		
		jung und alt	jung und mittel	mittel und alt
Block 1 Tag A	0,003**	0,133	0,003**	0,246
Block 12 Tag A	0,001**	0,038*	0,001**	0,360
Block 4 Tag B	0,013*	0,236	0,012*	0,405

$* p < 0,05$ ** $p < 0,01$

Der *Kruskal-Wallis-Test*, inklusive *Bonferroni-Korrektur* im Post-Hoc-Test (Tabelle 17), ergab signifikante Unterschiede für alle Zeitblöcke. Zwischen den Gruppen liegen signifikante Unterschiede vor: zwischen *jung* und *mittel* (alle Blöcke) sowie zwischen *jung* und *alt* (Block 12 Tag A). Unterschiede zwischen *mittel* und *alt* liegen in den Blöcken nicht vor. Insgesamt liegen nach *ANOVA* bzw. *Kruskal-Wallis-Test* in allen 6 Zeitblöcken signifikante Unterschiede zwischen den Gruppen vor. Die detaillierte Post-Hoc-Analyse (*Bonferroni-Post-Hoc-Test* bzw. *Paarweiser Vergleich*) ergab in 8 von 18 Zeitblöcken signifikante, hypothesenkonforme Unterschiede. Gruppenunterschiede zwischen *mittel* und *alt* liegen in keinem der untersuchten Zeitblöcke vor.

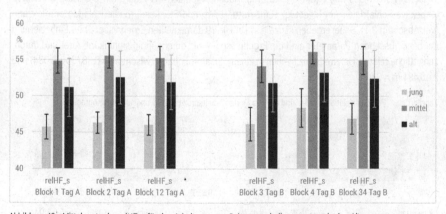

Abbildung 42: Mittelwerte der relHF_s für den Arbeitsprozess Schwungscheibenmontage in den Altersgruppen

Abbildung 42 zeigt die grafische Analyse der Daten. Im Gruppenvergleich der Mittelwerte der relativen Herzfrequenz in den MZP für den Arbeitsprozess *Schwungscheibenmontage* zeigen sich folgende Aspekte über alle Zeitblöcke: Die Werte der Gruppen *mittel* und *alt* liegen nah beieinander, die *mittlere* Gruppe weist die absolut höchsten Werte auf und in der Gruppe *alt* liegt eine große Streuung vor (vgl. Anlage F). Eine mögliche Erklärung dafür sind arbeitsrelevante Leistungsveränderungen bzw. der Healthy-Worker-Effekt (vgl. Abschnitt 2.2.3).

Zur **altersverlaufsbezogenen Auswertung** wurde das Alter bivariat mit der durchschnittlichen relativen Herzfrequenz in den Zeitblöcken B1, B2, B12 (am Messtag A) und B3, B4 und B34 (am Messtag B) korreliert. Einen Auszug der Korrelationsmatrix zeigt Tabelle 18. Die Korrelationen sind in allen betrachteten Zeitblöcken positiv und liegen zwischen r = 0,353 (p = 0,019) und r = 0,455 (p < 0,001). Die Korrelationen sind signifikant bzw. hoch signifikant, d. h. es besteht mindestens ein mittlerer Zusammenhang zwischen Alter und relativer Herzfrequenz. Je höher das Alter der Probanden, umso höher ist die durchschnittliche relative Herzfrequenz im Arbeitsprozess *Schwungscheibenmontage*.

Tabelle 18:   Korrelationen: Alter und relHF_s für den Arbeitsprozess Schwungscheibenmontage

	Ø relHF_s Schwung- scheibe Block 1 Tag A	Ø relHF_s Schwung- scheibe Block 2 Tag A	Ø relHF_s Schwung- scheibe Block 12 Tag A	Ø relHF_s Schwung- scheibe Block 3 Tag A	Ø relHF_s Schwung- scheibe Block 4 Tag A	Ø relHF_s Schwung- scheibe Block 34 Tag A
Alter	0,383*	0,455**	0,429**	0,404**	0,353*	0,407**

* Die Korrelation ist auf dem Niveau von 0,05 signifikant. ** Die Korrelation ist auf dem Niveau von 0,01 signifikant.

Unter Beachtung weiterer möglicher Einflussfaktoren wurden zusätzlich Partialkorrelationen durchgeführt, bei denen weiterhin Alter und die durchschnittliche relative Herzfrequenz je Zeitblock miteinander korreliert wurden, aber der Einfluss weiterer möglicher Parameter herausgerechnet wurde. Zu den weiteren möglichen Einflussparametern auf die relative Herzfrequenz gehören die Kontrollvariablen Body Mass Index (codiert als BMI), Rauchen (codiert als Zigaretten pro Tag), Chronotyp respektive Schlafdauer am Messtag, Temperatur, Lärm und Stückzahl (codiert als Motorstückzahl) (vgl. Abschnitt 3.1). Dabei ergeben sich die in Tabelle 19 dargestellten Ergebnisse. Unter Einbeziehung der beeinflussenden Parameter sind die Ergebnisse jeweils durchgängig signifikant, Alter und durchschnittliche relative Herzfrequenz bleiben in einem Zusammenhang zwischen r = 0,307 (p = 0,034) und r = 0,481 (p = 0,002).

Tabelle 19:   Partialkorrelationen: Alter und relHF_s für den Arbeitsprozess Schwungscheibenmontage

Kontrollvariable		Ø relHF _s Schwung- scheibe Block 1 Tag A	Ø relHF_s Schwung- scheibe Block 2 Tag A	Ø relHF_s Schwung- scheibe Block12 Tag A	Ø relHF_s Schwung- scheibe Block 3 Tag B	Ø relHF_s Schwung- scheibe Block 4 Tag B	Ø relHF_s Schwung- scheibe Block 34 Tag B
BMI	Alter	0,317*	0,376*	0,356*	0,373*	0,307*	0,366*
Zigaretten/Tag	Alter	0,360*	0,437**	0,410**	0,384*	0,328*	0,387*
Schlafdauer	Alter	0,409**	0,465**	0,446**	0,433**	0,385*	0,438**
Ø Temperatur	Alter	0,383*	0,455**	0,429**	0,481**	0,406**	0,477**
Ø Lärm	Alter	0,400**	0,480**	0,451**	0,457**	0,396*	0,457**
Motorstückzahl	Alter	0,378*	0,448**	0,423**	0,411**	0,386*	0,422**

* Die Korrelation ist auf dem Niveau von 0,05 signifikant. ** Die Korrelation ist auf dem Niveau von 0,01 signifikant.

Auf Grundlage der vorliegenden Daten wird die Hypothese 1_1 insgesamt angenommen. Der Nachweis des positiven Zusammenhangs zwischen Alter und relativer Herzfrequenz im Arbeitsprozess wurde erbracht.

4.2.1.2 Schichtverlaufsbezogene Auswertung der relativen Herzfrequenz

Die schichtverlaufsbezogene Auswertung referenziert auf die Hypothesen 1_2 und 1_3.

Hypothese 1_2: Die Konstante des linearen Verlaufs der relativen Herzfrequenz der älteren Mitarbeiter im gleichen Arbeitsprozess und Zeitblock ist größer als die Konstante des linearen Verlaufs der relativen Herzfrequenz der jüngeren Mitarbeiter.

Hypothese 1_3: Der Anstieg des linearen Verlaufs der relativen Herzfrequenz der älteren Mitarbeiter im gleichen Arbeitsprozess und Zeitblock ist größer als der Anstieg des linearen Verlaufs der relativen Herzfrequenz der jüngeren Mitarbeiter.

Die schichtverlaufsbezogene Auswertung für Konstante und Anstieg des linearen Verlaufs der relativen Herzfrequenz im Arbeitsprozess erfolgte aufgrund der Abhängigkeit der Daten im Zeitverlauf über die Mehrebenenmodellierung in den Zeitblöcken entsprechend der Vorgehensschritte (1) – (4) (vgl. Abschnitt 3.4.2). Dabei erfolgte generell die Prüfung der jeweiligen Voraussetzungen für die einzelnen Vorgehensschritte. Diese sind gegeben, wenn das *Nullmodell* und das *Modell mit Variable Zeit* signifikant sind. Kontextvariablen, d. h. Variablen mit einem vermuteten Einfluss auf den Verlauf der relativen Herzfrequenz (codiert als relHF_s), wurden zunächst einzeln und bei bestätigtem Einfluss gemeinsam in Kombinationsmodellen geprüft. Als Kontextvariablen der relativen Herzfrequenz im Arbeitsprozess *Schwungscheibenmontage* wurden neben *Alter, Zigaretten pro Tag, BMI* und *Schlafdauer am Messtag* auch *Gewicht der Schwungscheibe* und *Montagezeit der Schwungscheibe* einbezogen.

Da die relative Herzfrequenz keine Normalverteilung aufweist (vgl. Anlage F), werden die Ergebnisse mit robusten Standardfehlern angegeben. Die Darstellung der Ergebnisse erfolgt tabellarisch. Darin werden jeweils die Voraussetzungen bez. Nullmodell und Zeitmodell geprüft und die Ergebnisse der Einzelmodelle jeweils für die Konstante und den Anstieg aufgezeigt. Da aus den Mittelwertvergleichen der einzelnen Zeitblöcke (vgl. Abbildung 42; Anlage F) ersichtlich ist, dass die Belastungswirkung stärker ist als die Erholungswirkung der Pausen (d. h. Anstieg der relHF_s von Block 1 zu Block 2 und Block 3 zu Block 4 über alle Gruppen), wird auf die Darstellung der einzelnen Zeitblöcke verzichtet. Die Ergebnisse der Modelle und Berechnungen werden für die Betrachtung des Arbeitsprozesses *Schwung scheibenmontage* für **Block 12 Tag A** und **Block 34 Tag B** jeweils im Überblick dargestellt. Die vollständigen Modelle können in Anlage F eingesehen werden.

Ergebnisse Block 12 Tag A (= Arbeitsplatz Schwungscheibe):

Die Variablen *Alter* sowie *Zigaretten pro Tag* haben im Block 12 Tag A in den Einzelmodellen jeweils einen signifikanten Einfluss auf die Konstante des Verlaufs der relativen Herzfrequenz (Tabelle 20) und werden daher gemeinsam in einem Kombinationsmodell geprüft. Im Kombinationsmodell (vgl. Anlage F) mit beiden Variablen, d. h. *Alter und Zigaretten* bestätigt sich lediglich der signifikante Einfluss des *Alters* (p = 0,002) auf die Konstante. Der Koeffizient für den Einfluss des *Alters* (β_{01}; Tabelle 21; $0 < t < 240$) ist positiv. Die Devianz der Einzel- und Kombinationsmodelle ist kleiner als die des

Nullmodells (p < 0,001), somit wird das Nullmodell verworfen. Absolut betrachtet zeigt sich, dass das Einzelmodell *Alter* eine minimale Devianz aufweist (vgl. Anlage F). Daher wird dieses als Referenzmodell gewählt.

Tabelle 20:   Prüfung der Voraussetzungen und Einzelmodelle für die relHF_s im Block 12 Tag A

Modell	Nullmodell	Modell mit Variable Zeit	Modelle mit Kontextvariablen					
			Alter	Ziga-retten/ Tag	BMI	Gewicht Schwung-scheibe	Montagezeit Schwung-scheibe	Schlaf-dauer am Messtag
Konstante	< 0,001**	< 0,001**	0,001**	0,029*	0,129	0,462	0,809	0,914
Anstieg	-	< 0,001**	0,743	0,286	0,244	0,899	0,907	0,110

* p < 0,05 ** p < 0,01

In der praktischen Anwendung des Alterskoeffizienten am Arbeitsplatz Schwungscheibe (β_{01}; Tabelle 21; 0 < t < 240) ergibt sich für ein um 0,24 Jahre (= 2,98 Monate) höheres Alter eine um 1 % höhere Konstante der Gesamtregressionsgeraden der relHF_s. Daraus resultiert eine höhere relative Herzfrequenz und somit Beanspruchung, je älter die Mitarbeiter sind. Für Block 12 Tag A setzt sich die Regressionsgleichung für die Betrachtung im Arbeitsprozess *Schwungscheibenmontage* nach folgender Formel (12) zusammen:

$$relHF\_s_{ti} = \beta_{00} + \beta_{01} * AGE_i + \beta_{10} * ZEIT_{ti} + \beta_{11} * AGE_i * ZEIT_{ti} + r_{0i}$$
$$+ r_{1i} * ZEIT_{ti} + e_{ti} \tag{12}$$

Der in der Mixed Model-Gleichung enthaltene Fehlerterm ($r_{0i} + r_{1i}*ZEIT_{ti} + e_{ti}$) hat einen Erwartungswert von Null und wird daher nicht weiter betrachtet (Engel, 1998; Hartig & Bechtoldt, 2005; Langer, 2009). Beim Einsetzen der berechneten Konstanten und Koeffizienten (Tabelle 21) in die Regressionsgleichung kann für einen Montagemitarbeiter beliebigen *Alters* die relative Herzfrequenz für den Arbeitsprozess *Schwungscheibenmontage* vom Arbeitsbeginn (Minute: 0) bis zum Arbeitsplatzwechsel (Minute: 240) ermittelt werden.

Tabelle 21:   Konstanten und Koeffizienten für die Regressionsgleichung der relHF_s im Arbeitsprozess Schwungscheibenmontage

Modell	Bereich	t in min	Konstanten und Koeffizienten			
			β_{00}	β_{01}	β_{10}	β_{11}
Alter	Schwungscheibenmontage	0 < t < 240	50,375543	0,248127	0,004990	0,000088
Alter	Schwungscheibenmontage	250 < t < 480	50,916973	0,256467	0,006940	0,000090

Der Verlauf der relHF_s für den Messtag A im Arbeitsprozess ist in Abbildung 43 für 20-, 40- und 60-Jährige Mitarbeiter dargestellt. Diese exemplarische Visualisierung des Alters wird in den nachfolgenden Grafiken beibehalten.

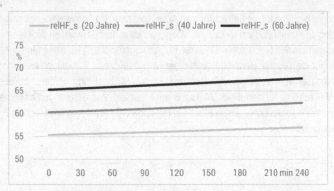

Abbildung 43: Verlauf der relHF_s über den Arbeitsprozess Schwungscheibenmontage Block 12 Tag A für Montagemitarbeiter unterschiedlichen Alters

Das Alter hat einen signifikanten Einfluss auf die Konstante der Regressionsgleichung, der Anstieg wird vom Alter nicht signifikant beeinflusst, bewirkt aber durch einen positiven Koeffizienten (β_{01}; vgl. Tabelle 21; $0 < t < 240$) einen ansteigenden Verlauf der relHF_s über der Zeit und über dem Alter im Arbeitsprozess *Schwungscheibenmontage*.

Ergebnisse Block 34 Tag B (= Arbeitsplatz Schwungscheibe):

Die Variablen *Alter* sowie *Zigaretten pro Tag* haben über Block 34 Tag B in den Einzelmodellen jeweils einen signifikanten Einfluss auf die Konstante des Verlaufs der relativen Herzfrequenz (Tabelle 22). Diese Variablen werden daher gemeinsam in einem Kombinationsmodell geprüft.

Tabelle 22: Prüfung der Voraussetzungen und Einzelmodelle für die relHF_s im Block 34 Tag B

Modell	Nullmodell	Modell mit Variable Zeit	Modelle mit Kontextvariablen					
			Alter	Ziga-retten/ Tag	BMI	Gewicht Schwung-scheibe	Montagezeit Schwung-scheibe	Schlaf-dauer am Messtag
Konstante	< 0,001**	< 0,001**	0,010*	0,005*	0,215	0,605	0,643	0,506
Anstieg	-	< 0,001**	0,779	0,422	0,824	0,081	0,770	0,101

* p < 0,05 ** p < 0,01

Im Kombinationsmodell (vgl. Anlage F) mit beiden Variablen, d. h. *Alter und Zigaretten*, bestätigt sich der signifikante Einfluss des *Alters* (p = 0,025) und der *Zigaretten pro Tag* (p = 0,037) auf die Konstante. Der Koeffizient für den Einfluss des Alters ist in allen Modellen positiv. Die Devianz der Einzel- und Kombinationsmodelle ist kleiner als die des Nullmodells (p < 0,001), somit wird das Nullmodell verworfen. Im Vergleich zeigt sich, dass das Einzelmodell Alter die minimale Devianz aufweist und somit das Referenzmodell bildet (vgl. Anlage F). Der Koeffizient des Alters (β_{01}; vgl. Tabelle 21; $250 < t < 480$) führt dazu, dass ein um 0,25 Jahre (= 3,08 Monate) höheres Alter die Konstante der Gesamtregressionsgeraden der relativen Herzfrequenz um 1 % erhöht. Somit ergibt sich eine höhere relative Herzfrequenz respektive Beanspruchung, je älter die Mitarbeiter sind.

Die Regressionsgleichung für die Betrachtung im Arbeitsprozess *Schwungscheibenmontage* am Messtag B ist analog zu Formel (12) am Messtag A. Wiederum kann durch Einsetzen der berechneten Konstanten und Koeffizienten (vgl. Tabelle 21) in die Regressionsgleichung für einen Montagemitarbeiter beliebigen *Alters* die relative Herzfrequenz für den Arbeitsprozess *Schwungscheibenmontage* vom Arbeitsplatzwechsel (Minute: 250) bis Arbeitsende (Minute: 480) bestimmt werden. Abbildung 44 zeigt den Verlauf der relHF_s für den Block 34 Tag B im Arbeitsprozess *Schwungscheibenmontage*. Die Regressionsgeraden liegen höher als im Block 12 Tag A, da die Mitarbeiter am Messtag B bereits für 4 Stunden gearbeitet haben.

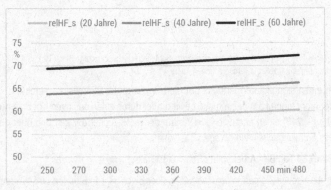

Abbildung 44:   Verlauf der relHF_s über den Arbeitsprozess Schwungscheibenmontage Block 34 Tag B für Montagemitarbeiter unterschiedlichen Alters

Die Variable *Alter* hat einen signifikanten Einfluss auf die Konstante der Regressionsgleichung, der Anstieg wird vom Alter nicht signifikant beeinflusst, bewirkt aber durch den positiven Koeffizienten (β_{01}; vgl. Tabelle 21; $250 < t < 480$) einen ansteigenden Verlauf der relHF_s über der Zeit und über dem Alter im Arbeitsprozess *Schwungscheibenmontage*.

Auf Grundlage der vorliegenden Daten werden Hypothese 1_2 und 1_3 insgesamt angenommen, d. h. die Konstante und der Anstieg der relativen Herzfrequenz im Arbeitsprozess sind bei den älteren Mitarbeitern größer als bei den jüngeren Mitarbeitern.

4.2.2   Ergebnisse der Leistung auf Prozessebene

Auf Prozessebene werden nachfolgend die Ergebnisse zur Leistung mit dem Parameter Montagezeit hinsichtlich der **altersgruppen- und altersverlaufsbezogenen Auswertung** mittels klassischer Analysemethoden vorgestellt. Diese referenziert auf die Hypothese 2.

Hypothese 2: Die Montagezeiten der älteren Mitarbeiter sind im gleichen Arbeitsprozess und Zeitblock größer als die Montagezeiten der jüngeren Mitarbeiter, d. h. es besteht ein positiver Zusammenhang zwischen Alter und Montagezeit.

Die Mittelwerte der Montagezeiten in den Messzeitpunkten wurden für die **altersgruppenbezogene Auswertung** für den Arbeitsprozess *Schwungscheibenmontage* mittels *ANOVA* analysiert. In Block 1 Tag A lag keine Normalverteilung vor, sodass dieser Zeitabschnitt mit dem *Kruskal-Wallis-Test* ausgewertet wurde. Die *ANOVA* zeigt keine Unterschiede zwischen den Altersgruppen für die analysierten Blöcke (vgl. Anlage F). Der *Kruskal-Wallis-Test* ergab für Block 1 Tag A keine signifikanten Unterschiede (vgl. Anlage F).

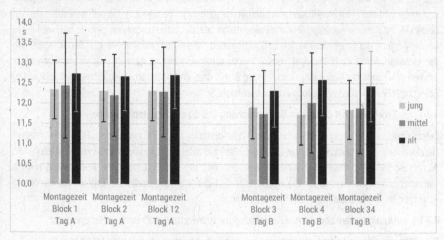

Abbildung 45: Mittelwerte der Montagezeit für den Arbeitsprozess Schwungscheibenmontage in den Altersgruppen

Die grafische Analyse der Mittelwerte der Montagezeit in den MZP für den Arbeitsprozess *Schwungscheibenmontage* zeigt in Abbildung 45, dass die Werte der älteren Gruppe in allen Zeitblöcken über denen der jüngeren Gruppen liegen. Die Montagezeit weist in allen Zeitblöcken und über alle Gruppen eine große Streuung auf (vgl. Anlage F). Die Referenzzeit für den untersuchten Arbeitsprozess *Schwungscheibenmontage* beträgt vom Aufnehmen der Schwungscheibe bis zum Heften der ersten Schraube 10,8 s. Insgesamt liegt ein Großteil der gemessenen Werte, unabhängig vom Alter über der Soll-Zeit, lediglich 27,5 % der gemessenen Montagezeitwerte erreichen die vorgegebene Referenzzeit des Prozesses (vgl. Anlage F). Im Mittel, über alle Messzeitpunkte und Probanden, beträgt die gemessene Montagezeit für den Arbeitsprozess 12,3 s (SD = 2,18 s; Spannweite: 12,269). Ein dokumentierter „idealer Montageprozess" eines 29-Jährigen Probanden zeigte, dass die Montage der Schwungscheibe in einer Zeit von lediglich 6,898 s möglich ist. Der längste Montageprozess für die Schwungscheibe betrug 19,167 s und wurde von einem 47-Jährigen ausgeführt. Insgesamt lässt sich über alle Altersgruppen eine große Streuung der Montagezeit erkennen (Abbildung 45).

Für die **altersverlaufsbezogene Auswertung** wurde das Alter bivariat mit der durchschnittlichen Montagezeit in den Zeitblöcken B1, B2, B12 (am Messtag A) und B3, B4 und B34 (am Messtag B) korreliert. Die Korrelationen sind in allen betrachteten Zeitblöcken positiv und zeigen über die Messtage A und B geringe Korrelationen von r = 0,185 und r = 0,117, diese sind nicht signifikant.

Auf Grundlage der vorliegenden Daten wird die Hypothese 2 abgelehnt.

4.3   Ergebnisse auf Arbeitsplatzebene

Nachfolgend werden die Ergebnisse zu den einzelnen Hypothesen auf Arbeitsplatzebene, d. h. 3_1 bis 3_3; 4_1 bis 4_3 sowie 5_1 und 5_2 für die objektive Beanspruchung (Parameter relative Herzfrequenz und PAQ) und die subjektive Beanspruchung vorgestellt (vgl. Tabelle 10). Da auf die Probanden an beiden Messtagen eine unterschiedliche Reihenfolge bez. der Belastungshöhe gewirkt hat, wird diese bei der Angabe der Ergebnisse in den SPSS-Ausgaben mitgeführt (vgl. Tabelle 11). Somit ergibt sich der Messtag A mit dem Wechsel vom Schwungscheibenarbeitsplatz zum Ausgleichsarbeitsplatz (codiert als Schwung_Ausgleich) und Messtag B mit dem Wechsel vom Ausgleichsarbeitsplatz zum Schwungscheibenarbeitsplatz (codiert als Ausgleich_Schwung).

4.3.1   Ergebnisse der objektiven Beanspruchung (relHF) auf Arbeitsplatzebene

Dieser Abschnitt fokussiert die Ergebnisse der objektiven Beanspruchung mit dem Parameter relative Herzfrequenz auf Arbeitsplatzebene. Die Ergebnisse der altersgruppen- und altersverlaufsbezogenen Auswertung mittels klassischer Analysemethoden und der schichtbezogenen Auswertung mittels Mehrebenenanalyse werden für die Hypothesen 3_1 bis 3_3 vorgestellt. Die Ergebnisse wurden in Auszügen in Börner & Bullinger (2018) veröffentlicht.

4.3.1.1   Altersgruppen- und altersverlaufsbezogene Auswertung der relativen Herzfrequenz

Die **altersgruppen- und altersverlaufsbezogene Auswertung** referenziert auf die Hypothese 3_1.

Hypothese 3_1: Die relative Herzfrequenz der älteren Mitarbeiter ist am gleichen Arbeitsplatz und Zeitblock höher als die relative Herzfrequenz der jüngeren Mitarbeiter, d. h. es besteht ein positiver Zusammenhang zwischen Alter und relativer Herzfrequenz.

Tabelle 23:   ANOVA und Bonferroni-Post-Hoc-Test für die relHF am Arbeitsplatz

Zeitblock	Signifikanz nach ANOVA	Signifikanz zwischen den Gruppen (Bonferroni-Post-Hoc-Test)		
		jung und alt	jung und mittel	mittel und alt
Block 2 Tag A	0,000**	0,007**	0,001**	0,492
Block 3 Tag A	0,001**	0,002**	0,012*	1,000
Block 34 Tag A	0,001**	0,002**	0,012*	1,000
Block 1234 Tag A	0,001**	0,005**	0,005**	1,000
Block 3 Tag B	0,011*	0,046*	0,022*	1,000
Block 34 Tag B	0,016*	0,064	0,028*	1,000
Block 1234 Tag B	0,010*	0,062	0,015*	0,860

* p < 0,05 ** p < 0,01

Die **altersgruppenbezogene Auswertung** erfolgte mittels *ANOVA* (Post-Hoc-Test: *Bonferroni-Post-Hoc-Test*). Dazu wurden die Mittelwerte der relativen Herzfrequenz im Minutenmittel am Arbeitsplatz analysiert. Die Voraussetzungen für die *ANOVA* lagen für einzelne Blöcke nicht vor: Block 4 Tag A und Tag B (keine Normalverteilung) sowie die Blöcke 1, 12 Tag A und 1, 2, 12 Tag B (keine Homogenität der Varianzen), sodass diese mit dem *Kruskal-Wallis-Test* (Post-Hoc-Test: *Paarweiser Vergleich*) ausgewertet wurden (Tabelle 23). Die *ANOVA* zeigt signifikante Unterschiede zwischen den Altersgruppen für alle analysierten Blöcke. Der Post-Hoc-Test ergab für alle 7 Blöcke signifikante Unterschiede zwischen *jung* und *mittel*. Zwischen den Gruppen *jung* und *alt* liegen bis auf Block 34 Tag B (p = 0,064) und Block 1234 Tag B (p = 0,062), die leicht oberhalb der Signifikanzgrenze sind, signifikante Unterschiede vor. Unterschiede zwischen *mittel* und *alt* liegen in den Blöcken nicht vor.

Der *Kruskal-Wallis-Test*, inklusive *Bonferroni-Korrektur* im Post-Hoc-Test (Tabelle 24), ergab signifikante Unterschiede für alle 7 Zeitblöcke. Im *Paarweisen Vergleich* fanden sich signifikante Unterschiede zwischen *jung* und *mittel* (alle Blöcke) und zwischen *jung* und *alt* (Block 12 Tag A und Block 4 Tag A).

Tabelle 24: Kruskal-Wallis-Test und Paarweiser Vergleich für die relHF am Arbeitsplatz

Zeitblock	Signifikanz nach Kruskal-Wallis-Test	Signifikanz zwischen den Gruppen (Paarweiser Vergleich)		
		jung und alt	jung und mittel	mittel und alt
Block 1 Tag A	0,004**	0,134	0,003**	0,288
Block 12 Tag A	0,001**	0,022*	0,001**	0,413
Block 4 Tag A	0,001**	0,007**	0,005**	1,000
Block 1 Tag B	0,035*	0,824	0,029*	0,240
Block 2 Tag B	0,007**	0,161	0,007**	0,368
Block 12 Tag B	0,011*	0,235	0,009**	0,350
Block 4 Tag B	0,011*	0,209	0,010*	0,393

* p < 0,05 ** p < 0,01

Insgesamt liegen nach *ANOVA* bzw. *Kruskal-Wallis-Test* in 14 von 14 Zeitblöcken signifikante Unterschiede zwischen den Gruppen vor. Die detaillierte Post-Hoc-Analyse (*Bonferroni-Post-Hoc-Test* bzw. *Paarweiser Vergleich*) ergab in 21 von 42 Zeitblöcken signifikante, hypothesenkonforme Unterschiede. Zwischen den Gruppen *mittel* und *alt* liegen in keinem der untersuchten Zeitblöcke Gruppenunterschiede vor. Ebenso sind einige Zeitblöcke zwischen den Gruppen *jung* und *alt* betroffen. Eine mögliche Ursache für die nicht signifikanten Unterschiede zwischen den Gruppen *mittel* und *alt* ist, dass deren Mittelwerte, im Gegensatz zur Gruppe *jung*, über alle Zeitblöcke nah beieinander liegen (vgl. Abbildung 46 und Abbildung 47).

Weiterhin zeigt sich, dass die Mittelwerte der relativen Herzfrequenz der *jungen* Gruppe am Arbeitsplatz Schwungscheibe jeweils im Vergleich zum Ausgleichsarbeitsplatz erhöht sind, sodass eine Annäherung an die Werte der anderen Gruppen vorliegt. Die Gruppe *alt* weist in allen Zeitblöcken eine sehr starke Streuung der Messwerte auf (vgl. Anlage G). Dies deutet auf die starke Streuung der Fähigkeitsänderungen und ein Nachlassen von Fähigkeiten im Alter hin (vgl. Abschnitt 2.2.3).

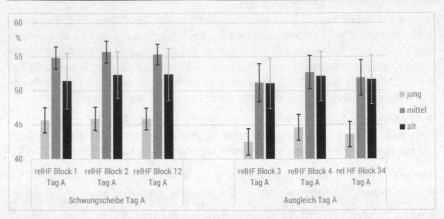

Abbildung 46: Mittelwerte der relHF für den Messtag A in den Altersgruppen

Im Gruppenvergleich der Mittelwerte der relativen Herzfrequenz in den Blöcken und am Arbeitsplatz sind die Werte der mittleren Gruppe absolut gesehen am Höchsten (Abbildung 46 und Abbildung 47). Dieser Umstand könnte auf den Healthy-Worker-Effekt zurückzuführen sein.

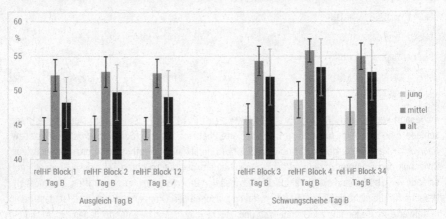

Abbildung 47: Mittelwerte der relHF für den Messtag B in den Altersgruppen

Für die **altersverlaufsbezogene Auswertung** wurde das Alter bivariat mit der durchschnittlichen relativen Herzfrequenz in allen Zeitblöcken und für alle Arbeitsplätze (Schwungscheibe, Ausgleich) korreliert (Tabelle 25). Die Korrelationen sind in allen betrachteten Zeitblöcken positiv und liegen im Bereich zwischen $r = 0,302$ ($p = 0,039$) und $r = 0,535$ ($p < 0,001$). Die Korrelationen sind signifikant bzw. hoch signifikant, sodass mindestens ein mittlerer bis starker Zusammenhang zwischen Alter und relativer Herzfrequenz besteht. Je höher das Alter der Probanden, umso höher ist die relative Herzfrequenz an den Arbeitsplätzen mit erhöhtem und niedrigem Belastungsrisiko.

Tabelle 25: Korrelationen: Alter und relHF am Messtag A (oben) und Messtag B (unten)

	Ø relHF AP Schwung_ Ausgleich Block 1 Tag A	Ø relHF AP Schwung_ Ausgleich Block 2 Tag A	Ø relHF AP Schwung_ Ausgleich Block 12 Tag A	Ø relHF AP Schwung_ Ausgleich Block 3 Tag A	Ø relHF AP Schwung_ Ausgleich Block 4 Tag A	Ø relHF AP Schwung_ Ausgleich Block 34 Tag A
Alter	0,405**	0,466**	0,460**	0,551**	0,509**	0,535**
	Ø relHF AP Ausgleich_ Schwung Block 1 Tag B	Ø relHF AP Ausgleich_ Schwung Block 2 Tag B	Ø relHF AP Ausgleich_ Schwung Block 12 Tag B	Ø relHF AP Ausgleich_ Schwung Block 3 Tag B	Ø relHF AP Ausgleich_ Schwung Block 4 Tag B	Ø relHF AP Ausgleich_ Schwung Block 34 Tag B
Alter	0,302*	0,373*	0,348*	0,431**	0,343*	0,413**

* Die Korrelation ist auf dem Niveau von 0,05 signifikant. ** Die Korrelation ist auf dem Niveau von 0,01 signifikant.

Analog zum Arbeitsprozess *Schwungscheibenmontage* erfolgte für die Betrachtung der Gesamtbelastung am Arbeitsplatz die Partialkorrelation mit den Kontrollvariablen. Dabei ergeben sich die in Tabelle 26 dargestellten Ergebnisse. Unter Einbeziehung der beeinflussenden Parameter sind die Ergebnisse bis auf BMI und Zigaretten pro Tag in Block 1 Tag B am Ausgleichsarbeitsplatz durchgängig signifikant, Alter und die durchschnittliche relative Herzfrequenz bleiben in einem Zusammenhang zwischen $r = 0,273$ ($p = 0,059$) und $r = 0,523$ ($p = 0,001$).

Auf Grundlage der vorliegenden Daten wird die Hypothese 3_1 insgesamt angenommen. Der Nachweis des positiven Zusammenhangs zwischen Alter und relativer Herzfrequenz am Arbeitsplatz wurde erbracht.

Tabelle 26: Partialkorrelationen: Alter und relHF am Messtag A (oben) und Messtag B (unten)

Kontrollvariable		Ø relHF AP Schwung_ Ausgleich Block 1 Tag A	Ø relHF AP Schwung_ Ausgleich Block 2 Tag A	Ø relHF AP Schwung_ Ausgleich Block 12 Tag A	Ø relHF AP Schwung_ Ausgleich Block 3 Tag A	Ø relHF AP Schwung_ Ausgleich Block 4 Tag A	Ø relHF AP Schwung_ Ausgleich Block 34 Tag A
BMI	Alter	0,340*	0,412**	0,387*	0,440**	0,416**	0,427**
Zigaretten/Tag	Alter	0,359*	0,468**	0,425**	0,489**	0,455**	0,473**
Schlafdauer	Alter	0,412*	0,497**	0,464**	0,516**	0,485**	0,502**
Ø Temperatur	Alter	0,388*	0,489**	0,449**	0,509**	0,475**	0,493**
Ø Lärm	Alter	0,400*	0,523**	0,470**	0,508**	0,471**	0,492**
Motorstückzahl	Alter	0,391*	0,489**	0,450**	0,519**	0,483**	0,502**

Kontrollvariable		Ø relHF AP Ausgleich_ Schwung Block 1 Tag B	Ø relHF AP Ausgleich_ Schwung Block 2 Tag B	Ø relHF AP Ausgleich_ Schwung Block 12 Tag B	Ø relHF AP Ausgleich_ Schwung Block 3 Tag B	Ø relHF AP Ausgleich_ Schwung Block 4 Tag B	Ø relHF AP Ausgleich_ Schwung Block 34 Tag B
BMI	Alter	0,278	0,382*	0,343*	0,387*	0,296*	0,366*
Zigaretten/Tag	Alter	0,273	0,349*	0,322*	0,412**	0,317*	0,393*
Schlafdauer	Alter	0,306*	0,385*	0,357*	0,458**	0,378*	0,445**
Ø Temperatur	Alter	0,331*	0,421**	0,388*	0,511**	0,398**	0,486**
Ø Lärm	Alter	0,330*	0,414**	0,384*	0,481**	0,384*	0,461**
Motorstückzahl	Alter	0,330*	0,403**	0,378*	0,436**	0,366*	0,423**

* Die Korrelation ist auf dem Niveau von 0,05 signifikant. ** Die Korrelation ist auf dem Niveau von 0,01 signifikant.

4.3.1.2 Schichtverlaufsbezogene Auswertung der relativen Herzfrequenz

Die **schichtverlaufsbezogene Auswertung** referenziert auf die Hypothesen 3_2 und 3_3:

Hypothese 3_2: Die Konstante des linearen Verlaufs der relativen Herzfrequenz der älteren Mitarbeiter am gleichen Arbeitsplatz und Zeitblock ist größer als die Konstante des linearen Verlaufs der relativen Herzfrequenz der jüngeren Mitarbeiter.

Hypothese 3_3: Der Anstieg des linearen Verlaufs der relativen Herzfrequenz der älteren Mitarbeiter am gleichen Arbeitsplatz und Zeitblock ist größer als der Anstieg des linearen Verlaufs der relativen Herzfrequenz der jüngeren Mitarbeiter.

Die **schichtverlaufsbezogene Auswertung** für Konstante und Anstieg des linearen Verlaufs der relativen Herzfrequenz am Arbeitsplatz erfolgte analog zur Auswertung der Prozessebene. Nach Prüfung der Voraussetzungen wurde der Einfluss der Kontextvariablen in Einzelmodellen berechnet und diese ggf. in Kombinationsmodelle überführt. Die Kontextvariablen auf Arbeitsplatzebene sind *Alter, Zigaretten pro Tag, BMI* und *Schlafdauer am Messtag*.

Die relative Herzfrequenz weist keine Normalverteilung auf (vgl. Anlage G), sodass die Ergebnisse mit robusten Standardfehlern angegeben werden. Die Darstellung der Ergebnisse erfolgt tabellarisch mit den Voraussetzungen bez. Nullmodell und Zeitmodell sowie den Ergebnissen der Einzelmodelle für die Konstante und den Anstieg. Da durch die altersgruppenbezogene Auswertung ersichtlich ist, dass die Belastungswirkung stärker ausgeprägt ist als die Erholungswirkung der Pausen (Anstieg der Mittelwerte innerhalb der Gruppen jeweils von Block 1 zu Block 2 und Block 3 zu Block 4; vgl. Abbildung 46; Abbildung 47 und Anlage G), wird auf die Darstellung der einzelnen Zeitblöcke verzichtet. Die Ergebnisse werden auf Arbeitsplatzebene mit Fokus auf dem **Arbeitsplatz Schwungscheibe** (d. h. **Block 12 Tag A** und **Block 34 Tag B**) und für die gesamten Messtage (**Messtag A mit Wechsel vom Arbeitsplatz Schwungscheibe zum Arbeitsplatz Ausgleich, Messtag B mit Wechsel vom Arbeitsplatz Ausgleich zum Arbeitsplatz Schwungscheibe**) zusammengefasst dargestellt. Für die vollständigen Modelle und Übersichten wird auf Anlage G verwiesen.

Ergebnisse Block 12 Tag A (= Arbeitsplatz Schwungscheibe):

Die Variablen *Alter* und *Zigaretten pro Tag* haben in den Einzelmodellen jeweils einen signifikanten Einfluss auf die Konstante des Verlaufs der relativen Herzfrequenz am Arbeitsplatz Schwungscheibe (Tabelle 27). Im Kombinationsmodell, d. h. mit beiden Variablen *Alter und Zigaretten*, bestätigt sich lediglich der signifikante Einfluss des *Alters* (p = 0,001) auf die Konstante. Der Koeffizient für den Einfluss des *Alters* (β_{01}) ist positiv.

Tabelle 27: Prüfung der Voraussetzungen und Einzelmodelle für die relHF im Block 12 Tag A

Modell	Nullmodell	Modell mit Variable Zeit	Modelle mit Kontextvariablen			
			Alter	Zigaretten/Tag	BMI	Schlafdauer
Konstante	< 0,001**	< 0,001**	< 0,001**	0,021*	0,096	0,930
Anstieg	-	< 0,001**	0,275	0,657	0,262	0,127

* p < 0,05 ** p < 0,01

Die Devianz der Einzel- und Kombinationsmodelle ist kleiner als die des Nullmodells (p < 0,001), somit wird das Nullmodell verworfen. Absolut gesehen weist das Einzelmodell *Alter* die minimale Devianz auf, sodass dieses Modell als Referenzmodell ausgewählt wird (vgl. Anlage G). Ein Alterskoeffizient von 0,26 Jahren (β_{01}; Tabelle 28; 0 < t < 240) bedeutet, dass sich mit einer Erhöhung des Alters um 3,22 Monate die Konstante der Gesamtregressionsgeraden für den Verlauf der relativen Herzfrequenz um 1 % erhöht. Daraus resultiert eine höhere relative Herzfrequenz und somit Beanspruchung, je älter die Mitarbeiter sind. Für den Arbeitsplatz Schwungscheibe ergibt sich als Regressionsgleichung die Formel (13):

$$relHF_{ti} = \beta_{00} + \beta_{01} * AGE_i + \beta_{10} * ZEIT_{ti} + \beta_{11} * AGE_i * ZEIT_{ti} \tag{13}$$

Durch Einsetzen der berechneten Konstanten und Koeffizienten (Tabelle 28) in die Regressionsgleichung kann für einen Montagemitarbeiter beliebigen *Alters* die relative Herzfrequenz für den Arbeitsplatz Schwungscheibe vom Arbeitsbeginn (Minute: 0) bis zum Arbeitsplatzwechsel (Minute: 240) ermittelt werden.

Tabelle 28: Konstanten und Koeffizienten für die Regressionsgleichung der relHF für die Arbeitsplätze Schwungscheibe, Ausgleich und Messtag A

Modell	Bereich	t in min	Konstanten und Koeffizienten			
			β_{00}	β_{01}	β_{10}	β_{11}
Alter	AP Schwungscheibe	0 < t < 240	50,401086	0,268633	0,005026	0,000276
Alter	AP Ausgleich	250 < t < 480	48,571658	0,317114	0,007888	-0,000307
Alter	AP Schwung_Ausgleich	0 < t < 480	49,436605	0,285535	-0,003847	0,000175

Den Verlauf der relativen Herzfrequenz für den Arbeitsplatz Schwungscheibe für Mitarbeiter unterschiedlichen Alters zeigt Abbildung 48.

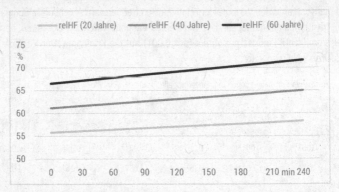

Abbildung 48:   Verlauf der relHF am Arbeitsplatz Schwungscheibe Block 12 Tag A für Montagemitarbeiter unterschiedlichen Alters

Für die Variable *Alter* zeigt sich ein signifikanter Einfluss auf die Konstante der Regressionsgleichung, der Anstieg der Regressionsgleichung wird vom Alter nicht signifikant beeinflusst, bewirkt aber durch einen positiven Koeffizienten (β_{01}; vgl. Tabelle 28; 0 < t < 240) einen ansteigenden Verlauf der relativen Herzfrequenz über der Zeit und über dem Alter für den Arbeitsplatz Schwungscheibe.

Ergebnisse Messtag A (= Wechsel vom Arbeitsplatz Schwungscheibe zum Arbeitsplatz Ausgleich):

Die Variablen *Alter* sowie *Zigaretten pro Tag* haben am Messtag A in den Einzelmodellen jeweils einen signifikanten Einfluss auf die Konstante des Verlaufs der relativen Herzfrequenz (Tabelle 29) und werden daher gemeinsam in einem Kombinationsmodell geprüft. Im Kombinationsmodell, d. h. mit den Variablen *Alter und Zigaretten*, bestätigt sich weiterhin der signifikante Einfluss des *Alters* (p < 0,001) auf die Konstante. Der Koeffizient für den Einfluss des Alters (β_{01}) auf die Konstante ist in allen Modellen positiv. Die Devianz der Einzel- und Kombinationsmodelle ist kleiner als die des Nullmodells (p < 0,001). Absolut betrachtet, hat das Einzelmodell Alter die kleinste Devianz und wird als Referenzmodell gewählt (vgl. Anlage G).

Tabelle 29:   Prüfung der Voraussetzungen und Einzelmodelle für die relHF am Messtag A

Modell	Nullmodell	Modell mit Variable Zeit	Modelle mit Kontextvariablen			
			Alter	Zigaretten/Tag	BMI	Schlafdauer
Konstante	< 0,001**	< 0,001**	< 0,001**	0,024*	0,049*	0,725
Anstieg	-	< 0,001**	0,303	0,336	0,776	0,069

* p < 0,05 ** p < 0,01

Der positive Koeffizient des Alters (β_{01}; vgl. Tabelle 28; 0 < t < 480) bedeutet, dass ein um 0,28 Jahre (= 3,43 Monate) höheres Alter die Konstante der Gesamtregressionsgeraden um 1 % bez. der relativen

Herzfrequenz erhöht. Es ergibt sich somit eine höhere relative Herzfrequenz respektive Beanspruchung, je älter die Mitarbeiter sind. Die gebildete Regressionsgleichung für den Messtag entspricht Formel (13).

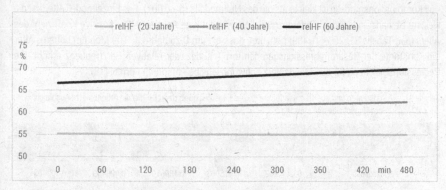

Abbildung 49: Verlauf der relHF über den Messtag A für Montagemitarbeiter unterschiedlichen Alters

Das Einsetzen der berechneten Konstanten und Koeffizienten (vgl. Tabelle 28) in die Regressionsgleichung (Formel (13)) ermöglicht die Berechnung der relativen Herzfrequenz für einen Montagemitarbeiter beliebigen *Alters* für den Messtag A vom Arbeitsbeginn (Minute: 0) über den Arbeitsplatzwechsel bis zum Arbeitsende (Minute: 480) (Abbildung 49).

Die Variable *Alter* hat einen signifikanten Einfluss auf die Konstante der Regressionsgleichung. Der Anstieg der Regressionsgleichung wird vom *Alter* nicht signifikant beeinflusst, der Koeffizient des Alters (β_{01}; Tabelle 28; 0 < t < 480) ist positiv. Daraus resultiert, trotz des Wechsels vom Arbeitsplatz Schwungscheibe auf den Arbeitsplatz mit geringem Belastungsrisiko, ein ansteigender Verlauf der relativen Herzfrequenz über der Zeit und über dem Alter.

Ergebnisse Block 34 Tag B (= Arbeitsplatz Schwungscheibe):

Die Variablen *Alter* und *Zigaretten pro Tag* haben am Arbeitsplatz Schwungscheibe am Messtag B haben in den Einzelmodellen jeweils einen signifikanten Einfluss auf die Konstante des Verlaufs der relativen Herzfrequenz (Tabelle 30) und werden daher gemeinsam in einem Kombinationsmodell geprüft.

Tabelle 30:   Prüfung der Voraussetzungen und Einzelmodelle für die relHF im Block 34 Tag B

Modell	Nullmodell	Modell mit Variable Zeit	Modelle mit Kontextvariablen			
			Alter	Zigaretten/Tag	BMI	Schlafdauer
Konstante	< 0,001**	< 0,001**	0,010*	0,008*	0,201	0,436
Anstieg	-	< 0,001**	0,414	0,251	0,860	0,183

* p < 0,05 ** p < 0,01

Im Kombinationsmodell, d. h. mit den Variablen *Alter und Zigaretten*, bestätigt sich der signifikante Einfluss des *Alters* (p = 0,013) und der *Zigaretten pro Tag* (p = 0,013) auf die Konstante. Der Koeffizient für den Einfluss des Alters (β_{01}) auf die Konstante ist in allen Modellen positiv. Die Devianz der Einzel- und Kombinationsmodelle ist kleiner als die des Nullmodells (p < 0,001). Das Einzelmodell Alter hat die kleinste Devianz und wird als Referenzmodell verwendet (vgl. Anlage G). Der positive Koeffizient des Alters (β_{01}; Tabelle 31; 250 < t <480) bedeutet, dass ein um 0,25 Jahre (= 3,09 Monate) höheres Alter die Konstante der Gesamtregressionsgeraden um 1 % bez. der relativen Herzfrequenz erhöht. Die Regressionsgleichung für den Arbeitsplatz Schwungscheibe entspricht Formel (13).

Tabelle 31:   Konstanten und Koeffizienten für die Regressionsgleichung der relHF für die Arbeitsplätze Ausgleich, Schwungscheibe und Messtag B

Modell	Bereich	t in min	Konstanten und Koeffizienten			
			β_{00}	β_{01}	β_{10}	β_{11}
Alter	AP Ausgleich	0 < t < 240	48,015063	0,189619	0,003469	0,000463
Alter	AP Schwungscheibe	250 < t < 480	51,018588	0,257386	0,011045	-0,000302
Alter	AP Ausgleich_ Schwung	0 < t < 480	49,526626	0,232747	0,011306	0,000236

Durch Einsetzen der berechneten Konstanten und Koeffizienten (Tabelle 31) in die Regressions-gleichung kann für einen Montagemitarbeiter beliebigen *Alters* die relative Herzfrequenz für den Arbeitsplatz Schwungscheibe vom Arbeitsplatzwechsel (Minute: 250) bis zum Arbeitsende (Minute: 480) bestimmt werden (Abbildung 50).

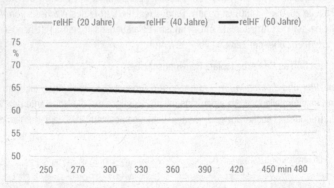

Abbildung 50: Verlauf der relHF am Arbeitsplatz Schwungscheibe Block 34 Tag B für Montagemitarbeiter unterschiedlichen Alters

Für das *Alter* bestätigt sich der signifikante Einfluss auf die Konstante der Regressionsgleichung, der Anstieg der Regressionsgleichung wird vom *Alter* nicht signifikant beeinflusst. In der Berechnung zeigt sich ein negativer Koeffizient für den Anstieg, der ab einem Alter von ca. 40 Jahren zu einem leichten Absinken der relativen Herzfrequenz über die Zeit führt. Ursache ist vermutlich die starke Erhöhung der relativen Herzfrequenz am Arbeitsplatz Ausgleich, der von Arbeitsbeginn bis zum Wechsel bearbeitet wird. Die Ergebnisse zum Arbeitsplatz Ausgleich wurden in Auszügen in Bullinger (2017) veröffentlicht. Trotz des geringen Belastungsrisikos kommt es bereits am Arbeitsplatz Ausgleich zu einem Anstieg der relativen Herzfrequenz über der Zeit und über dem Alter, sodass sich bei separater Betrachtung des Arbeitsplatzes Schwungscheibe anhand der vorliegenden Daten ein degressiver Verlauf der relativen Herzfrequenz für Montagemitarbeiter über 40 Jahren ergibt. Insgesamt über den Messtag B betrachtet, steigt die relative Herzfrequenz über dem Alter und der Zeit an, wie die nachfolgenden Ergebnisse zeigen.

Ergebnisse Messtag B (= Wechsel vom Arbeitsplatz Ausgleich zum Arbeitsplatz Schwungscheibe):

Die Variablen *Alter* und *Zigaretten pro Tag* haben am Messtag B in den Einzelmodellen jeweils einen signifikanten Einfluss auf die Konstante des Verlaufs der relativen Herzfrequenz (Tabelle 32). Im Kombinationsmodell, d. h. mit den Variablen *Alter und Zigaretten*, bestätigt sich der signifikante Einfluss des *Alters* (p = 0,016) und der *Zigaretten pro Tag* (p = 0,018) auf die Konstante. Die Devianz der Einzel- und Kombinationsmodelle ist kleiner als die des Nullmodells (p < 0,001). Absolut betrachtet besitzt das Einzelmodell Alter die kleinste Devianz und wird als Referenzmodell verwendet (vgl. Anlage G).

Tabelle 32: Prüfung der Voraussetzungen und Einzelmodelle für die relHF am Messtag B

Modell	Nullmodell	Modell mit Variable Zeit	Modelle mit Kontextvariablen			
			Alter	Zigaretten/Tag	BMI	Schlafdauer
Konstante	< 0,001**	< 0,001**	0,011*	0,010*	0,221	0,443
Anstieg	-	< 0,001**	0,210	0,585	0,526	0,800

* p < 0,05 ** p < 0,01

Der positive Koeffizient des Alters (β_{01}; vgl. Tabelle 31; 0 < t < 480) bedeutet, dass ein um 0,23 Jahre (= 2,79 Monate) höheres Alter die Konstante der Gesamtregressionsgeraden um 1 % bez. der relativen Herzfrequenz erhöht. Daraus resultiert eine höhere relative Herzfrequenz und somit Beanspruchung, je älter die Mitarbeiter sind. Die gebildete Regressionsgleichung für den Messtag entspricht Formel (13).

Durch Einsetzen der berechneten Konstanten und Koeffizienten (vgl. Tabelle 31) in die Regressionsgleichung kann für einen Montagemitarbeiter beliebigen Alters die relative Herzfrequenz für den Messtag B vom Arbeitsbeginn (Minute: 0) auf dem Arbeitsplatz Ausgleich über den Arbeitsplatzwechsel zum Arbeitsplatz Schwungscheibe bis zum Arbeitsende (Minute: 480) bestimmt werden (Abbildung 51).

Die Variable *Alter* hat einen signifikanten Einfluss auf die Konstante der Regressionsgleichung, der Anstieg der Regressionsgleichung wird vom *Alter* nicht signifikant beeinflusst, der Koeffizient des Alters (β_{01}; vgl. Tabelle 31; 0 < t < 480) ist positiv. Daraus ergibt sich für den gesamten Messtag vom Arbeitsplatz Ausgleich auf den Arbeitsplatz Schwungscheibe ein ansteigender Verlauf der relativen Herzfrequenz über der Zeit und über dem Alter.

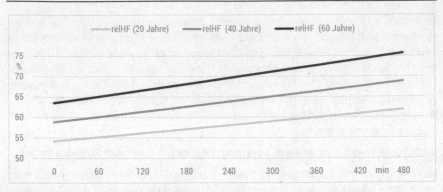

Abbildung 51: Verlauf der relHF über den Messtag B für Montagemitarbeiter unterschiedlichen Alters

Auf Grundlage der vorliegenden Daten werden Hypothese 3_2 und 3_3 angenommen, die Konstante und der Anstieg der relativen Herzfrequenz am Arbeitsplatz sind bei den älteren Mitarbeitern größer als bei den jüngeren Mitarbeitern.

4.3.2   Ergebnisse der objektiven Beanspruchung (PAQ) auf Arbeitsplatzebene

Die vorliegenden Ergebnisse beziehen sich auf die objektive Beanspruchung zum Parameter PAQ auf Arbeitsplatzebene. Dazu werden die altersgruppen- und altersverlaufsbezogene Auswertung mittels klassischer Analysemethoden und die schichtbezogene Auswertung mittels Mehrebenenanalyse für die Hypothesen 4_1 bis 4_3 aufgezeigt.

4.3.2.1   Altersgruppen- und altersverlaufsbezogene Auswertung des PAQ

Die **altersgruppen- und altersverlaufsbezogene Auswertung** referenziert auf die Hypothese 4_1.

Hypothese 4_1: Der Puls-Atem-Quotient der älteren Mitarbeiter ist am gleichen Arbeitsplatz und Zeitblock höher als der Puls-Atem-Quotient der jüngeren Mitarbeiter, d. h. es besteht ein positiver Zusammenhang zwischen Alter und Puls-Atem-Quotient.

Die **altersgruppenbezogene Auswertung** der Mittelwerte des PAQ im Minutenmittel am Arbeitsplatz erfolgte mittels *ANOVA* (Post-Hoc-Test: *Bonferroni-Post-Hoc-Test*). Die Voraussetzungen für die *ANOVA* lagen für folgende Blöcke nicht vor: Block 4 und Block 34 Tag A (keine Normalverteilung) sowie Blöcke 1, 2, 12, 3 und 1234 Tag A und 1, 2, 12, 1234 Tag B (keine Homogenität der Varianzen), sodass diese mit dem *Kruskal-Wallis-Test* (Post-Hoc-Test: *Paarweiser Vergleich*) ausgewertet wurden.

Die *ANOVA* zeigt signifikante Unterschiede zwischen den Altersgruppen, bis auf Block 4 Tag B, der mit p = 0,077 über der Signifikanzgrenze liegt (Tabelle 33). Der Post-Hoc-Test ergab für die Blöcke 3 und 34 Tag B signifikante Unterschiede zwischen *jung* und *mittel*. Unterschiede zwischen *jung* und *alt* sowie *mittel* und *alt* liegen in den Blöcken nicht vor (Tabelle 33).

Tabelle 33:   ANOVA und Bonferroni-Post-Hoc-Test für den PAQ am Arbeitsplatz

Zeitblock	Signifikanz nach ANOVA	Signifikanz zwischen den Gruppen (Bonferroni-Post-Hoc-Test)		
		jung und alt	jung und mittel	mittel und alt
Block 3 Tag B	0,023*	0,186	0,026*	0,644
Block 4 Tag B	0,077	0,213	0,129	1,000
Block 34 Tag B	0,029*	0,143	0,039*	0,998

$* p < 0,05 \ ** p < 0,01$

Der *Kruskal-Wallis-Test*, inklusive *Bonferroni-Korrektur* im Post-Hoc-Test (Tabelle 34), zeigt signifikante Unterschiede für alle Zeitblöcke, bis auf Block 1 Tag B ($p = 0,053$), der über der Signifikanzgrenze liegt und daher nicht von SPSS für den *Paarweisen Vergleich* berechnet werden kann.

Tabelle 34:   Kruskal-Wallis-Test und Paarweiser Vergleich für den PAQ am Arbeitsplatz

Zeitblock	Signifikanz nach Kruskal-Wallis-Test	Signifikanz zwischen den Gruppen (Paarweiser Vergleich)		
		jung und alt	jung und mittel	mittel und alt
Block 1 Tag A	0,011*	0,439	0,008**	0,181
Block 2 Tag A	0,004**	0,072	0,004**	0,504
Block 12 Tag A	0,006**	0,197	0,005**	0,272
Block 3 Tag A	0,003**	0,060	0,004**	1,000
Block 4 Tag A	0,016*	0,040*	0,052	1,000
Block 34 Tag A	0,003**	0,006**	0,034*	1,000
Block 1234 Tag A	0,004**	0,019*	0,012*	1,000
Block 1 Tag B	0,053	-	-	-
Block 2 Tag B	0,040*	0,209	0,051	1,000
Block 12 Tag B	0,022*	0,249	0,022*	0,567
Block 1234 Tag B	0,008**	0,115	0,009**	0,545

$* p < 0,05 \ ** p < 0,01$

Zwischen den Gruppen liegen im *Paarweisen Vergleich* signifikante Unterschiede vor: zwischen *jung* und *mittel* (bis auf Block 4 Tag A und Block 2 Tag B, die etwas über der Signifikanzgrenze liegen) und zwischen *jung* und *alt* in den Blöcken 4, 34 und 1234 Tag A. Andere Blöcke sowie die Gruppen *mittel* und *alt* weisen keine signifikanten Unterschiede auf. Insgesamt können mittels *ANOVA* bzw. *Kruskal-Wallis-Test* in 12 von 14 Zeitblöcken signifikante Unterschiede zwischen den Gruppen nachgewiesen werden. Die detaillierte Post-Hoc-Analyse (*Bonferroni-Post-Hoc-Test* bzw. *Paarweiser Vergleich*) ergab in 13 von 39 Zeitblöcken signifikante, hypothesenkonforme Unterschiede zwischen den Gruppen.

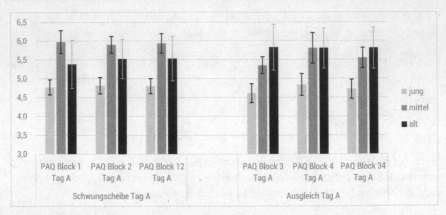

Abbildung 52: Mittelwerte des PAQ für den Messtag A in den Altersgruppen

Die grafische Analyse (Abbildung 52 und Abbildung 53) der Mittelwerte des PAQ in den Blöcken und am Arbeitsplatz zeigt, dass die Werte der jeweils älteren Mitarbeiter über denen der jüngeren liegen, wobei absolut betrachtet die mittlere Gruppe, bis auf den Arbeitsplatz Ausgleich Tag A, die höchsten Werte aufweist.

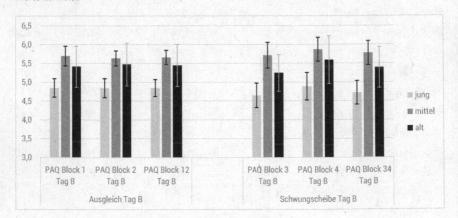

Abbildung 53: Mittelwerte des PAQ für den Messtag B in den Altersgruppen

Zur **altersverlaufsbezogenen Auswertung** wurde das Alter bivariat mit dem durchschnittlichen PAQ in allen Zeitblöcken und für alle Arbeitsplätze (Schwungscheibe, Ausgleich) korreliert (Tabelle 35). Die Korrelationen sind in allen betrachteten Zeitblöcken positiv und liegen im Bereich zwischen $r = 0,269$ ($p = 0,059$) und $r = 0,539$ ($p < 0,001$). Die Korrelationen sind bis auf Block 1 Tag A signifikant bzw. hoch signifikant, sodass ein mittlerer bis starker Zusammenhang zwischen Alter und PAQ besteht. Je höher das Alter der Probanden, umso höher ist der durchschnittliche PAQ an den Arbeitsplätzen mit erhöhtem und niedrigem Belastungsrisiko.

Tabelle 35: Korrelationen: Alter und PAQ am Messtag A (oben) und Messtag B (unten)

	Ø PAQ AP Schwung_ Ausgleich Block 1 Tag A	Ø PAQ AP Schwung_ Ausgleich Block 2 Tag A	Ø PAQ AP Schwung_ Ausgleich Block 12 Tag A	Ø PAQ AP Schwung_ Ausgleich Block 3 Tag A	Ø PAQ AP Schwung_ Ausgleich Block 4 Tag A	Ø PAQ AP Schwung_ Ausgleich Block 34 Tag A
Alter	0,269	0,363*	0,344*	0,539**	0,453**	0,514**
	Ø PAQ AP Ausgleich_ Schwung Block 1 Tag B	Ø PAQ AP Ausgleich_ Schwung Block 2 Tag B	Ø PAQ AP Ausgleich_ Schwung Block 12 Tag B	Ø PAQ AP Ausgleich_ Schwung Block 3 Tag B	Ø PAQ AP Ausgleich_ Schwung Block 4 Tag B	Ø PAQ AP Ausgleich_ Schwung Block 34 Tag B
Alter	0,301*	0,341*	0,330*	0,286*	0,331*	0,329*

* Die Korrelation ist auf dem Niveau von 0,05 signifikant. ** Die Korrelation ist auf dem Niveau von 0,01 signifikant.

Für die Betrachtung der Gesamtbelastung am Arbeitsplatz erfolgte eine Partialkorrelation mit den Kontrollvariablen (Tabelle 36). Unter Einbeziehung der beeinflussenden Parameter zeigt sich, dass der BMI neben dem Alter eine wichtige Rolle spielt. Durch den Einfluss des BMI wird der Zusammenhang zwischen Alter und PAQ geringer.

Die nicht in allen Zeitblöcken vorhandenen signifikanten Unterschiede der Mittelwerte des PAQ zwischen den einzelnen Gruppen sind möglicherweise auf die Charakteristik des PAQ zurückzuführen, der aufgrund seiner Kombination aus Herzfrequenz und Atemfrequenz eine geringere Schwankungsbreite hinsichtlich seines Wertebereiches aufweist, sodass sich die Mittelwerte der Gruppen einander annähern. Weiterhin besitzen beide Messparameter eine separate Streuung, die durch die Quotientenbildung zu einer Unschärfe des PAQ führen kann. Ein weiterer Aspekt ist die Aggregation der Daten auf einen Mittelwert, der, trotz Verlaufsunterschieden in der Entwicklung über der Zeit, in ähnlichen Werten resultieren kann.

Tabelle 36: Partialkorrelationen: Alter und PAQ am Messtag A (oben) und Messtag B (unten)

Kontrollvariable		Ø PAQ AP Schwung_ Ausgleich Block 1 Tag A	Ø PAQ AP Schwung_ Ausgleich Block 2 Tag A	Ø PAQ AP Schwung_ Ausgleich Block 12 Tag A	Ø PAQ AP Schwung_ Ausgleich Block 3 Tag A	Ø PAQ AP Schwung_ Ausgleich Block 4 Tag A	Ø PAQ AP Schwung_ Ausgleich Block 34 Tag A
BMI	Alter	0,083	0,195	0,143	0,321*	0,301*	0,326*
Zigaretten/Tag	Alter	0,223	0,371*	0,303*	0,542**	0,444**	0,520**
Schlafdauer	Alter	0,249	0,381*	0,321*	0,530**	0,432**	0,508**
Ø Temperatur	Alter	0,228	0,369*	0,303*	0,528**	0,437**	0,507**
Ø Lärm	Alter	0,262	0,411*	0,342*	0,525**	0,425**	0,499**
Motorstückzahl	Alter	0,235	0,370*	0,309*	0,527**	0,439**	0,507**

Kontrollvariable		Ø PAQ AP Ausgleich_ Schwung Block 1 Tag B	Ø PAQ AP Ausgleich_ Schwung Block 2 Tag B	Ø PAQ AP Ausgleich_ Schwung Block 12 Tag B	Ø PAQ AP Ausgleich_ Schwung Block 3 Tag B	Ø PAQ AP Ausgleich_ Schwung Block 4 Tag B	Ø PAQ AP Ausgleich_ Schwung Block 34 Tag B
BMI	Alter	0,129	0,219	0,183	0,162	0,263	0,227
Zigaretten/Tag	Alter	0,282	0,320*	0,309*	0,267	0,310*	0,310*
Schlafdauer	Alter	0,305*	0,360*	0,342*	0,309*	0,376*	0,363*
Ø Temperatur	Alter	0,313*	0,376*	0,354*	0,373*	0,410**	0,415**
Ø Lärm	Alter	0,337*	0,424**	0,392*	0,415**	0,423**	0,446**
Motorstückzahl	Alter	0,293*	0,344*	0,327*	0,271	0,322*	0,312*

* Die Korrelation ist auf dem Niveau von 0,05 signifikant. ** Die Korrelation ist auf dem Niveau von 0,01 signifikant.

Durch die grafische Analyse (vgl. Abbildung 52 und Abbildung 53) ist ersichtlich, dass die Mittelwerte der Gruppen *mittel* und *alt* deutlich über denen der Gruppe *jung* liegen und besonders die älteren Gruppen oberhalb des Idealwertes von 4,0 sind. Demzufolge liegen die PAQ-Werte der älteren (*mittel* vs. *jung*; *alt* vs. *jung*) jeweils höher. Die absolut geringeren Werte der Gruppe *alt* im Vergleich zur Gruppe *mittel* sind möglicherweise auf den Healthy-Worker-Effekt zurückzuführen. Auffällig in der grafischen Analyse ist die, im Gegensatz zu den beiden jüngeren Gruppen, starke Streuung der Mittelwerte des PAQ in der Gruppe *alt*. Diese scheint ein Indiz für die Varianz der Fähigkeitsänderungen im Alter zu sein. Die altersverlaufsbezogene Auswertung, bei der alle Werte einzeln und nicht die Aggregation der Daten betrachtet wird, zeigt hypothesenkonforme Ergebnisse.

Auf Grundlage der vorliegenden Daten wird die Hypothese 4_1 insgesamt angenommen. Der Nachweis des positiven Zusammenhangs zwischen Alter und PAQ am Arbeitsplatz wurde erbracht.

4.3.2.2 Schichtverlaufsbezogene Auswertung des PAQ

Die **schichtverlaufsbezogene Auswertung** referenziert auf die Hypothesen 4_2 und 4_3:

Hypothese 4_2: Die Konstante des linearen Verlaufs des Puls-Atem-Quotienten der älteren Mitarbeiter am gleichen Arbeitsplatz und Zeitblock ist größer als die Konstante des linearen Verlaufs des Puls-Atem-Quotienten der jüngeren Mitarbeiter.

Hypothese 4_3: Der Anstieg des linearen Verlaufs des Puls-Atem-Quotienten der älteren Mitarbeiter am gleichen Arbeitsplatz und Zeitblock ist größer als der Anstieg des linearen Verlaufs des Puls-Atem-Quotienten der jüngeren Mitarbeiter.

Die **schichtverlaufsbezogene Auswertung** für Konstante und Anstieg des linearen Verlaufs des PAQ am Arbeitsplatz erfolgte analog zur Auswertung der relativen Herzfrequenz. Dazu wurden für den PAQ die Voraussetzungen der Mehrebenenmodellierung geprüft, anschließend die Kontextvariablen in Einzelmodellen berechnet und bei Bedarf in Kombinationsmodelle überführt. Die Kontextvariablen auf Arbeitsplatzebene sind *Alter*, *Zigaretten pro Tag*, *BMI* und *Schlafdauer am Messtag*. Da die Werte des PAQ nicht normalverteilt sind, werden die Ergebnisse mit robusten Standardfehlern angegeben. Die altersgruppenbezogene Auswertung (vgl. Abbildung 52 und Abbildung 53) zeigt, dass innerhalb der Gruppen und zwischen den Blöcken 1, 2 und 3, 4 die Belastungswirkung jeweils stärker ausgeprägt ist als die Erholungswirkung der Pausen. In den Blöcken, in denen ein geringer Abfall des PAQ zu verzeichnen ist (zwischen Block 1, 2 Tag A (Gruppe mittel), Block 3, 4 Tag A (Gruppe alt) und Block 1, 2 Tag B (Gruppe mittel und alt)), liegen nach Test einer *ANOVA mit Messwiederholung* keine signifikanten Unterschiede vor (vgl. Anlage G). Aus diesem Grund wird auf die Darstellung der einzelnen Zeitblöcke verzichtet und die Ergebnisse für den Arbeitsplatz Schwungscheibe (d. h. **Block 12 Tag A** und **Block 34 Tag B**) und für die **Messtage A** und **B** zusammengefasst dargestellt.

Ergebnisse Block 12 Tag A (= Arbeitsplatz Schwungscheibe):

Die Variable *Alter* hat einen signifikanten Einfluss auf die Konstante des Verlaufs des PAQ am Arbeitsplatz Schwungscheibe (Tabelle 37). Der Koeffizient für den Einfluss des *Alters* (β_{01}) ist positiv. Die Devianz des Modells Alter ist kleiner als die des Nullmodells (p < 0,001) und wird als Referenzmodell ausgewählt.

Tabelle 37: Prüfung der Voraussetzungen und Einzelmodelle für PAQ im Block 12 Tag A

Modell	Nullmodell	Modell mit Variable Zeit	Modelle mit Kontextvariablen			
			Alter	Zigaretten/Tag	BMI	Schlafdauer
Konstante	< 0,001**	< 0,001**	0,034*	0,642	0,086	0,293
Anstieg	-	< 0,001**	0,064	0,453	0,282	0,347

* p < 0,05 ** p < 0,01

Für den Arbeitsplatz Schwungscheibe ergibt sich als Regressionsgleichung die Formel (14):

$$PAQ_{ti} = \beta_{00} + \beta_{01} * AGE_i + \beta_{10} * ZEIT_{ti} + \beta_{11} * AGE_i * ZEIT_{ti} \qquad (14)$$

Durch Einsetzen der berechneten Konstanten und Koeffizienten (Tabelle 38) in die Regressionsgleichung kann der PAQ für einen Montagemitarbeiter beliebigen *Alters* für den Arbeitsplatz Schwungscheibe vom Arbeitsbeginn (Minute: 0) bis zum Arbeitsplatzwechsel (Minute: 240) berechnet werden.

Tabelle 38: Konstanten und Koeffizienten für die Regressionsgleichung des PAQ für die Arbeitsplätze Schwungscheibe, Ausgleich und Messtag A

Modell	Bereich	t in min	Konstanten und Koeffizienten			
			β_{00}	β_{01}	β_{10}	β_{11}
Alter	AP Schwungscheibe	0 < t < 240	5,331385	0,027689	0,000497	0,000061
Alter	AP Ausgleich	250 < t < 480	5,352397	0,041437	0,000537	-0,000084
Alter	AP Schwung_Ausgleich	0 < t < 480	5,325368	0,033606	0,000227	0,000045

Für die Variable *Alter* zeigt sich ein signifikanter Einfluss auf die Konstante der Regressionsgleichung, der Anstieg wird vom Alter nicht signifikant beeinflusst. Durch den positiven Koeffizienten (β_{01}; Tabelle 38; $0 < t < 240$) resultiert ein ansteigender Verlauf des PAQ über der Zeit und über dem Alter für den Arbeitsplatz Schwungscheibe (Abbildung 54). Die Werte des PAQ liegen insgesamt über dem Idealwert von 4, wobei die Werte des PAQ der älteren Mitarbeiter stärker ansteigen als die der jüngeren Mitarbeiter.

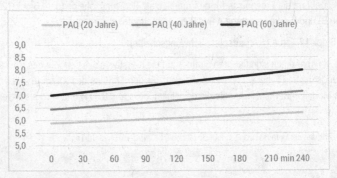

Abbildung 54:   Verlauf des PAQ am Arbeitsplatz Schwungscheibe Block 12 Tag A für Montagemitarbeiter
               unterschiedlichen Alters

Ergebnisse Messtag A (= Wechsel vom Arbeitsplatz Schwungscheibe zum Arbeitsplatz Ausgleich):

Die Variablen *Alter* und *BMI* haben am Messtag A einen signifikanten Einfluss auf die Konstante des Verlaufs des PAQ (Tabelle 39). Da die Devianz der Einzelmodelle absolut betrachtet kleiner ist, wird das Modell Alter als Referenzmodell gewählt (vgl. Anlage G). Die Regressionsgleichung für den Messtag A entspricht Formel (14).

Tabelle 39:   Prüfung der Voraussetzungen und Einzelmodelle für PAQ am Messtag A

Modell	Nullmodell	Modell mit Variable Zeit	Modelle mit Kontextvariablen			
			Alter	Zigaretten/Tag	BMI	Schlafdauer
Konstante	< 0,001**	0,001**	0,002**	0,819	0,006**	0,684
Anstieg	-	0,001	0,310	0,589	0,628	0,598

* p < 0,05 ** p < 0,01

Durch Einsetzen der berechneten Konstanten und Koeffizienten (vgl. Tabelle 38) in die Regressionsgleichung kann für einen Montagemitarbeiter beliebigen Alters der PAQ für den Messtag A vom Arbeitsbeginn (Minute: 0) über den Arbeitsplatzwechsel bis zum Arbeitsende (Minute: 480) bestimmt werden (Abbildung 55).

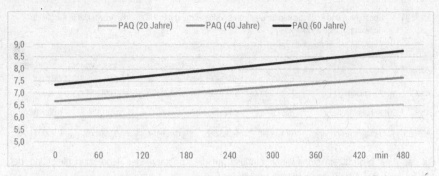

Abbildung 55: Verlauf des PAQ über den Messtag A für Montagemitarbeiter unterschiedlichen Alters

Die Variable *Alter* hat einen signifikanten Einfluss auf die Konstante der Regressionsgleichung. Der Anstieg wird vom *Alter* nicht signifikant beeinflusst, der Koeffizient des Alters (β_{01}; vgl. Tabelle 38; $0 < t < 480$) ist positiv. Daraus ergibt sich ein ansteigender Verlauf des PAQ über der Zeit und über dem Alter. Die Werte des PAQ liegen über den gesamten Messtag A hinweg über dem Idealwert von 4 und steigen trotz des Wechsels auf den Ausgleichsarbeitsplatz weiter an. Je älter die Mitarbeiter sind, desto stärker steigt der PAQ an.

Ergebnisse Block 34 Tag B (= Arbeitsplatz Schwungscheibe):

Die Variable *Alter* hat am Arbeitsplatz Schwungscheibe am Messtag B einen signifikanten Einfluss auf die Konstante des Verlaufs des PAQ (Tabelle 40), sodass dieses Modell als Referenzmodell verwendet wird. Die Regressionsgleichung für den Arbeitsplatz Ausgleich entspricht Formel (14).

Tabelle 40: Prüfung der Voraussetzungen und Einzelmodelle für PAQ im Block 34 Tag B

Modell	Nullmodell	Modell mit Variable Zeit	Modelle mit Kontextvariablen			
			Alter	Zigaretten/Tag	BMI	Schlafdauer
Konstante	< 0,001**	< 0,001**	0,044*	0,130	0,247	0,606
Anstieg	-	< 0,001**	0,067	0,963	0,771	0,492

* $p < 0,05$ ** $p < 0,01$

Durch Einsetzen der berechneten Konstanten und Koeffizienten (Tabelle 41) in die Regressionsgleichung kann für einen Montagemitarbeiter beliebigen *Alters* der PAQ für den Arbeitsplatz Schwungscheibe vom Arbeitsplatzwechsel (Minute: 250) bis zum Arbeitsende (Minute: 480) bestimmt werden (Abbildung 56).

Tabelle 41:   Konstanten und Koeffizienten für die Regressionsgleichung des PAQ für die Arbeitsplätze Ausgleich, Schwungscheibe und Messtag B

Modell	Bereich	t in min	Konstanten und Koeffizienten			
			β_{00}	β_{01}	β_{10}	β_{11}
Alter	AP Ausgleich	0 < t < 240	5,289345	0,024606	-0,000354	0,000039
Alter	AP Schwungscheibe	250 < t < 480	5,199772	0,029011	0,001372	0,000104
Alter	AP Ausgleich_Schwung	0 < t < 480	5,263272	0,028417	-0,000176	0,000031

Für das *Alter* besteht ein signifikanter Einfluss auf die Konstante der Regressionsgleichung, der Anstieg wird vom *Alter* nicht signifikant beeinflusst.

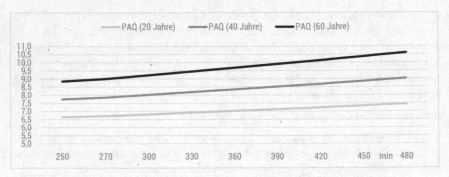

Abbildung 56:   Verlauf des PAQ am Arbeitsplatz Schwungscheibe Block 34 Tag B für Montagemitarbeiter unterschiedlichen Alters

Der Vergleich der Abbildungen zum Verlauf des PAQ über der Schicht zeigt, dass durch den Arbeitsplatz Schwungscheibe mit dem erhöhten Belastungsrisiko ein sehr starker Anstieg des PAQ über dem Alter und der Zeit festzustellen ist. Dabei steigt wiederum der PAQ der älteren Mitarbeiter stärker an als bei den jüngeren Mitarbeitern.

Ergebnisse Messtag B (= Wechsel vom Arbeitsplatz Ausgleich zum Arbeitsplatz Schwungscheibe):

Die Variable *Alter* hat am Arbeitsplatz Schwungscheibe am Messtag B einen signifikanten Einfluss auf die Konstante des Verlaufs des PAQ (Tabelle 42), sodass dieses als Referenzmodell verwendet wird.

Tabelle 42:   Prüfung der Voraussetzungen und Einzelmodelle für PAQ am Messtag B

Modell	Nullmodell	Modell mit Variable Zeit	Modelle mit Kontextvariablen			
			Alter	Zigaretten/Tag	BMI	Schlafdauer
Konstante	< 0,001**	0,001**	0,032*	0,111	0,098	0,481
Anstieg	-	0,001**	0,430	0,877	0,971	0,945

* p < 0,05 ** p < 0,01

Die Regressionsgleichung für den Arbeitsplatz Ausgleich entspricht Formel (14). Durch Einsetzen der berechneten Konstanten und Koeffizienten (vgl. Tabelle 41) in die Regressionsgleichung kann für einen Montagemitarbeiter beliebigen Alters der PAQ für den Messtag B vom Arbeitsbeginn (Minute: 0) auf dem Arbeitsplatz Ausgleich über den Arbeitsplatzwechsel zum Arbeitsplatz Schwungscheibe bis zum Arbeitsende (Minute: 480) bestimmt werden.

Die Variable *Alter* hat einen signifikanten Einfluss auf die Konstante der Regressionsgleichung, der Anstieg wird vom *Alter* nicht signifikant beeinflusst, der Alterskoeffizient (β_{01}; vgl. Tabelle 41; $0 < t < 480$) ist positiv. Daraus resultiert für den gesamten Messtag vom Arbeitsplatz Ausgleich auf den Arbeitsplatz Schwungscheibe ein ansteigender Verlauf des PAQ über der Zeit und über dem Alter (Abbildung 57), wobei der PAQ der älteren Mitarbeiter stärker ansteigt als bei den jüngeren Mitarbeitern.

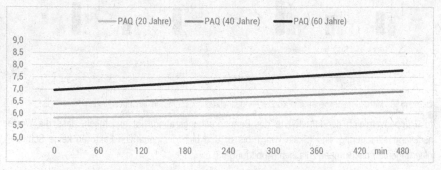

Abbildung 57: Verlauf des PAQ über den Messtag B für Montagemitarbeiter unterschiedlichen Alters

Auf Grundlage der vorliegenden Daten werden Hypothese 4_2 und 4_3 angenommen, die Konstante und der Anstieg des PAQ am Arbeitsplatz sind bei den älteren Mitarbeitern größer als bei den jüngeren Mitarbeitern.

4.3.3 Ergebnisse der subjektiven Beanspruchung auf Arbeitsplatzebene

Die nachfolgenden Ergebnisse beziehen sich auf die subjektive Beanspruchung auf Arbeitsplatzebene. Dazu werden die altersgruppen- und altersverlaufsbezogene Auswertung mittels klassischer Analysemethoden für die Hypothesen 5_1 und 5_2 vorgestellt.

4.3.3.1 Altersgruppen- und altersverlaufsbezogene Auswertung der subjektiven psychischen Beanspruchung

Die **altersgruppen- und altersverlaufsbezogene Auswertung** referenziert auf die Hypothese 5_1. für die subjektive psychische Beanspruchung

Hypothese 5_1: Die subjektiv erlebte psychische Beanspruchung der Beanspruchungsratings wird von den älteren Mitarbeitern am Arbeitsplatz mit hohem Belastungsrisiko stärker als bei den jüngeren Mitarbeitern wahrgenommen, d. h. es besteht ein positiver Zusammenhang zwischen Alter und der subjektiv erlebten psychischen Beanspruchung.

Für die **altersgruppenbezogene Auswertung** der subjektiven psychischen Beanspruchung wurden die Mittelwerte der Beanspruchungsratings für die negativen Faktoren *Psychische Ermüdung* (Items: müde, unkonzentriert, erschöpft), *Sättigung/Stress* (Items: unsicher, verärgert, gereizt) und *Monotonie* (Items: unterfordert, gelangweilt) für den Arbeitsplatz Schwungscheibe mittels *ANOVA* bzw. *Kruskal-Wallis-Test* analysiert. Es zeigten sich keine Unterschiede zwischen den Gruppen (vgl. Anlage G).

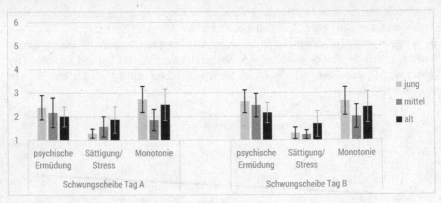

Abbildung 58: Mittelwerte der negativen Faktoren der Beanspruchungsratings in den Altersgruppen

Im Gruppenvergleich der Mittelwerte der Beanspruchungsratings ist ersichtlich, dass die Werte insgesamt sehr gering sind (Skala von 1 bis 6) und bez. der negativen Faktoren keine Schlussfolgerungen für die Gruppen zulassen (Abbildung 58).

Die **altersverlaufsbezogene Auswertung** der Beanspruchungsratings zum subjektiven Erleben der psychischen Beanspruchung erfolgte am Schwungscheibenarbeitsplatz anhand der negativen Faktoren *Psychische Ermüdung* (Items: müde, unkonzentriert, erschöpft), *Sättigung/Stress* (Items: unsicher, verärgert, gereizt) und *Monotonie* (Items: unterfordert, gelangweilt). Bei der bivariaten Korrelation zwischen Alter und den negativen Faktoren nach der jeweiligen Arbeitstätigkeit zeigten sich die in Tabelle 43 dargestellten Ergebnisse.

Tabelle 43: Bivariate Korrelationen zwischen Alter und der subjektiv erlebten psychischen Beanspruchung am Arbeitsplatz Schwungscheibe

	Psychische Ermüdung Tag A	Sättigung/ Stress Tag A	Monotonie Tag A	Psychische Ermüdung Tag B	Sättigung/ Stress Tag B	Monotonie Tag B
Alter	-0,136	0,329*	-0,123	-0,223	0,229	-0,162

* Die Korrelation ist auf dem Niveau von 0,05 signifikant. ** Die Korrelation ist auf dem Niveau von 0,01 signifikant.

Der vermutete positive Zusammenhang zwischen Alter und dem subjektiven Erleben zeigt sich lediglich im Bereich *Sättigung/Stress* mit einer mittleren Korrelation für beide Messtage. Auf Grundlage der vorliegenden Daten wird die Hypothese 5_1 abgelehnt.

4.3.3.2 Altersgruppen- und altersverlaufsbezogene Auswertung der subjektiven physischen Beanspruchung

Die **altersgruppen- und altersverlaufsbezogene Auswertung** für die subjektive physische Beanspruchung referenziert auf die Hypothese 5_2.

Hypothese 5_2: Die subjektiv erlebte physische Beanspruchung des NASA-TLX wird von den älteren Mitarbeitern am Arbeitsplatz mit hohem Belastungsrisiko stärker als bei den jüngeren Mitarbeitern wahrgenommen, d. h. es besteht ein positiver Zusammenhang zwischen Alter und der subjektiv erlebten physischen Beanspruchung.

Für die **altersgruppenbezogene Auswertung** der subjektiven physischen Beanspruchung wurden die Mittelwerte der physischen Items des NASA-TLX, d. h. *körperliche Anforderung, Leistung* und *Anstrengung,* für den Arbeitsplatz Schwungscheibe analysiert. Es zeigten sich für *ANOVA* bzw. *Kruskal-Wallis-Test* keine Unterschiede zwischen den Gruppen. Im Gruppenvergleich der Mittelwerte der Beanspruchungsratings ist ersichtlich, dass die *körperliche Anforderung* und *Anstrengung* von der mittleren Gruppe am stärksten eingeschätzt wird (Abbildung 59).

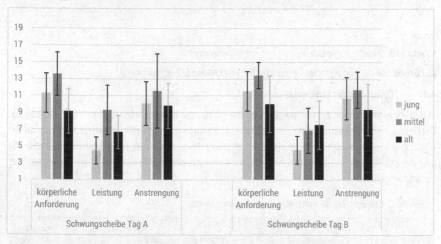

Abbildung 59: Mittelwerte der physischen Beanspruchung des NASA-TLX in den Altersgruppen

Für die **altersverlaufsbezogene Auswertung** der Beanspruchungsratings zum subjektiven Erleben der physischen Beanspruchung wurden die Items *körperliche Anforderung, Leistung* und *Anstrengung* des NASA-TLX für den Arbeitsplatz Schwungscheibe mit dem Alter bivariat korreliert. Lediglich die Einschätzung der eigenen Leistung am zweiten Messtag zeigt eine geringe positive Korrelation mit dem Alter, bei den anderen Parametern liegt bez. der Daten kein Zusammenhang vor (Tabelle 44).

Tabelle 44:   Bivariate Korrelationen zwischen Alter und der subjektiv erlebten physischen Beanspruchung am
                Arbeitsplatz Schwungscheibe

	Körperliche Anforderung Tag A	Leistung Tag A	Anstrengung Tag A	körperliche Anforderung Tag B	Leistung Tag B	Anstrengung Tag B
Alter	-0,094	0,099	0,006	-0,016	0,233	-0,034

* Die Korrelation ist auf dem Niveau von 0,05 signifikant. ** Die Korrelation ist auf dem Niveau von 0,01 signifikant.

Auf die Frage: „Welchen der beiden Arbeitsplätze empfinden Sie als anstrengender?" gaben 22
Probanden (62,9 %) den Schwungscheibenarbeitsplatz, 10 Probanden (28,6 %) den Ausgleichsarbeitsplatz an, *kein Unterschied* nannten 3 Probanden (8,6 %) (Abbildung 60).

Abbildung 60: Subjektiver Vergleich der Untersuchungsarbeitsplätze

Auf Grundlage der vorliegenden Daten wird die Hypothese 5_2 abgelehnt.

4.4   Diskussion der Ergebnisse

In den vorangegangenen Abschnitten wurden die Ergebnisse der quasiexperimentellen Feldstudie zur
Untersuchung der Beanspruchung von Montagemitarbeitern unterschiedlichen Alters in Bezug auf die
allgemeinen Daten sowie auf Prozess- und Arbeitsplatzebene vorgestellt. In der Übersicht (Tabelle 45)
sind die Hypothesen und die Entscheidung über Annahme oder Ablehnung auf Basis der Ergebnisse
zusammengefasst.

Tabelle 45:   Übersicht über die Hypothesen der empirischen Studie

Nr.	Hypothese	Annahme/ Ablehnung
1_1	Die relative Herzfrequenz der älteren Mitarbeiter ist im gleichen Arbeitsprozess und Zeitblock höher als die relative Herzfrequenz der jüngeren Mitarbeiter, d. h. es besteht ein positiver Zusammenhang zwischen Alter und relativer Herzfrequenz.	Annahme
1_2	Die Konstante des linearen Verlaufs der relativen Herzfrequenz der älteren Mitarbeiter im gleichen Arbeitsprozess und Zeitblock ist größer als die Konstante des linearen Verlaufs der relativen Herzfrequenz der jüngeren Mitarbeiter.	Annahme
1_3	Der Anstieg des linearen Verlaufs der relativen Herzfrequenz der älteren Mitarbeiter im gleichen Arbeitsprozess und Zeitblock ist größer als der Anstieg des linearen Verlaufs der relativen Herzfrequenz der jüngeren Mitarbeiter.	Annahme
2	Die Montagezeiten der älteren Mitarbeiter sind im gleichen Arbeitsprozess und Zeitblock größer als die Montagezeiten der jüngeren Mitarbeiter, d. h. es besteht ein positiver Zusammenhang zwischen Alter und Montagezeit.	Ablehnung

3_1	Die relative Herzfrequenz der älteren Mitarbeiter ist am gleichen Arbeitsplatz und Zeitblock höher als die relative Herzfrequenz der jüngeren Mitarbeiter, d. h. es besteht ein positiver Zusammenhang zwischen Alter und relativer Herzfrequenz.	Annahme
3_2	Die Konstante des linearen Verlaufs der relativen Herzfrequenz der älteren Mitarbeiter am gleichen Arbeitsplatz und Zeitblock ist größer als die Konstante des linearen Verlaufs der relativen Herzfrequenz der jüngeren Mitarbeiter.	Annahme
3_3	Der Anstieg des linearen Verlaufs der relativen Herzfrequenz der älteren Mitarbeiter am gleichen Arbeitsplatz und Zeitblock ist größer als der Anstieg des linearen Verlaufs der relativen Herzfrequenz der jüngeren Mitarbeiter.	Annahme
4_1	Der Puls-Atem-Quotient der älteren Mitarbeiter ist am gleichen Arbeitsplatz und Zeitblock höher als der Puls-Atem-Quotient der jüngeren Mitarbeiter, d. h. es besteht ein positiver Zusammenhang zwischen Alter und Puls-Atem-Quotient.	Annahme
4_2	Die Konstante des linearen Verlaufs des Puls-Atem-Quotienten der älteren Mitarbeiter am gleichen Arbeitsplatz und Zeitblock ist größer als die Konstante des linearen Verlaufs des Puls-Atem-Quotienten der jüngeren Mitarbeiter.	Annahme
4_3	Der Anstieg des linearen Verlaufs des Puls-Atem-Quotienten der älteren Mitarbeiter am gleichen Arbeitsplatz und Zeitblock ist größer als der Anstieg des linearen Verlaufs des Puls-Atem-Quotienten der jüngeren Mitarbeiter	Annahme
5_1	Die subjektiv erlebte psychische Beanspruchung der Beanspruchungsratings wird von den älteren Mitarbeitern am Arbeitsplatz mit hohem Belastungsrisiko stärker als bei den jüngeren Mitarbeitern wahrgenommen, d. h. es besteht ein positiver Zusammenhang zwischen Alter und der subjektiv erlebten psychischen Beanspruchung.	Ablehnung
5_2	Die subjektiv erlebte physische Beanspruchung des NASA-TLX wird von den älteren Mitarbeitern am Arbeitsplatz mit hohem Belastungsrisiko stärker als bei den jüngeren Mitarbeitern wahrgenommen, d. h. es besteht ein positiver Zusammenhang zwischen Alter und der subjektiv erlebten physischen Beanspruchung.	Ablehnung

Die durchgeführte Studie wird im Folgenden hinsichtlich des methodischen Vorgehens (vgl. Abschnitt 4.4.1) sowie der Ergebnisse der allgemeinen Daten (vgl. Abschnitt 4.4:2) und der Ergebnisse der Beanspruchung (vgl. Abschnitte 4.4.3 bis 4.4.5) kritisch reflektiert.

4.4.1 Diskussion des methodischen Vorgehens

Die Auseinandersetzung mit dem methodischen Vorgehen bezieht sich zum einen auf das **Versuchsdesign** und zum anderen auf die **Auswertung der Daten**.

Das **Versuchsdesign** mit der Durchführung der Studie als **quasiexperimentelle Feldstudie** ermöglicht die Ableitung von praxisrelevanten Empfehlungen und die Generalisierbarkeit der Ergebnisse, d. h. die Übertragbarkeit auf „andere Orte, Zeiten, Wirkvariablen, Treatmentbedingungen oder Personen" und besitzt somit eine hohe externe Validität (Döring & Bortz, 2016). Andererseits finden bei einer Feldstudie im natürlichen Umfeld Datenerhebungen und Beobachtungen statt, sodass die Genauigkeit der Kontrolle eingeschränkt ist, da die Bedingungen im Feld nicht vorgegeben werden können, sondern vorgefunden werden (Bergius, 2013). Weiterhin kann die unabhängige Variable (hier: Alter) in einem Quasiexperiment nicht variiert werden, um die Wirkung auf die abhängige Variable (hier: Parameter der Beanspruchung) zu untersuchen, da es sich um eine Personenvariable handelt (Bortz & Döring, 2006).

Die **Stichprobe** mit N=35 Probanden muss hinsichtlich ihrer Größe kritisch betrachtet werden. Da zur Reduktion von Störgrößen und weiterer Einflussfaktoren besondere Anforderungen an die Probanden bestanden (z. B. Geschlecht, Einsetzbarkeit an Untersuchungsarbeitsplätzen) und eine freiwillige Teilnahme erfolgte, war der erreichbare Probandenpool eingeschränkt. Mit einer Teilnahmequote von 63,6 % wurde dennoch eine erfolgreiche Akquise erreicht.

Einen Ausgleich zur Probandenanzahl bildet die Generierung eines sehr umfangreichen Satzes an Messdaten. Dieser konnte durch die sekundengenaue und durchgehende Messung von objektiven **Beanspruchungs-Beurteilungsparametern (Herzfrequenz, Atemfrequenz;** vgl. Bullinger (1994)) über die Dauer der gesamten Frühschicht an zwei Messtagen pro Proband erzeugt werden. Die Erfassung von Videodaten über ein definiertes Zeitaufnahmeschema lieferte weiterhin einen umfangreichen Datenpool für eine **Leistungsanalyse.** Ergänzt wurden diese Methoden durch studienbegleitende Fragebögen für die Erfassung von Kontrollgrößen (MCTQ, WAI) und messtagbezogene Fragebögen zur subjektiven Beanspruchung (Beanspruchungsratings, NASA-TLX). Der **MCTQ** ist ein etablierter Fragebogen zur Ermittlung des Chronotyps und daraus abgeleiteter Parameter (z. B. Social Jetlag) (Roenneberg et al., 2007; Juda et al., 2006; Kantermann et al., 2007). Er kommt u. a. bei Untersuchungen rhythmologischer Einflüsse in Verbindung mit Schichtarbeit zum Einsatz (Juda et al., 2013; Wittmann et al., 2006; Martino et al., 2014). Für die Studie bildete der Chronotyp eine wichtige Kontrollgröße, da er z. B. Einfluss auf Herzfrequenz, PAQ und die Leistung hat (Hildebrandt, 1976a; Sammito et al., 2014; Schlick et al., 2010). Einen etablierten Fragebogen zur Ermittlung der Arbeitsfähigkeit, stellt der **WAI** dar, der eine solide Referenzdatenbasis aufweist (Hess-Gräfenberg, 2004; Dombrowski & Evers, 2014; Tempel, 2003). Er wurde in vergleichbaren Studien, auch in Kombination mit dem MCTQ eingesetzt (Frieling & Kotzab, 2014; Oberlinner et al., 2016; Schlick et al., 2010). Als messtagbegleitende Fragebögen wurden die Beanspruchungsratings und der NASA-TLX eingesetzt.

Die **Beanspruchungsratings** basieren auf der EZ-Skala von Nitzsch (1976) und ermöglichen eine Befindensdiagnostik bei der Maschinenbedienung und weiteren Arbeitsformen (Kellmann & Golenia, 2003; Schlick et al., 2010; Richter et al., 2002). Der **NASA-TLX** zur Erfassung der subjektiven Beanspruchung (Hart & Staveland, 1988) ist bei arbeitswissenschaftlichen Fragestellungen verbreitet (Dorrian et al., 2011; Noyes & Bruneau, 2007; Pickup et al., 2005). Die Beanspruchungsratings bzw. deren Vorgänger, die EZ-Skala, und der NASA-TLX wurden bereits gemeinsam in Studien eingesetzt (Landau et al., 2003; Landau et al., 2006; Hellwig et al., 2012). Hinsichtlich der Fragebögen zur Ermittlung der subjektiven Beanspruchung ist kritisch anzumerken, dass diese im Vergleich zur objektiven Beanspruchungsmessung lediglich zu drei Messzeitpunkten (vor, während und nach der Schicht) mit einem Abstand von ca. 4 Stunden eingesetzt wurden. In der Literatur finden sich zum Einsatz unterschiedliche Orientierungswerte. Der Einsatz der Beanspruchungsratings erfolgte in Studien zwischen 1-stündig bis 4-stündig bzw. vor und nach der Belastungswirkung (Kobiela, 2010; Korunka, 2012; Richter et al., 2002). In der Abwägung zwischen Datengenerierung und Eingriff in die zu untersuchenden Prozessabläufe am Arbeitsplatz, erfolgte der Einsatz der Fragebögen in der Studie vor und nach der Belastungseinwirkung.

Insgesamt konnte durch die Erfassung und Auswertung objektiver und subjektiver Beanspruchungsdaten sowie weiterer Parameter, wie bei Sammito et al. (2014) empfohlen, ein detailliertes Bild der Beanspruchung von Montagemitarbeitern unterschiedlichen Alters geschaffen werden.

In Bezug auf die **Auswertung der Daten**, die **altersgruppen- und altersverlaufsbezogen** über klassische Analysemethoden und **schichtverlaufsbezogen** über die Mehrebenenanalyse erfolgte, kann hinsichtlich der Wertigkeit und Aussagekraft der Ergebnisse folgendes festgestellt werden.

Die **altersgruppenbezogene** Analyse der Daten, d. h. Untersuchung auf Mittelwertunterschiede der Altersgruppen mit *ANOVA* bzw. *Kruskal-Wallis-Test* sowie den anschließenden Post-Hoc-Tests muss im Vergleich zu den anderen Analyseschwerpunkten eine eher untergeordnete Wertigkeit ausgesprochen werden. Begründet ist dies in der Einteilung der Altersgruppen, der Aggregation der Daten innerhalb der jeweiligen Altersgruppen und in der Aggregation der Daten innerhalb der Zeitblöcke. Einen großen Einfluss auf die Ergebnisse hat die Einteilung von Altersgruppen, sowohl hinsichtlich der Anzahl der Gruppen (z. B. 2: *jung* und *alt*; 3: *jung*, *mittel*, *alt* oder weitere) als auch in Bezug auf die entsprechenden Altersgrenzen der einzelnen Gruppen. In der vorliegenden Studie entfiel aufgrund der Probandenzahl von 35 die Möglichkeit einer starken Differenzierung über vier Altersgruppen und eine Einteilung in zwei Gruppen wäre zu global gewesen. Die Einteilung in drei Altersgruppen (*jung*, *mittel* und *alt*) resultierte zum einen aus der Definition älterer Arbeitnehmer, die ab 45 Jahren (Brandenburg & Domschke, 2007; Ilmarinen, 2001; Landau & Pressel, 2009) vorgenommen wird und somit die Untergrenze der Gruppe *alt* markierte. Zum anderen lagen in der Stichprobe „natürliche" Lücken vor, die somit zu einer praktischen Aufteilung in drei Altersgruppen mündeten. Die Aggregation der Daten auf Mittelwerte innerhalb der Altersgruppen und innerhalb betrachteter Zeiten führt weiterhin dazu, dass wichtige Informationen, wie z. B. Veränderungen der Daten im Altersgang oder innerhalb von Zeiträumen, unberücksichtigt bleiben. Die aggregierten Daten können demzufolge zu Ergebnissen führen, welche die Realität nur unzureichend wiedergeben und schlussendlich in Fehlinterpretationen münden.

Die **altersverlaufsbezogene** Auswertung der vorliegenden Daten über Korrelationen bzw. unter Beachtung von weiteren Einflussgrößen mittels Partialkorrelation reduziert die Aggregation der Daten hinsichtlich der Altersgruppen, da das Alter in diesem Fall kontinuierlich an den Daten gespiegelt wird und Zusammenhänge gefunden werden können. Sind im Probandenkollektiv mehrere Probanden gleichen Alters vorhanden, werden die Werte bei der Korrelation dem Alter zugeordnet und entsprechend interpretiert, eine Trennung nach Personen erfolgt nicht. Die angewendeten klassischen Analysemethoden haben ohne Frage ihre Berechtigung, weisen aber in Bezug auf die Aggregation der Daten und Folgen für die Interpretation Schwächen auf, die zu berücksichtigen sind.

Eine komplexere Analysemethode, welche nicht mit den genannten Schwächen der klassischen Analysemethoden behaftet ist und eine weitaus differenziertere Auswertung ermöglicht, stellt die Mehrebenenanalyse dar, die für die **schichtverlaufsbezogene** Analyse eingesetzt wurde (Langer, 2009; Hofmann, 1997; Nezlek et al., 2006). Sie ermöglicht die Einbeziehung von Zusammenhängen der Daten (z. B. Abhängigkeit im Zeitverlauf, Zuordnung zu Probanden) und darüber hinaus die Untersuchung von

weiteren Einflussgrößen (Kontextvariablen) auf die Daten (ebd.). Aufgrund der Charakteristik der vorliegenden Daten der Studie mit einer großen Datenmenge durch die Datenaufnahme über eine gesamte
Schicht, variierenden und teilweise fehlenden Messzeitpunkten (schicht- und pausenbezogenes
Raster, Bereinigung von nicht nutzbaren Daten durch Abwesenheit oder Wechsel der Körperhaltung)
und dem Anspruch, die Einflüsse von Kontextvariablen (z. B. Alter, Rauchverhalten, BMI) zu untersuchen, war die Mehrebenenanalyse die Methode der Wahl (Döring & Bortz, 2016; Hox, 2010). Bei
gegebenen Voraussetzungen, sollte eine verstärkte Anwendung der Analysemethodik im Bereich der
Arbeitswissenschaft angestrebt werden. Ein Review von Konferenzbeiträgen der im deutsch-
sprachigen Raum wirkenden Gesellschaft für Arbeitswissenschaft zeigte, dass seit 2007 lediglich elf
Beiträge von acht verschiedenen Autorenteams aus Institutionen der Bereiche Psychologie bzw.
Arbeits- und Organisationspsychologie die Methode Mehrebenenanalyse bzw. *Hierarchisch Lineare
Modelle* thematisieren (vgl. Diestel, Neubach, & Schmidt, 2007; Minnich & Lemanski, 2011; Schiml,
Pangert, & Schüpbach, 2012; Turgut, Sonntag, & Michel, 2013). Die Anwendung dieser Methode
ermöglicht es, Zusammenhänge zwischen den Daten zu identifizieren, die mit klassischen Analyse-
methoden ggf. anders interpretiert werden würden bzw. zu inkorrekten Signifikanzbefunden führen
könnten (Nezlek et al., 2006; Sedlmeier & Renkewitz, 2013).

4.4.2   Diskussion der Ergebnisse der allgemeinen Daten

Die kritische Auseinandersetzung der Ergebnisse der vorliegenden Studie hinsichtlich der allgemeinen
Daten erfolgt für die Parameter **BMI**, **Rauchen**, **Chronotyp**, **WAI** und die dokumentierten Arbeitsumweltfaktoren **Lärm** und **Temperatur**.

Gespiegelt an den Daten aus der Literatur hinsichtlich des **BMI** zeigt sich, dass die für Adipositas
festgestellte „deutliche Zunahme mit dem Lebensalter" (Mensink et al., 2013) durch eine Korrelation
zwischen BMI und Alter mit r = 0,545 (p < 0,001) anhand der Stichprobe bestätigt werden kann.
Bezogen auf die Adipositasverteilung sind mehr als doppelt so viele Probanden (8,6 %) der Studie von
Adipositas Grad II betroffen als die Vergleichsgruppe der DEGS1-Studie (3,9 %) von Mensink et al.
(2013). Dies ist möglicherweise auf einen höheren BMI unter Schichtarbeitern zurückzuführen, der
bereits von Morikawa et al. (2007) und Rüdiger (2004) berichtet wurde. Der Anteil der **Raucher** in der
Stichprobe liegt mit 42,6 % deutlich über dem Anteil in der deutschen Bevölkerung, der in einer Studie
des Robert-Koch-Instituts (n = 10.852; Männer: 27,0 %) ermittelt wurde (Zeiher et al., 2017). Der hohe
Anteil an Rauchern kann auf Arbeit in Schichten zurückgeführt werden, bei der ein erhöhter Raucher-
anteil feststellbar ist (Angerer & Petru, 2010; Badura, 2010; Rüdiger, 2004). In der Literatur wird ein
Anstieg des **Chronotypen** bis zum Alter von etwa 20 Jahren beschrieben, der anschließend mit
zunehmendem Alter rückläufig ist (Juda et al., 2006; Roenneberg & Merrow, 2005). Der degressive
Verlauf des Chronotypen kann anhand der Stichprobe (Alter$_{min}$ = 21 Jahre; Alter$_{max}$ = 60 Jahre) mit
einer Korrelation zwischen Alter und Chronotyp von r = -0,452 (p = 0,003) bestätigt werden. Da das
freie Schlaf-Wachverhalten (= Chronotyp) des Menschen aufgrund von sozialen Zeitgebern (z. B.
Arbeitszeiten, Schichtarbeit) beeinflusst wird, häuft sich vor allem bei späten Chronotypen der Schlafmangel (Social Jetlag) über der Arbeitswoche an (Wittmann et al., 2006). Die von Wittmann et al.
(2006) berichtete positive Korrelation zwischen Chronotyp und Social Jetlag kann anhand der
vorliegenden Stichprobe mit r = 0,329 (p = 0,027) bestätigt werden. Die in der Literatur beschriebenen

Anpassungsprobleme, die sich bei Spättypen vor allem in der Frühschicht zeigen (Hildebrandt, 1976a), sind durch die Korrelationen zur Stimmung vor Schichtbeginn (vgl. Tabelle 15) für die vorliegende Studie nachgewiesen. Bei Yong et al. (2016) findet sich ein Zusammenhang zwischen geringer Schlafdauer und geringen Werten bez. des Work Ability Index. Die Korrelation der Schlafdauer mit den WAI-Werten ergab für die vorliegende Stichprobe mit r = 0,252 (p = 0,072) einen vorhandenen Zusammenhang, der aber vermutlich aufgrund der kleinen Stichprobe über der Signifikanzgrenze liegt. Der degressive Verlauf des WAI im Altersgang, der bei Hasselhorn & Freude (2007) und Ilmarinen (2005) für n = 729 beschrieben wurde, liegt mit r = -0,347 (p = 0,021) auch in der untersuchten Stichprobe vor. Für die dokumentierten Arbeitsumweltfaktoren Lärm und Temperatur werden in der Literatur Grenzwerte vorgegeben. Hinsichtlich des **Lärms** im industriellen Umfeld schreibt die DIN EN ISO 11690-1 Werte von weniger als 80 dB vor, die für die vorliegende Studie (Abbildung 40) bestätigt werden können. In Bezug auf die **Temperatur** empfiehlt die ASR A3.5, dass eine Raumtemperatur von 26°C nicht überschritten werden sollte (ASR, 2010). In der vorliegenden Studie, die zwischen Mai und November durchgeführt wurde, lagen an einzelnen Messtagen höhere Temperaturen in der Werkhalle vor (Abbildung 40). Ein Einfluss der Temperatur auf Herz- und Atemfrequenz konnte in der vorliegenden Studie durch die Partialkorrelationen ausgeschlossen werden.

4.4.3   Diskussion der Ergebnisse der objektiven Beanspruchung

Die Analyse der objektiven Beanspruchung erfolgte in der vorliegenden Studie mit den Parametern relative Herzfrequenz und PAQ, die aus den Messparametern Herz- und Atemfrequenz berechnet wurden. Die Herzfrequenz ist nach Bullinger (1994) und Sammito et al. (2014) ein geeigneter Parameter, um die Beanspruchung zu ermitteln. Diese ist nach Rief & Bernius (2011) „nicht oder nur in begrenztem Maße einer willentlichen Beeinflussung zugänglich". Die Atemfrequenz, als Parameter zur Berechnung des PAQ, kann nach Faller (2009) in gewissen Grenzen willentlich beeinflusst werden, dieser Umstand ist durch die lange Untersuchungsdauer über eine 8-Stunden-Schicht nahezu ausgeschlossen und wurde durch die Elimination von Sprechzeiten über die Rohdatenbereinigung auch konsequent beachtet. Der PAQ ist nach Hausschild et al. (2012) u. a. in der Arbeitsmedizin ein geeigneter Indikator zur Evaluation von Überforderungszuständen.

Die Ergebnisse der objektiven Beanspruchung zeigen hinsichtlich der **altersgruppenbezogenen** Auswertung, dass in allen Fällen die jeweils ältere Gruppe im Vergleich *jung vs. mittel* und *jung vs. alt* die höhere Beanspruchung bez. relHF_s, relHF und PAQ aufweist. Die Unterschiede sind für die untersuchten Gruppen in vielen Zeitblöcken signifikant. Unterschiede zwischen den Gruppen *mittel* und *alt* waren nicht feststellbar. Insgesamt hat in fast allen Fällen die mittlere Gruppe die höchsten Beanspruchungswerte. Eine mögliche Erklärung für dieses Phänomen stellt der Healthy-Worker-Effekt dar, der in Studien von Baillargeon (2001), Li & Sung (1999) sowie Shah (2009) untersucht wurde. Dieser geht von einer natürlichen Selektion im Altersgang aus, d. h. die älter werdenden Mitarbeiter scheiden auf eigenen Wunsch oder medizinisch indiziert aus dem Erwerbsleben aus (Hartmann, 2015). Daraus folgt, dass bei der Untersuchung von älteren Mitarbeitern am Arbeitsplatz möglicherweise nur noch die Mitarbeiter vorzufinden sind, die ein hohes Potential an absoluter Leistungsfähigkeit (Gesamtleistung; vgl. Jordan (1995)) bzw. relativer Leistungsfähigkeitsreserve (Ressourcen; vgl. Ilmarinen (2005)) aufweisen. Die vorliegenden Atteste einiger älterer potentieller Probanden für den

Untersuchungsarbeitsplatz Schwungscheibe in der vorliegenden Feldstudie sind ein Indiz für den Healthy-Worker-Effekt. Weiterhin ist anhand der Ergebnisse ersichtlich, dass vor allem in der Gruppe der älteren Mitarbeiter eine große Streuung der Messwerte vorliegt. Diese Ergebnisse bestätigen die in der Literatur berichteten starke Streuung der Fähigkeitsänderungen mit zunehmendem Alter (Hess-Gräfenberg, 2004; Jordan, 1995; Riedel et al., 2012). Die **altersverlaufsbezogene** Auswertung zeigt in allen Betrachtungsebenen, dass positive Zusammenhänge zwischen dem Alter der Probanden und ihrer objektiven Beanspruchung bestehen. Diese Tendenz wird durch die **schichtverlaufsbezogene** Auswertung über die Mehrebenenanalyse, mit der Berücksichtigung der Entwicklung über der Zeit und der Zuordnung der Messwerte zu den Probanden, vollumfänglich für alle Beanspruchungsparameter bewiesen (vgl. Abbildung 43 – Abbildung 44, Abbildung 48 – Abbildung 51, Abbildung 54 – Abbildung 57). Die Ergebnisse bez. der Entwicklung der objektiven Beanspruchungsparameter im Altersgang, weisen auf das in der Literatur berichtete Nachlassen von Fähigkeiten im Alter hin (Kenny et al., 2008; Weineck, 2004), die sich demnach in einer höheren Beanspruchung äußern (Ilmarinen, 2005; Jaeger, 2015; Jordan, 1995).

Hinsichtlich der **relHF_s** auf **Prozessebene** (Hypothese 1_1) zeigt sich für die altersgruppenbezogene Auswertung, dass trotz der Erholungspausen bei der definierten Arbeitstätigkeit (Arbeitsprozess *Schwungscheibenmontage*) an einem Arbeitsplatz mit erhöhtem Belastungsrisiko jeweils ein Anstieg der relHF_s innerhalb der Altersgruppe zu verzeichnen ist. Die Werte der mittleren und älteren Gruppe liegen in nahezu allen untersuchten Zeitblöcken signifikant höher als die Mittelwerte der jungen Gruppe, sodass „eine hohe kardiale Beanspruchung" vorliegt (Sammito et al., 2014). Der Zusammenhang zwischen Alter und relHF_s konnte über die altersverlaufsbezogene Auswertung in den positiven Korrelationen nachgewiesen werden, die signifikant bzw. hoch signifikant sind. Die schichtverlaufsbezogene Analyse der relHF_s im Arbeitsprozess *Schwungscheibenmontage* (Hypothese 1_2 und 1_3) ergibt für einen 20-Jährigen Montagemitarbeiter eine relHF_s im Bereich zwischen 55,3 % bis 56,9 % (0 < t < 240 min) bzw. 58,2 % bis 60,2 % (250 < t < 480 min). Für einen 60-Jährigen liegen im gleichen Arbeitsprozess Beanspruchungswerte von 65,3 % bis 67,7 % (0 < t < 240 min) bzw. 69,4 % bis 72,2 % (250 < t < 480 min) vor. Ein älterer Montagemitarbeiter erfährt somit eine höhere Beanspruchung und einen höheren Anstieg über der Zeit. Der Einfluss des Alters auf die Höhe des Beanspruchungsverlaufs ist dabei signifikant. Mit Vorbelastung, d. h. nach dem Arbeitsplatzwechsel, werden ab t = 300 Minuten hohe Intensitätsklassen (Bereiche „hard" bzw. „vigorous") bez. der relHF_s erreicht (vgl. Tabelle 5; U. S. Department of Health and Human Services, 1996; Pollock et al., 1998; McArdle et al., 2010). Der nach Centers for Disease Control and Prevention & Ainsworth (2003) empfohlene Bereich für die relative Herzfrequenz von 50 bis 70 % für Montagetätigkeiten wird dabei für ältere Mitarbeiter überschritten.

Auf **Arbeitsplatzebene**, d. h. mit der Gesamtbelastung des jeweiligen Arbeitsplatzes, zeigt sich bez. der **relHF** ein ähnliches Bild. Die Mittelwerte der altersgruppenbezogenen Auswertung (Hypothese 3_1) zeigen einen Anstieg der relHF trotz Erholungspausen zwischen den Blöcken. Die Mittelwerte der mittleren und älteren Gruppe liegen in vielen Fällen signifikant höher als die Mittelwerte der jungen Gruppe. Der Zusammenhang zwischen Alter und relHF wurde altersverlaufsbezogen mit positiven Korrelationen, die nahezu alle signifikant bzw. hoch signifikant sind, bestätigt. Lediglich in zwei Fällen beeinflussen die Kontrollvariablen BMI und Zigaretten pro Tag die Korrelation zwischen Alter und relHF im ersten Zeitabschnitt des Ausgleichsarbeitsplatzes, d. h. bei geringen Belastungswerten, dass diese mit $p = 0{,}055$ und $p = 0{,}059$ marginal über der Signifikanzgrenze liegen. Die schichtverlaufsbezogene Auswertung der relHF (Hypothese 3_2 und 3_3) zeigte trotz Belastungswechsel mit dem Arbeitsplatz Ausgleich über den gesamten Arbeitstag einen Anstieg der relHF über Alter und Zeit. Für einen 20-Jährigen Montagemitarbeiter bleibt die relHF bei ca. 55 % ($0 < t < 480$ min; Wechsel von erhöhtem zu niedrigem Belastungsrisiko) bzw. steigt von 54,2 % auf 61,8 % ($0 < t < 480$ min; Wechsel von niedrigem zu erhöhtem Belastungsrisiko) an. Bei einem 60-Jährigen Montagemitarbeiter steigt die relHF von 66,6 % bis 69,8 % ($0 < t < 480$ min; Wechsel von erhöhtem zu niedrigem Belastungsrisiko) bzw. von 63,5 % auf 75,7 % ($0 < t < 480$ min; Wechsel von niedrigem zu erhöhtem Belastungsrisiko) an. Ein älterer Montagemitarbeiter erfährt unabhängig vom Belastungswechsel (Schwung_Ausgleich; Ausgleich_Schwung) somit eine höhere Beanspruchung und einen höheren Anstieg der relativen Herzfrequenz über der Zeit. Dabei werden beim Wechsel vom niedrigen zum erhöhten Belastungsrisiko, ab $t = 256$ Minuten hohe Intensitätsklassen bez. der relHF erreicht (vgl. Tabelle 5; U. S. Department of Health and Human Services, 1996; Pollock et al., 1998; McArdle et al., 2010). Gespiegelt an den Referenzwerten der Literatur zur relativen Herzfrequenz (vgl. Tabelle 5) wird ersichtlich, dass Werte ab 70 % relativer Herzfrequenz bereits in die Kategorien der energischen bzw. kraftvollen Intensität fallen, die für 2,5 Stunden (= 150 Minuten) pro Woche empfohlen wird. Die älteren Montagemitarbeiter erreichen diese Intensitätskategorien bereits nach 256 bis 300 Arbeitsminuten, wobei noch 224 bis 180 Arbeitsminuten in der Schicht an einem Arbeitstag zu absolvieren sind. Damit überschreiten die älteren Mitarbeiter den für Montagetätigkeiten empfohlenen Beanspruchungsbereich für die relative Herzfrequenz von 50 bis 70 % (Centers for Disease Control and Prevention & Ainsworth, 2003).

Die Ergebnisse des **PAQ** zeigen in der altersgruppen- und altersverlaufsbezogenen Auswertung (Hypothese 4_1) ein ähnliches Ergebnis wie die relHF, allerdings wird durch die Verknüpfung der Herz-Kreislauf-Parameter Herz- und Atemfrequenz neben dem Alter der Einfluss des BMI deutlich. Dieser zeigt sich bei der schichtverlaufsbezogenen Auswertung des PAQ (Hypothese 4_2 und 4_3) in der zusätzlichen Signifikanz des Parameters BMI neben dem Alter. Unabhängig vom Belastungswechsel (Schwung_Ausgleich; Ausgleich_Schwung) erfährt ein älterer Mitarbeiter bez. des PAQ eine höhere Beanspruchung und einen höheren Anstieg über der Zeit im Vergleich zu einem jüngeren Montage-mitarbeiter. Insgesamt betrachtet, liegen die Werte des PAQ unter Arbeitsbelastung deutlich über dem Ruheverhältnis von 4:1. Der in der Literatur berichtete Wertebereich des PAQ zwischen 2:1 und 12:1 als Anpassung des Körpers an die äußere Belastung (Hauschild et al., 2012; Hildebrandt et al., 1998) kann anhand der vorliegenden Studie bestätigt werden. Das in Studien beobachtete Konvergieren des PAQ auf das Ruheverhältnis mit zunehmender Belastung (Hildebrandt & Daumann, 1965) kann mit den vorliegenden Daten nicht bestätigt werden. Eine mögliche Erklärung ist die kleine Stichprobe der Literaturquelle, die lediglich jüngere Mitarbeiter untersucht hat ($n = 16$; $Alter_{min} = 19$ Jahre, $Alter_{max} = 28$ Jahre). Der zu verzeichnende Anstieg des PAQ im Zeitverlauf und Altersgang in der vorliegenden quasiexperimentellen Feldstudie weist auf die in der Literatur beschriebene Diskordanz, als wesentliche Abweichung des PAQ von seinem Normwert 4, hin (Weckenmann, 1975). Somit kann der bei Hauschild et al. (2012) und Hildebrandt et al. (1998) beschriebene Anstieg des PAQ als Maß für die Anspannung und Leistungssteigerung des Organismus bestätigt werden.

Insgesamt kann die Kumulation der Belastungswirkung bzw. Beanspruchungsfolgen, die bei Buck (2002), Jaeger (2015) und Wübbeke (2005), bezogen auf die gesamte Erwerbsbiografie, berichtet werden, anhand der vorliegenden Studie durch die positive Korrelation des Alters mit den objektiven Beanspruchungsparametern sowie der höheren Konstante und dem höheren Anstieg der objektiven Beanspruchungsparameter im Zeitverlauf und Altersgang bereits in der Arbeitsschicht nachgewiesen werden, sodass bei gleicher Belastung eine höhere Beanspruchung älterer Mitarbeiter vorliegt. Der altersinduzierte Anstieg der Beanspruchungsparameter über der Zeit zeigt deutlich, dass das über eine Arbeitsschicht angestrebte Gleichgewicht der Kreislauf- und Atmungsparameter nicht mehr gegeben ist (Hartmann et al., 2013).

4.4.4 Diskussion der Ergebnisse der Leistung

Die Erfassung der Leistung als Maß der Beanspruchung erfolgte in der vorliegenden Untersuchung über den Parameter Montagezeit. Die **altersgruppenbezogene** Auswertung zeigt, dass es keine signifikanten Unterschiede zwischen den untersuchten Gruppen gibt. Absolut betrachtet, weist die Gruppe der älteren Probanden die längste Montagezeit für den Arbeitsprozess *Schwungscheibenmontage* auf. Hinsichtlich der **altersverlaufsbezogenen** Auswertung ist eine positive, aber geringe Korrelation zwischen Alter und Montagezeit feststellbar, die nicht signifikant ist. Mögliche Erklärungen für diese Ergebnisse bieten sich beim Blick auf die Versuchsdurchführung, die Charakteristik zitierter Studien und die Referenzzeit des Arbeitsprozesses. Durch die Anwesenheit von Versuchsleiter und Assistent während des Messtages ist trotz Unkenntnis der Probanden zum Zeitaufnahmeschema der Bewegungserfassung über der Schicht nicht auszuschließen, dass eine Verhaltensänderung während des Versuches erfolgte, die ggf. einen Einfluss auf die Montagezeit hatte (Colbjørnsen, 2003; McCambridge et al., 2014; Sedgwick & Greenwood, 2015). Die auf Grundlage zitierter Studien vermutete alter(n)sbedingte Reduktion der Bewegungsgeschwindigkeit, deren Nachweis anhand der Untersuchung der Montagezeiten angestrebt wurde, konnte auf Basis der vorliegenden Daten nicht erbracht werden. Eine mögliche Erklärung dafür ist das Alter der untersuchten Probanden. Potvin et al. (1980) untersuchten beispielsweise Probanden bis 80 Jahre, Hodgkins (1962) sogar bis 84 Jahre, während in der vorliegenden Probandengruppe der älteste Mitarbeiter 60 Jahre alt war. Es ist damit nicht auszuschließen, dass die in Studien ermittelte Abnahme der Bewegungsgeschwindigkeit erst nach dem Ausscheiden aus der Erwerbstätigkeit und dem Wegfall der arbeitstätigkeitsbedingten Leistungsabforderung und des Trainingseffektes erfolgt. Weiterhin unterliegt der Arbeitsprozess *Schwungscheibenmontage* einer Sollzeit-Vorgabe auf Basis einer Normleistung, die ein durchschnittlich geübter Mitarbeiter altersunabhängig erbringen kann. Insgesamt erreichen gerade einmal 27,5 % der gemessenen Montagezeitwerte die vorgegebene Referenzzeit des Prozesses. Die Spannweite der Montagezeiten mit 12,269 s zeigt die große Streuung der Messwerte und bestätigt somit die von de Jong (1959) festgestellte Variation des Zeitgrades. Diese Ergebnisse zeigen, dass, trotz der restriktiven Rahmenbedingungen der getakteten Fließmontage, im vorliegenden Mensch-Maschine-System ein Handlungsspielraum für die Mitarbeiter vorhanden ist. In diesem Rahmen besteht die Möglichkeit für Mitarbeiter jeden Alters, Selektions-, Optimierungs- und Kompensationsstrategien einzusetzen (Baltes, P. B., 1996; Baltes & Baltes, 1990; Baltes et al., 1999). Dies ermöglicht den Montagemitarbeitern, die nach außen sichtbare Leistung in Form von montierten

Motoren zu erbringen, aber in Bezug auf die älteren Mitarbeiter erfolgt dies auf Kosten der Beanspruchungsparameter, wie mit den Ergebnissen zu den objektiven Beanspruchungsparametern (relative Herzfrequenz und PAQ) nachgewiesen werden konnte.

4.4.5 Diskussion der Ergebnisse der subjektiven Beanspruchung

Die Untersuchung der subjektiven Beanspruchung mittels Beanspruchungsratings und NASA-TLX zeigte weder in der **altersgruppenbezogenen** Auswertung noch in der **altersverlaufsbezogenen** Auswertung Unterschiede zwischen den Gruppen bzw. altersbegründete Korrelationen. Bei den Beanspruchungsratings konnten wie bei Kobiela (2010) keine signifikanten Unterschiede vor und nach der Belastungssituation festgestellt werden. Der NASA-TLX als RTLX zeigte, wie in der Studie von Patten et al. (2006), keine signifikanten Unterschiede. Die Gründe hierzu könnten ggf. in den gewählten Fragebögen selbst zu finden sein (z. B. Sensitivität der Skala, Verständnis der Items) bzw. an studienbedingten oder äußeren Einflüssen liegen. Zu den studienbedingten oder äußeren Einflüsse gehört beispielsweise das Ausfüllen eines Teils der Fragebögen am Ende der Schicht, bei dem z. B. die positive Stimmung bei der Übergabe an die nächste Schicht oder Erleichterung bez. des absolvierten Arbeitstages die zuvor erlebte Beanspruchung überwiegen kann. Weitere Gründe können aus der Anzahl der Probanden, der Belastung, der sozialen Erwünschtheit oder der Diskrepanz zwischen objektiver und subjektiver Bewertung resultieren. Die vorliegende Stichprobe umfasst insgesamt 35 Fragebögen, sodass diese Fallzahl ggf. zu gering für differenzierte Erkenntnisse aus den Fragebögen ist. Weiterhin wurde in der vorliegenden Untersuchung kein Arbeitsplatz mit hohem Belastungsrisiko, sondern mit erhöhtem Belastungsrisiko untersucht. Die Belastungswirkung des Arbeitsplatzes spiegelt sich daher evtl. nicht in den Fragbögen wider. Ebenso besteht die Gefahr des Einflusses der sozialen Erwünschtheit, d. h. der nicht wahrheitsgetreuen Beantwortung der Fragen durch die Probanden bez. der Einschätzung von Zuständen (z. B. müde, erschöpft) oder der Leistungsfähigkeit (z. B. Anstrengung, körperliche Anforderung). Eine vorliegende Diskrepanz zwischen objektiver und subjektiver Bewertung zeigt sich auch bei der Belastungseinschätzung der Arbeitsplätze. Dabei steht die objektive Bewertung mit einem etablierten und sachlichen Verfahren, dem persönlichen und subjektiven Empfinden der Probanden gegenüber, das sich ggf. in den subjektiven Fragebögen niedergeschlagen hat.

Insgesamt kann in Bezug auf die Forschungsfrage der quasiexperimentellen Feldstudie auf Grundlage der vorliegenden Ergebnisse der objektiven Beanspruchungsermittlung bestätigt werden, dass ältere Mitarbeiter in einem Montagesystem bei gleicher Belastung höher beansprucht werden als jüngere Mitarbeiter. Die Übertragbarkeit der Erkenntnisse der Studie auf die Praxis ist aufgrund der hohen externen Validität der quasiexperimentellen Feldstudie möglich (Döring & Bortz, 2016). Die Zusammenfassung der vorliegenden Dissertation und ein Ausblick für Wissenschaft und Praxis werden im nachfolgenden Kapitel gegeben.

5   Zusammenfassung und Ausblick

5.1   Zusammenfassung

In der vorliegenden Dissertation wurde die Beanspruchung von Mitarbeitern unterschiedlichen Alters in einer quasiexperimentellen Feldstudie bei einem sächsischen Automobilhersteller in der Motorendmontage untersucht. Dazu wurden von **35 männlichen Montagemitarbeitern zwischen 21 und 60 Jahren** an jeweils **2 Messtagen** über **8 Stunden** objektive und subjektive Messdaten **bei laufender Produktion in der Frühschicht** erhoben. Die kontinuierliche Messung von Körperfunktionswerten (**Herz- und Atemfrequenz**) während der Schicht über einen kabellosen Brustgurt ermöglichte die Erfassung von **objektiven Beanspruchungsparametern**. Die **Leistungserfassung** der Mitarbeiter wurde über die softwaregesteuerte **Videoaufnahme** von Montageprozessen realisiert. Die **subjektive Beanspruchungsermittlung** erfolgte über die Fragebögen **Beanspruchungsratings** und **NASA-TLX** am Messtag. Mit Hilfe der studienbegleitenden Fragebögen **WAI** und **MCTQ** wurden wichtige Kontrollgrößen für die Studie erfasst. Die Untersuchung der Wirkung von unterschiedlich hohen Belastungen auf jüngere und ältere Mitarbeiter erfolgte an Arbeitsplätzen mit erhöhtem und niedrigem Belastungsrisiko. Mit den vorliegenden Ergebnissen der quasiexperimentellen Feldstudie zur Untersuchung der Beanspruchung von Montagemitarbeitern unterschiedlichen Alters konnte der Nachweis erbracht werden, dass **ältere Mitarbeiter** in einem Montagesystem **bei gleicher Belastung** hinsichtlich der objektiven Beanspruchungsparameter **höher beansprucht werden als jüngere Mitarbeiter**.

Im Kapitel 2 wurden die Grundlagen der Dissertation mit den Schwerpunktthemen **Belastung und Beanspruchung** sowie **Altern und Alter** dargelegt. Den arbeitswissenschaftlichen Fokus bildete das Mensch-Maschine-System zur Analyse und Gestaltung von Arbeitssystemen. Ausgehend von den Belastungen, die im Mensch-Maschine-System aus der Arbeitsaufgabe, der Arbeitsorganisation, der Mensch-Maschine-Schnittstelle und der Arbeitsumwelt auf den Menschen einwirken, wurde das Belastungs-Beanspruchungs-Konzept als zentrales Konzept für die vorliegende Dissertation eingeführt. An die Beschreibung der einzelnen Elemente schloss sich die Auseinandersetzung mit ausgewählten Methoden zur Ermittlung der Belastung und Beanspruchung an. Der zweite Themenkomplex Altern und Alter wurde mit der Beschreibung alter(n)sbedingter Fähigkeitsveränderungen eingeleitet. Darauf aufbauend erfolgten die Beschreibung ausgewählter Modelle des Alterns und die Auseinandersetzung mit älteren Mitarbeitern im Arbeitskontext. Den Abschluss des Kapitels bildeten das Fazit der Grundlagen und die Ableitung der Forschungsfrage für die Dissertation.

Die **quasiexperimentelle Feldstudie zur Untersuchung der Beanspruchung von Mitarbeitern unterschiedlichen Alters** stand im Kapitel 3 im Fokus. Ausgehend von den Hypothesen der Studie wurden die Anforderungen und Restriktionen der Versuchsumgebung beschrieben. Die Darstellung des Versuchsdesigns beinhaltete die Beschreibung der untersuchten Stichprobe und Arbeitsplätze, die Vorstellung der eingesetzten Messmethoden und -instrumente sowie die Detaillierung der Phasen der Versuchsdurchführung. Anschließend wurde die Vorgehensweise bei der Rohdatenaufbereitung erläutert und es erfolgte die Beschreibung der verwendeten klassischen Analysemethoden und der Mehrebenenanalyse.

© Springer Fachmedien Wiesbaden GmbH, ein Teil von Springer Nature 2019
K. Börner, *Die Altersabhängigkeit der Beanspruchung von Montagemitarbeitern*,
https://doi.org/10.1007/978-3-658-26378-2_5

Im Kapitel 4 wurden die **Ergebnisse der empirischen Untersuchung** strukturiert vorgestellt. Dazu erfolgte zunächst die Ergebnispräsentation der allgemeinen Daten und darauf aufbauend der Bericht zu den Ergebnissen auf Prozess- und Arbeitsplatzebene. Auf Prozessebene wurden dazu die Ergebnisse der objektiven Beanspruchungsmessung und der Leistungsanalyse im Arbeitsprozess *Schwungscheibenmontage* für die Parameter relHF_s und Montagezeit dargestellt. Anschließend erfolgte die Präsentation der Ergebnisse der objektiven Beanspruchungsmessung auf Arbeits- platzebene mit den Parametern relHF und PAQ sowie die Darstellung der Ergebnisse der subjektiven Beanspruchungsmessung über Fragebögen. Den Abschluss des Kapitels bildete die umfassende kritische Diskussion des methodischen Vorgehens zu Datenerhebung und -analyse in Verbindung mit der Reflexion der Ergebnisse.

Der Mehrwert der gewonnenen Erkenntnisse aus der quasiexperimentellen Feldstudie spiegelt sich in folgenden Punkten wider:

- Nachweis des **Alters** als wichtiger Parameter für die Gestaltung von altersdifferenzierten und altersgerechten Arbeitssystemen,
- Anwendung der **Mehrebenenanalyse** im arbeitswissenschaftlichen Kontext,
- Etablierung einer Vorgehensweise zur minimalinvasiven Datenerhebung für die **retrospektive Bewertung bestehender Arbeitssysteme** sowie
- Beitrag zur Prozessergonomie im Sinne der **prospektiven Gestaltung von altersdifferenzierten und altersgerechten Arbeitssystemen** bez. **Arbeitsgestaltung** und **Arbeitsorganisation**.

Insgesamt konnte die Kumulation der Belastungswirkung bzw. Beanspruchungsfolgen, die bei Buck (2002), Jaeger (2015) und Wübbeke (2005), bezogen auf die gesamte Erwerbsbiografie, berichtet wurden, anhand der vorliegenden quasiexperimentellen Feldstudie durch die positive Korrelation des Alters mit den objektiven Beanspruchungsparametern sowie der höheren Konstante und dem höheren Anstieg im Zeitverlauf und Altersgang bereits im Schichtverlauf nachgewiesen werden, sodass hinsichtlich der objektiven Beanspruchung bei gleicher Belastung eine höhere Beanspruchung älterer Mitarbeiter vorliegt.

5.2   Ausblick für Wissenschaft und Praxis

Mit der vorliegenden Dissertation und der quasiexperimentellen Feldstudie zur Untersuchung der Altersabhängigkeit der Beanspruchung von Montagemitarbeitern in der Automobilindustrie wurde ein wichtiger Beitrag für die Entwicklung und Gestaltung altersdifferenzierter und altersgerechter Arbeits- systeme geleistet, der sowohl die Wissenschaft adressiert, als auch Auswirkungen hinsichtlich der praktischen Anwendung der gewonnenen Erkenntnisse hat.

5.2.1   Abgeleiteter wissenschaftlicher Forschungsbedarf

Mit der quasiexperimentellen Feldstudie konnte die Altersabhängigkeit in Bezug auf die objektive Beanspruchung nachgewiesen werden. Das **Alter** gilt demzufolge als wichtiger Parameter, dessen Einfluss auf die Beanspruchung der Montagemitarbeiter bereits auf Ebene des Arbeitsplatzes und Arbeitstages aufgezeigt werden konnte. Es ist daher unumgänglich, Arbeitssysteme altersdifferenziert und altersgerecht, d. h. angepasst an das jeweils vorliegende Alter der Mitarbeiter, zu gestalten und umzusetzen. Festzuhalten bleibt, dass für die altersdifferenzierte und altersgerechte Arbeitssystem-gestaltung nicht nur das rein kalendarische Alter berücksichtigt werden kann, sondern dieses immer in Relation zu weiteren Faktoren wie Lebensweise, Erwerbsbiographie und Belastungskumulation gesehen werden muss, wodurch eine individuelle Reaktion des Körpers (z. B. in Form der Herzfrequenz) resultiert, die letztendlich eine Aussage bez. der Beanspruchung ermöglicht. Daraus ergeben sich weiterführende Fragestellungen: Welche Faktoren beeinflussen auf welche Art und Weise das Konstrukt Alter? Mit welchen adäquaten Methoden und Instrumenten kann eine Ermittlung des individuellen Alters erfolgen?

In Bezug auf die Etablierung einer Vorgehensweise zur minimalinvasiven Datenerhebung für die **retrospektive Bewertung bestehender Arbeitssysteme** konnte die vorliegende Feldstudie zum einen die Bestätigung der Praxistauglichkeit der Messung von Beanspruchungsparametern liefern (Sammito et al., 2014). Zum anderen wurde durch den Einsatz von minimalinvasiven Messgeräten zur Messung von Beanspruchungsparametern und der Durchführung der Feldstudie im laufenden Produktions-betrieb nachgewiesen, dass ein äquivalentes Vorgehen für die Bewertung anderer Arbeitsplätze in anderen Branchen möglich ist. Für die Forderung von Zülch & Becker (2006) nach der Untersuchung der Leistungsfähigkeitsveränderung „für jede Art von Arbeit" wird somit ein beispielhaftes Vorgehen für die Erfassung von Beanspruchungsparametern aufgezeigt. Dies ermöglicht den Übergang von der vorrangigen belastungsorientierten Prozessergonomie, mit der Bewertung von Arbeitsplätzen hinsichtlich des Belastungsrisikos und der anschließenden Ableitung von Maßnahmen zur Reduktion bzw. Optimierung der Belastung, hin zu einer beanspruchungsorientierten Prozessergonomie, die auf Basis der tatsächlich resultierenden Beanspruchung agiert. Weiterer Forschungsbedarf besteht demzufolge hinsichtlich der **Ableitung von Beanspruchungsverläufen für weitere Arbeitsplätze.** Dieses Vorgehen trägt dazu bei, einerseits die Regressionsverläufe für Arbeitsplätze mit anderen Belastungs-schwerpunkten zu ermitteln und andererseits die Datenbasis der vorliegenden Regressionsverläufe auszubauen.

Ein weiterer Anknüpfungspunkt im arbeitswissenschaftlichen Kontext besteht zu Forschungsarbeiten im Bereich der **Alterssimulation.** Durch Einschränkungen verschiedener Fähigkeiten des Menschen wird mit Hilfe eines Alterssimulationsanzuges, z. B. des an der Professur Arbeitswissenschaft und Innovationsmanagement der Technischen Universität Chemnitz entwickelten Alterssimulations-anzuges MAX, für den Träger eine Vorstellung von Alter vermittelt und das Alter erlebbar gemacht. Durch die Verknüpfung der Alterssimulation mit den in der vorliegenden Dissertation abgeleiteten Erkenntnissen zur Altersabhängigkeit der Beanspruchung, besteht die Möglichkeit, die Simulation von älteren Mitarbeitern zu quantifizieren. Aktuell erfolgt die Simulation über die Realisierung verschiedener Einschränkungsgrade der Module des Alterssimulationsanzuges (z. B. durch Gelenk-winkeleinstellungen oder Zusatzgewichte), eine Bestimmung des simulierten Alters ist aufgrund der Individualität der Altersverläufe allerdings nicht möglich. Durch Ergänzung des Alters-simulationsanzuges mit der minimalinvasiven Messung von Beanspruchungsparametern kann (bei vergleichbar belastenden Tätigkeiten) die Ableitung der relativen Herzfrequenz erfolgen und das durch die Einschränkungen des Alterssimulationsanzuges generierte Alter des Probanden bestimmt werden.

Die Konstanz von Arbeitsanforderungen, verbunden mit alter(n)sbedingten Fähigkeitsveränderungen führen langfristig zu einer Überbeanspruchung ggf. zu Leistungs- und Fähigkeitseinschränkungen älterer Mitarbeiter. Die vorliegenden Daten ermöglichen durch ihren Querschnittscharakter in diesem Zusammenhang keine Aussage. Daher sind in diesem Bereich weitere Forschungsarbeiten erforderlich, wobei vor allem **Längsschnitterhebungen** adressiert werden, welche die Entwicklungen in der Erwerbsbiografie und deren Auswirkungen auf Gesundheit und Leistungsfähigkeit der Mitarbeiter fokussieren.

Weiterführende Forschungsarbeiten sollten in Bezug auf die **Soll-Zeiten** angestrebt werden. In der vorliegenden Studie konnten hinsichtlich der Soll-Zeiten keine signifikanten Altersunterschiede nachgewiesen werden. Feststellbar war lediglich, dass unabhängig vom Alter die vorgegebene Soll-Zeit im untersuchen Arbeitsprozess größtenteils überschritten, im gesamten Takt aber kompensiert wurde. Untersuchungen zu Ursachen der Diskrepanz und möglichen Einflussparametern auf die Soll-Zeitvorgaben sind daher angeraten.

Im Bereich der wissenschaftlichen Methodenanwendung konnte durch den Einsatz der **Mehrebenenanalyse** in der Datenauswertung eine Möglichkeit für die Analyse abhängiger Daten (z. B. bei der Zuordnung zu Gruppen/Einheiten oder bei Messwiederholungsdesigns) und eine Vorgehensweise für die Auswertung entsprechender Daten aufgezeigt werden. Dieses Vorgehen ermöglicht einen erweiterten Blick auf die Daten, deren mögliche Einflussparameter und das Erkennen von Zusammenhängen, die mit anderen Analysemethoden nicht identifiziert werden können. Damit dient die vorliegende quasiexperimentelle Feldstudie ggf. als Anregung für ähnliche Forschungsarbeiten im Feld und die verstärkte Anwendung der Mehrebenenanalyse im Bereich der Arbeitswissenschaft.

5.2.2   Empfehlungen für die Praxis

Die mit der vorliegenden Dissertation generierten Erkenntnisse hinsichtlich der höheren objektiven Beanspruchung von älteren Mitarbeitern ermöglichen die Gestaltung von Arbeitsprozessen in der Art, dass die Mitarbeiter beanspruchungsideal am Arbeitsplatz eingesetzt werden können und ein gesundes Altern im Erwerbsleben erreicht wird. Die Ableitung der Verläufe der Beanspruchungsparameter in Abhängigkeit von Alter und Zeit dient der direkten praktischen Anwendung und somit Überführung der Erkenntnisse von der Wissenschaft in die Praxis.

Der Nachweis des **Alters** als Einflussparameter auf die Beanspruchung der Montagemitarbeiter hat auch für die Praxis eine hohe Bedeutung. Es besteht zwingend Handlungsbedarf, um eine Überbeanspruchung älterer Mitarbeiter und ein vorfristiges beanspruchungsfolgeninduziertes Ausscheiden aus dem Erwerbsleben zu vermeiden. Diese Erkenntnisse implizieren ein zeitnahes Handeln für die Praxis und die konsequente Umsetzung von altersdifferenzierten und altersgerechten Arbeitssystemen.

Die aus der Analyse der vorliegenden Daten gewonnenen Regressionsgleichungen ermöglichen die **prospektive Gestaltung von altersdifferenzierten und altersgerechten Arbeitssystemen** in Bezug auf die **Arbeitsgestaltung** und die **Arbeitsorganisation** und leisten somit einen wichtigen Beitrag für die Prozessergonomie.

Hinsichtlich der **Arbeitsgestaltung** kann für Arbeitsplätze mit ähnlichem Belastungsrisiko aus den vorliegenden Regressionsgleichungen (Arbeitsplätze bzw. Arbeitstage) für Montagemitarbeiter unterschiedlichen Alters die Beanspruchung zu einem beliebigen Zeitpunkt t bestimmt werden (0 < t < 480 min). Werden dabei bestimmte Grenzwerte überschritten, kann daraus das Erfordernis zur Anwendung von Maßnahmen zur Belastungs- und somit Beanspruchungsreduktion abgeleitet werden. Die Um- und Neugestaltung der Arbeitsplätze und -prozesse erfolgt demzufolge nicht anhand eines hypothetischen Belastungsrisikos, sondern auf Basis der tatsächlich resultierenden Beanspruchung.

Weiterhin können die für verschiedene Belastungsstufen (geringes Belastungsrisiko, erhöhtes Belastungsrisiko) generierten Regressionsgleichungen prospektiv für die Gestaltung alters-differenzierter Arbeitssysteme hinsichtlich der **Arbeitsorganisation** eingesetzt werden. Der Mehrwert für die Praxis ergibt sich hinsichtlich der beanspruchungsorientierten Organisation des Arbeitsplatz-wechsels auf Basis von Körperfunktionswerten. Konkret bedeutet dies die Anwendung der Erkenntnisse hinsichtlich der zeitlichen Strukturierung. Die Festlegung eines Beanspruchungslevels bzw. einer Beanspruchungsgrenze, z. B. relHF = 69 %, ermöglicht durch Umstellung der Regressions-gleichung die Ermittlung, welcher Mitarbeiter welchen Alters nach welcher Zeit den Arbeitsplatz wechseln sollte, um keine über die gesetzte Grenze hinausgehende Beanspruchung zu erfahren. Somit können die Rotationspläne des Arbeitsplatzwechsels (Job Rotation), wie bei Keil (2011) gefordert, an der Beanspruchung der Mitarbeiter orientiert werden und nicht anhand eines willkürlich festgesetzten Aspektes, z. B. der bestehenden und festen Arbeitspausen, vollzogen werden. Für einen Arbeitsplatz mit erhöhtem Belastungsrisiko bedeutet die Rückrechnung, dass ein 45-Jähriger Montagemitarbeiter die Beanspruchungsgrenze von 69 % nach 373 Minuten (= 6,2 Stunden) erreichen würde, ein 60-Jähriger bereits nach 115 Minuten (= 1,9 Stunden). Die Integration des beanspruchungsinduzierten Arbeitsplatzwechsels als Beitrag für die Prozessergonomie kann bei verschiedenen Arten von Teamarbeit (z. B. teilautonomer Gruppenarbeit, Lean-Gruppen) erfolgen, bei denen Mitarbeiter gemeinsam für eine bestimmte Anzahl an Arbeitsplätzen eingesetzt werden. Eine Realisierung von kürzeren und längeren Rotationszyklen in Abhängigkeit von der jeweiligen Beanspruchung der Mitarbeiter ist dabei innerhalb des Teams umsetzbar.

Die vorliegende Dissertation leistet somit einen wichtigen Beitrag für die zukünftige Entwicklung und Gestaltung altersdifferenzierter und altersgerechter Arbeitssysteme, sodass den Mitarbeitern ein gesundes Altern im Erwerbsleben ermöglicht und die Zielstellung der Arbeitswissenschaft hinsichtlich der Gestaltung menschengerechter Arbeit unterstützt wird.

Literaturverzeichnis

Abdolvahab-Emminger, H., & Benz, C. (2005). *Physikum exakt: Das gesamte Prüfungswissen für die 1. ÄP* (4., überarbeitete und aktualisierte Auflage). Stuttgart: Thieme.

Ackermann, A. (2005). *Empirische Untersuchungen in der stationären Altenhilfe: Relevanz und methodische Besonderheiten der gerontologischen Interventionsforschung mit Pflegeheimbewohnern.* Erlanger Beiträge zur Gerontologie: Bd. 4. Münster: Lit.

Adenauer, S. (2002). *Die Potentiale älterer Mitarbeiter im Betrieb erkennen und nutzen.* angewandte Arbeitswissenschaft, 172, 19–34.

Angerer, P., & Petru, R. (2010). *Schichtarbeit in der modernen Industriegesellschaft und gesundheitliche Folgen.* Somnologie - Schlafforschung und Schlafmedizin, 14(2), 88–97. Doi:10.1007/s11818-010-0462-0.

Ansorge, U., & Leder, H. (2011). Wahrnehmung und Aufmerksamkeit. In U. Ansorge & H. Leder (Hrsg.), *Lehrbuch. Wahrnehmung und Aufmerksamkeit* (S. 9–25). Wiesbaden: VS-Verlag.

Aschoff, J. (1955). *Der Tagesrhythmus der Körpertemperatur beim Menschen.* Klinische Wochenschrift, 33, 545–551. Doi:10.1007/BF01473763.

Aschoff, J., & Wever, R. (1962). *Spontanperiodik des Menschen bei Ausschluss aller Zeitgeber.* Naturwissenschaften, 49, 337–342.

ASR (Technische Regeln für Arbeitsstätten) (2010-06). *ASR A3.5 Raumtemperatur.*

Aubert, P., & Crépon, B. (2003). *La productivité des salariés âgés: une tentative d'estimation: Age Wage and Productivity: Firm-Level Evidence.* Economie et Statistique, 363, 95–119.

Axhausen, S. (2002). *Ältere Arbeitnehmer – eine Herausforderung für die berufliche Weiterbildung: Abschlussbericht und Dokumentation zum Modellversuch "Qualifizierung älterer Arbeitnehmer und Arbeitnehmerinnen in den neuen Bundesländern aus Metall- und Elektroberufen und aus der industriellen Produktion": wissenschaftliche Grundlagen und Ziele.* Schriftenreihe des Bundesinstituts für Berufsbildung: Heft 112. Bielefeld: W. Bertelsmann.

Bachl, N., Schwarz, W., & Zeibig, J. (2006a). *Fit ins Alter: Mit richtiger Bewegung jung bleiben.* Wien: Springer.

Bachl, N., Schwarz, W., & Zeibig, J. (2006b). *Aktiv ins Alter: Mit richtiger Bewegung jung bleiben.* Fit für Österreich. Wien: Springer.

Bäcker, G. (2009). *Ältere Arbeitnehmer: Erwerbstätigkeit und soziale Sicherheit im Alter* (1. Auflage). Wiesbaden: Verlag für Sozialwissenschaften.

Bäcker, G., & Heinze, R. G. (2013). *Soziale Gerontologie in gesellschaftlicher Verantwortung.* Wiesbaden: Springer Fachmedien Wiesbaden.

Badura, B. (2010). *Arbeit und Psyche: Belastungen reduzieren – Wohlbefinden fördern: Zahlen, Daten, Analysen aus allen Branchen der Wirtschaft.* Fehlzeiten-Report: Bd. 2009. Berlin: Springer.

Baillargeon, J. (2001). *Characteristics of the healthy worker effect.* Occupational Medicine, 16(2), 359–366.

© Springer Fachmedien Wiesbaden GmbH, ein Teil von Springer Nature 2019
K. Börner, *Die Altersabhängigkeit der Beanspruchung von Montagemitarbeitern,*
https://doi.org/10.1007/978-3-658-26378-2

Baines, T., Mason, S., Siebers, P.-O. & Ladbrook, J. (2004). *Humans: the missing link in manufacturing simulation?* Simulation Modelling Practice and Theory, 12(7–8), 515–526.

Balakumar, P., & Kaur, J. (2009). Is nicotine a key player or spectator in the induction and progression of cardiovascular disorders? Pharmacological research, 60(5), 361–368. Doi:10.1016/j.phrs.2009. 06.005.

Baldin K.-M. (2008). Employability für ältere Mitarbeiter. In P. Speck (Hrsg.), *Employability – Herausforderungen für die strategische Personalentwicklung. Konzepte für eine flexible, innovationsorientierte Arbeitswelt von morgen* (3. Auflage, S. 271–289). Wiesbaden: Gabler.

Baltes, M. M. (1996). Produktives Leben im Alter: Die vielen Gesichter des Alters – Resumee und Perspektiven für die Zukunft. In M. M. Baltes & L. Montada (Hrsg.), Schriftenreihe / ADIA-Stiftung zur Erforschung Neue Wege für Arbeit und soziales Leben: Bd. 3. *Produktives Leben im Alter* (S. 393–408). Frankfurt/Main, New York: Campus.

Baltes, P. B. (1996). Über die Zukunft des Alterns: Hoffnung mit Trauerflor. In M. M. Baltes & L. Montada (Hrsg.), Schriftenreihe / ADIA-Stiftung zur Erforschung Neuer Wege für Arbeit und soziales Leben: Bd. 3. *Produktives Leben im Alter* (S. 29–71). Frankfurt/Main, New York: Campus.

Baltes, P. B., & Baltes, M. M. (1990). Psychological perspectives on successful aging: The Model of selective optimization with compensation. In P. B. Baltes & M. M. Baltes (Hrsg.), *Successful aging: Perspectives from the behavioral science* (S. 1–34). New York: Cambridge University Press.

Baltes, P. B., & Baltes, M. M. (1994). Gerontologie: Begriff, Herausforderung und Brennpunkte. In P. B. Baltes (Hrsg.), *Alter und Altern. Ein interdisziplinärer Studientext zur Gerontologie* (S. 1–35). Berlin: Walter de Gruyter.

Baltes, P. B., Baltes, M. M., Freund, A. M., & Lang, F. (1999). *The measurement of selection, optimization, and compensation (SOC) by self-report: Technical report 1999.* Materialien aus der Bildungsforschung: Nr. 66. Berlin: Max-Planck-Institut für Bildungsforschung.

Bauernhansl, T. (Hrsg.). (2014). *Industrie 4.0 in Produktion, Automatisierung und Logistik. Anwendung, Technologien und Migration.* Wiesbaden: Springer Vieweg.

Becker, M., & Hettinger, T. (Hrsg.). (1993). *Kompendium der Arbeitswissenschaft: Optimierungsmöglichkeiten zur Arbeitsgestaltung und Arbeitsorganisation.* Ludwigshafen (Rhein): Kiehl.

Becks, C. (2003). *Zur Historie des Prinzips vorbestimmter Zeiten oder eine Methode entwickelt sich zum Maßstab: Suche nach einem einheitlichen Leistungsmaßstab für vom Menschen ausgeführte Arbeit.* In Deutsche MTM-Vereinigung e.V. (Hrsg.), MTM-Personalreport 2003 (S. 15–20).

Behrend, C. (2002). *Demografischer Wandel – eine Chance für ältere Arbeitnehmer?* Personalführung, (06), 34–39.

Bellmann, L., Gewiese, T., & Leber, U. (2006). *Betriebliche Altersstrukturen in Deutschland.* WSI Mitteilungen, (08), 427–432.

Bergius, R. (2013). *Feldstudie, Feldforschung.* In M. Wirtz (Hrsg.), Dorsch – Lexikon der Psychologie (16. Auflage).

Berke, A. (2016). *Alter und Sehen.* Online: https://www.sehzentrum.de/2016/10/24/alter-und-sehen

Biermann, H., & Weißmantel, H. (2003). *Regelkatalog SENSI-Geräte: Bedienungsfreundlich und barriere-frei durch das richtige Design.* Online: http://www.emk.tu-darmstadt.de/~weissmantel/sensi/sensi.html

Blackwell, O. M., & Blackwell, H. R. (1971). *Visual Performance Data for 156 Normal Observers of Various Ages.* Journal of the Illuminating Engineering Society, 1(1), 3–13. Doi:10.1080/00994480.1971. 10732194.

BMAS (Bundesministerium für Arbeit und Soziales) (Hrsg.). (2012). *Fortschrittsreport „Altersgerechte Arbeitswelt": Ausgabe 1: Entwicklung des Arbeitsmarkts für Ältere.* Online: www.bmas.de/Shared Docs/Downloads/DE/PDF-Publikationen-DinA4/fortschrittsreport-februar-2012.pdf

BMAS (Bundesministerium für Arbeit und Soziales) (Hrsg.). (2013). *Fortschrittsreport „Altersgerechte Arbeitswelt": Ausgabe 2: „Altersgerechte Arbeitsgestaltung".* Online: www.bmas.de/SharedDocs/ Downloads/DE/PDF-Publikationen-DinA4/fortschrittsreport-februar-2013.pdf

BMAS (Bundesministerium für Arbeit und Soziales) (Hrsg.). (2014). *Fortschrittsreport „Altersgerechte Arbeitswelt": Ausgabe 4: Lebenslanges Lernen und betriebliche Weiterbildung.* Online: www.bmas.de/SharedDocs/Downloads/DE/PDF-Publikationen/fortschrittsreport-ausgabe-4-juni-2014.pdf

Boedeker, W., Friedel, H., Friedrichs, M., & Röttger, C. (2008). *The impact of work on morbidity-related early retirement.* Journal of Public Health, 16(2), 97–105. Doi: 10.1007/s10389-007-0146-9.

Bokranz, R., & Landau, K. (2011). *Handbuch Industrial Engineering: Produktivitätsmanagement mit MTM* (2., überarbeitete Auflage). Stuttgart: Schäffer-Poeschel.

Borg, G. A. (1982). *Psychophysical bases of perceived exertion.* Medicine & Science in Sports & Exercise, (14), 377–381.

Börner, K., & Bullinger-Hoffmann, A. C. (2017). *Alter(n)sgerechte Arbeitsplatzgestaltung – Prävention von Anfang an.* Betriebliche Prävention, (6), 240–245.

Börner, K., & Bullinger, A. C. (2018). *Altersdifferenzierte Beanspruchungsanalyse von Montage-mitarbeitern in der Automobilindustrie.* Z. Arb. Wiss. 72: 287–294. Online: https://doi.org/10.1007/ s41449-018-0121-z

Börner, K., Leitner-Mai, B., Scherf, C., & Spanner-Ulmer, B. (2012). *Feldstudie zur altersabhängigen Beanspruchung von Montagemitarbeitern am Beispiel der Automobilzulieferindustrie.* In Gesellschaft für Arbeitswissenschaft e.V. (Hrsg.): Vol. 2012. Jahresdokumentation/Gesellschaft für Arbeits-wissenschaft e.V., Gestaltung nachhaltiger Arbeitssysteme – Wege zur gesunden, effizienten und sicheren Arbeit. 58. Kongress der Gesellschaft für Arbeitswissenschaft. 22. – 24. Februar 2012 (S. 299–303). Dortmund: GfA-Press.

Börner, K., Löffler, T., & Bullinger-Hoffmann, A. C. (2017). *CheckAge – Screening-Verfahren für die Bewertung alter(n)sgerechter Arbeitsplätze* (aw&I Report No. 2). Online: https://www.bibliothek.tu-chemnitz.de/ojs/index.php/awlR/article/download/139/42

Börner, K., Scherf, C., Leitner-Mai, B., & Spanner-Ulmer, B. (2011). Versuchsdesign zur Generierung altersdifferenzierter Beanspruchungsprofile am Beispiel der Automobilindustrie. In Gesellschaft für Arbeitswissenschaft e.V. (Hrsg.): Vol. 2011. Jahresdokumentation/Gesellschaft für Arbeitswissenschaft e.V., *Mensch, Technik, Organisation – Vernetzung im Produktentstehungs- und -herstellungsprozess* (S. 663–666). 57. Kongress der Gesellschaft für Arbeitswissenschaft. 23. – 25. März 2011. Dortmund: GfA-Press.

Börner, K., Scherf, C., Leitner-Mai, B., & Spanner-Ulmer, B. (2012). *Field study of age-differentiated strain for assembly line workers in the automotive industry.* Work (Reading, Mass.), 41 Suppl 1, 5160–5166. Doi: 10.3233/WOR-2012-1002-5160.

Börner, K., Scherf, C., Leitner-Mai, B., & Spanner-Ulmer, B. (2013). Field Study of Age-Critical Assembly Processes in the Automotive Industry. In C. M. Schlick, E. Frieling, & J. Wegge (Hrsg.), *Age-Differentiated Work Systems* (S. 253–277). Berlin, Heidelberg: Springer Berlin Heidelberg.

Börsch-Supan, A., Düzgün, I., & Weiss, M. (2007). *Der Zusammenhang zwischen Alter und Arbeitsproduktivität: Eine empirische Untersuchung auf Betriebsebene: Abschlussbericht.* Online: http://www.boeckler.de/pdf_fof/S-2004-697-3-5.pdf

Bortz, J., & Döring, N. (2006). *Forschungsmethoden und Evaluation: Für Human- und Sozialwissenschaftler,* mit 87 Tabellen (4., überarbeitete Auflage). Springer-Lehrbuch Bachelor, Master. Heidelberg: Springer-Medizin-Verlag.

Bösel, R. M. (2006). *Das Gehirn: Ein Lehrbuch der funktionellen Anatomie für die Psychologie. Einführungen und Allgemeine Psychologie.* Stuttgart: Kohlhammer.

Brandenburg, U., & Domschke, J.-P. (2007). *Die Zukunft sieht alt aus: Herausforderungen des demografischen Wandels für das Personalmanagement* (1. Auflage). Wiesbaden: Gabler.

Bräuer, D., Küchler, G., & Wolburg, I. (1973). *Untersuchungen zur Koordination von Herzschlag- und Atemfrequenz (Puls-Atem-Quotient) bei dynamischer Arbeit.* European Journal of applied Physiology, 31, 89–102.

Bruch, H., Kunze, F., Böhm, S., Lörcher, U., Harsdorf, K., & Faber, N. (2010). *Generationen erfolgreich führen: Konzepte und Praxiserfahrungen zum Management des demographischen Wandels.* Uniscope: Publikationen der SGO Stiftung.

Bubb, H. (1993). Systemergonomie. In H. Schmidtke (Hrsg.), *Ergonomie.* München: Carl Hanser Verlag.

Buck, H. (2002). Alternsgerechte und gesundheitsförderliche Arbeitsgestaltung – ausgewählte Handlungsempfehlungen. In M. Morschhäuser (Hrsg.), *Öffentlichkeits- und Marketingstrategie demographischer Wandel. Gesund bis zur Rente. Konzepte gesundheits- und alternsgerechter Arbeits- und Personalpolitik* (S. 73–85). Stuttgart: Fraunhofer-IRB-Verlag.

Bullinger, A. C. (2017). Der Mensch im Maschinen und Fahrzeugbau: Quo Vadis? In Gesellschaft für Arbeitswissenschaft e. V. (GfA) (Hrsg.), *Fokus Mensch im Maschinen- und Fahrzeugbau 4.0.* Herbstkonferenz der Gesellschaft für Arbeitswissenschaft: Institut für Betriebswissenschaften und Fabriksysteme/TU Chemnitz, ICM – Institut Chemnitzer Maschinen- und Anlagenbau e.V., 28. – 29. September 2017 (S. 1–12). Dortmund: GfA-Press.

Bullinger, H.-J. (1994). *Ergonomie: Produkt- und Arbeitsplatzgestaltung*. (Technologiemanagement). Wiesbaden: Springer.

Byers, J. C., Bittner, A. C., & Hill, S. G. (1989). Traditional and raw task load index (tlx) correlations: Are paired comparisions necessary? In A. Mital (Hrsg.), *Advances in industrial ergonomics and safety* (S. 481–485). Washington D. C.: Taylor and Francis.

Centers for Disease Control and Prevention. (2015). *Target Heart Rate and Estimated Maximum Heart Rate*. Online: https://www.cdc.gov/physicalactivity/basics/measuring/heartrate.htm

Centers for Disease Control and Prevention, & Ainsworth, B. (2003). *General Physical Activities Defined by Level of Intensity*. Online: Centers for Disease Control and Prevention, Ainsworth 2003 – General Physical Activities Defined.pdf

Chakravarthy, S. P., Subbaiah, K. M., & Shekar, G. L. (2015). *Ergonomics Study of Automobile Assembly Line*. International Journal on Recent Technologies in Mechanical and Electrical Engineering (IJRMEE), 2(5), 110–114.

Cohen, J. (1988). *Statistical Power Analysis for the Behavioral Sciences*. Hoboken: Taylor and Francis.

Colbjørnsen, T. (2003). Der Hawthorne-Effekt oder die Human-Relations-Theorie: Über die experimentelle Situation und ihren Einfluss. In S. U. Larsen & E. Zimmermann (Hrsg.), *Theorien und Methoden in den Sozialwissenschaften* (S. 131–143). Wiesbaden: VS Verlag für Sozialwissenschaften.

DAK Forschung (Hrsg.). (2014). *Gesundheitsreport 2014. Die Rushhour des Lebens. Gesundheit im Spannungsfeld von Job, Karriere und Familie*.

de Jong, J. R. (1959). *Leistungsminderung mit vorgerücktem Alter*. Zeitschrift für Arbeitswissenschaft und Fachbereiche aus der sozialen Betriebspraxis, 13(8/9), 136–140.

Deller, J. (2008). *Personalmanagement im demografischen Wandel: Ein Handbuch für den Veränderungsprozess*. Berlin: Springer.

de Marées, H. (2003). *Sportphysiologie* (9., vollständig überarbeitete und erweiterte Auflage). Köln: Sportverlag Strauß.

Deutsche MTM-Vereinigung e. V. (2012). *User-Group-EAWS-gegründet* (Nummer 2). Online: http://www.mtmmediathek.de/data/1047/User-Group-EAWS-gegruendet.pdf

DGB-Index Gute Arbeit GmbH (Hrsg.). (2012). *Arbeitshetze – Arbeitsintensivierung – Entgrenzung. So beurteilen die Beschäftigten die Lage*. Online: https://www.dgb-bestellservice.de/besys_dgb/pdf/DGB501006.pdf

DGUV (Deutsche Gesetzliche Unfallversicherung) (Hrsg.). (2010). *DGUV Information 209-069 – Ergonomische Maschinengestaltung von Werkzeugmaschinen der Metallbearbeitung*.

Diestel, S. & Schmidt, K.-H. (2013). Schlafqualität und Selbstkontrollfähigkeit als protektive Ressourcen bei hohen Selbst- und Emotionskontrollanforderungen: eine Tagebuchstudie. In Gesellschaft für Arbeitswissenschaft e.V. (Hrsg.), *Chancen durch Arbeits-, Produkt- und Systemgestaltung. Zukunftsfähigkeit für Produktions- und Dienstleistungsunternehmen* (S. 581–584). 59. Kongress der Gesellschaft für Arbeitswissenschaft (Jahresdokumentation/Gesellschaft für Arbeitswissenschaft e.V., Bd. 2013,). 27. Februar – 01. März 2013. Dortmund: GfA-Press.

Diestel, S., Neubach, B., & Schmidt, K.-H. (2007). Mehrebenenanalyse der Beschwerdekultur. In: GfA (Gesellschaft für Arbeitswissenschaft e. V.) (Hrsg.). (2007). *Kompetenzentwicklung in realen und virtuellen Arbeitssystemen.* 53. Kongress der Gesellschaft für Arbeitswissenschaft (Jahresdokumentation/Gesellschaft für Arbeitswissenschaft e.V., Bd. 2007). 28. Februar – 2. März 2007. Dortmund: GfA-Press.

DIN 33411-1 (1982-09). *Körperkräfte des Menschen 1 – Begriffe, Zusammenhänge, Bestimmungsgrößen.* Deutsches Institut für Normung e.V.

DIN 33411-4 (1987-05). *Körperkräfte des Menschen 4 – Maximale statische Aktionskräfte (Isodynen).* Deutsches Institut für Normung e.V.

DIN EN 1005-2 (2009-05). *Menschliche körperliche Leistung – Teil 2: Manuelle Handhabung von Gegenständen in Verbindung mit Maschinen und Maschinenteilen.* Deutsches Institut für Normung e.V.

DIN EN 1005-3 (2009-01). *Menschliche körperliche Leistung – Teil 3: Empfohlenen Kraftgrenzen bei Maschinenbetätigung.* Deutsches Institut für Normung e.V.

DIN EN 1005-4 (2009-01). *Menschliche körperliche Leistung – Teil 4: Bewertung von Körperhaltungen und Bewegungen bei der Arbeit an Maschinen.* Deutsches Institut für Normung e.V.

DIN EN ISO 6385 (2016-12). *Grundsätze der Ergonomie für die Gestaltung von Arbeitssystemen.* Deutsches Institut für Normung e.V.

DIN EN ISO 9241-110 (2006-08). *Ergonomie der Mensch-System-Interaktion – Teil 110: Grundsätze der Dialoggestaltung.* Deutsches Institut für Normung e.V.

DIN EN ISO 10075-1 (2000-11). *Ergonomische Grundlagen bezüglich psychischer Arbeitsbelastung. Teil 1: Allgemeines und Begriffe.* Deutsches Institut für Normung e.V.

DIN EN ISO 11690-1 (1997-02). *Richtlinien für die Gestaltung lärmarmer maschinenbestückter Arbeitsstätten. Teil 1: Allgemeine Grundlagen.* Deutsches Institut für Normung e.V.

Dombrowski, U. & Evers, M. (2014). Approach for determining the ideal workload of employees. In S. Terzi, B. Katz & S. Cunningham (Hrsg.), *International Conference on Engineering, Technology and Innovation (ICE).* Bergamo, Italy, 23 – 25 June 2014.

Döring, N., & Bortz, J. (2016). *Forschungsmethoden und Evaluation in den Sozial- und Humanwissenschaften.* Berlin, Heidelberg: Springer.

Dorrian, J., Baulk, S. D., & Dawson, D. (2011). *Work hours, workload, sleep and fatigue in Australian Rail Industry employees.* Applied Ergonomics, 42(2), 202–209.

Dragano, N. (2007). *Arbeit, Stress und krankheitsbedingte Frührenten: Zusammenhänge aus theoretischer und empirischer Sicht* (1. Auflage). Wiesbaden: VS Verlag für Sozialwissenschaften.

Engel, P., Hildebrandt, G., & Voigt, E.-D. (1969*). Der Tagesgang der Phasenkoppelung zwischen Herzschlag und Atmung in Ruhe und seine Beeinflussung durch dosierte Arbeitsbelastung.* Internationale Zeitschrift für angewandte Physiologie einschließlich Arbeitsphysiologie (27), 339 – 355.

Engel, U. (1998). *Einführung in die Mehrebenenanalyse: Grundlagen, Auswertungsverfahren und praktische Beispiele.* WV-Studium: Vol. 182. Opladen: Westdt. Verlag.

Etzold, S. (2003). *Der Rat der Greise.* Die Zeit Online. Online: http://www.zeit.de/2003/33/P-Baltes

Faller, N. (2009). *Atem und Bewegung: Theorie und 111 Übungen* (2., erweiterte und aktualisierte Auflage). Wien: Springer.

Fiebig, J., & Urban, D. (2014). *Meta-Analysen mit Mehrebenenmodellen unter Verwendung von HLM.* In Universität Stuttgart (Hrsg.), Schriftenreihe des Instituts für Sozialwissenschaften der Universität Stuttgart.

Field, A. (2012). *Discovering statistics using SPSS: (and sex and drugs and rock'n'roll)* (3. Auflage). Los Angeles: Sage.

Flato, E., & Reinbold-Scheible, S. (2008). *Zukunftsweisendes Personalmanagement: Herausforderung demografischer Wandel: Fachkräfte gewinnen, Talente halten, Erfahrung nutzen.* München: mi-Fachverlag.

Fox, S. M. 3rd, Naughton J. P., & Haskell, W. L. (1971). Physical activity and the prevention of coronary heart disease. Annals of clinical research, (3), 404–432.

Frieling, E. (2006). *Altersdifferenzierte Arbeitssysteme.* Zeitschrift für Arbeitswissenschaft, 60(3), 149–150.

Frieling, E., & Kotzab, D. (2014). *Work-Ability-Index - eine vergleichende Darstellung des Altersgangs in verschiedenen Tätigkeitsbereichen: Automobilmontage, Berufsfeuerwehr und Pflegetätigkeiten.* Zeitschrift für Arbeitswissenschaft, 68(1), 19–25.

Garson, G. D. (2013). Introductory Guide to HLM With HLM 7 Software. In G. Garson (Hrsg.), *Hierarchical Linear Modeling: Guide and Applications* (S. 55–96). 2455 Teller Road, Thousand Oaks California 91320 United States: SAGE Publications, Inc.

Geisler, J., & Beyerer, J. (Hrsg.). (2009). *Mensch-Maschine-Systeme.* Wissenschaftliches Kolloquium, 5. März 2009, Fraunhofer IITB (Karlsruher Schriften zur Anthropomatik), Karlsruhe.

Graf, O. (1955). *Studien über Arbeitspausen in Betrieben bei freier und zeitgebundener Arbeit (Fließarbeit).* Köln, Opladen: Westdeutscher Verlag.

Granacher, U. (2003). *Neuromuskuläre Leistungsfähigkeit im Alter (> 60 Jahre): Auswirkungen von kraft- und sensomotorischem Training.* Dissertation. Albert-Ludwigs-Universität. Freiburg.

Hart, S. G. (2006). NASA-TASK LOAD INDEX (NASA-TLX); 20 YEARS LATER. In *Proceedings of the Human Factors and Ergonomics Society.* 50th Annual Meeting (S. 904–908). HFES.

Hart, S. G., & Staveland, L. E. (1988). *Development of NASA-TLX (Task Load Index): Results of empirical and theoretical research.* Human Mental Workload.

Hartig, J., & Bechtoldt, M. (2005). *Hierarchisch Lineare Modelle.* Retrieved from Deutsches Institut für Internationale Pädagogische Forschung; Universität van Amsterdam website: http://user.uni-frankfurt.de/~johartig/hlm/HLM_Muenster.pdf

Hartmann, B. (2015). Wesentlich erhöhte körperliche Belastungen – zu arbeitsphysiologischen Hintergründen eines Anlasses zum Angebot arbeitsmedizinischer Vorsorge. In S. Hildenbrand & M. A. Rieger (Hrsg.), *Dokumentation der 55. Jahrestagung der DGAUM 2015.* 55. Wissenschaftliche Jahrestagung 2015, 18. – 20. März 2015 in München. Aachen: Geschäftsstelle der Deutschen Gesellschaft für Arbeitsmedizin und Umweltmedizin e.V.

Hartmann, B., Ditchen, D., Ellegast, R., Gebhardt, H., Hoehne-Hückstädt, U., Jäger, M., Klussmann, A., Liebers, Falk, Luttmann, A., Pfister, E., Schaub, K., Scholle, H.-C., & Steinberg, U. (2013). *S1-Leitlinie: Körperliche Belastungen des Rückens durch Lastenhandhabung und Zwangshaltungen im Arbeitsprozess.* Online: http://www.awmf.org/leitlinien/detail/ll/002-029.html

Hartmann, B., Spallek, M., & Ellegast, R. P. (2013). *Arbeitsbezogene Muskel-Skelett-Erkrankungen: Ursachen, Prävention, Ergonomie, Rehabilitation.* Handbuch der betriebsärztlichen Praxis. Heidelberg, München, Landsberg, Frechen, Hamburg: ecomed Medizin.

Hasselhorn, H.-M., & Burr, H. (2015). Sind ältere Beschäftigte durch schwere körperliche Arbeit mehr gefährdet als jüngere? Vergleichende Untersuchung quer- und längsschnittlicher Daten. In S. Hildenbrand & M. A. Rieger (Hrsg.), *Dokumentation der 55. Jahrestagung der DGAUM 2015.* 55. Wissenschaftliche Jahrestagung 2015, 18. – 20. März 2015 in München. Aachen: Geschäftsstelle der Deutschen Gesellschaft für Arbeitsmedizin und Umweltmedizin e.V.

Hasselhorn, H.-M., & Freude, G. (2007). *Der Work-Ability-Index: Ein Leitfaden* (Schriftenreihe der Bundesanstalt für Arbeitsschutz und Arbeitsmedizin / Sonderschrift). Bremerhaven.

Haumann, T., & Wieseke, J. (2013). *Mehrebenenregressionsanalyse.* WiSt – Wirtschaftswissenschaftliches Studium, 42(10), 532–539. Doi:10.15358/0340-1650_2013_10_532.

Hauschild, P. R., Landauf, K., & Ring, F. (2012). *Herzratenvariabilität als Messverfahren der Chronowissenschaften.*

Heckmann, C. (2001). *Zur Frage der klinischen Bedeutung des Puls-Atem-Quotienten (QP/A).* Der Merkurstab. Doi:10.14271/DMS-17801-DE.

Heitkamp, H.-C., Schimpf, T. M., Hipp, A., & Niess, A. (2005). *Freizeitsportaktivität und Herzgruppentherapie bei Koronarpatienten.* Herz, 30(2), 134–140. Doi:10.1007/s00059-005-2620-x.

Hellwig, R. T., Nöske, I., Brasche, S., Gebhardt, H., Levchuk, I., Bux, K., & Bischof, W. (2012). *Subjective and objective assessment of office performance and heat strain at elevated temperatures. The HESO-Study.* In: Proceedings of the 10th International Healthy Buildings Conference 2012. 8 – 12 July 2012. Brisbane, Australia. Queensland, Australia: Queensland University of Technology.

Hess-Gräfenberg, R. (2004). Alt, erfahren und gesund – auf dem Weg zu einem integrierten Konzept. In R. Busch (Hrsg.), Forschung und Weiterbildung für die betriebliche Praxis: Bd. 23. *Altersmanagement im Betrieb. Ältere Arbeitnehmer – zwischen Frühverrentung und Verlängerung der Lebensarbeitszeit* (1. Auflage, S. 155–171). München, Mering: Hampp.

Hildebrandt, G. (1960). *Die rhythmische Funktionsordnung von Puls und Atmung.* Zeitschrift für angewandte Bäder- und Klimaheilkunde, 7, 533.

Hildebrandt, G. (1976a). *Biologische Rhythmen und Arbeit.* Vienna: Springer Vienna.

Hildebrandt, G. (1976b). *Outline of Chronohygiene.* Chronobiologica, 3(2), 113–127.

Hildebrandt, G., & Daumann, F.-J. (1965). *Die Koordination von Puls- und Atemrhythmus bei Arbeit.* Internationale Zeitschrift für angewandte Physiologie einschließlich Arbeitsphysiologie, 21, 27–48.

Hildebrandt, G., Lehofer, M., & Moser, M. (1998). *Chronobiologie und Chronomedizin: Biologische Rhythmen; medizinische Konsequenzen.* Lernen & fortbilden. Stuttgart: Hippokrates.

Hildenbrand, S., & Rieger, M. A. (Hrsg.). (2015). *Dokumentation der 55. Jahrestagung der DGAUM 2015. 55. Wissenschaftliche Jahrestagung 2015, 18. – 20. März 2015 in München*. Aachen: Geschäftsstelle der Deutschen Gesellschaft für Arbeitsmedizin und Umweltmedizin e.V.

Hilf, H. H. (1976). *Einführung in die Arbeitswissenschaft* (Sammlung Goeschen, Bd. 2175, 2., erweiterte Auflage). Berlin: W. de Gruyter.

Hodgkins, J. (1962). *Influence of age on the speed of reaction and movement in females*. Journal of Gerontology, (173), 385–389.

Hofmann, D. A. (1997). *An Overview of the Logic and Rationale of Hierarchical Linear Models*. Journal of Management, 23, 723–744.

Hollmann, D. (2012). *Den demografischen Wandel im Unternehmen managen: Ergebnisbericht einer Studie von Mercer und der Bertelsmann Stiftung*. Frankfurt am Main.

Hox, J. J. (2010). *Multilevel analysis: Techniques and applications* (2. Auflage). Quantitative methodology series. New York: Routledge.

Huck, B. (2014). *Effiziente Vorgehensweise bei der Bewertung von Ergonomie*. 3. Fachtagung Ergonomie: Faktor Mensch in der Automobil-Produktion, Braunschweig.

Iller, C. (2005). *Altern gestalten – berufliche Entwicklungsprozesse und Weiterbildung im Lebenslauf*.

Ilmarinen, J. (2001). *Aging Workers*. Occupational and environmental medicine, 58(8), 546–552.

Ilmarinen, J. (2005). *Towards a longer worklife!: Ageing and the quality of worklife in the European Union*. Helsinki: Finnish Institute of Occupational Health, Ministry of Social Affairs and Health.

Ilmarinen, J., & Tempel, J. (2002). *Arbeitsfähigkeit 2010: Was können wir tun, damit Sie gesund bleiben?* Hamburg: VSA-Verlag.

INQA (Initiative Neue Qualität der Arbeit). (2011). *Altersdifferenzierte und alternsgerechte Betriebs- und Tarifpolitik: Eine Bestandsaufnahme betriebspolitischer und tarifvertraglicher Maßnahmen zur Sicherung der Beschäftigungsfähigkeit* (1. Auflage). INQA-Bericht: Vol. 42. Dortmund, Berlin: BAuA; Geschäftsstelle der INQA c/o BAuA.

Jacobi, G., Biesaliski, H. K., Gola, U., Huber, J., & Sommer, F. (Hrsg.). (2005). *Kursbuch Anti-Aging*. Stuttgart: Thieme.

Jaeger, C. (2015). Leistungsfähigkeit und Alter – praxisrelevante Hinweise für Unternehmen und Beschäftigte. In Institut für angewandte Arbeitswissenschaft e.V. (ifaa) (Hrsg.), Institut für angewandte Arbeitswissenschaft. *Leistungsfähigkeit im Betrieb. Kompendium für den Betriebspraktiker zur Bewältigung des demografischen Wandels*.

Jastrzebowski, W. (1857). *Grundriss der Ergonomie bzw. der Arbeitswissenschaft*. Natur und Industrie, 2 (29).

Joiko, K. (2008). *Psychische Belastung und Beanspruchung im Berufsleben: Erkennen – Gestalten* (4. Auflage). Dortmund: Bundesanstalt für Arbeitsschutz und Arbeitsmedizin.

Jordan, P. (1995). *Anforderungen an den altersgerechten Personaleinsatz* (Vol. 146): Wirtschaftsverlag Bachem.

Juda, M., Münch, M., Wirz-Justice, A., Merrow, M., & Roenneberg, T. (2006). *The Biological Clock and Sleep in the Elderly.* Zeitschrift für Gerontopsychologie & -psychiatrie, 19(1), 45–51. Doi:10.1024/1011-6877.19.1.45.

Juda, M., Vetter, C., & Roenneberg, T. (2013). *Chronotype modulates sleep duration, sleep quality, and social jet lag in shift-workers.* Journal of Biological Rhythms, 28(2), 141–151.

Kade, S. (2009). *Altern und Bildung: Eine Einführung* (2., aktualisierte und überarbeitete Auflage). Erwachsenenbildung und lebensbegleitendes Lernen: 7: Grundlagen und Theorie. Bielefeld: Bertelsmann.

Kaiser, T. & Schunkert, H. (2001). *Kardiovaskuläre Veränderungen bei Adipositas.* Herz, 26(3), 194–201.

Kantermann, T., Juda, M., Merrow, M., & Roenneberg, T. (2007). *The human circadian clock's seasonal adjustment is disrupted by daylight saving time.* Current biology: CB, 17(22), 1996–2000. Doi:10.1016/j.cub.2007.10.025.

Karius, A. (2015). *Daimler investiert Milliarden in Modernisierung des Werks Untertürkheim.* Online: https://www.automobil-produktion.de/hersteller/wirtschaft/daimler-investiert-milliarden-in-modernisierung-von-untertuerkheim-251.html

Keil, M. (2011). *Konsequenzen des demographischen Wandels für zukünftige Produktions- und Technologieabläufe am Beispiel der altersbedingten Veränderung der Fähigkeit des Sehens.* Dissertation. Technische Universität Chemnitz, Chemnitz.

Keil, M., Hensel, R., & Spanner-Ulmer, B. (2010). *Fähigkeitsgerechte Prozessmodellbausteine zur Generierung altersdifferenzierter Beanspruchungsprofile.* Zeitschrift für Arbeitswissenschaft, (3), 205–215.

Keller, F. (2003). *Analyse von Längsschnittdaten.* Zeitschrift für Klinische Psychologie und Psychotherapie, 32(1), 51–61. Doi:10.1026/0084-5345.32.1.51.

Kellmann, M., & Golenia, M. (2003). *Skalen zur Erfassung der aktuellen Befindlichkeit im Sport.* Deutsche Zeitschrift für Sportmedizin, 54(11), 329–330.

Kenny, G. P., Yardley, J. E., Martineau, L., & Jay, O. (2008). *Physical work capacity in older adults: implications for the aging worker.* American journal of industrial medicine, 51(8), 610–625. Doi:10.1002/ajim.20600.

Kiepsch, H.-J., Decker, C., & Harlfinger-Woitzik, G. (2009). *BG-Information: Mensch und Arbeitsplatz BGI 523.*

Kim, J.-H., Roberge, R., Powell, J. B., Shafer, A. B., & Jon Williams, W. (2013). *Measurement accuracy of heart rate and respiratory rate during graded exercise and sustained exercise in the heat using the Zephyr BioHarness.* International journal of sports medicine, 34(6), 497–501. Doi:10.1055/s-0032-1327661.

Kindsmüller, M. C., Leuchter, S., Schulze-Kissing, D., & Urbas, L. (2004). Modellierung und Simulation menschlichen Verhaltens als Methode der Mensch-Maschine-System-Forschung. In S. Leuchter, D. Schulze-Kissing, L. Urbas, & M. C. Kindsmüller (Hrsg.), *MMI Interaktiv – Modellierung und Simulation in Mensch-Maschine-Systemen* (Bd. 7, 1. Auflage, S. 4–16).

Kloimüller, I., Karazman, R., Geissler, H., Karazman-Morawetz, I. & Haupt, H. (2000). *The relation of age, work ability index and stress-inducing factors among bus drivers.* International Journal of Industrial Ergonomics, 25, 497–502.

Knott, V. C., Mayr, T., & Bengler, K. (2015). *Lifting Activities in Production and Logistics of the Future – Cardiopulmonary Exercise Testing (CPET) for Analyzing Physiological Stress.* Procedia Manufacturing, 3, 354–362.

Kobiela, F. (2010). *Fahrerintentionserkennung für autonome Notbremssysteme.* Dissertation, Technische Universität Dresden. Dresden.

Korunka, C., Kubicek, B., Prem, R., & Cvitan, A. (2012). *Recovery and detachment between shifts, and fatigue during a twelve-hour shift.* Work, 41, 3227–3233.

Kratzsch, S. (2000). *Prozess- und Arbeitsorganisation in Fliessmontagesystemen.* Schriftenreihe des IWF. Essen: Vulkan-Verlag.

Kreft, I., & Leeuw, J. d. (2002). *Introducing multilevel modeling.* Introducing statistical methods. London: Sage.

Kroidl, R. F., Schwarz, S., Lehnigk, B., & Fritsch, J. (Hrsg.). (2015). *Kursbuch Spiroergometrie: Technik und Befundung verständlich gemacht* (3., vollständig überarbeitete und erweiterte Auflage). Stuttgart, New York: Georg Thieme Verlag.

Kromrey, H. (2009). Empirische Sozialforschung (12. Auflage). Stuttgart: UTB GmbH; UVK/Lucius.

Kugler, M., Bierwirth, M., Schaub, K., Sinn-Berendt, A., Feith, A., Ghezel-Ahmadi, K., & Bruder, R. (2010). *Ergonomie in der Industrie – aber wie? Handlungshilfe für den schrittweisen Aufbau eines einfachen Ergonomiemanagements.* Online: https://www.baua.de/DE/Themen/Arbeitsgestaltung-im-Betrieb/ Physische-Belastung/Praevention/pdf/Muskel-Skelett-1.pdf

Kühl, S. (2009). Experiment. In S. Kühl (Hrsg.), *Handbuch Methoden der Organisationsforschung. Quantitative und qualitative Methoden* (S. 534 557). Wiesbaden: VS Verlag für Sozialwissenschaften.

Landau, K., Abendroth, B., Meyer, O., & Ackert, H. (2003). *MEPEF – Methoden zur polygraphischen Erfassung des Fahrerverhaltens.* In H. Winner & K. Landau (Hrsg.), mensch+fahrzeug. 40–65.

Landau, K., & Pressel, G. (Hrsg.). (2009). *Medizinisches Lexikon der beruflichen Belastungen und Gefährdungen: Definitionen, Vorkommen, Arbeitsschutz;* mit Literatur-CD-ROM (2., vollständig neu-bearbeitete Auflage). Stuttgart: Gentner.

Landau, K., Wiese, G., Bopp, V., Sinn-Berendt, A., Winter, G., & Salmanzadeh, H. (2006). *Integration of inspection tasks into machine operators' jobs in the consumer goods industry.* Occupational Ergnomics, 6(3–4), 159–172.

Langer, W. (2009). *Mehrebenenanalyse: Eine Einführung für Forschung und Praxis* (2. überarbeitete Auflage). Studienskripten zur Soziologie. Wiesbaden: VS, Verlag für Sozialwissenschaften.

Larsen, R., & Ziegenfuß, T. (2013). Physiologie der Atmung. In R. Larsen (Hrsg.), Bea*tmung. Indikationen, Techniken, Krankheitsbilder* (5. Auflage, S. 19–54). Berlin, Heidelberg: Springer.

Laufs, U., & Böhm, M. (2000). *Kardiovaskulärer Risikofaktor Adipositas.* Deutsche Medizinische Wochenschrift, 125, 262–268.

Laurig, W. (1982). *Grundzüge der Ergonomie* (2. durchgesehene und erweiterte Auflage). Berlin: Beuth.

Lehmann, G. (1953). *Praktische Arbeitsphysiologie.* Stuttgart: Georg Thieme Verlag.

Li, C.-Y., & Sung, F.-C. (1999). *A review of the healthy worker effect in occupational epidemiology.* Occupational Medicine, 49(4), 225–229.

Liedtke, M. (2013). *Die Effektive Lärmdosis (ELD) – Grundlagen und Verwendung.* Zbl Arbeitsmed, 63, 66–79.

Lindle, R. S., Metter, E. J., Lynch, N. A., Fleg, J. L., Fozard, J. L., Tobin, J., Roy, T. A., & Hurley, B. F. (1997). *Age and gender comparisons of muscle strength in 654 women and men aged 20-93 yr.* Journal of Applied Physiology, 83(5), 1581–1587.

Lohmann-Haislah, A. (2012). *Psychische Belastung – was tun?: Verhältnisprävention geht vor Verhaltensprävention.* baua: Aktuell, 02(2), 6–7.

Lotter, B. (2012). Manuelle Montage von Kleingeräten. In B. Lotter & H.-P. Wiendahl (Hrsg.), *VDI-Buch. Montage in der industriellen Produktion. Ein Handbuch für die Praxis* (2. Auflage, S. 109–146). Berlin: Springer Berlin.

Lotter, E. (2014). Manuelle und hybride Montagesysteme. In K. Feldmann (Hrsg.), Edition: *Handbuch der Fertigungstechnik. Handbuch Fügen, Handhaben, Montieren* (2. Auflage, S. 483–525). München: Hanser.

Luczak, H., Volpert, W., Raeithel, A., & Schwier, W. (1987). *Arbeitswissenschaft: Kerndefinition, Gegenstandskatalog, Forschungsgebiete.* RKW Praxisinformation. Eschborn, Köln: RKW-Verlag; Verlag TÜV Rheinland.

Mann, H., Rutenfranz, J., & Aschoff, J. (1972). *Untersuchungen zur Tagesperiodik der Reaktionszeit bei Nachtarbeit.* Internationales Archiv Arbeitsmedizin, 29, 159–174.

Marschall, J., Hildebrandt, S., Sydow, H., & Nolting, H.-D. (2017). *Gesundheitsreport 2017: Analyse der Arbeitsunfähigkeitsdaten. Update: Schlafstörungen* (1. Auflage). Beiträge zur Gesundheitsökonomie und Versorgungsforschung: Bd. 16.

Marti, T. (2013). *Imaginationsprozesse und Vigilanz: physiologische Wirkung unterschiedlicher mentaler Prozesse auf das cardiorespiratorische System.* Research on Steiner Education, 3(2), 83–98.

Martino, M. M. F. de, Oliveira, B. de, Mendes, S., Figueiredo De Martino Pasetti, K., & Sonati, J. (2014). *Association between Chronotype and Social Factors in Shift Workers.* Science Journal of Medicine and Clinical Trials.

McArdle, W. D., Katch, F. I., & Katch, V. L. (2010). *Exercise physiology: Nutrition, energy, and human performance* (7. Auflage). Baltimore, MD: Lippincott Williams & Wilkins.

McCambridge, J., Witton, J., & Elbourne, D. R. (2014). *Systematic review of the Hawthorne effect: new concepts are needed to study research participation effects.* Journal of clinical epidemiology, 67(3), 267–277.

Meissner-Pöthig, D., Michalak, U., & Schulz, J. (2004). „Anti-Aging" und Vitalität. European Journal of Geriatrics, 6(1), 28–35.

Meister, F. (2007). Neurofunktionelle Grundlagen der Steuerung episodisch-assoziativer Gedächtnisfunktionen und ihre Veränderung im Altersverlauf. Dissertation. Ludwig-Maximilians-Universität München, München.

Mensink, G. B. M., Schienkiewitz, A., Haftenberger, M., Lampert, T., Ziese, T., & Scheidt-Nave, C. (2013). Übergewicht und Adipositas in Deutschland: Ergebnisse der Studie zur Gesundheit Erwachsener in Deutschland (DEGS1). Bundesgesundheitsblatt, Gesundheitsforschung, Gesundheitsschutz, 56(5 6), 786–794. Doi:10.1007/s00103-012-1656-3.

Meyer, G., & Nyhuis, P. (2012). Altersgerechte und kompetenzorientierte Arbeitsgestaltung in der Produktion. In E. Müller (Hrsg.), Schriftenreihe der Hochschulgruppe für Arbeits- und Betriebsorganisation e.V. (HAB). Demographischer Wandel. Herausforderung für die Arbeits- und Betriebsorganisation der Zukunft; Tagungsband zum 25. HAB-Forschungsseminar (S. 413–432). Berlin: Gito.

Miles, L. (2007). Physical activity and health. Nutrition Bulletin, 32, 314–363.

Minnich, J. & Lemanski, S. (2011). Stress, Urlaubsqualität und Erholung: Eine handheldbasierte Studie zum Erholungseffekt von Urlaub. In: Gesellschaft für Arbeitswissenschaft e.V. (Hrsg.). Mensch, Technik, Organisation – Vernetzung im Produktentstehungs- und -herstellungsprozess. 57. Kongress der Gesellschaft für Arbeitswissenschaft (Jahresdokumentation/Gesellschaft für Arbeitswissenschaft e.V., Bd. 2011). 23. – 25. März 2011. Dortmund: GfA-Press.

Morikawa, Y., Nakagawa, H., Miura, K., Soyama, Y., Ishizaki, M., Kido, T., Naruse, Y., Suwazono, Y., & Nogawa, K. (2007). Effect of shift work on body mass index and metabolic parameters. Scandinavian Journal of Work, Environment & Health, 33(1), 45–50. Doi:10.5271/sjweh.1063.

Morschhäuser, M. (2002). Betriebliche Gesundheitsförderung angesichts des demographischen Wandels. In M. Morschhäuser (Hrsg.), Gesund bis zur Rente. Konzepte gesundheits- und alternsgerechter Arbeits- und Personalpolitik (Öffentlichkeits- und Marketingstrategie demographischer Wandel, S. 10–21). Stuttgart: Fraunhofer-IRB-Verlag.

MTM. (o. J.). Mengenfertigung. Online: https://www.dmtm.com/glossar/inhalt/Mengenfertigung +mass+production

Mühlstedt, J. (2012). Entwicklung eines Modells dynamisch-muskulärer Arbeitsbeanspruchungen auf Basis digitaler Menschmodelle. Dissertation. Technische Universität Chemnitz, Chemnitz.

Müller, E., Engelmann, J., Löffler, T., & Strauch, J. (2009). Energieeffiziente Fabriken planen und betreiben. Berlin: Springer.

Müller, K. (2013). Herzfrequenz und Herzfrequenzvariabilität bei Patienten mit kardiovaskulären Risikofaktoren: Zusammenhänge mit Befindlichkeit sowie zeitliche Stabilität. Dissertation, Georg-August-Universität Göttingen. Göttingen.

Müller, P. (2011). Einsatz älterer Menschen zur Reduktion des Fachkräftemangels: Eine Analyse in mittelständischen Unternehmen (1. Auflage). Gabler research. Wiesbaden: Gabler.

Nagel, U., & Petermann, O. (2016). *Psychische Belastungen, Stress, Burnout?: So erkennen Sie frühzeitig Gefährdungen für Ihre Mitarbeiter und beugen Erkrankungen erfolgreich vor!* (2. Auflage). Landsberg: ecomed Sicherheit.

National Health Service. (2015). *Physical activity guidelines for adults.* Online: http://www.nhs.uk /Livewell/fitness/Pages/physical-activity-guidelines-for-adults.aspx

National Heart, Lung, and Blood Institute. (2016). *Recommandations for Physical Activity.* Online: https://www.nhlbi.nih.gov/health/health-topics/topics/phys/recommend

Neubert, N. (2013). *Return-on-Investment in der Arbeitswissenschaft: Qualitäts- und Produktivitätsverbesserungen durch ergonomische Arbeitsplatzgestaltung.* Dissertation. Technische Universität Darmstadt, Darmstadt.

Neubert, S. (2011). *Mobiles Online-Erfassungssystem für telemedizinische Anwendungen in der arbeits- und präventivmedizinischen Forschung.* Dissertation. Universität Rostock, Rostock.

Nezlek, J. B., Schröder-Abé, M., & Schütz, A. (2006). *Mehrebenenanalysen in der psychologischen Forschung.* Psychologische Rundschau, 57(4), 213–223. Doi:10.1026/0033-3042.57.4.213.

Nitsch, J.-R. (1976). Die Eigenzustandsskala (EZ-Skala) – Ein Verfahren zur hierarchisch-mehrdimensionalen Befindlichkeitsskalierung. In J.-R. Nitsch & I. Udris (Hrsg.), *Beanspruchung im Sport: Beiträge zur psychologischen Analyse sportlicher Leistungssituationen* (Training und Beanspruchung, Bd. 4, S. 81–102). Bad Homburg v.d.H.: Limpert.

Noyes, J.M., & Bruneau, D.P. (2007). *A self-analysis of the NASA-TLX workload measure.* Ergonomics 50(4), 514–519.

Oberlinner, C., Halbgewachs, A., & Yong, M. (2016). *Work-Ability-Index – Vergleich zwischen verschiedenen Arbeitszeitformen.* Zeitschrift für Arbeitswissenschaft, 70(1), 12–19.

Oertel, J. (2014). Baby Boomer und Generation X – Charakteristika der etablierten Arbeitnehmer-Generationen. In M. Klaffke (Hrsg.), *Generationen-Management* (S. 27–56). Wiesbaden: Springer Fachmedien Wiesbaden.

Olafsdottir, H., Zhang, W., Zatsiorsky, V. M., & Latash, M. L. (2007). *Age-related changes in multifinger synergies in accurate moment of force production tasks.* Journal of applied physiology (Bethesda, Md.: 1985), 102(4), 1490–1501. Doi:10.1152/japplphysiol.00966.2006.

Östberg, O. (1973). *Interindividual differences in circadian fatigue patterns of shift workers.* British Journal of Industrial Medicine, 30, 341–351.

Oswald, W., & Gunzelmann, T. (1991). Altern, Gedächtnis und Leistung – Veränderung und Interventionsmöglichkeiten. In K. Arnold & E. Lang (Hrsg.), *Altern und Leistung* (S. 272–281). Stuttgart: Thieme.

Palatini, P., Benetos, A., Grassi, G., Julius, S., Kjeldsen, S. E., Mancia, G., Narkiewicz, K., Parati, G., Pessina, A. C., Ruilope, L. M., & Zanchetti, A. (2006). *Identification and management of the hypertensive patient with elevated heart rate: statement of a European Society of Hypertension Consensus Meeting.* Journal of hypertension, 24(4), 603–610. Doi:10.1097/01.hjh.0000217838. 49842.1e.

Patakim K., Schulze Kissing, D., Mahlke, S., & Thüring, M. (2005). Anwendung von Usability-Maßnahmen zur Nutzereinschätzung von Fahrerassistenzsystemen. In K. Karrer (Hrsg.), Beiträge zur Mensch-Maschine-Systemtechnik aus Forschung und Praxis. Festschrift für Klaus-Peter Timpe (1. Auflage, S. 211–228). Düsseldorf: Symposion Publ.

Pátkai, P. (1971). Interindividual differences in diurnal variations in alertness, performance, and adrenaline excretion. Acta physiologica Scandinavica, 81(1), 35–46. Doi:10.1111/j.1748-1716.1971.tb04875.x.

Patten, C. J. D., Kircher, A., Ostlund, J., Nilsson, L., & Svenson, O. (2006). Driver experience and cognitive workload in different traffic environments. Accident; analysis and prevention, 38(5), 887–894.

Pearce, D. H., & Milhorn Jr, H. T. (1977). Dynamic and steady-state respiratory responses to bicycle exercise. Journal of Applied Physiology, 42(6), 959–967.

Pickup, L., Wilson, J.R., Sharpies, S., Norris, B., Clarke, T., & Young, M. S. (2005). Fundamental examination of mental workload in the rail industry. Theor. Issues Ergon. Sci. 6(6), 463–482.

Plath, H.-E., & Richter, P. (1984). Ermüdung – Monotonie – Sättigung – Stress: Erfassung erlebter Beanspruchungsfolgen (BMS). Berlin.

Pollock, M. L., Gaesser, G. A., Butcher, J. D., Després, J.-P., Dishman, R. K., Franklin, B. A., & Garber, C. E. (1998). ACSM Position Stand: The Recommended Quantity and Quality of Exercise for Developing and Maintaining Cardiorespiratory and Muscular Fitness, and Flexibility in Healthy Adults. Medicine & Science in Sports & Exercise, 30(6), 975–991. Doi: 10.1097/00005768-199806000-00032.

Potvin A. R., Syndulko K., Tourtellotte W. W., Lemmon J. A., & Potvin J. H. (1980). Human neurologic function and the aging process. Journal of the American Geriatrics Society, (28), 1–9.

Prasch, M. G. (2010). Integration leistungsgewandelter Mitarbeiter in die variantenreiche Serienmontage. Dissertation. Technische Universität München, München.

Raschke, F., Bockelbrink, W., & Hildebrandt, G. (1976). Spectral analysis of momentary heart rate for exemination of recovery during night sleep. In P. Koella & P. Levin (Hrsg.), Sleep 1976 (S. 298–301). Basel: Karger.

REFA (Verband für Arbeitsstudien und Betriebsorganisation e.V.) (Hrsg.). (1984). Methodenlehre des Arbeitsstudiums. Teil 1. Grundlagen (7. Auflage). München: Hanser.

REFA (Verband für Arbeitsstudien und Betriebsorganisation e.V.) (Hrsg.). (1993). Methodenlehre der Betriebsorganisation. Grundlagen der Arbeitsgestaltung (Methodenlehre der Betriebsorganisation, 2. Auflage). München: Hanser.

Reimann, H. (1994). Das Alter (3., neu bearb. Auflage). Stuttgart: Enke.

Rensing, L., & Rippe, V. (2013). Altern: Zelluläre und molekulare Grundlagen, körperliche Veränderungen und Erkrankungen, Therapieansätze. Dordrecht: Springer.

Richard, H. A., & Kullmer, G. (2013). Biomechanik: Grundlagen und Anwendungen auf den menschlichen Bewegungsapparat. Studium Technik. Wiesbaden: Springer Vieweg.

Richter, P., Debitz, U., & Schulze, F. (2002). *Diagnostik von Arbeitsanforderungen und kumulativen Beanspruchungsfolgen am Beispiel eines Call Centers*. Zeitschrift für angewandte Arbeitswissenschaft, 56(1–2), 67–76.

Riedel, S., Gillmeister, F., Kinne, J., & Reiss, T. (2012). *Einflüsse altersabhängiger Veränderungen von Bedienpersonen auf die sichere Nutzung von Handmaschinen*. Forschung Projekt F 2118. Dortmund: Bundesanstalt für Arbeitsschutz und Arbeitsmedizin.

Rief, W., & Bernius, P. (2011). *Biofeedback. Grundlagen, Indikationen, Kommunikation, praktisches Vorgehen in der Therapie* (3. überarbeitete und erweiterte Auflage). Stuttgart: Schattauer.

Rimser, M. (2014). *Generation Resource Management*. Wiesbaden: Springer Fachmedien Wiesbaden.

RKI (Robert Koch Institut) (2015). *Gesundheit in Deutschland. Gesundheitsberichterstattung des Bundes*. Berlin: Robert Koch-Institut.

Roenneberg, T., Kuehnle, T., Juda, M., Kantermann, T., Allebrandt, K., Gordijn, M., & Merrow, M. (2007). *Epidemiology of the human circadian clock*. Sleep medicine reviews, 11 (6), 429–438. Doi: 10.1016/j.smrv.2007.07.005.

Roenneberg, T., & Merrow, M. (2005). Das Leben im Zeitraum Tag. In R. Schulkowsky & J. Kienberger (Hrsg.), *Aus dem Takt* (S. 107–126). Bielefeld: transcript.

Roenneberg, T., Wirz-Justice, A., & Merrow, M. (2003). Life between Clocks: Daily Temporal Patterns of Human Chronotypes. Journal of Biological Rhythms, 18 (1), 80–90. Doi: 10.1177/0748730402239679.

Rohmert, W. (1983). Formen menschlicher Arbeit. In W. Rohmert & J. Rutenfranz (Hrsg.), *Praktische Arbeitsphysiologie* (3. neu bearbeitete Auflage). Stuttgart New York: Georg Thieme Verlag.

Rokosch, F., Schick, R., & Schäfer, K. (2017). *Vibrationsbelastungen bei der Bedienung von Fahrerstandgeräten*. Zentralblatt für Arbeitsmedizin, Arbeitsschutz und Ergonomie, 67(1), 15–21.

Romagnol, J. (2015). *Physiological status monitoring in the chilean mine rescus operation: Case Study*.

Rüdiger, H. W. (2004). *Gesundheitliche Probleme bei Nacht- und Schichtarbeit sowie beim Jetlag*. Der Internist, 45(9), 1021–1025. Doi:10.1007/s00108-004-1257-9.

Sachverständigenrat zur Begutachtung der gesamtwirtschaftlichen Entwicklung (Hrsg.) (2011). *Herausforderungen des demografischen Wandels: Expertise im Auftrag der Bundesregierung*. (Sachverständigenrat zur Begutachtung der gesamtwirtschaftlichen Entwicklung, Hrsg.). Wiesbaden: Statistisches Bundesamt.

Saljé, E., & Brandin, H. (1980). *Prozesszeit und Zeitvolumen in Abhängigkeit von Werkstück und Maschine*. Maschinenmarkt, 86(95), 1895–1897.

Salthouse, T. A. (2000). *Aging and measures of processing speed*. Biological Psychology, 54, 35–54.

Sammito, S., Thielmann, B., Seibt, R., Klussmann, A., Weippert, M., & Böckelmann, I. (2014). *Nutzung der Herzschlagfrequenz und der Herzfrequenzvariabilität in der Arbeitsmedizin und der Arbeitswissenschaft*. Leitlinie. Online: http://www.awmf.org/uploads/tx_szleitlinien/002-042l_S2k_Herzschlagfrequenz_Herzfrequenzvariabilität_2014-07.pdf

Šapkin, S. A. (2012). *Altersbezogene Änderungen kognitiver Fähigkeiten – kompensatorische Prozesse und physiologische Kosten: Forschung Projekt F 2152.* Dortmund, Berlin, Dresden: Bundesanst. für Arbeitsschutz und Arbeitsmedizin.

Saptari, A., Leau, J. X., & Mohamad, N. A. (2015). *The effect of time pressure, working position, component bin position and gender on human error in manual assembly line.* In International Conference on Industrial Engineering and Operations Management (IEOM), 1–6.

Schaub, K., & Ahmadi, K. (2007). Vom AAWS zum EAWS – ein erweitertes Screening-Verfahren für körperliche Belastungen. In Gesellschaft für Arbeitswissenschaft e. V. (GfA) (Hrsg.): Vol. 2007. Jahresdokumentation/Gesellschaft für Arbeitswissenschaft e.V., *Kompetenzentwicklung in realen und virtuellen Arbeitssystemen.* 53. Kongress der Gesellschaft für Arbeitswissenschaft vom 28. Februar – 2. März 2007. Dortmund: GfA-Press.

Schaub, K., Caragnano, G., Britzke, B., & Bruder, R. (2012). *The European Assembly Worksheet.* Theoretical Issues in Ergonomics Science, 14(6), 616–639. Doi:10.1080/1463922X.2012.678283.

Schenk, M., Wirth, S., & Müller, E. (2014). *Fabrikplanung und Fabrikbetrieb: Methoden für die wandlungsfähige, vernetzte und ressourceneffiziente Fabrik* (2., vollständig überarbeitete und erweiterte Auflage 2014).

Scherf, C. (2014). *Entwicklung, Herstellung und Evaluation des Modularen Alterssimulationsanzugs eXtra (MAX)* Dissertation. Technische Universität Chemnitz, Chemnitz.

Scherf, C., Börner, K., Leitner-Mai, B., & Spanner-Ulmer, B. Identifying age-differentiated Strain Profiles for Assemblers on the Basis of age-critical Reference Processes. In M. Göbel, C. J. Christie, A. I. Zschernak, & Mattison M. (Hrsg.), *Research for the missing link* (S. 87–92).

Scherf, C., Leitner-Mai, B., Börner, K., & Spanner-Ulmer, B. (2010). Versuchsdesign zur Generierung altersdifferenzierter Beanspruchungsprofile. In E. Müller & B. Spanner-Ulmer (Hrsg.), *Nachhaltigkeit in Planung und Produktion* (S. 1–12). Wissenschaftliche Schriftenreihe des Institutes für Betriebswissenschaften und Fabriksysteme.

Schiml, N., Pangert, B., & Schüpbach, H. (2012). Die Rolle individueller Handlungsstrategien für das Zusammenspiel von Arbeits- und Privatleben – Eine Tagebuchstudie. In Gesellschaft für Arbeitswissenschaft e.V. (Hrsg.). (2012). *Gestaltung nachhaltiger Arbeitssysteme – Wege zur gesunden, effizienten und sicheren Arbeit.* 58. Kongress der Gesellschaft für Arbeitswissenschaft (Jahresdokumentation/Gesellschaft für Arbeitswissenschaft e.V., Bd. 2012). 22. – 24. Februar 2012. Dortmund: GfA-Press.

Schlick, C. M., Bruder, R., & Luczak, H. (2010). *Arbeitswissenschaft.* Berlin, Heidelberg: Springer.

Schlick, C. M., Frieling, E., & Wegge, J. (Hrsg.). (2013). Age-Differentiated Work Systems. Berlin, Heidelberg: Springer.

Schmalstieg, P. (2012). Wahrnehmen und Beobachten: 135 Tabellen (3. überarbeitete Auflage). *Verstehen & pflegen: Bd. 2.* Stuttgart, New York, NY: Thieme.

Schmauder, M., & Spanner-Ulmer, B. (2014). *Ergonomie – Grundlagen zur Interaktion von Mensch, Technik und Organisation* (REFA-Fachbuchreihe Arbeitsgestaltung). München: Carl Hanser Verlag.

Schmidtke, H. (1966). *Überwachungs-, Kontroll- und Steuerungstätigkeiten*. RKW Reihe Arbeitsphysiologie, Arbeitspsychologie: Beuth-Vertrieb.

Schmidtke, H. (Hrsg.). (1981). *Lehrbuch der Ergonomie* (2. Auflage). München, Wien: Carl Hanser Verlag.

Schulte, E.-M., & Kauffeld, S. (2012). Alterseffekte in Teammeetings: Eine Multilevel Analyse. In
Gesellschaft für Arbeitswissenschaft e.V. (Hrsg.), *Gestaltung nachhaltiger Arbeitssysteme – Wege
zur gesunden, effizienten und sicheren Arbeit*. 58. Kongress der Gesellschaft für Arbeitswissenschaft
(Jahresdokumentation/Gesellschaft für Arbeitswissenschaft e.V., Bd. 2012, S. 345–348). 22. – 24.
Februar 2012. Dortmund: GfA-Press.

Schulz, R. (2002). *Apparative Messung der Diadochokinese an einem Normalkollektiv*. Dissertation. Ruhr-
Universität Bochum, Bochum.

Sedgwick, P., & Greenwood, N. (2015). *Understanding the Hawthorne effect*. British Medical Journal,
351, 1–2.

Sedlmeier, P., & Renkewitz, F. (2008). *Forschungsmethoden und Statistik in der Psychologie*. PS
Psychologie. München: Pearson Studium.

Sedlmeier, P., & Renkewitz, F. (2013). *Forschungsmethoden und Statistik für Psychologen und
Sozialwissenschaftler* (2. Auflage). Always learning. München, Harlow: Pearson Education.

Seibt, T., Thinschmidt, M., Lützendorf, L., & Knöpfel, D. (2004). *Arbeitsfähigkeit bei Gymnasiallehrern
unterschiedlicher Altersklassen: FB 1035*. Bremerhaven: Wirtschaftsverlag NW.

SGB (Sechstes Buch Sozialgesetzbuch) (2008). *Gesetzliche Rentenversicherung*. Bundesministerium
der Justiz und Verbraucherschutz. Fassung aufgrund des Gesetzes zur Anpassung der Regelalters-
grenze an die demografische Entwicklung und zur Stärkung der Finanzierungsgrundlagen der
gesetzlichen Rentenversicherung (RV-Altersgrenzenanpassungsgesetz) vom 20.04.2007. In Kraft
getreten am 01.01.2008.

Shah, D. (2009). *Healthy worker effect phenomenon*. Indian Journal of Occupational and Environmental
Medicine, 13(2), 77–79. Doi:10.4103/0019-5278.55123.

Spanner-Ulmer, B., Mühlstedt, J., Scherf, C., & Roscher, C. (2012). Alte Menschen, neue Technik,
veränderte Organisation – Demografie in innovativen Arbeitswelten. In E. Müller (Hrsg.), Schriftenreihe der Hochschulgruppe für Arbeits- und Betriebsorganisation e.V. (HAB). *Demographischer
Wandel. Herausforderung für die Arbeits- und Betriebsorganisation der Zukunft*; Tagungsband zum
25. HAB-Forschungsseminar (S. 383–411). Berlin: Gito.

Spath, D. (2009). Grundlagen der Organisationsgestaltung. In H.-J. Bullinger, D. Spath, H.-J. Warnecke
& E. Westkämper (Hrsg.), *Handbuch Unternehmensorganisation. Strategien, Planung, Umsetzung*
(VDI-Buch, 3., neu bearbeitete Auflage, S. 3–24). Berlin, Heidelberg: Springer.

Spath, D., Westkämper, E., Bullinger, H.-J., & Warnecke, H.-J. (2017). *Neue Entwicklungen in der
Unternehmensorganisation* (VDI-Buch). Berlin, Heidelberg: Springer.

Speckmann, E.-J., Hescheler, J., & Köhling, R. (Hrsg.). (2009). Studentconsult.de. *Physiologie: Mit 92
Tabellen* (5. Auflage). München: Elsevier, Urban & Fischer.

Spornitz, U. M. (1993). *Anatomie und Physiologie für Pflegeberufe*. Berlin, Heidelberg: Springer Berlin Heidelberg.

Stadler, S., Kain, K., Giuliani, M., Mirnig, N., Stollnberger, G., & Tscheligi, M. (2016). *Augmented reality for industrial robot programmers: Workload analysis for task-based, augmented reality-supported robot control*. The 25th IEEE International Symposium on Robot and Human Interactive Communication: 25th anniversary: August 26 to August 31, 2016, Teachers College, Columbia University, New York, U.S.A, 179–184.

Statistisches Bundesamt (Destatis). (2014). *Erwerbsquote in der Altersgruppe 60+ steigt deutlich*. Online: https://de.statista.com/infografik/1937/erwerbsquote-bei-arbeitnehmern-ab-45-jahren

Statistisches Bundesamt (Destatis). (2015a). *Bevölkerung Deutschlands bis 2060 – 13. koordinierte Bevölkerungsvorausberechnung*. Online: https://www.destatis.de/DE/Publikationen/Thematisch/Bevoelkerung/VorausberechnungBevoelkerung/BevoelkerungDeutschland2060Presse5124204159004.pdf

Statistisches Bundesamt (Destatis). (2015b). *Bevölkerungspyramide*. Online: https://service.destatis.de/bevoelkerungspyramide

Statistisches Bundesamt (Destatis). (2017a). *Erwerbstätige sind im Durchschnitt 43 Jahre alt*. Pressemitteilung 27.06.2017. Online: https://www.destatis.de/DE/PresseService/Presse/Pressemitteilungen/zdw/2017/ PD17_26_p002.html

Statistisches Bundesamt (Destatis). (2017b). *Erwerbstätigenquote*. Online: https://www.destatis.de/DE/ZahlenFakten/GesamtwirtschaftUmwelt/Arbeitsmarkt/Methoden/Begriffe/Erwerbstaetigenquoten.html

Statistisches Bundesamt (Destatis). (2017c). *Geburtenziffer in Deutschland weiterhin unter EU-Durchschnitt*. Pressemitteilung. 15.05.2017. Online: https://www.destatis.de/DE/PresseService/Presse/Pressemitteilungen/2017/05/PD17_159_126.html

Staudinger, C., & Sarikas, A. (2010). *Anatomie und Physiologie: Kompakte Darstellung des Fachgebietes unter Berücksichtigung der Ausbildungs- und Prüfungsverordnung für die Berufe in der Krankenpflege* (8. Auflage). Weisse Reihe. München: Elsevier, Urban & Fischer.

Staudinger, U. M., & Baltes, P. B. (2000). Entwicklungspsychologie der Lebensspanne. In H. Helmchen, P. Henn, H. Lauter, & N. Sartorius (Hrsg.), *Psychiatrie der Gegenwart. Psychiatrie spezieller Lebenssituationen* (4. Auflage, Band 3, S. 3–17). Berlin: Springer.

Steinberg, U., Caffier, G., Liebers, F., & Behrendt, S. (2008). *Ziehen und Schieben ohne Schaden* (4., unveränderte Auflage). Dortmund-Dorstfeld: Bundesanstalt für Arbeitsschutz und Arbeitsmedizin.

Steinberg, U., Liebers, F., & Klußmann, A. (2014). *Manuelle Arbeit ohne Schaden. Grundsätze und Gefährdungsbeurteilung* (4. überarbeitete und erweiterte Auflage). Dortmund: Bundesanstalt für Arbeitsschutz und Arbeitsmedizin.

Such, U., & Meyer, T. (2010). *Die maximale Herzfrequenz*. Deutsche Zeitschrift für Sportmedizin, 61(12), 310–311.

Tanaka, H., Monahan, K. D., & Seals, D. R. (2001). *Age-predicted maximal heart rate revisited*. Journal of the American College of Cardiology, 37(1), 153–156. Doi: 10.1016/S0735-1097(00)01054-8.

Tempel, J. (2003). Routines, possibilities and Advantages: The Work Ability Index (WAI) an useful instrument in the every day Work of the occupational Health Service (OHS). In H. Strasser, K. Kluth, H. Rausch, & H. Bubb (Hrsg.), *Quality of work and products in enterprises of the future. Qualität von Arbeit und Produkt im Unternehmen der Zukunft* (S. 925–928). Stuttgart: Ergonomia Verlag oHG.

Tophoven, S., & Hiesinger, K. (2015). *Psychosoziale Arbeitsbelastungen und Gesundheit: Wie ältere Beschäftigte Arbeitsanforderungen und Belohnungen empfinden*. IAB-Kurzbericht (17/0215), 1–8.

Turgut, S., Sonntag, K.-H., & Michel, A. (2013). Wirkung von Ressourcen und Risikofaktoren im Kontext betrieblicher Gesundheitsförderung. Gesellschaft für Arbeitswissenschaft e.V. (Hrsg.). (2013). *Chancen durch Arbeits-, Produkt- und Systemgestaltung. Zukunftsfähigkeit für Produktions- und Dienstleistungsunternehmen*. 59. Kongress der Gesellschaft für Arbeitswissenschaft (Jahres-dokumentation/Gesellschaft für Arbeitswissenschaft e.V., Bd. 2013). 27. Februar – 01. März 2013. Dortmund: GfA-Press.

Turgut, S., Sonntag, K.-H., & Michel, A. (2014). Je höher die Zufriedenheit mit der Work-Life-Balance, desto gesünder der Arbeitsalltag. In Gesellschaft für Arbeitswissenschaft e. V. (GfA) (Hrsg.), *Gestaltung der Arbeitswelt der Zukunft*. 60. Kongress der Gesellschaft für Arbeitswissenschaft vom (Jahresdokumentation/Gesellschaft für Arbeitswissenschaft, Bd. 2014, S. 304-306). 12. – 14. März 2014. Dortmund: GfA-Press.

U. S. Department of Health and Human Service. (2008). *2008 Physical Activity Guidelines for Americans*.

U. S. Department of Health and Human Services. (1996). *Physical Activity and Health: A Report of the Surgeon General*. Atlanta, GA.

van den Berg, F. (Hrsg.). (2007). *Angewandte Physiologie*. Stuttgart: Georg Thieme Verlag.

van Dick, R., Wagner, U., Stellmacher, J., & Christ, O. (2005). *Mehrebenenanalysen in der Organisationspsychologie: Ein Plädoyer und ein Beispiel*. Zeitschrift für Arbeits- und Organisationspsychologie A&O, 49(1), 27–34. Doi:10.1026/0932-4089.49.1.27.

VDI-Richtlinie 4006 Blatt 1 (2015-03). *Menschliche Zuverlässigkeit – Ergonomische Forderung und Methoden der Bewertung*. VDI-Gesellschaft Produkt- und Prozessgestaltung (GPP).

Vetter, C., Fischer, D., Matera, J. L., & Roenneberg, T. (2015). *Aligning work and circadian time in shift workers improves sleep and reduces circadian disruption*. Current biology: CB, 25(7), 907–911.

Voelcher-Rehage, C., Tittlbach, S., Jasper, B. M., & Regelin, P. (2013). *Gehirntraining durch Bewegung: Wie körperliche Aktivität das Denken fördert*. EBL-Schweitzer. Aachen: Meyer & Meyer.

Volkswagen. (2017). *Techniklexikon*. Online: http://de.volkswagen.com/de/innovation-technik/technik-lexikon.html

Wachtler, G. (2000). Zusammenfassung. Arbeitsgestaltung – ein Mittel zur Erhaltung der Erwerbsfähigkeit. In C. v. Rothkirch (Hrsg.), *Altern und Arbeit. Herausforderung für Wirtschaft und Gesellschaft* (S. 426–429). Berlin: Edition Sigma.

Wakula, J., Berg, K., Schaub, K., & Bruder, R. (2009). *Der montagespezifische Kraftatlas*. (BGIA-Report: Bd. 2009, Nr.3). Hannover, Sankt Augustin: Technische Informationsbibliothek u. Universitätsbibliothek; BGIA.

Walch, D. (2011a). *Belastungsausgleich durch intelligente Job Rotation in der Intralogistik*. LogiMat, Stuttgart.

Walch, D. (2011b). *Belastungsermittlung in der Kommissionierung vor dem Hintergrund einer alternsgerechten Arbeitsgestaltung der Intralogistik*. Dissertation, Universität München. München.

Walter, S. G., & Rack, O. (2009). Eine anwendungsbezogene Einführung in die Hierarchisch Lineare Modellierung (HLM). In S. Albers, D. Klapper, U. Konradt, A. Walter, & J. Wolf (Hrsg.), *Methodik der empirischen Forschung* (3. Auflage, S. 277–292). Wiesbaden: Gabler Verlag.

Weckenmann, M. (1975). *Der Puls-Atem-Quotient der orthostatisch Stabilen und Labilen im Stehen*. Basic Research in Cardiology, 70, 339–349.

Weckenmann, M. (1982). *Die rhythmische Ordnung von Puls und Atmung im Stehen bei orthostatisch Stabilen und Labilen*. Basic Research in Cardiology, 77, 110–116.

Weil, J., Stritzke, J., & Schunkert, H. (2012). *Risikofaktor „Rauchen": Wege aus der Nikotinsucht bei Patienten mit kardiovaskulären Erkrankungen*. Der Internist, 53(1), 45–50. Doi:10.1007/s00108-011-2892-6.

Weineck, J. (2004). *Sportbiologie* (9. Auflage). Balingen: Spitta-Verlag.

Weinert, F. E. (2002). Vergleichende Leistungsmessung in Schulen – eine umstrittene Selbstverständlichkeit. In F. E. Weinert (Hrsg.), Leistungsmessungen in Schulen (Beltz Pädagogik, 2. Auflage, S. 17–31). Weinheim: Beltz-Verlag.

Whitener, E. M. (2001). Do *"high commitment" human resource practices affect employee commitment? A cross-level analysis using hierarchical linear modeling*. Journal of Management, 27, 515–535.

WHO (World Health Organization) (2014). *Verfassung der Weltgesundheitsorganisation*.

Willnecker, U. (2000). *Gestaltung und Planung leistungsorientierter manueller Fließmontagen*. Dissertation. Technische Universität München. München.

Wirtz, A. (2010). *Gesundheitliche und soziale Auswirkungen langer Arbeitszeiten*. Dortmund: Bundesanstalt für Arbeitsschutz und Arbeitsmedizin.

Wittmann, M., Dinich, J., Merrow, M., & Roenneberg, T. (2006). *Social jetlag: misalignment of biological and social time*. Chronobiology International, 23(1–2), 497–509. Doi: 10.1080/0742052050054 5979.

Woltman, H., Feldstain, A., MacKay, J. C., & Rocchi, M. (2012). *An introduction to hierarchical linear modeling*. Tutorials in Quantitative Methods for Psychology, 8(1), 52–69. Doi:10.20982/ tqmp.08.1.p052.

Wübbeke, C. (2005). *Der Übergang in den Rentenbezug im Spannungsfeld betrieblicher Personal- und staatlicher Sozialpolitik* (Beiträge zur Arbeitsmarkt- und Berufsforschung, Bd. 290). Nürnberg: Institut für Arbeitsmarkt- und Berufsforschung der Bundesagentur für Arbeit.

Yerkes, R. M. (1921). *Psychological Examining in the United States Army*. National Academy of Science: Vol. 15.

Yong, M., Fischer, D., Germann, C., Lang, S., Vetter, C., & Oberlinner, C. (2016). *Are chronotype, social jetlag and sleep duration associated with health measured by Work Ability Index?* Chronobiology International, 33(6), 721–729. Doi: 10.3109/07420528.2016.1167728.

Yoon, S.-Y., Ko, J., & Jung, M.-C. (2016). *A model for developing job rotation schedules that eliminate sequential high workloads and minimize between-worker variability in cumulative daily workloads: Application to automotive assembly lines.* Applied Ergonomics, 55, 8–15.

Zeiher, J., Kuntz, B., & Lange, C. (2017). *Rauchen bei Erwachsenen*. Journal of Health Monitoring, 2(2), 59–65. Doi: 10.17886/RKI-GBE-2017-030.

Zephyr Technology Ltd. (2009). *OmniSense Operations Manual*.

Zephyr Technology Ltd. (2010). *BioHarness™ Kombi-Sensorgurt: Datenblatt*.

Ziemssen, T., Süß, M. & Reichmann, H. (2001). *Funktionsdiagnostik des autonomen Nervensystems – eine interdisziplinäre Herausforderung*. Ärzteblatt Sachsen, 8, 363–379.

Zimmermann, H. (2008). *Weiterbildungskonzepte für das spätere Erwerbsleben*.

Zülch, G., & Becker, M. (2006). *Simulationsunterstützte Prognose der Leistungsfähigkeit von Fertigungssystemen bei alternder Belegschaft*. Zeitschrift für Arbeitswissenschaft, 60(3), 151–159.

Anlage A SPSS-Ausgaben Probanden

Probanden - Variable Alter

Deskriptive Statistik

			Statistik	Standardfehler
Alter	Mittelwert		39,63	1,987
	95% Konfidenzintervall des Mittelwerts	Untergrenze	35,59	
		Obergrenze	43,67	
	5% getrimmtes Mittel		39,51	
	Median		40,00	
	Varianz		138,182	
	Standardabweichung		11,755	
	Minimum		21	
	Maximum		60	
	Spannweite		39	
	Interquartilbereich		22	
	Schiefe		,050	,398
	Kurtosis		-1,349	,778

Alter

		Häufigkeit	Prozent	Gültige Prozente	Kumulierte Prozente
Gültig	21	1	1,4	2,9	2,9
	24	2	2,9	5,7	8,6
	25	1	1,4	2,9	11,4
	26	4	5,7	11,4	22,9
	27	1	1,4	2,9	25,7
	29	1	1,4	2,9	28,6
	31	3	4,3	8,6	37,1
	34	1	1,4	2,9	40,0
	36	1	1,4	2,9	42,9
	38	1	1,4	2,9	45,7
	39	1	1,4	2,9	48,6
	40	1	1,4	2,9	51,4
	41	1	1,4	2,9	54,3
	42	1	1,4	2,9	57,1
	46	1	1,4	2,9	60,0
	47	3	4,3	8,6	68,6
	48	2	2,9	5,7	74,3
	49	2	2,9	5,7	80,0
	51	1	1,4	2,9	82,9
	53	1	1,4	2,9	85,7
	55	2	2,9	5,7	91,4
	57	1	1,4	2,9	94,3

© Springer Fachmedien Wiesbaden GmbH, ein Teil von Springer Nature 2019
K. Börner, *Die Altersabhängigkeit der Beanspruchung von Montagemitarbeitern*,
https://doi.org/10.1007/978-3-658-26378-2

		58	1	1,4	2,9	97,1
		60	1	1,4	2,9	100,0
		Gesamt	35	50,0	100,0	
Fehlend	System		35	50,0		
Gesamt			70	100,0		

Probanden - Variable Montageerfahrung

Deskriptive Statistik

	N	Minimum	Maximum	Mittelwert	Standardabweichung
Montageerfahrung in Jahren	35	,5	36,0	8,107	8,0657
Gültige Werte (Listenweise)	35				

Probanden - Variable BMI

BMI Klassifikation

		Häufigkeit	Prozent	Gültige Prozente	Kumulierte Prozente
Gültig	Normalgewicht (18,5-25)	16	22,9	45,7	45,7
	Übergewicht (25-30)	11	15,7	31,4	77,1
	Adipositas I (30-35)	5	7,1	14,3	91,4
	Adipositas II (35-40)	3	4,3	8,6	100,0
	Gesamt	35	50,0	100,0	
Fehlend	System	35	50,0		
Gesamt		70	100,0		

Anlage B MTM-Ergo-Analysen der Arbeitsplätze

MTM-Ergo-Analyse (Auszug) – Schwungscheibenarbeitsplatz H140

Arbeitsplatz	Kurztext	Ausbring.	Taktzeit	MA Anz.	Pkt. Gesamt	Pkt. Rotation	Pkt. Lasten	Pkt. Körperh.	Pkt. Kräfte
H140	HAP 140	480	53,22	1,0	48,96 Pkt.		30,08 Pkt.	18,88 Pkt.	

MTM-Ergo-Analyse (Auszug) – Schwungscheibenarbeitsplatz B34

Arbeitsplatz	Kurztext	Ausbring.	Taktzeit	MA Anz.	Pkt. Gesamt	Pkt. Rotation	Pkt. Lasten	Pkt. Körperh.	Pkt. Kräfte
H034B	HAP B34	512	49,92	1,0	48,06 Pkt.		30,84 Pkt.	14,04 Pkt.	3,18 Pkt.

MTM-Ergo-Analyse (Auszug) – Ausgleichsarbeitsplatz H100

Arbeitsplatz	Kurztext	Ausbring.	Taktzeit	MA Anz.	Pkt. Gesamt	Pkt. Rotation	Pkt. Lasten	Pkt. Körperh.	Pkt. Kräfte
H100	HAP 100	480	53,22	1,0	14,44 Pkt.		7,35 Pkt.	7,09 Pkt.	

MTM-Ergo-Analyse (Auszug) – Ausgleichsarbeitsplatz A36

Arbeitsplatz	Kurztext	Ausbring.	Taktzeit	MA Anz.	Pkt. Gesamt	Pkt. Rotation	Pkt. Lasten	Pkt. Körperh.	Pkt. Kräfte
H036A	HAP A36	512	49,92	1,0	12,31 Pkt.		8,31 Pkt.	4,00 Pkt.	

© Springer Fachmedien Wiesbaden GmbH, ein Teil von Springer Nature 2019
K. Börner, *Die Altersabhängigkeit der Beanspruchung von Montagemitarbeitern*,
https://doi.org/10.1007/978-3-658-26378-2

Anlage C Messmethoden und -instrumente

Zephyr BioHarness™ - CE Deklaration

Zephyr Technology Corporation
1 Annapolis Street
Annapolis, MD21401
Phone: 443 569 3603
Fax: 443 926 9402

July 07, 2010

CE DECLARATION OF CONFORMITY

Equipment Description: Physiological Monitoring Device and System

Zephyr Technology Corporation hereby declares that the listed products and systems shown below conform to CE Medical Class I device definitions.

Product Name	Zephyr Model Number(s)
PSM Training	9600.0133
	9600.0134
	9600.0038
	9600.0039
PSM Research	9600.0122
PSM Responder	9606.0008
	9606.0005
	9606.0018
PSM Development Kit	9600.0128
Accessories	9600.0135
	9600.0033
	9600.0099
	9600.0095

The products herewith comply with the requirements of the Medical Device Directive 93/42/EEC for Class 1 active devices and carry the CE mark accordingly

In addition, the products above conform to the following CE Directives:

1999/5/EC:
Radio and telecommunications terminal equipment

Code Cubitt
Chief Operating Officer – Zephyr Technology

European Authorized Representative

Velamed Medizintechnik GmbH
Grafen-Von Bergstr. 10
Koln Germany 50769
0221-9752457 phone
0221-9792992 fax

© Springer Fachmedien Wiesbaden GmbH, ein Teil von Springer Nature 2019
K. Börner, *Die Altersabhängigkeit der Beanspruchung von Montagemitarbeitern*,
https://doi.org/10.1007/978-3-658-26378-2

Zephyr BioHarness™ - Datenblätter

Zephyr   *BIOHARNESS KOMBI-SENSORGURT*

Integrierte Puls-, Atem-, Temperatur- und Aktivitätsmessung

Leicht tragbarer Kombi-Brustgurt mit Telemetrie- oder Daten-Logger-Modus

- Erfassung von EKG, Atemfrequenz, Temperatur und Aktivität via 3D-Akzelerometer
- Arbeitet in Echtzeit via Telemetrie bis 100 Meter
- Alternativ: Langzeitmessung via Datenspeicher
- Komfortabler leicht zu tragender Brustgurt
- Messung auch unter Extrembedingungen möglich dank patentiertem Gewebeband

BioHarness™ Kombi-Brustgurt

Kombiniert physiologisches mit biomechanischem Monitoring

BioHarness™ integriert intelligente, leistungsstarke Sensortechnologie in einen angenehm zu tragenden, unauffälligen Messgurt, der leistungsrelevante physiologische Parameter des Trägers erfasst. Er kombiniert physiologische Parameter mit biomechanischen Aktivitätsmessungen und Haltungsanalyse. Die Aktivitätsparameter werden aus den Messdaten des integrierten 3D-Akzelerometers berechnet.

BioHarness™ Produktkonzept

BioHarness™ kann in nahezu jeder Umgebung getragen und in allen Bereichen angewendet werden, wo höchste Ansprüche an kabelloses physiologisches Monitoring gestellt werden. Der Sensor eignet sich sowohl für den Einsatz im Hoch-/Extremleistungssport als auch für Patientenstudien, Freizeit- und Fitnesstestungen oder ergonomische Arbeitsanalysen.

Dank seines patentierten, leitenden Gewebebandes arbeitet der BioHarnessTM-Sensor auch unter Extrembedingungen, wie starker Schweißbildung oder heftigen mechanischen Stößen. Korrekturalgorithmen erkennen mögliche Artefakte und liefern stabile Messdaten unter nahezu allen Testbedingungen.

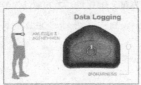

Daten-Logger-Modus Offline

Echtzeit-Telemetrie zum PC

Im Daten-Logger-Modus können Langzeitfeldstudien über mehrere Tage durchgeführt werden. Im Echtzeit-Telemetrie-Modus sendet der Brustgurt die Daten zu einem kleinen USB Receiver-Dongle, der an jeden handelsüblichen PC angeschlossen werden kann.

Velamed Medizintechnik GmbH · Science in Motion
Konzepte für Rehabilitation & Prävention
Grafen-von-Berg-Str. 10 · 50789 Köln
Fon 0221-7910976 · Fax 0221-9792992
www.velamed.com · info@velamed.com

Zephyr

BioHarness™ Standard-Software

Die mitgelieferte PC-Software erlaubt die Echtzeitdarstellung und Speicherung aller Messdaten im Messmonitor. Messdaten des Daten-Logger-Modus können via USB Verbindungskabel in Sekundenschnelle importiert werden. Alle Original-Messkurven lassen sich nach Excel exportieren.

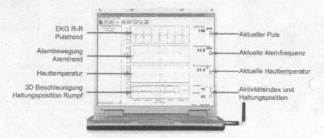

Links	Rechts
EKG R-R Pulstrend	Aktueller Puls
Atembewegung Atemtrend	Aktuelle Atemfrequenz
Hauttemperatur	Aktuelle Hauttemperatur
3D Beschleunigung Haltungsposition Rumpf	Aktivitätsindex und Haltungsposition

BioHarness™ - Messparameter

- EKG-Kurve, R-R Herzfrequenz
- Atemkurve via Thoraxexkursion
- Atemfrequenz pro Minute
- IR Hauttemperaturmessung
- Aktivitätsmessung mittels 3D-Akzelerometer
- Haltungsanalyse der Rumpfposition

BioHarness™ - Technische Spezifikationen

Allgemeine Systemkennzeichen

- Logger-Kapazität max. 30 Tage
- Batteriedauer Telemetrie max. 8 Std.
- Batteriedauer Logger-Modus: 16 Std.
- Batterieladung via USB-Kabel/PC
- Messauflösung 12 Bit

EKG/Herzfrequenz Sensor

- Messbereich Puls 25 - 240 Hz
- Messfrequenz 250 Hz
- CMRR bei 50-120 Hz 85 dB
- Genauigkeit 1

Atemsensor

- Atemfrequenzbereich 3 bis 70 Hz
- Genauigkeit 1 Hz
- Messrate 18 Hz

Temperatursensor

- Hauttemperatur Bereich 10 bis 60 °C
- Latenzzeit 5 Sek.
- Genauigkeit 30-40° 0,2°

Akzelerometer

- Messrate 18 Hz
- Messbereich +/- 3,3G
- Messempfindlichkeit 10 mg
- Rauschen 7 mg
- Messintervall 1 sek.
- Bandweite 0.06 to 9 Hz

Haltung

- Dynamischer Bereich 1 - 90°
- Genauigkeit ca. 8°

Einsatzbedingungen

- Feuchtigkeit von 5 bis 95% Sättigung
- Temperatur -10 bis 65° C
- Geschätzte Gesamtnutzdauer 5000 Std.
- Messfrequenzbereich 868 MHz (EU Radio)
- Distanz bis max. 100 Meter
- Waschbarer Brustgurt

Velamed Medizintechnik GmbH · Science in Motion
Konzepte für Rehabilitation & Prävention
Grafen-von-Berg-Str. 10 · 50769 Köln
Fon 0221-7910976 · Fax 0221-9792992
www.velamed.com · info@velamed.com

Zephyr

BIOHARNESS TEAM

BioHarness™ - Team-System

Das BioHarness™ Team-System integriert die markt-
führende Technologie von BioHarness™ in eine Software, die bis zu 16 Personen simultan in Echtzeit
erfassen und analysieren kann. Das Team-System
misst Herz- und Atmungsfrequenz, Haltung, Aktivität
und Temperatur und gibt so einen fundierten Überblick über die Leistungsanalyse - eine umfassende
Lösung aus einer Hand!

BioHarness™ Team-Anwendungen

Das System wurde für die Organisation, Datenerfassung, Analyse und Reporterstellung von
Sportteams, Patientenkollektiven und beliebigen Studienpopulationen entwickelt.

Durch das simultane Echtzeit-Monitoring von bis zu 16 Personen bietet BioHarness™ einen
umfassenden Überblick über Gruppen während des Trainings und eine beispiellose Analyse-
funktion. Patienten können in beliebigen Analysedesigns überwacht und protokolliert werden.
In Gesundheitsstudien kann das Alltagsverhalten der Probanden langfristig gemessen
werden. Hierbei können die Daten wahlweise im Daten-Logger-Modus gespeichert werden
oder in Echtzeit telemetrisch (bis 150 Meter Funkdistanz) analysiert werden.

BioHarness™ Team-Vorteile

Die umfassende Datenerhebung verbindet physiologische mit bewegungsbasierten
Parametern, um die Leistungsanalyse in einen größeren Kontext zu stellen.

Das System ermöglicht außerdem einfache Echtzeitinterpretationen für bestimmte Zustände
wie z.B. Austrocknung, Hitzschlag und Ermüdung. Auf Wunsch kann die Gesamtzahl der
Probanden auf 64 erhöht werden.

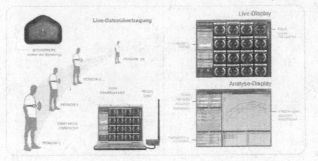

Die individuellen Daten aller Probanden/Spieler werden in Echtzeit zu einem Auswerte-PC
geschickt, in einem übersichtlichen Messmonitor dargestellt und später zur Berechnung von
Trendkurven oder Statistik-Kenngrößen in ein Analyse-Modul überführt.

Velamed Medizintechnik GmbH · Science in Motion
Konzepte für Rehabilitation & Prävention
Grafen-von-Berg-Str. 10 · 50769 Köln
Fon 0221-7910976 · Fax 0221-9792992
www.velamed.com · info@velamed.com

Zephyr

BIOHARNESS TEAM

BioHarness™ Team Software-Leistungsmerkmale

BioHarnessTM Team-Software besteht aus 3 Teilen:
dem Konfigurationsmodul, dem "Live"-Datenakquisitionsmodul und dem Analysemodul.

Konfigurations-Modul:

Es erlaubt die Erstellung beliebiger Team- oder Patientenkonfigurationen für bis zu 16 BioHarness™-Sensoren. Jeder individuelle Sensor wird einem Teilnehmer zugeordnet.

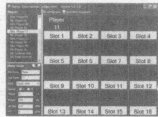

Live-Daten Akquisitions-Modul:

Auf einem Bildschirm können im Telemetrie-Modus in Echtzeit Puls, Temperatur sowohl posturale Haltung als auch Tachometergrafik betrachtet werden. Ferner werden in einem Parameterfenster neben Statistikwerten (rechts oben) die aktuellen Aktivitäts- und Temperaturwerte angezeigt.

Analyse-Modul:

Sowohl Trendanalysen als auch zusammenfassende Statistiken für Sessions und Subsessions lassen sich individuell pro Spieler oder pro Untersuchungsgruppe/Mannschaft darstellen. Spieler oder Spielsessions können beliebig miteinander verglichen werden.

Velamed Medizintechnik GmbH · Science in Motion
Konzepte für Rehabilitation & Prävention
Grafen-von-Berg-Str. 10 · 50769 Köln
Fon 0221-7910976 · Fax 0221-9792992
www.velamed.com · info@velamed.com

Fragebogen – WAI (Kurzform)

Fragebogen WAI – Work Ability Index

Bitte geben Sie zunächst Ihren Probandenschlüssel an:

Erster Buchstabe des Nachnamens (z.B. HANS MÜLLER)

Geburtsmonat der Mutter (zweistellig, z.B. 05)

Erster Buchstabe des Vornamens der Mutter (z.B. ANITA WEBER)

Erste Zahl der Hausnummer (z.B. Nordstr. 25 oder Musterstr. 9)

Der Fragebogen WAI – Work Ability Index dient der Ermittlung der Arbeitsfähigkeit. "Arbeitsfähigkeit" beschreibt, inwieweit Arbeitsnehmer/-innen in der Lage sind, ihre Arbeit angesichts der Arbeitsanforderungen, Gesundheit und mentalen Fähigkeiten zu erledigen.

Sind Sie bei Ihrer Arbeit…	
vorwiegend geistig tätig?	O_1
vorwiegend körperlich tätig?	O_2
etwa gleichermaßen geistig und körperlich tätig?	O_3

1. Derzeitige Arbeitsfähigkeit im Vergleich zu der besten, je erreichten Arbeitsfähigkeit

Wenn Sie Ihre beste, je erreichte Arbeitsfähigkeit mit 10 Punkten bewerten: Wie viele Punkte würden Sie dann für Ihre derzeitige Arbeitsfähigkeit geben? (0 bedeutet, dass Sie derzeit arbeitsunfähig sind)

O_0 O_1 O_2 O_3 O_4 O_5 O_6 O_7 O_8 O_9 O_{10}

völlig
arbeitsunfähig

derzeit die beste
Arbeitsfähigkeit

2. Arbeitsfähigkeit in Bezug auf die Arbeitsanforderungen

Wie schätzen Sie Ihre derzeitige Arbeitsfähigkeit in Bezug auf die körperlichen Arbeitsanforderungen ein?

sehr gut	O_5
eher gut	O_4
mittelmäßig	O_3
eher schlecht	O_2
sehr schlecht	O_1

Wie schätzen Sie Ihre derzeitige Arbeitsfähigkeit in Bezug auf die psychischen (geistigen) Arbeitsanforderungen ein?

sehr gut	O_5
eher gut	O_4
mittelmäßig	O_3
eher schlecht	O_2
sehr schlecht	O_1

3. Anzahl der ärztlich diagnostizierten Krankheiten

Kreuzen Sie in der folgenden Liste Ihre Krankheiten oder Verletzungen an. Geben Sie bitte auch an, ob ein Arzt diese Krankheiten diagnostiziert oder behandelt hat.

		eigene Diagnose	Diagnose vom Arzt	liegt nicht vor
1	Unfallverletzungen (z.B. des Rückens, der Glieder, Verbrennungen)	$\square_2$	$\square_1$	$\square_0$
2	Erkrankungen des Muskel-Skelett-Systems von Rücken, Gliedern oder anderen Körperteilen (z.B. wiederholte Schmerzen in Gelenken oder Muskeln, Ischias, Rheuma, Wirbelsäulenerkrankungen)	$\square_2$	$\square_1$	$\square_0$
3	Herz-Kreislauf-Erkrankungen (z.B. Bluthochdruck, Herzkrankheit, Herzinfarkt)	$\square_2$	$\square_1$	$\square_0$
4	Atemwegserkrankungen (z.B. wiederholte Atemwegsinfektionen, chronische Bronchitis Bronchialasthma)	$\square_2$	$\square_1$	$\square_0$
5	Psychische Beeinträchtigungen (z.B. Depressionen, Angstzustände, chronische Schlaflosigkeit, psychovegetatives Erschöpfungssyndrom)	$\square_2$	$\square_1$	$\square_0$
6	Neurologische und sensorische Erkrankungen (z.B. Tinnitus, Hörschäden, Augenerkrankungen, Migräne, Epilepsie)	$\square_2$	$\square_1$	$\square_0$
7	Erkrankungen des Verdauungssystems (z.B. der Gallenblase, Leber, Bauspeicheldrüse, Darm)	$\square_2$	$\square_1$	$\square_0$
8	Erkrankungen im Urogenitaltrakt (z.B. Harnwegsinfektionen, gynäkologische Erkrankungen)	$\square_2$	$\square_1$	$\square_0$
9	Hautkrankheiten (z.B. allergischer Hautausschlag, Ekzem)	$\square_2$	$\square_1$	$\square_0$
10	Tumore / Krebs	$\square_2$	$\square_1$	$\square_0$
11	Hormon- / Stoffwechselerkrankungen (z.B. Diabetes, Fettleibigkeit, Schilddrüsenprobleme)	$\square_2$	$\square_1$	$\square_0$
12	Krankheiten des Blutes (z.B. Anämie)	$\square_2$	$\square_1$	$\square_0$
13	Angeborene Leiden / Erkrankungen	$\square_2$	$\square_1$	$\square_0$
14	Andere Leiden oder Krankheiten: Welche?_____ (bitte eintragen)	$\square_2$	$\square_1$	$\square_0$

4. Geschätzte Beeinträchtigung der Arbeitsleistung durch die Krankheiten

Behindert Sie derzeit eine Erkrankung oder Verletzung bei der Arbeit?
Falls nötig, kreuzen Sie bitte mehr als eine Antwort-Möglichkeit an.

- Keine Beeinträchtigung / Ich habe keine Erkrankung O_6
- Ich kann meine Arbeit ausführen, habe aber Beschwerden O_5
- Ich bin manchmal gezwungen, langsamer zu arbeiten oder meine Arbeitsmethoden zu ändern O_4
- Ich bin oft gezwungen, langsamer zu arbeiten oder meine Arbeitsmethoden zu ändern O_3
- Wegen meiner Krankheit bin ich nur in der Lage Teilzeitarbeit zu verrichten O_2
- Meiner Meinung nach bin ich völlig arbeitsunfähig O_1.

5. Krankenstand im vergangenen Jahr (12 Monate)

Wie viele ganze Tage blieben Sie auf Grund eines gesundheitlichen Problems (Krankheit, Gesundheitsvorsorge oder Untersuchung) im letzten Jahr (12 Monate) der Arbeit fern?

überhaupt keinen O_5
höchstens 9 Tage O_4
10-24 Tage O_3
25-99 Tage O_2
100-356 Tage O_1

6. Einschätzung der eigenen Arbeitsfähigkeit in zwei Jahren

Glauben Sie, dass Sie, ausgehend von Ihrem jetzigen Gesundheitszustand, Ihre derzeitige Arbeit auch in den nächsten zwei Jahren ausüben können?

unwahrscheinlich O_1
nicht sicher O_4
ziemlich sicher O_7

7. Psychische (geistige) Leistungsreserven

Haben Sie in der letzten Zeit Ihre täglichen Aufgaben mit Freude erledigt?
häufig O_4
eher häufig O_3
manchmal O_2
eher selten O_1
niemals O_0

Waren Sie in letzter Zeit aktiv und rege?
immer O_4
eher häufig O_3
manchmal O_2
eher selten O_1
niemals O_0

Waren Sie in der letzten Zeit zuversichtlich, was die Zukunft betrifft?
ständig O_4
eher häufig O_3
manchmal O_2
eher selten O_1
niemals O_0

Fragebogen – MCTQ

Bitte geben Sie zunächst Ihren Probandenschlüssel an:

Erster Buchstabe des Nachnamens (z.B. HANS MÜLLER)

Geburtsmonat der Mutter (zweistellig, z.B. 05)

Erster Buchstabe des Vornamens der Mutter (z.B. ANITA WEBER)

Erste Zahl der Hausnummer (z.B. Nordstr. 25 oder Musterstr. 9)

Datum: _____

1.) Alter: _____ Jahre

2.) Geschlecht: weiblich ☐   männlich ☐

3.) Größe: _____ cm

4.) Gewicht: _____ kg

5.) Sind Sie: ☐ verheiratet / in Partnerschaft lebend
☐ getrennt lebend / geschieden
☐ verwitwet
☐ allein stehend

6.) Wie viele Kinder leben in Ihrem Haushalt
bis 5 Jahre _____ Kinder
6 - 15 Jahre _____ Kinder
älter als 15 Jahre _____ Kinder

7.) Wie lange arbeiten Sie schon im Schichtdienst?

____Jahre ____Monate ____Wochen

8.) Wie gelangen Sie zu Ihrem Arbeitsplatz?
In einem geschlossenen Fahrzeug (z.B. Auto, Bus, U-Bahn)   ☐
Nicht in einem geschlossenen Fahrzeug (z.B. zu Fuß, mit dem Rad)   ☐

9.) Wie viele Minuten benötigen Sie täglich für den Weg zu Ihrem Arbeitsplatz?
_____ Stunden _____ Minuten

Wie viele Minuten benötigen Sie täglich für den Rückweg von Ihrem Arbeitsplatz?
_____ Stunden _____ Minuten

Munich Chronotype Questionnaire (MCTQ)

Nachfolgend finden Sie Fragen bezüglich Ihres Schlaf- und Wachverhaltens an Arbeitstagen und an freien Tagen. Bitte beantworten Sie die Fragen betreffend Ihrem aktuellen Schichtplan. Beantworten Sie bitte ALLE Fragen, auch wenn manche Fragen schwierig zu beantworten scheinen. Spontane Antworten sind meistens die besten Antworten!

Anleitung zum Ausfüllen des Munich Chronotype Questionnaire:

Zeichnung 1:	Der Zeitpunkt zu dem Sie sich am jeweiligen Tag ins Bett gelegt haben.
Zeichnung 2:	Manche Menschen bleiben noch eine Weile wach, wenn sie im Bett liegen!
Zeichnung 3:	Die Uhrzeit, zu der Sie die „Entscheidung treffen" zu schlafen (z.B. Licht ausschalten und die Augen schließen etc.).
Zeichnung 4:	Anzahl der Minuten die Sie im Schnitt zum Einschlafen benötigen.
Zeichnung 5:	Die Uhrzeit, zu der Sie am entsprechenden Tag aufgewacht sind.
Zeichnung 6:	Die Uhrzeit, zu der Sie Ihr Bett verlassen haben.
Wecker:	Sind Sie durch einen Wecker oder einen anderen Störfaktor geweckt worden (JA) oder von selbst aufgewacht (NEIN, gilt auch wenn sie vor dem Wecker aufwachen).
Zwischen zwei Frühschichten	Bitte geben Sie ihre Schlafzeiten zwischen zwei aufeinander-folgenden Frühschichten an.
Zwischen zwei freien Tagen im Anschluss einer Frühschicht	Bitte geben Sie ihre Schlafzeiten zwischen zwei aufeinander-folgenden freien Tagen, nach einem Frühschichtblock, an.
Zwischen zwei Spätschichten	Bitte geben Sie ihre Schlafzeiten zwischen zwei aufeinander-folgenden Spätschichten an.
Zwischen zwei freien Tagen im Anschluss einer Spätschicht	Bitte geben Sie ihre Schlafzeiten zwischen zwei aufeinander-folgenden freien Tagen, nach einem Spätschichtblock, an.
Zwischen zwei Nachtschichten	Bitte geben Sie ihre Schlafzeiten zwischen zwei aufeinander-folgenden Nachtschichten an.
Zwischen zwei freien Tagen im Anschluss einer Nachtschicht	Bitte geben Sie ihre Schlafzeiten zwischen zwei aufeinander-folgenden freien Tagen, nach einem Nachtschichtblock, an.

Bitte achten Sie darauf die Uhrzeiten anhand der 24 Stunden Skala anzugeben (z.B. 23.00 statt 11.00 Uhr)!!!

Uhrzeiten bitte anhand der 24 Stunden Skala (z.B. 23.00 statt 11.00 abends)!!!

Zwischen zwei Frühschichten!

Ich gehe ins Bett um	_____ Uhr.	(Zeichnung 1)

Manche Menschen bleiben noch eine Weile wach, wenn sie im Bett liegen!   (Zeichnung 2)

Ich bin bereit einzuschlafen um	_____ Uhr.	(Zeichnung 3)
Um einzuschlafen, brauche ich	_____ Minuten.	(Zeichnung 4)
Ich wache um	_____ Uhr auf.	(Zeichnung 5)
	☐ mit Wecker ☐ ohne Wecker	
Ich stehe auf nach	_____ Minuten.	(Zeichnung 6)

Normalerweise mache ich ein Nickerchen   ☐ ja   ☐ nein
Wenn ja, dann von _____Uhr   bis _____ Uhr

Bitte geben Sie HIER an, falls Sie in dieser Schichtbedingung KEINE Möglichkeit haben Ihre
Schlafzeiten selbst zu bestimmen (z.B. wegen eines Haustieres, Kind(er)...):

_____

_____

Zwischen zwei freien Tagen
im Anschluss einer Frühschicht!

Ich gehe ins Bett um	_____ Uhr.	(Zeichnung 1)

Manche Menschen bleiben noch eine Weile wach, wenn sie im Bett liegen!   (Zeichnung 2)

Ich bin bereit einzuschlafen um	_____ Uhr.	(Zeichnung 3)
Um einzuschlafen, brauche ich	_____ Minuten.	(Zeichnung 4)
Ich wache um	_____ Uhr auf.	(Zeichnung 5)
	☐ mit Wecker ☐ ohne Wecker	
Ich stehe auf nach	_____ Minuten.	(Zeichnung 6)

Normalerweise mache ich ein Nickerchen   ☐ ja   ☐ nein
Wenn ja, dann von _____Uhr   bis _____ Uhr

Bitte geben Sie HIER an, falls Sie in dieser Schichtbedingung KEINE Möglichkeit haben Ihre
Schlafzeiten selbst zu bestimmen (z.B. wegen eines Haustieres, Kind(er)...):

_____

_____

Uhrzeiten bitte anhand der 24 Stunden Skala (z.B. 23.00 statt 11.00 abends)!!!

Zwischen zwei Spätschichten!

Ich gehe ins Bett um _____ Uhr.   **(Zeichnung 1)**

Manche Menschen bleiben noch eine Weile wach, wenn sie im Bett liegen!   **(Zeichnung 2)**

Ich bin bereit einzuschlafen um _____ Uhr.   **(Zeichnung 3)**

Um einzuschlafen, brauche ich _____ Minuten.   **(Zeichnung 4)**

Ich wache um _____ Uhr auf.   **(Zeichnung 5)**

☐ mit Wecker   ☐ ohne Wecker

Ich stehe auf nach _____ Minuten.   **(Zeichnung 6)**

Normalerweise mache ich ein Nickerchen   ☐ ja   ☐ nein
Wenn ja, dann von _____Uhr   bis _____ Uhr

Bitte geben Sie HIER an, falls Sie in dieser Schichtbedingung KEINE Möglichkeit haben Ihre Schlafzeiten selbst zu bestimmen (z.B. wegen eines Haustieres, Kind(er)...):

_____

_____

Zwischen zwei freien Tagen
im Anschluss einer Spätschicht!

Ich gehe ins Bett um _____ Uhr.   **(Zeichnung 1)**

Manche Menschen bleiben noch eine Weile wach, wenn sie im Bett liegen!   **(Zeichnung 2)**

Ich bin bereit einzuschlafen um _____ Uhr.   **(Zeichnung 3)**

Um einzuschlafen, brauche ich _____ Minuten.   **(Zeichnung 4)**

Ich wache um _____ Uhr auf.   **(Zeichnung 5)**

☐ mit Wecker   ☐ ohne Wecker

Ich stehe auf nach _____ Minuten.   **(Zeichnung 6)**

Normalerweise mache ich ein Nickerchen   ☐ ja   ☐ nein
Wenn ja, dann von _____Uhr   bis _____ Uhr

Bitte geben Sie HIER an, falls Sie in dieser Schichtbedingung KEINE Möglichkeit haben Ihre Schlafzeiten selbst zu bestimmen (z.B. wegen eines Haustieres, Kind(er)...):

_____

_____

Uhrzeiten bitte anhand der 24 Stunden Skala (z.B. 23.00 statt 11.00 abends)!!!

Zwischen zwei Nachtschichten!

Ich gehe ins Bett um	_____ Uhr.	(Zeichnung 1)

Manche Menschen bleiben noch eine Weile wach, wenn sie im Bett liegen!   (Zeichnung 2)

Ich bin bereit einzuschlafen um	_____ Uhr.	(Zeichnung 3)
Um einzuschlafen, brauche ich	_____ Minuten.	(Zeichnung 4)
Ich wache um	_____ Uhr auf.	(Zeichnung 5)
	☐ mit Wecker ☐ ohne Wecker	
Ich stehe auf nach	_____ Minuten.	(Zeichnung 6)

Normalerweise mache ich ein Nickerchen   ☐ ja   ☐ nein
Wenn ja, dann von _____ Uhr   bis _____ Uhr

Bitte geben Sie HIER an, falls Sie in dieser Schichtbedingung KEINE Möglichkeit haben Ihre Schlafzeiten selbst zu bestimmen (z.B. wegen eines Haustieres, Kind(er)...):

_____

_____

Zwischen zwei freien Tagen im Anschluss einer Nachtschicht!

Ich gehe ins Bett um	_____ Uhr.	(Zeichnung 1)

Manche Menschen bleiben noch eine Weile wach, wenn sie im Bett liegen!   (Zeichnung 2)

Ich bin bereit einzuschlafen um	_____ Uhr.	(Zeichnung 3)
Um einzuschlafen, brauche ich	_____ Minuten.	(Zeichnung 4)
Ich wache um	_____ Uhr auf.	(Zeichnung 5)
	☐ mit Wecker ☐ ohne Wecker	
Ich stehe auf nach	_____ Minuten.	(Zeichnung 6)

Normalerweise mache ich ein Nickerchen   ☐ ja   ☐ nein
Wenn ja, dann von _____ Uhr   bis _____ Uhr

Bitte geben Sie HIER an, falls Sie in dieser Schichtbedingung KEINE Möglichkeit haben Ihre Schlafzeiten selbst zu bestimmen (z.B. wegen eines Haustieres, Kind(er)...):

_____

_____

Bitte <u>Durchschnittswerte</u> angeben!

	pro →	Tag / Woche / Monat		
Ich rauche _____ Zigaretten ...		☐	☐	☐
Ich trinke _____ Gläser Bier (0,33l) ...		☐	☐	☐
Ich trinke _____ Gläser Wein (02,l) ...		☐	☐	☐
Ich trinke _____ Gläser Schnaps / Whiskey/ Gin (2cl) usw. ...		☐	☐	☐
Ich trinke _____ Tassen Kaffee ...		☐	☐	☐
Ich trinke _____ Tassen schwarzen Tee ...		☐	☐	☐
Ich trinke _____ Dosen koffeinhaltige Limonaden ...		☐	☐	☐
Ich nehme Schlaf fördernde Medikamente _____ mal ein ...		☐	☐	☐

Im Durchschnitt halte ich mich so lange draußen bei Tageslicht auf (ohne Dach über dem Kopf):

an Frühschichtstagen	_____ Stunden	_____ Minuten
an freien Tagen nach einem Frühschichtsblock	_____ Stunden	_____ Minuten
an Spätschichtstagen	_____ Stunden	_____ Minuten
an freien Tagen nach einem Spätschichtsblock	_____ Stunden	_____ Minuten
an Nachtschichtstagen	_____ Stunden	_____ Minuten
an freien Tagen nach einem Nachtschichtsblock	_____ Stunden	_____ Minuten

---

Ich arbeite normalerweise von

_____ Uhr   bis   _____ Uhr an Frühschichtstagen

_____ Uhr   bis   _____ Uhr an Spätschichtstagen

_____ Uhr   bis   _____ Uhr an Nachtschichtstagen

Ich arbeite aktuell in folgendem Schichtzyklus

_____

_____

(Abkürzungen: FS – Frühschicht; SS – Spätschicht; NS – Nachtschicht; FT – Freier Tag
Bitte notieren Sie den Schichtzyklus, bis er sich wiederholt, z.B. 5xFS, 2xFT, 5xSS, 2xFT, 5xNS, 2xFT, 5xFS usw.)

Fragebogen – VOR der Arbeit (inkl. Beanspruchungsratings)

Datum: [   ]   *BH-Nr.:* [   ]

Fragebogen zur subjektiven Beanspruchung VOR der Arbeit.

Bitte geben Sie zunächst Ihren Probandenschlüssel an:

Erster Buchstabe des Nachnamens (z.B. HANS M̲ÜLLER)   [ ]

Geburtsmonat der Mutter (zweistellig, z.B. 0̲5̲)   [ ] [ ]

Erster Buchstabe des Vornamens der Mutter (z.B. A̲NITA WEBER)   [ ]

Erste Zahl der Hausnummer (z.B. Nordstr. 2̲5 oder Musterstr. 9̲)   [ ]

Bitte beantworten Sie folgende Fragen:

Frage 1: Wann sind Sie gestern eingeschlafen?   _ _ : _ _ Uhr

Frage 2: Wann sind Sie heute aufgewacht?   _ _ : _ _ Uhr

Frage 3: Wie lange war heute Ihr Arbeitsweg?   ☐ < 15 min   ☐ 15-45 min   ☐ > 45 min

Bitte kreuzen Sie das Kästchen an, welches auf Sie im Moment zutrifft.

Fühlen Sie sich im Moment....	(1) Überhaupt nicht	(2)	(3)	(4)	(5)	(6) Sehr
gut gelaunt?						
energiegeladen?						
müde?						
unterfordert?						
unkonzentriert?						
heiter?						
unsicher?						
frisch?						
verärgert?						
erschöpft?						
gereizt?						
gelangweilt?						

Fragebogen – NACH der Arbeit (inkl. Beanspruchungsratings und NASA-TLX (Kurzform))

Datum: [   ]   *AP:* [   ]

Fragebogen zur subjektiven Beanspruchung NACH der Arbeit.

Bitte geben Sie zunächst Ihren Probandenschlüssel an:

Erster Buchstabe des Nachnamens (z.B. HANS **M**ÜLLER)

Geburtsmonat der Mutter (zweistellig, z.B. **05**)

Erster Buchstabe des Vornamens der Mutter (z.B. **A**NITA WEBER)

Erste Zahl der Hausnummer (z.B. Nordstr. **2**5 oder Musterstr. **9**)

Frage 1:

Bitte kreuzen Sie das Kästchen an, welches auf Sie im Moment zutrifft.

Fühlen Sie sich im Moment….	(1) Überhaupt nicht	(2)	(3)	(4)	(5)	(6) Sehr
gut gelaunt?						
energiegeladen?						
müde?						
unterfordert?						
unkonzentriert?						
heiter?						
unsicher?						
frisch?						
verärgert?						
erschöpft?						
gereizt?						
gelangweilt?						

Bitte wenden! ⇨

Frage 2:
Bitte kreuzen Sie auf jeder Skala das Kästchen an, welches den **letzten 4 Arbeitsstunden**
am besten entspricht.

Geistige Anforderung:

Gering ☐☐☐☐☐☐☐☐☐☐☐☐☐☐☐☐☐☐☐☐ Hoch

Geistige Anforderung: Wie stark wurden Sie heute geistig beansprucht (z.B.: nachdenken,
entscheiden, rechnen, erinnern, sehen)?

Körperliche Anforderung:

Gering ☐☐☐☐☐☐☐☐☐☐☐☐☐☐☐☐☐☐☐☐ Hoch

Körperliche Anforderung: Wie sehr wurden Sie heute körperlich beansprucht (z.B.: drücken, ziehen,
drehen)?

Zeitliche Anforderung:

Gering ☐☐☐☐☐☐☐☐☐☐☐☐☐☐☐☐☐☐☐☐ Hoch

Zeitliche Anforderung: Wie stark war heute der Zeitdruck, den Sie empfanden?

Leistung:

Stark ☐☐☐☐☐☐☐☐☐☐☐☐☐☐☐☐☐☐☐☐ Schwach

Leistung: Wie schätzen Sie Ihre heute Leistung bei der Montagetätigkeit ein?

Anstrengung:

Gering ☐☐☐☐☐☐☐☐☐☐☐☐☐☐☐☐☐☐☐☐ Hoch

Anstrengung: Wie stark mussten Sie sich geistig und körperlich anstrengen, um Ihr heutiges
Arbeitspensum zu bewältigen?

Frustration:

Gering ☐☐☐☐☐☐☐☐☐☐☐☐☐☐☐☐☐☐☐☐ Hoch

Frustration: Wie frustriert waren Sie während der heutigen Arbeit?

Vielen Dank für Ihre Mitwirkung!

Protokoll – Dokumentation

	Datum		Versuchsleiter		
	Linie	**Moli3**		**Moli2**	
vor der Schicht	Probanden-schlüssel				
	Nr. BioHarness-Einheit				
	Arbeits-platz (1. Teil)				
Wechsel	Nr. BioHarness-Einheit				
	Arbeits-platz (2.Teil)				
	Welcher der beiden AP´s/ MoLi wird als anstrengender empfunden?				
	Bereits Teilnahme am Trainings-center in Ver-gangenheit?				
	Bemerkungen				

Arbeitsplatz			Probandenschlüssel		
Stun-de	AP verlassen	Sitzen/ Stehen	Gespräch am AP mit Ablenkung	anstrengende Bewegungen (Paletten-wechsel (PW), Umschichten (US), ...)	Warten auf Motor (WM), Warten auf Freigabe (WF), Stau vor AP, Umrüsten, Motorwechsel, Reparatur, ...
6					
7					
8					
9					

Zeitabgleich der BH-Einheiten kurz vor 10 Uhr machen !

Achtung: 10:00 Fragebögen und AP-Wechsel

Arbeitsplatz				Probandenschlüssel	
Stun-de	AP verlassen	Sitzen/ Stehen	Gespräch am AP mit Ablenkung	anstrengende Bewegungen (Paletten-wechsel (PW), Umschichten (US), ...)	Warten auf Motor (WM), Warten auf Freigabe (WF), Stau vor AP, Umrüsten, Motorwechsel, Reparatur, ...
10					
11					
12					
13					

Messzeitpunkte Beginn: 06:00		AP arbeiten		AP arbeiten		Zusatzinformationen		Halleninformationsanzeige			Lärm-messung
		regulär	nicht regulär	regulär	nicht regulär	Temper-atur	Sorte	Rest	IST	Folgesorte/Stk	
1	06:10	06:14										06:15-06:20
2	06:20	06:24										
3	06:30	06:34										
4	06:40	06:44										
5	06:50	06:54										
6	07:00	07:04										07:15-07:20
7	07:10	07:14										
8	07:20	07:24										
9	07:30	07:34										
10	07:35	07:39										
11	08:05	08:09										08:15-08:20
12	08:10	08:14										
13	08:20	08:24										
14	08:30	08:34										
15	08:40	08:44										
16	08:50	08:54										
17	09:00	09:04										09:15-09:20
18	09:10	09:14										
19	09:20	09:24										
20	09:30	09:34										
21	09:40	09:44										
22	09:50	09:54										
23	09:55	09:59										

Messzeitpunkte		AP arbeiten regulär	AP arbeiten nicht regulär	AP arbeiten regulär	AP arbeiten nicht regulär	Zusatzinformationen Temperatur	Sorte	Halleninformationsanzeige Rest	IST	Folgesorte/Stk	Lärmmessung
24	10:14 10:19										10:15-
25	10:20 10:24										10:20
26	10:30 10:34										
27	10:40 10:44										
28	10:50 10:54										
29	11:00 11:04										11:15-
30	11:10 11:14										11:20
31	11:20 11:24										
32	11:30 11:34										
33	11:40 11:44										
34	11:45 11:49										
35	12:20 12:24										12:15-
36	12:30 12:34										12:20
37	12:40 12:44										
38	12:50 12:54										
39	13:00 13:04										
40	13:10 13:14										13:15-
41	13:20 13:24										13:20
42	13:30 13:34										
43	13:40 13:44										
44	13:50 13:54										
45	13:55 13:59										

Einverständniserklärung zur Teilnahme

Hiermit erkläre ich, dass ich an der Studie im Rahmen des Forschungsprojektes „Altersdifferenzierte Arbeitssysteme" der Professur Arbeitswissenschaft der TU Chemnitz teilnehme.

Mit der für die Studie erforderlichen Datenerhebung bin ich einverstanden. Ich wurde über Ziel, Inhalt und Ablauf der Studie informiert.

_____   ⌐_ _⌐. ⌐_ _⌐ ⌐_ _⌐ _⌐

Name, Vorname (in Druckbuchstaben)   Geburtsdatum (Tag.Monat.Jahr)

_____   _____

Ort, Datum   Unterschrift

Datenverschlüsselung

Bitte geben Sie sich für die Dauer der Untersuchung einen Probandenschlüssel. Dieser ermöglicht es, die unterschiedlichen Daten in Beziehung zu setzen. Tragen Sie bitte die entsprechenden Zahlen und Buchstaben (Großbuchstaben) in Blockschrift in die vorgesehenen Kästchen ein.

Erster Buchstabe des Nachnamens (z.B. HANS MÜLLER)

Geburtsmonat der Mutter (zweistellig, z.B. 05)

Erster Buchstabe des Vornamens der Mutter (z.B. ANITA WEBER)

Erste Zahl der Hausnummer (z.B. Nordstr. 25 oder Musterstr. 9)

© Springer Fachmedien Wiesbaden GmbH, ein Teil von Springer Nature 2019
K. Börner, _Die Altersabhängigkeit der Beanspruchung von Montagemitarbeitern_,
https://doi.org/10.1007/978-3-658-26378-2

Informationsblatt

Für die Durchführung der Studie werden bitten wir Sie um Ihre Teilnahme und danken Ihnen bereits im Vorfeld herzlich für Ihre Unterstützung. Mit Ihrer Teilnahme leisten Sie einen wichtigen Beitrag, die Arbeit in Zukunft altersgerecht zu gestalten. Ihre Unterstützung besteht aus:

- **Teilnahme an einer arbeitsmedizinischen Untersuchung**
- **Ausfüllen eines Fragebogens zur Ermittlung der Arbeitsfähigkeit (WAI)**
- **Ausfüllen eines Fragebogens zur Ermittlung des Chronotyps (MCTQ)**
- **Ausfüllen eines Kurz-Fragebogens (ca. 2min) vor, während und nach der Schicht**
- **Tragen eines Brustgurtes während der gesamten Schicht und Arbeitstätigkeit an zwei verschiedenen Arbeitsplätzen**
- **Aufnahme des Hand-Arm-Systems mittels Videotechnik während der Schicht**

Für die ausgewählten Mitarbeiter ist die **Teilnahme an einer arbeitsmedizinischen Untersuchung** vorgesehen. Dazu erfolgen Befragung, Durchführung eines Funktionstests und körperlicher Untersuchung (z.B. Messung von Puls, Blutdruck) durch den Betriebsarzt. Die arbeitsmedizinische Untersuchung stellt die Gesundheit der Mitarbeiter für die Studie fest und findet während der Arbeitszeit statt. Der Termin wird Ihnen mitgeteilt. Die Freigabe ausgewählter Ergebnisse der arbeitsmedizinischen Untersuchung ist gesondert zu erteilen.

Im Verlauf der Studie werden verschiedene Fragebögen eingesetzt. Der **Fragebogen WAI** – Work Ability Index dient zur Erfassung der Arbeitsfähigkeit und ist Grundlage für die Anamnese beim Betriebsarzt. Das Ausfüllen nimmt etwa 10 – 15 min in Anspruch. Der ausgefüllte Fragebogen verbleibt beim Betriebsarzt und wird mit Ihrem Einverständnis an uns weitergeleitet. Weiterhin wird mit einem **Fragebogen** der **Chronotyp** ermittelt, der den Tagesablauf jedes einzelnen Menschen beeinflusst. Das Ausfüllen des Fragebogens dauert ca. 10 – 15 Minuten und erfolgt zu Hause.

Die beiden Termine, zu denen Sie während der Frühschicht beobachtet und befragt werden, werden Ihnen vorab mitgeteilt. Bitte richten Sie es sich ein, dass Sie an diesen beiden Tagen ca. 15 min vor Arbeitsbeginn eintreffen, da noch Vorbereitungen erforderlich sind. Sie füllen einen **Kurz-Fragebogen vor der Schicht, beim Arbeitsplatzwechsel und nach der Schicht aus**, mit dem Sie Ihre aktuelle Verfassung selbst einschätzen. Außerdem erhalten Sie einen kabellosen **Brustgurt**, der während der gesamten Schicht (auch während der Pausen) am Körper verbleibt und die **Körperfunktionswerte** Herzfrequenz, Atemfrequenz und Hauttemperatur misst. Weiterhin wird während der Schicht mittels **Videotechnik** das **Hand-Arm-System** **aufgenommen**, um Ihre Bewegungen über Marker zu analysieren.

BITTE VERHALTEN SIE SICH WÄHREND DER DATENAUFNAHME
WIE AN JEDEM ANDEREN ARBEITSTAG

Die Durchführung der Studie erfolgt nach den gesetzlichen Bestimmungen des Datenschutzes in Deutschland. Die Teilnahme an der Studie ist freiwillig. Ihre Daten werden verschlüsselt aufgenommen und in anonymisierter Form ausgewertet.

Checkliste zur Durchführung der Messung

	Vorbereitung: aus BA-Raum Transportkiste (weiß, unten im Schrank) holen
	oder im Glasbüro
Kameraaufnahmen:	
1.	Maus/Tastatur aus Transportkiste anstecken
2.	beide schwarze Kabel in blaue Steckdose
3.	Computer (Aquila 2) anschalten
4.	Passwort eingeben (........)
5.	Kameraabdeckungen entfernen
6.	Aquila 2 - Aufnahmefenster starten (Aquila Recorder) *Icon oben links*
7.	check: zeigen alle Kameras ein scharfes Bild? Wenn nein, dann an Kameraobjektiv scharf stellen (passt in der Regel)
8.	check: zeigen alle Kameras den richtigen Ausschnitt? wenn nein, dann mit Kameraarm regulieren (passt in der Regel)
9.	check: sind Kameras richtig gruppiert? Alle 4 Bilder haben den gleichen Farbrahmen (Gruppe 1); falls nein, dann Mauszeiger auf Kamerafeld, rechter Mausclick, Kamera zuordnen (Gruppe 1); Vorlage: Dokument Kameraeinstellung_VW
10.	Wenn etwas Komisch erscheint, dann "Datei"-"Einstellungen laden"-"vw.doe" (normal nicht nötig, funktioniert aber und stellt gewollte Einstellungen wieder her)
11.	check: blinkt der Zeitaufnehmer (*Uhrsymbol*)? Wenn Nein, dann anclicken, Feld geht auf, Haken setzen bei *"Timescedule aktivieren"*
12.	Zeitabgleich der acht BioHarness-Einheiten nicht vergessen!
!	Manuelle Aufnahme bei Bedarf möglich, Timescedule wird nicht dadurch beeinträchtigt; Mausklick auf roten Kreis startet Aufnahme, Mausklick auf blaues Rechteck beendet Aufnahme
!	Bei Abwesenheit; Monitor manuell aus (unten rechts)
!	Bei Kameraausfall betreffenden Stecker an Computer ziehen, einstecken und erst dann *"ok"* auf Monitor anklicken, danach Kamerazuordnung zu Gruppe prüfen!
Lärmmessung:	
1.	Lärmmessgerät aus Transportkiste holen
2.	einschalten durch langes Drücken unten
	(es dauert lange bis das Gerät einsatzbereit ist)
3.	Gerät auf Markierung bei AP 140 auf Glaskasten positionieren und dabei bleiben
4.	stündlich ab 6.15 Uhr 5 min-Messung durchführen

5.	anschalten bis Display aktiv
6.	unten rechts auf "XL-Ansicht" tippen
7.	drücken auf blinkende Taste in der Mitte
8.	während Messung leuchtet diese Taste grün, im Display läuft die Messzeit mit, oben rechts wird der aktuelle Wert angezeit,
9.	groß angezeigt wird der Durchschnittswert des vergangenen Messintervalls
10.	nach 5 min grün leuchtende Taste drücken
11.	großen Wert in der Mitte ins Protokoll übertragen (= Durchschnitt)
12.	Wert zurücksetzen durch drücken der Taste links vom Aufnahmeknopf
13.	im Display auf "ok" tippen
14.	Hauptschalter ganz unten kurz drücken, Gerät geht in Standby (bis zur nächsten Messung in Transportkiste lagern, da Mikro sehr empfindlich
15.	vor erneuter Messung wieder kurz drücken
16.	bei Schichtende Hauptschalter 4 Sekunden gedrückt halten
17.	Gerät in Hülle in Transportkiste lagern
Brustgurt: Anlage einzeln im BA-Raum	
1.	Gurte trocknen im Untersuchungsraum für Betriebsarzt an Kleidergestell
2.	alle BioHarness-Einheiten durch zweimaliges Drücken aktivieren (muss konstant leuchten)
3.	passende Gurtgröße auswählen und Schwämmchen/Sensoren mit warmem Wasser (Salzzusatz) aus Waschbecken mit nasser Hand anfeuchten
4.	BioHarness-Einheit an Gurt befestigen
5.	Gurt anlegen nach Bildvorlage (fest, aber nicht zu straff)
6.	notieren, welcher Proband welche BioHarness-Einheit trägt!
7.	Gurtanlage überprüfen, Leuchte konstant rot?
!	Hinweis an Probanden geben, dass sie mitteilen, wenn Licht aus, Gurt verrutscht oder zu fest
8.	nach Messung Gurt abnehmen
9.	BioHarness-Einheit ausschalten
10.	BioHarness-Einheit in Ladestation an Steckdose (Ladedauer 3 h) oder Mitnahme zur TU - abhängig vom Messplan
11.	Gurte in Waschbecken waschen (Klettverschlüsse dabei geschlossen)

12.	Gurte mit Frottee-Handtuch vortrocknen/trockendrücken
13.	Gurte und Handtuch auf Kleiderständer hängend plazieren (nicht auf die Heizung!!); Handtuch zum Trocknen aufhängen
	Fragebögen VOR der Schicht
1.	ausfüllen lassen (Klemmmappe/Stift), Nummer von BioHarness-Einheit darauf (oben rechts) notieren
2.	Markierung an Handschuh anbringen. Evtl. erst am AP
3.	Fragebogen MCTQ einsammeln (bei 2. Durchlauf)
	10 Uhr - nach 4 h an 1. AP
	zweiseitigen Kurzfragebogen ausfüllen lassen mit kurzem Hinweis
	Wechsel an 2. AP
	nach der Schicht
1.	zweiseitigen Fragebogen am AP ausfüllen lassen,
2.	give-away an MA, Verabschieden
3.	Fragebogen MCTQ mitgeben (1. Durchlauf)
	Nachbereitung
1.	Kameradaten auf Stick kopieren
2.	Rechner herunterfahren
3.	Kameraabdeckungen auf Kameras
4.	beide Stromkabel (Monitor und Rechner) ziehen
5.	nachdem Rechner heruntergefahren ist, Transportkiste wieder in BA-Raum, unter Liege
6.	Gurte reinigen, Bioharnesseinheiten laden bzw. mit Ladegerät zurück an Uni
7.	ausgefüllte Fragebögen mit an Uni (nicht dort lassen)!!
	Give-Aways: 1. Tag: Block, Kuli, Bonbon; 2. Tag: Leuchtstift und Gummibärchen

Anlage E SPSS-Ausgaben der allgemeinen Daten

Korrelationen Alter und Kontrollvariablen

		Alter	BMI
Alter	Korrelation nach Pearson	1	,545**
	Signifikanz		,001
	N	35	35

**. Die Korrelation ist auf dem Niveau von 0,01 signifikant.

		Alter	Zigaretten pro Tag	Motorstückzahl bei Schichtende
Alter	Korrelation nach Pearson	1	,140	,093
	Signifikanz		,422	,594
	N	35	35	35

Tests und Korrelationen MCTQ

Tests auf Normalverteilung	Kolmogorov-Smirnova			Shapiro-Wilk		
	Statistik	df	Signifikanz	Statistik	df	Signifikanz
Chronotyp nach MCTQ (MSFsc)	,087	35	,200*	,967	35	,369

*. Dies ist eine untere Grenze der echten Signifikanz.

		Alter	Chronotyp nach MCTQ (MSFsc)
Alter	Korrelation nach Pearson	1	-,452**
	Signifikanz		,003
	N	35	35

**. Die Korrelation ist auf dem Niveau von 0,01 signifikant.

		Chronotyp nach MCTQ (MSFsc)	06:00 gut gelaunt Tag A	06:00 energiegeladen Tag A	06:00 müde Tag A	06:00 unterfordert Tag A	06:00 unkonzentriert Tag A	06:00 heiter Tag A	06:00 unsicher Tag A	06:00 frisch Tag A	06:00 verärgert Tag A	06:00 erschöpft Tag A	06:00 gereizt Tag A	06:00 gelangweilt Tag A
Chronotyp nach MCTQ (MSFsc)	Korrelation nach Pearson	1	-,115	-,117	,315	,234	,220	-,019	,053	-,225	,247	,369*	,126	,142
	Signifikanz		,512	,502	,065	,176	,204	,916	,760	,193	,152	,029	,472	,415
	N	35	35	35	35	35	35	35	35	35	35	35	35	35

*. Die Korrelation ist auf dem Niveau von 0,05 signifikant.

© Springer Fachmedien Wiesbaden GmbH, ein Teil von Springer Nature 2019
K. Börner, *Die Altersabhängigkeit der Beanspruchung von Montagemitarbeitern*,
https://doi.org/10.1007/978-3-658-26378-2

	Chronotyp nach MCTQ (MSFsc)	06:00 gut gelaunt Tag B	06:00 energiegeladen Tag B	06:00 müde Tag B	06:00 unterfordert Tag B	06:00 unkonzentriert Tag B	06:00 heiter Tag B	06:00 unsicher Tag B	06:00 frisch Tag B	06:00 verärgert Tag B	06:00 erschöpft Tag B	06:00 gereizt Tag B	06:00 gelangweilt Tag B
Chronotyp nach MCTQ (MSFsc)	Korrelation nach Pearson	1	-,257	-,136	,446**	,210	,250	-,424*	,036	-,369*	,164	,384*	,397*	,368*
	Signifikanz		,136	,437	,007	,227	,148	,011	,837	,029	,346	,023	,018	,030
	N	35	35	35	35	35	35	35	35	35	35	35	35	35

**. Die Korrelation ist auf dem Niveau von 0,01 signifikant.
*. Die Korrelation ist auf dem Niveau von 0,05 signifikant.

		Chronotyp nach MCTQ (MSFsc)	Social Jetlag
Chronotyp nach MCTQ (MSFsc)	Korrelation nach Pearson	1	,329*
	Signifikanz		,027
	N	35	35

*. Die Korrelation ist auf dem Niveau von 0,05 signifikant.

		Schlafdauer in min nach MCTQ	Work Ability Index
Schlafdauer in min nach MCTQ	Korrelation nach Pearson	1	,252
	Signifikanz		,072
	N	35	35

*. Die Korrelation ist auf dem Niveau von 0,05 signifikant.

Tests und Korrelationen WAI

Deskriptive Statistik

	N	Minimum	Maximum	Mittelwert	Standardabweichung
Work Ability Index	35	30	48	41,31	4,323
Gültige Werte (Listenweise)	35				

Korrelationen

		Alter	Work Ability Index
Alter	Korrelation nach Pearson	1	-,347*
	Signifikanz		,021
	N	35	35

*. Die Korrelation ist auf dem Niveau von 0,05 signifikant.

Anlage F SPSS- und HLM-Ausgaben auf Prozessebene

Tests zur durchschnittlichen relativen Herzfrequenz im Arbeitsprozess Schwungscheibenmontage

Tests auf Normalverteilung	jung (bis 31) vs. mittel (34-42) vs. alt (ab 46)	Kolmogorov-Smirnova			Shapiro-Wilk		
		Statistik	df	Signifikanz	Statistik	df	Signifikanz
Ø relHF Schwungscheibe Block 1 Tag A	jung = 21 bis 31	,109	13	,200*	,949	13	,578
	mittel = 34 bis 42	,179	7	,200*	,936	7	,602
	alt = 46 bis 60	,210	15	,075	,950	15	,528
Ø relHF Schwungscheibe Block 2 Tag A	jung = 21 bis 31	,167	13	,200*	,919	13	,242
	mittel = 34 bis 42	,210	7	,200*	,954	7	,768
	alt = 46 bis 60	,182	15	,194	,946	15	,469
Ø relHF Schwungscheibe Block 12 Tag A	jung = 21 bis 31	,188	13	,200*	,865	13	,044
	mittel = 34 bis 42	,206	7	,200*	,971	7	,906
	alt = 46 bis 60	,168	15	,200*	,953	15	,579
Ø relHF Schwungscheibe Block 3 Tag B	jung = 21 bis 31	,128	13	,200*	,976	13	,951
	mittel = 34 bis 42	,139	7	,200*	,975	7	,934
	alt = 46 bis 60	,229	15	,033	,897	15	,084
Ø relHF Schwungscheibe Block 4 Tag B	jung = 21 bis 31	,148	13	,200*	,930	13	,340
	mittel = 34 bis 42	,161	7	,200*	,960	7	,821
	alt = 46 bis 60	,243	15	,018	,881	15	,049
Ø relHF Schwungscheibe Block 34 Tag B	jung = 21 bis 31	,138	13	,200*	,965	13	,822
	mittel = 34 bis 42	,169	7	,200*	,967	7	,878
	alt = 46 bis 60	,191	15	,145	,892	15	,071

*. Dies ist eine untere Grenze der echten Signifikanz.

Test der Homogenität der Varianzen	Levene-Statistik	df1	df2	Signifikanz
Ø relHF Schwungscheibe Block 1 Tag A	6,487	2	32	,004
Ø relHF Schwungscheibe Block 2 Tag A	3,079	2	32	,060
Ø relHF Schwungscheibe Block 3 Tag B	1,313	2	32	,283
Ø relHF Schwungscheibe Block 34 Tag B	2,559	2	32	,093

Mittelwerte der relativen Herzfrequenz im Arbeitsprozess Schwungscheibenmontage

Deskriptive Statistik	jung (bis 31) vs. mittel (34-42) vs. alt (ab 46)		Statistik	Standardfehler
Ø relHF Schwungscheibe Block 1 Tag A	jung = 21 bis 31	Mittelwert	45,7205	,94372
		Standardabweichung	3,40263	
	mittel = 34 bis 42	Mittelwert	54,8419	1,32742
		Standardabweichung	3,51202	
	alt = 46 bis 60	Mittelwert	51,1400	2,07564
		Standardabweichung	8,03893	

© Springer Fachmedien Wiesbaden GmbH, ein Teil von Springer Nature 2019
K. Börner, *Die Altersabhängigkeit der Beanspruchung von Montagemitarbeitern*,
https://doi.org/10.1007/978-3-658-26378-2

Ø relHF Schwungscheibe Block 2 Tag A	jung = 21 bis 31	Mittelwert	46,3130	,81367
		Standardabweichung	2,93373	
	mittel = 34 bis 42	Mittelwert	55,5511	1,29021
		Standardabweichung	3,41356	
	alt = 46 bis 60	Mittelwert	52,5810	1,89173
		Standardabweichung	7,32663	
Ø relHF Schwungscheibe Block 12 Tag A	jung = 21 bis 31	Mittelwert	46,0402	,78672
		Standardabweichung	2,83655	
	mittel = 34 bis 42	Mittelwert	55,2609	1,22118
		Standardabweichung	3,23095	
	alt = 46 bis 60	Mittelwert	51,9234	1,95456
		Standardabweichung	7,56996	
Ø relHF Schwungscheibe Block 3 Tag B	jung = 21 bis 31	Mittelwert	46,1510	1,27407
		Standardabweichung	4,59374	
	mittel = 34 bis 42	Mittelwert	54,1475	1,69750
		Standardabweichung	4,49116	
	alt = 46 bis 60	Mittelwert	51,7993	2,05088
		Standardabweichung	7,94301	
Ø relHF Schwungscheibe Block 4 Tag B	jung = 21 bis 31	Mittelwert	48,3973	1,47055
		Standardabweichung	5,30214	
	mittel = 34 bis 42	Mittelwert	56,1250	1,24137
		Standardabweichung	3,28434	
	alt = 46 bis 60	Mittelwert	53,2241	2,07447
		Standardabweichung	8,03440	
Ø relHF Schwungscheibe Block 34 Tag B	jung = 21 bis 31	Mittelwert	46,8950	1,17939
		Standardabweichung	4,25234	
	mittel = 34 bis 42	Mittelwert	54,9494	1,47209
		Standardabweichung	3,89479	
	alt = 46 bis 60	Mittelwert	52,4153	2,03566
		Standardabweichung	7,88409	

ANOVA zur relativen Herzfrequenz im Arbeitsprozess Schwungscheibenmontage

		Quadratsumme	df	Mittel der Quadrate	F	Signifikanz
Ø relHF Schwungscheibe Block 2 Tag A	Zwischen den Gruppen	467,251	2	233,626	8,085	,001
	Innerhalb der Gruppen	924,708	32	28,897		
	Gesamt	1391,960	34			
Ø relHF Schwungscheibe Block 3 Tag B	Zwischen den Gruppen	360,542	2	180,271	4,587	,018
	Innerhalb der Gruppen	1257,532	32	39,298		
	Gesamt	1618,073	34			
Ø relHF Schwungscheibe Block 34 Tag B	Zwischen den Gruppen	357,717	2	178,859	4,858	,014
	Innerhalb der Gruppen	1178,228	32	36,820		
	Gesamt	1535,945	34			

Mehrfachvergleiche Bonferroni

Abhängige Variable	(I) jung (bis 31) vs. mittel (34-42) vs. alt (ab 46)	(J) jung (bis 31) vs. mittel (34-42) vs. alt (ab 46)	Mittlere Differenz (I-J)	Standard-fehler	Signifi-kanz	95%- Konfidenzintervall	
						Unter-grenze	Ober-grenze
Ø relHF Schwungscheibe Block 2 Tag A	jung = 21 bis 31	mittel = 34 bis 42	-9,23818*	2,52012	,003	-15,6051	-2,8713
		alt = 46 bis 60	-6,26803*	2,03699	,013	-11,4143	-1,1217
	mittel = 34 bis 42	jung = 21 bis 31	9,23818*	2,52012	,003	2,8713	15,6051
		alt = 46 bis 60	2,97015	2,46062	,709	-3,2464	9,1867
	alt = 46 bis 60	jung = 21 bis 31	6,26803*	2,03699	,013	1,1217	11,4143
		mittel = 34 bis 42	-2,97015	2,46062	,709	-9,1867	3,2464
Ø relHF Schwungscheibe Block 3 Tag B	jung = 21 bis 31	mittel = 34 bis 42	-7,99645*	2,93886	,031	-15,4213	-,5716
		alt = 46 bis 60	-5,64832	2,37545	,071	-11,6497	,3531
	mittel = 34 bis 42	jung = 21 bis 31	7,99645*	2,93886	,031	,5716	15,4213
		alt = 46 bis 60	2,34812	2,86947	1,000	-4,9014	9,5976
	alt = 46 bis 60	jung = 21 bis 31	5,64832	2,37545	,071	-,3531	11,6497
		mittel = 34 bis 42	-2,34812	2,86947	1,000	-9,5976	4,9014
Ø relHF Schwungscheibe Block 34 Tag B	jung = 21 bis 31	mittel = 34 bis 42	-8,05440*	2,84468	,024	-15,2413	-,8675
		alt = 46 bis 60	-5,52029	2,29933	,067	-11,3294	,2888
	mittel = 34 bis 42	jung = 21 bis 31	8,05440*	2,84468	,024	,8675	15,2413
		alt = 46 bis 60	2,53410	2,77751	1,000	-4,4831	9,5513
	alt = 46 bis 60	jung = 21 bis 31	5,52029	2,29933	,067	-,2888	11,3294
		mittel = 34 bis 42	-2,53410	2,77751	1,000	-9,5513	4,4831

*. Die Differenz der Mittelwerte ist auf dem Niveau 0.05 signifikant.

Kruskal-Wallis-Test und Paarweiser Vergleich zur relativen Herzfrequenz im Arbeitsprozess Schwungscheibenmontage

Hypothesentestübersicht

	Nullhypothese	Test	Sig.	Entscheidung
1	Die Verteilung von Durchschnittlich relHF Schwungscheibe Block 1 Tag A ist über die Kategorien von jung (bis 31) vs. mittel (34-42) vs. alt (ab 46) identisch.	Kruskal-Wallis-Test bei unabhängigen Stichproben	3,000	Nullhypothese ablehnen
2	Die Verteilung von Durchschnittlich relHF Schwungscheibe Block 12 Tag A ist über die Kategorien von jung (bis 31) vs. mittel (34-42) vs. alt (ab 46) identisch.	Kruskal-Wallis-Test bei unabhängigen Stichproben	1,000	Nullhypothese ablehnen
3	Die Verteilung von Durchschnittlich relHF Schwungscheibe Block 4 Tag B ist über die Kategorien von jung (bis 31) vs. mittel (34-42) vs. alt (ab 46) identisch.	Kruskal-Wallis-Test bei unabhängigen Stichproben	13,000	Nullhypothese ablehnen

Nullhypothese	Signifikanz nach Kruskal-Wallis-Test	Angepasste Signifikanz zwischen den Gruppen (Paarweiser Vergleich)		
		jung und alt	jung und mittel	mittel und alt
1	p = 0,003**	p = 0,133	p = 0,003**	p = 0,246
2	p = 0,001**	p = 0,038*	p = 0,001**	p = 0,360
3	p = 0,013*	p = 0,236	p = 0,012*	p = 0,405

*. Die Korrelation ist auf dem Niveau von 0,05 signifikant. **. Die Korrelation ist auf dem Niveau von 0,01 signifikant.

Jede Zeile testet die Nullhypothese, dass die Verteilungen von Stichprobe 1 und Stichprobe 2 gleich sind. Asymptotischen Signifikanzen (2-seitige Tests) werden angezeigt. Signifikanzwerte werden von der Bonferroni-Korrektur für mehrere Tests angepasst.

Korrelationen Alter und durchschnittliche relative Herzfrequenz im Arbeitsprozess Schwungscheibenmontage

		Alter	Ø relHF Schwung-scheibe Block 1 Tag A	Ø relHF Schwung-scheibe Block 2 Tag A	Ø relHF Schwung-scheibe Block 12 Tag A	Ø relHF Schwung-scheibe Block 3 Tag B	Ø relHF Schwung-scheibe Block 4 Tag B	Ø relHF Schwung-scheibe Block 34 Tag B
Alter	Korrelation nach Pearson	1	,383*	,455**	,429**	,404**	,353*	,407**
	Signifikanz		,012	,003	,005	,008	,019	,008
	N	35	35	35	35	35	35	35

*. Die Korrelation ist auf dem Niveau von 0,05 signifikant.
**. Die Korrelation ist auf dem Niveau von 0,01 signifikant.

Partialkorrelationen Alter und relative Herzfrequenz Arbeitsprozess Schwungscheibenmontage

Kontroll-variablen			Alter	Ø relHF Schwung-scheibe Block 1 Tag A	Ø relHF Schwung-scheibe Block 2 Tag A	Ø relHF Schwung-scheibe Block 12 Tag A	Ø relHF Schwung-scheibe Block 3 Tag B	Ø relHF Schwung-scheibe Block 4 Tag B	Ø relHF Schwung-scheibe Block 34 Tag B
BMI	Alter	Korrelation	1,000	,317*	,376*	,356*	,373*	,307*	,366*
		Signifikanz	.	,034	,014	,019	,015	,039	,017
		Freiheitsgrade	0	32	32	32	32	32	32

Kontroll-variablen			Alter	Ø relHF Schwung-scheibe Block 1 Tag A	Ø relHF Schwung-scheibe Block 2 Tag A	Ø relHF Schwung-scheibe Block 12 Tag A	Ø relHF Schwung-scheibe Block 3 Tag B	Ø relHF Schwung-scheibe Block 4 Tag B	Ø relHF Schwung-scheibe Block 34 Tag B
Zigaretten pro Tag	Alter	Korrelation	1,000	,360*	,437**	,410**	,384*	,328*	,387*
		Signifikanz	.	,018	,005	,008	,012	,029	,012
		Freiheitsgrade	0	32	32	32	32	32	32

Kontroll-variablen			Alter	Ø relHF Schwung-scheibe Block 1 Tag A	Ø relHF Schwung-scheibe Block 2 Tag A	Ø relHF Schwung-scheibe Block 12 Tag A
Schlafdauer in min am Messtag A	Alter	Korrelation	1,000	,409**	,465**	,446**
		Signifikanz	.	,009	,003	,005
		Freiheitsgrade	0	31	31	31

Kontroll-variablen			Alter	Ø relHF Schwung-scheibe Block 3 Tag B	Ø relHF Schwung-scheibe Block 4 Tag B	Ø relHF Schwung-scheibe Block 34 Tag B
Schlafdauer in min am Messtag B	Alter	Korrelation	1,000	,433**	,385*	,438**
		Signifikanz	.	,007	,015	,006
		Freiheitsgrade	0	30	30	30

Kontroll-variablen			Alter	Ø relHF Schwung-scheibe Block 1 Tag A	Ø relHF Schwung-scheibe Block 2 Tag A	Ø relHF Schwung-scheibe Block 12 Tag A
Motorstück-zahl Tag A	Alter	Korrelation	1,000	,378*	,448**	,423**
		Signifikanz	.	,014	,004	,006
		Freiheitsgrade	0	32	32	32

Kontroll-variablen			Alter	Ø relHF Schwung-scheibe Block 3 Tag B	Ø relHF Schwung-scheibe Block 4 Tag B	Ø relHF Schwung-scheibe Block 34 Tag B
Motorstück-zahl Tag B	Alter	Korrelation	1,000	,411*	,386*	,422*
		Signifikanz	.	,016	,024	,013
		Freiheitsgrade	0	32	32	32

Kontroll-variablen			Alter	Ø relHF Schwung-scheibe Block 1 Tag A	Ø relHF Schwung-scheibe Block 2 Tag A	Ø relHF Schwung-scheibe Block 12 Tag A
Ø Temperatur am Messtag A	Alter	Korrelation	1,000	,383*	,455**	,429**
		Signifikanz	.	,013	,003	,006
		Freiheitsgrade	0	32	32	32

Kontroll-variablen			Alter	Ø relHF Schwung-scheibe Block 3 Tag B	Ø relHF Schwung-scheibe Block 4 Tag B	Ø relHF Schwung-scheibe Block 34 Tag B
Ø Temperatur am Messtag B	Alter	Korrelation	1,000	,481**	,406**	,477**
		Signifikanz	.	,002	,009	,002
		Freiheitsgrade	0	32	32	32

Kontroll-variablen				Alter	Ø relHF Schwung-scheibe Block 1 Tag A	Ø relHF Schwung-scheibe Block 2 Tag A	Ø relHF Schwung-scheibe Block 12 Tag A
Ø Lärm am Messtag A	Alter		Korrelation	1,000	,400**	,480**	,451**
			Signifikanz	.	,009	,002	,004
			Freiheitsgrade	0	32	32	32
Kontroll-variablen				Alter	Ø relHF Schwung-scheibe Block 3 Tag B	Ø relHF Schwung-scheibe Block 4 Tag B	Ø relHF Schwung-scheibe Block 34 Tag B
Ø Lärm am Messtag B	Alter		Korrelation	1,000	,457**	,396*	,457**
			Signifikanz	.	,003	,010	,003
			Freiheitsgrade	0	32	32	32

Test auf Normalverteilung relHF in MZP Block 12 Tag A

Tests auf Normalverteilung	Kolmogorov-Smirnova			Shapiro-Wilk		
	Statistik	df	Signifikanz	Statistik	df	Signifikanz
relative HF Schwungscheibe	,067	715	,000	,977	715	,000

Tests auf Normalverteilung	Probandenschlüssel	Kolmogorov-Smirnova			Shapiro-Wilk		
		Statistik	df	Signifikanz	Statistik	df	Signifikanz
relHF Schwungscheibe Block 12	B03M3	,126	19	,200*	,984	19	,979
	B05A3	,207	23	,012	,914	23	,049
	B08S1	,156	23	,153	,913	23	,048
	E05G6	,154	21	,200*	,960	21	,518
	F05C7	,115	20	,200*	,936	20	,198
	F05M1	,141	23	,200*	,949	23	,280
	F07A2	,108	22	,200*	,975	22	,816
	F07S1	,149	23	,200*	,898	23	,022
	F11C3	,098	23	,200*	,965	23	,580
	G04I1	,160	22	,146	,920	22	,077
	G05R1	,195	23	,023	,897	23	,022
	G09K4	,121	18	,200*	,979	18	,933
	G11A2	,103	19	,200*	,947	19	,346
	H06B5	,102	23	,200*	,983	23	,951
	H11A2	,135	21	,200*	,970	21	,742
	H12S1	,111	23	,200*	,970	23	,680
	I11R1	,095	23	,200*	,977	23	,840
	K07N5	,103	20	,200*	,960	20	,548
	K12R3	,166	19	,180	,938	19	,245

M01F6	,095	18	,200*	,966	18	,712
M01L1	,151	22	,200*	,935	22	,159
M04H4	,168	18	,193	,922	18	,138
M09I1	,112	23	,200*	,953	23	,331
N02H1	,165	18	,200*	,901	18	,059
N15A2	,103	18	,200*	,987	18	,995
O05E2	,110	17	,200*	,968	17	,784
O11R3	,128	17	,200*	,962	17	,663
P09R1	,120	19	,200*	,954	19	,458
R10G1	,149	21	,200*	,936	21	,180
S05U1	,158	11	,200*	,956	11	,715
S11H1	,185	19	,086	,895	19	,040
T04A2	,105	23	,200*	,966	23	,584
W01R6	,146	23	,200*	,957	23	,398
W06G8	,164	22	,127	,931	22	,129
W07E5	,134	18	,200*	,963	18	,663

*. Dies ist eine untere Grenze der echten Signifikanz.

Hierarchisch Lineare Modelle relHF in MZP Block 12 Tag A

Nullmodell

Final estimation of variance components

Random Effect	Standard Deviation	Variance Component	d.f.	χ^2	p-value
INTRCPT1, r_0	6.42630	41.29731	33	3122.00210	<0.001
level-1, e	2.92790	8.57261			

Statistics for current covariance components model
Deviance = 3480.707169
Number of estimated parameters = 2

Random Coefficients

Final estimation of variance components

Random Effect	Standard Deviation	Variance Component	d.f.	χ^2	p-value
INTRCPT1, r_0	6.43154	41.36476	33	3609.36247	<0.001
ZEIT slope, r_1	0.01528	0.00023	33	123.84256	<0.001
level-1, e	2.72308	7.41517			

Modell 1 – Alter

The maximum number of level-1 units = 668
The maximum number of level-2 units = 34
The maximum number of iterations = 100
Method of estimation: restricted maximum likelihood

The outcome variable is RELHF_S

Summary of the model specified
Level-1 Model
$RELHF\_S_{ti} = \pi_{0i} + \pi_{1i}*(ZEIT_{ti}) + e_{ti}$
Level-2 Model
$\pi_{0i} = \beta_{00} + \beta_{01}*(AGE_i) + r_{0i}$
$\pi_{1i} = \beta_{10} + \beta_{11}*(AGE_i) + r_{1i}$

ZEIT has been centered around the group mean.
AGE has been centered around the grand mean.

Mixed Model $RELHF\_S_{ti} = \beta_{00} + \beta_{01}{*}AGE_i + \beta_{10}{*}ZEIT_{ti} + \beta_{11}{*}AGE_i{*}ZEIT_{ti} + r_{0i} + r_{1i}{*}ZEIT_{ti} + e_{ti}$

Final estimation of fixed effects (with robust standard errors)

Fixed Effect	Coefficient	Standard error	t-ratio	Approx. d.f.	p-value
For INTRCPT1, π_0					
INTRCPT2, β_{00}	50.375543	0.971819	51.836	32	<0.001
AGE, β_{01}	0.248127	0.068970	3.598	32	0.001
For ZEIT slope, π_1					
INTRCPT2, β_{10}	0.004990	0.003016	1.654	32	0.108
AGE, β_{11}	0.000088	0.000266	0.330	32	0.743

Statistics for current covariance components model
Deviance = 3452.656005
Number of estimated parameters = 4

Variance-Covariance components test
χ^2 statistic = 28.05116
Degrees of freedom = 2
p-value = <0.001

Modell 2 – Zigaretten pro Tag

The maximum number of level-1 units = 668
The maximum number of level-2 units = 34
The maximum number of iterations = 100
Method of estimation: restricted maximum likelihood

The outcome variable is RELHF_S

Summary of the model specified
Level-1 Model
$RELHF\_S_{ti} = \pi_{0i} + \pi_{1i}{*}(ZEIT_{ti}) + e_{ti}$
Level-2 Model
$\pi_{0i} = \beta_{00} + \beta_{01}{*}(ZIG\_TAG_i) + r_{0i}$
$\pi_{1i} = \beta_{10} + \beta_{11}{*}(ZIG\_TAG_i) + r_{1i}$

ZEIT has been centered around the group mean.
ZIG_TAG has been centered around the grand mean.

Mixed Model $RELHF\_S_{ti} = \beta_{00} + \beta_{01}{*}ZIG\_TAG_i + \beta_{10}{*}ZEIT_{ti} + \beta_{11}{*}ZIG\_TAG_i{*}ZEIT_{ti} + r_{0i} + r_{1i}{*}ZEIT_{ti} + e_{ti}$

Final estimation of fixed effects (with robust standard errors)

Fixed Effect	Coefficient	Standard error	t-ratio	Approx. d.f.	p-value
For INTRCPT1, π_0					
INTRCPT2, β_{00}	50.375081	1.037189	48.569	32	<0.001
ZIG_TAG, β_{01}	0.279536	0.121870	2.294	32	0.029
For ZEIT slope, π_1					
INTRCPT2, β_{10}	0.004941	0.002962	1.668	32	0.105
ZIG_TAG, β_{11}	-0.000461	0.000425	-1.085	32	0.286

Statistics for current covariance components model
Deviance = 3455.044440
Number of estimated parameters = 4

Variance-Covariance components test
χ^2 statistic = 25.66273
Degrees of freedom = 2
p-value = <0.001

Modell 3 – BMI

The maximum number of level-1 units = 668
The maximum number of level-2 units = 34
The maximum number of iterations = 100
Method of estimation: restricted maximum likelihood

The outcome variable is RELHF_S

Summary of the model specified
Level-1 Model
$RELHF\_S_{ti} = \pi_{0i} + \pi_{1i}*(ZEIT_{ti}) + e_{ti}$
Level-2 Model
$\pi_{0i} = \beta_{00} + \beta_{01}*(BMI_i) + r_{0i}$
$\pi_{1i} = \beta_{10} + \beta_{11}*(BMI_i) + r_{1i}$

ZEIT has been centered around the group mean.
BMI has been centered around the grand mean.

Mixed Model $RELHF\_S_{ti} = \beta_{00} + \beta_{01}*BMI_i + \beta_{10}*ZEIT_{ti} + \beta_{11}*BMI_i*ZEIT_{ti} + r_{0i} + r_{1i}*ZEIT_{ti} + e_{ti}$

Final estimation of fixed effects (with robust standard errors)

Fixed Effect	Coefficient	Standard error	t-ratio	Approx. d.f.	p-value
For INTRCPT1, π_0					
INTRCPT2, β_{00}	50.375136	1.054072	47.791	32	<0.001
BMI, β_{01}	0.380752	0.244441	1.558	32	0.129
For ZEIT slope, π_1					
INTRCPT2, β_{10}	0.004989	0.002972	1.679	32	0.103
BMI, β_{11}	0.000695	0.000586	1.186	32	0.244

Statistics for current covariance components model
Deviance = 3453.018942
Number of estimated parameters = 4
Variance-Covariance components test

χ^2 statistic = 27.68823
Degrees of freedom = 2
p-value = <0.001

Modell 4 – Gewicht Schwungscheibe

The maximum number of level-1 units = 668
The maximum number of level-2 units = 34
The maximum number of iterations = 100
Method of estimation: restricted maximum likelihood

The outcome variable is RELHF_S

Summary of the model specified
Level-1 Model
$RELHF\_S_{ti} = \pi_{0i} + \pi_{1i}*(ZEIT_{ti}) + e_{ti}$
Level-2 Model
$\pi_{0i} = \beta_{00} + \beta_{01}*(GEWICHT_i) + r_{0i}$
$\pi_{1i} = \beta_{10} + \beta_{11}*(GEWICHT_i) + r_{1i}$

ZEIT has been centered around the group mean.
GEWICHT has been centered around the grand mean.

Mixed Model $RELHF\_S_{ti} = \beta_{00} + \beta_{01}*GEWICHT_i + \beta_{10}*ZEIT_{ti} + \beta_{11}*GEWICHT_i*ZEIT_{ti} + r_{0i} + r_{1i}*ZEIT_{ti} + e_{ti}$

Final estimation of fixed effects (with robust standard errors)

Fixed Effect	Coefficient	Standard error	t-ratio	Approx. d.f.	p-value
For INTRCPT1, π_0					
INTRCPT2, β_{00}	50.374687	1.083481	46.493	32	<0.001
GEWICHT, β_{01}	-0.302144	0.406185	-0.744	32	0.462

For ZEIT slope, π_1					
INTRCPT2, β_{10}	0.004962	0.003021	1.642	32	0.110
GEWICHT, β_{11}	0.000143	0.001115	0.128	32	0.899

Statistics for current covariance components model
Deviance = 3454.452868
Number of estimated parameters = 4

Variance-Covariance components test
χ^2 statistic = 26.25430
Degrees of freedom = 2
p-value = <0.001

Modell 5 – Montagezeit Schwungscheibe
The maximum number of level-1 units = 668
The maximum number of level-2 units = 34
The maximum number of iterations = 100
Method of estimation: restricted maximum likelihood

The outcome variable is RELHF_S

Summary of the model specified
Level-1 Model
$RELHF\_S_{ti} = \pi_{0i} + \pi_{1i}*(ZEIT_{ti}) + e_{ti}$
Level-2 Model
$\pi_{0i} = \beta_{00} + \beta_{01}*(TIME\_S_i) + r_{0i}$
$\pi_{1i} = \beta_{10} + \beta_{11}*(TIME\_S_i) + r_{1i}$

ZEIT has been centered around the group mean.
TIME_S has been centered around the grand mean.

Mixed Model $RELHF\_S_{ti} = \beta_{00} + \beta_{01}*TIME\_S_i + \beta_{10}*ZEIT_{ti} + \beta_{11}*TIME\_S_i*ZEIT_{ti} + r_{0i} + r_{1i}*ZEIT_{ti} + e_{ti}$

Final estimation of fixed effects (with robust standard errors)

Fixed Effect	Coefficient	Standard error	t-ratio	Approx. d.f.	p-value
For INTRCPT1, π_0					
INTRCPT2, β_{00}	50.374728	1.091171	46.166	32	<0.001
TIME_S, β_{01}	-0.110804	0.455003	-0.244	32	0.809
For ZEIT slope, π_1					
INTRCPT2, β_{10}	0.004970	0.003015	1.649	32	0.109
TIME_S, β_{11}	-0.000199	0.001680	-0.118	32	0.907

Statistics for current covariance components model
Deviance = 3453.628671
Number of estimated parameters = 4

Variance-Covariance components test
χ^2 statistic = 27.07850
Degrees of freedom = 2
p-value = <0.001

Modell 6 – Schlafdauer in Minuten am Messtag
The maximum number of level-1 units = 668
The maximum number of level-2 units = 34
The maximum number of iterations = 100
Method of estimation: restricted maximum likelihood

The outcome variable is RELHF_S

Summary of the model specified
Level-1 Model
$RELHF\_S_{ti} = \pi_{0i} + \pi_{1i}*(ZEIT_{ti}) + e_{ti}$
Level-2 Model
$\pi_{0i} = \beta_{00} + \beta_{01}*(SLEEP_i) + r_{0i}$
$\pi_{1i} = \beta_{10} + \beta_{11}*(SLEEP_i) + r_{1i}$

ZEIT has been centered around the group mean.
SLEEP has been centered around the grand mean.

Mixed Model $RELHF\_S_{ti} = \beta_{00} + \beta_{01}*SLEEP_i + \beta_{10}*ZEIT_{ti} + \beta_{11}*SLEEP_i*ZEIT_{ti} + r_{0i} + r_{1i}*ZEIT_{ti} + e_{ti}$

Final estimation of fixed effects (with robust standard errors)

Fixed Effect	Coefficient	Standard error	t-ratio	Approx. d.f.	p-value
For INTRCPT1, π_0					
INTRCPT2, β_{00}	50.374636	1.091630	46.146	32	<0.001
SLEEP, β_{01}	0.002179	0.019940	0.109	32	0.914
For ZEIT slope, π_1					
INTRCPT2, β_{10}	0.004898	0.002977	1.645	32	0.110
SLEEP, β_{11}	-0.000055	0.000042	-1.307	32	0.201

Statistics for current covariance components model
Deviance = 3466.120718
Number of estimated parameters = 4

Variance-Covariance components test
χ^2 statistic = 14.58645
Degrees of freedom = 2
p-value = 0.001

Modell 7 – Alter, Zig_Tag
The maximum number of level-1 units = 668
The maximum number of level-2 units = 34
The maximum number of iterations = 100
Method of estimation: restricted maximum likelihood

The outcome variable is RELHF_S

Summary of the model specified
Level-1 Model
$RELHF\_S_{ti} = \pi_{0i} + \pi_{1i}*(ZEIT_{ti}) + e_{ti}$
Level-2 Model
$\pi_{0i} = \beta_{00} + \beta_{01}*(AGE_i) + \beta_{02}*(ZIG\_TAG_i) + r_{0i}$
$\pi_{1i} = \beta_{10} + \beta_{11}*(AGE_i) + \beta_{12}*(ZIG\_TAG_i) + r_{1i}$

ZEIT has been centered around the group mean.
AGE ZIG_TAG have been centered around grand mean

Mixed Model
$RELHF\_S_{ti} = \beta_{00} + \beta_{01}*AGE_i + \beta_{02}*ZIG\_TAG_i + \beta_{10}*ZEIT_{ti} + \beta_{11}*AGE_i*ZEIT_{ti} + \beta_{12}*ZIG\_TAG_i*ZEIT_{ti} + r_{0i} + r_{1i}*ZEIT_{ti} + e_{ti}$

Final estimation of fixed effects (with robust standard errors)

Fixed Effect	Coefficient	Standard error	t-ratio	Approx. d.f.	p-value
For INTRCPT1, π_0					
INTRCPT2, β_{00}	50.376041	0.935715	53.837	31	<0.001
AGE, β_{01}	0.226337	0.066999	3.378	31	0.002
ZIG_TAG, β_{02}	0.218226	0.117268	1.861	31	0.072
For ZEIT slope, π_1					
INTRCPT2, β_{10}	0.004974	0.002949	1.687	31	0.102
AGE, β_{11}	0.000140	0.000246	0.569	31	0.573
ZIG_TAG, β_{12}	-0.000503	0.000422	-1.193	31	0.242

Statistics for current covariance components model
Deviance = 3465.290765
Number of estimated parameters = 4

Variance-Covariance components test
χ^2 statistic = 15.41640
Degrees of freedom = 2
p-value = <0.001

Test auf Normalverteilung relHF in MZP Block 34 Tag B

Tests auf Normalverteilung	Kolmogorov-Smirnova			Shapiro-Wilk		
	Statistik	df	Signifikanz	Statistik	df	Signifikanz
relative HF Schwungscheibe	,079	716	,000	,961	716	,000

Tests auf Normalverteilung	Probandenschlüssel	Kolmogorov-Smirnova			Shapiro-Wilk		
		Statistik	df	Signifikanz	Statistik	df	Signifikanz
relHF Schwungscheibe MZP Block 12	B03M3	,132	20	,200*	,948	20	,341
	B05A3	,161	19	,200*	,965	19	,680
	B08S1	,135	16	,200*	,964	16	,736
	E05G6	,193	13	,197	,932	13	,360
	F05C7	,179	19	,111	,915	19	,091
	F05M1	,132	22	,200*	,875	22	,010
	F07A2	,216	22	,009	,852	22	,004
	F07S1	,131	11	,200*	,955	11	,703
	F11C3	,144	21	,200*	,952	21	,365
	G04I1	,158	16	,200*	,921	16	,174
	G05R1	,153	23	,175	,952	23	,322
	G09K4	,098	22	,200*	,948	22	,294
	G11A2	,092	22	,200*	,968	22	,669
	H06B5	,160	21	,171	,910	21	,055
	H11A2	,180	19	,108	,907	19	,064
	H12S1	,074	18	,200*	,979	18	,937
	I11R1	,155	19	,200*	,934	19	,207
	K07N5	,154	23	,167	,923	23	,079
	K12R3	,187	24	,029	,949	24	,258
	M01F6	,167	22	,113	,935	22	,158
	M01L1	,131	21	,200*	,947	21	,300
	M04H4	,142	25	,200*	,939	25	,140
	M09I1	,112	20	,200*	,961	20	,562
	N02H1	,142	17	,200*	,968	17	,775
	N15A2	,134	20	,200*	,918	20	,090
	O05E2	,209	22	,013	,914	22	,057
	O11R3	,176	20	,106	,897	20	,036
	P09R1	,105	26	,200*	,941	26	,145
	R10G1	,229	16	,025	,850	16	,013
	S05U1	,090	24	,200*	,975	24	,785
	S11H1	,149	24	,180	,934	24	,118
	T04A2	,099	21	,200*	,956	21	,431
	W01R6	,119	22	,200*	,920	22	,075
	W06G8	,185	21	,059	,906	21	,046
	W07E5	,135	25	,200*	,941	25	,157

*. Dies ist eine untere Grenze der echten Signifikanz.

Hierarchisch Lineare Modelle relHF in MZP Block 34 Tag B

Nullmodell

Final estimation of variance components

Random Effect	Standard Deviation	Variance Component	d.f.	χ^2	p-value
INTRCPT1, r_0	6.94349	48.21205	32	3469.58093	<0.001
level-1, e	2.99821	8.98928			

Statistics for current covariance components model
Deviance = 3247.204465
Number of estimated parameters = 2

Random Coefficients

Final estimation of variance components

Random Effect	Standard Deviation	Variance Component	d.f.	χ^2	p-value
INTRCPT1, r_0	6.94838	48.27998	32	4081.47747	<0.001
ZEIT slope, r_1	0.01531	0.00023	32	115.53577	<0.001
level-1, e	2.76436	7.64166			

Modell 1 – Alter

The maximum number of level-1 units = 616
The maximum number of level-2 units = 33
The maximum number of iterations = 100
Method of estimation: restricted maximum likelihood

The outcome variable is RELHF_S

Summary of the model specified
Level-1 Model
$RELHF\_S_{ti} = \pi_{0i} + \pi_{1i}*(ZEIT_{ti}) + e_{ti}$
Level-2 Model
$\pi_{0i} = \beta_{00} + \beta_{01}*(AGE_i) + r_{0i}$
$\pi_{1i} = \beta_{10} + \beta_{11}*(AGE_i) + r_{1i}$

ZEIT has been centered around the group mean.
AGE has been centered around the grand mean.

Mixed Model RELHF_$S_{ti} = \beta_{00} + \beta_{01}*AGE_i + \beta_{10}*ZEIT_{ti} + \beta_{11}*AGE_i*ZEIT_{ti} + r_{0i} + r_{1i}*ZEIT_{ti} + e_{ti}$

Final estimation of fixed effects (with robust standard errors)

Fixed Effect	Coefficient	Standard error	t-ratio	Approx. d.f.	p-value
For INTRCPT1, π_0					
INTRCPT2, β_{00}	50.916973	1.081929	47.061	31	<0.001
AGE, β_{01}	0.256467	0.093462	2.744	31	0.010
For ZEIT slope, π_1					
INTRCPT2, β_{10}	0.006940	0.003160	2.196	31	0.036
AGE, β_{11}	0.000090	0.000320	0.283	31	0.779

Statistics for current covariance components model
Deviance = 3212.972880
Number of estimated parameters = 4

Variance-Covariance components test
χ^2 statistic = 34.23158
Degrees of freedom = 2
p-value = <0.001

Modell 2 – Zigaretten pro Tag

The maximum number of level-1 units = 616
The maximum number of level-2 units = 33
The maximum number of iterations = 100
Method of estimation: restricted maximum likelihood

The outcome variable is RELHF_S

Summary of the model specified
Level-1 Model
$RELHF\_S_{ti} = \pi_{0i} + \pi_{1i}*(ZEIT_{ti}) + e_{ti}$
Level-2 Model
$\pi_{0i} = \beta_{00} + \beta_{01}*(ZIG\_TAG_i) + r_{0i}$
$\pi_{1i} = \beta_{10} + \beta_{11}*(ZIG\_TAG_i) + r_{1i}$

ZEIT has been centered around the group mean.
ZIG_TAG has been centered around the grand mean.

Mixed Model $RELHF\_S_{ti} = \beta_{00} + \beta_{01}*ZIG\_TAG_i + \beta_{10}*ZEIT_{ti} + \beta_{11}*ZIG\_TAG_i*ZEIT_{ti} + r_{0i} + r_{1i}*ZEIT_{ti} + e_{ti}$

Final estimation of fixed effects (with robust standard errors)

Fixed Effect	Coefficient	Standard error	t-ratio	Approx. d.f.	p-value
For INTRCPT1, π_0					
INTRCPT2, β_{00}	50.918126	1.095019	46.500	31	<0.001
ZIG_TAG, β_{01}	0.365514	0.121919	2.998	31	0.005
For ZEIT slope, π_1					
INTRCPT2, β_{10}	0.006891	0.003159	2.181	31	0.037
ZIG_TAG, β_{11}	-0.000368	0.000453	-0.813	31	0.422

Statistics for current covariance components model
Deviance = 3214.565592
Number of estimated parameters = 4

Variance-Covariance components test
χ^2 statistic = 32.63887
Degrees of freedom = 2
p-value = <0.001

Modell 3 – BMI

The maximum number of level-1 units = 616
The maximum number of level-2 units = 33
The maximum number of iterations = 100
Method of estimation: restricted maximum likelihood

The outcome variable is RELHF_S

Summary of the model specified
Level-1 Model
$RELHF\_S_{ti} = \pi_{0i} + \pi_{1i}*(ZEIT_{ti}) + e_{ti}$
Level-2 Model
$\pi_{0i} = \beta_{00} + \beta_{01}*(BMI_i) + r_{0i}$
$\pi_{1i} = \beta_{10} + \beta_{11}*(BMI_i) + r_{1i}$

ZEIT has been centered around the group mean.
BMI has been centered around the grand mean.

Mixed Model $RELHF\_S_{ti} = \beta_{00} + \beta_{01}*BMI_i + \beta_{10}*ZEIT_{ti} + \beta_{11}*BMI_i*ZEIT_{ti} + r_{0i} + r_{1i}*ZEIT_{ti} + e_{ti}$

Final estimation of fixed effects (with robust standard errors)

Fixed Effect	Coefficient	Standard error	t-ratio	Approx. d.f.	p-value
For INTRCPT1, π_0					
INTRCPT2, β_{00}	50.916676	1.173640	43.384	31	<0.001
BMI, β_{01}	0.304097	0.240359	1.265	31	0.215

For ZEIT slope, π_1					
INTRCPT2, β_{10}	0.006897	0.003153	2.187	31	0.036
BMI, β_{11}	0.000181	0.000807	0.224	31	0.824

Statistics for current covariance components model
Deviance = 3215.953678
Number of estimated parameters = 4

Variance-Covariance components test
χ^2 statistic = 31.25079
Degrees of freedom = 2
p-value = <0.001

Modell 4 – Gewicht Schwungscheibe

The maximum number of level-1 units = 616
The maximum number of level-2 units = 33
The maximum number of iterations = 100
Method of estimation: restricted maximum likelihood

The outcome variable is RELHF_S

Summary of the model specified
Level-1 Model
$RELHF\_S_{ti} = \pi_{0i} + \pi_{1i}*(ZEIT_{ti}) + e_{ti}$
Level-2 Model
$\pi_{0i} = \beta_{00} + \beta_{01}*(GEWICHT_i) + r_{0i}$
$\pi_{1i} = \beta_{10} + \beta_{11}*(GEWICHT_i) + r_{1i}$

ZEIT has been centered around the group mean.
GEWICHT has been centered around the grand mean.

Mixed Model RELHF_S$_{ti}$ = β_{00} + β_{01}*GEWICHT$_i$ + β_{10}*ZEIT$_{ti}$ + β_{11}*GEWICHT$_i$*ZEIT$_{ti}$ + r_{0i} + r_{1i}*ZEIT$_{ti}$ + e_{ti}

Final estimation of fixed effects (with robust standard errors)

Fixed Effect	Coefficient	Standard error	t-ratio	Approx. d.f.	p-value
For INTRCPT1, π_0					
INTRCPT2, β_{00}	50.917820	1.190530	42.769	31	<0.001
GEWICHT, β_{01}	0.278153	0.532444	0.522	31	0.605
For ZEIT slope, π_1					
INTRCPT2, β_{10}	0.007229	0.002989	2.418	31	0.022
GEWICHT, β_{11}	0.002395	0.001327	1.805	31	0.081

Statistics for current covariance components model
Deviance = 3211.123110
Number of estimated parameters = 4

Variance-Covariance components test
χ^2 statistic = 36.08135
Degrees of freedom = 2
p-value = <0.001

Modell 5 – Montagezeit Schwungscheibe

The maximum number of level-1 units = 616
The maximum number of level-2 units = 33
The maximum number of iterations = 100
Method of estimation: restricted maximum likelihood

The outcome variable is RELHF_S

Summary of the model specified
Level-1 Model
$RELHF\_S_{ti} = \pi_{0i} + \pi_{1i}*(ZEIT_{ti}) + e_{ti}$
Level-2 Model
$\pi_{0i} = \beta_{00} + \beta_{01}*(TIME\_S_i) + r_{0i}$
$\pi_{1i} = \beta_{10} + \beta_{11}*(TIME\_S_i) + r_{1i}$

ZEIT has been centered around the group mean.
TIME_S has been centered around the grand mean.

Mixed Model RELHF_S$_{ti}$ = β_{00} + β_{01}*TIME_S$_i$ + β_{10}*ZEIT$_{ti}$ + β_{11}*TIME_S$_i$*ZEIT$_{ti}$ + r$_{0i}$ + r$_{1i}$*ZEIT$_{ti}$ + e$_{ti}$

Final estimation of fixed effects (with robust standard errors)

Fixed Effect	Coefficient	Standard error	t-ratio	Approx. d.f.	p-value
For INTRCPT1, π_0					
INTRCPT2, β_{00}	50.917461	1.192409	42.701	31	<0.001
TIME_S, β_{01}	-0.294220	0.627864	-0.469	31	0.643
For ZEIT slope, π_1					
INTRCPT2, β_{10}	0.006969	0.003154	2.210	31	0.035
TIME_S, β_{11}	0.000362	0.001229	0.295	31	0.770

Statistics for current covariance components model
Deviance = 3213.639355
Number of estimated parameters = 4

Variance-Covariance components test
χ^2 statistic = 33.56511
Degrees of freedom = 2
p-value = <0.001

Modell 6 – Schlafdauer in Minuten am Messtag

The maximum number of level-1 units = 616
The maximum number of level-2 units = 33
The maximum number of iterations = 100
Method of estimation: restricted maximum likelihood

The outcome variable is RELHF_S

Summary of the model specified
Level-1 Model
  RELHF_S$_{ti}$ = π_{0i} + π_{1i}*(ZEIT$_{ti}$) + e$_{ti}$
Level-2 Model
  π_{0i} = β_{00} + β_{01}*(SLEEP$_i$) + r$_{0i}$
  π_{1i} = β_{10} + β_{11}*(SLEEP$_i$) + r$_{1i}$

ZEIT has been centered around the group mean.
SLEEP has been centered around the grand mean.

Mixed Model RELHF_S$_{ti}$ = β_{00} + β_{01}*SLEEP$_i$ + β_{10}*ZEIT$_{ti}$ + β_{11}*SLEEP$_i$*ZEIT$_{ti}$ + r$_{0i}$ + r$_{1i}$*ZEIT$_{ti}$ + e$_{ti}$

Final estimation of fixed effects (with robust standard errors)

Fixed Effect	Coefficient	Standard error	t-ratio	Approx. d.f.	p-value
For INTRCPT1, π_0					
INTRCPT2, β_{00}	50.917825	1.191851	42.722	31	<0.001
SLEEP, β_{01}	-0.009972	0.014824	-0.673	31	0.506
For ZEIT slope, π_1					
INTRCPT2, β_{10}	0.006722	0.003080	2.182	31	0.037
SLEEP, β_{11}	0.000063	0.000037	1.690	31	0.101

Statistics for current covariance components model
Deviance = 3225.994740
Number of estimated parameters = 4

Variance-Covariance components test
χ^2 statistic = 21.20973
Degrees of freedom = 2
p-value = <0.001

Modell 7 – Alter, Zig_Tag

The maximum number of level-1 units = 616
The maximum number of level-2 units = 33
The maximum number of iterations = 100
Method of estimation: restricted maximum likelihood

The outcome variable is RELHF_S

Summary of the model specified
Level-1 Model
$RELHF\_S_{ti} = \pi_{0i} + \pi_{1i}*(ZEIT_{ti}) + e_{ti}$
Level-2 Model
$\pi_{0i} = \beta_{00} + \beta_{01}*(AGE_i) + \beta_{02}*(ZIG\_TAG_i) + r_{0i}$
$\pi_{1i} = \beta_{10} + \beta_{11}*(AGE_i) + \beta_{12}*(ZIG\_TAG_i) + r_{1i}$

ZEIT has been centered around the group mean.
AGE ZIG_TAG have been centered around the grand mean.

Mixed Model
$RELHF\_S_{ti} = \beta_{00} + \beta_{01}*AGE_i + \beta_{02}*ZIG\_TAG_i + \beta_{10}*ZEIT_{ti} + \beta_{11}*AGE_i*ZEIT_{ti} + \beta_{12}*ZIG\_TAG_i*ZEIT_{ti} + r_{0i} + r_{1i}*ZEIT_{ti} + e_{ti}$

Final estimation of fixed effects (with robust standard errors)

Fixed Effect	Coefficient	Standard error	t-ratio	Approx. d.f.	p-value
For INTRCPT1, π_0					
INTRCPT2, β_{00}	50.917417	1.005214	50.653	30	<0.001
AGE, β_{01}	0.221214	0.084748	2.610	30	0.014
ZIG_TAG, β_{02}	0.307895	0.110305	2.791	30	0.009
For ZEIT slope, π_1					
INTRCPT2, β_{10}	0.006866	0.003149	2.181	30	0.037
AGE, β_{11}	0.000120	0.000309	0.388	30	0.701
ZIG_TAG, β_{12}	-0.000395	0.000452	-0.874	30	0.389

Statistics for current covariance components model
Deviance = 3224.906994
Number of estimated parameters = 4

Variance-Covariance components test
χ^2 statistic = 22.29747
Degrees of freedom = 2
p-value = <0.001

Übersicht zu den Konstanten und Koeffizienten der Hierarchisch Linearen Modelle für die Regressionsgleichung der relHF im Arbeitsprozess Schwungscheibenmontage

$relHF\_S_{ti} = \beta_{00} + \beta_{01}*AGE_i + \beta_{10}*ZEIT_{ti} + \beta_{11}*AGE_i*ZEIT_{ti}$

Modell	Bereich	t in min	Konstanten und Koeffizienten			
			β_{00}	β_{01}	β_{10}	β_{11}
Alter	Schwungscheiben-montage	0 < t < 240	50,375543	0,248127	0,004990	0,000088
Alter	Schwungscheiben-montage	250 < t < 480	50,916973	0,256467	0,006940	0,000090

Tests zur Montagezeit im Arbeitsprozess Schwungscheibenmontage

Tests auf Normalverteilung	jung (bis 31) vs. mittel (34-42) vs. alt (ab 46)	Kolmogorov-Smirnov[a]			Shapiro-Wilk		
		Statistik	df	Signifikanz	Statistik	df	Signifikanz
Ø Montagezeit Schwungscheibe Block 1 Tag A	jung = 21 bis 31	,188	13	,200*	,926	13	,305
	mittel = 34 bis 42	,310	7	,041	,795	7	,037
	alt = 46 bis 60	,098	15	,200*	,976	15	,938
Ø Montagezeit Schwungscheibe Block 2 Tag A	jung = 21 bis 31	,199	13	,168	,956	13	,691
	mittel = 34 bis 42	,196	7	,200*	,921	7	,480
	alt = 46 bis 60	,105	15	,200*	,956	15	,626
Ø Montagezeit Schwungscheibe Block 12 Tag A	jung = 21 bis 31	,166	13	,200*	,948	13	,562
	mittel = 34 bis 42	,218	7	,200*	,871	7	,189
	alt = 46 bis 60	,109	15	,200*	,972	15	,886
Ø Montagezeit Schwungscheibe Block 3 Tag B	jung = 21 bis 31	,130	13	,200*	,942	13	,481
	mittel = 34 bis 42	,284	7	,092	,869	7	,183
	alt = 46 bis 60	,117	15	,200*	,964	15	,757
Ø Montagezeit Schwungscheibe Block 4 Tag B	jung = 21 bis 31	,171	13	,200*	,946	13	,532
	mittel = 34 bis 42	,193	7	,200*	,915	7	,434
	alt = 46 bis 60	,136	15	,200*	,941	15	,394
Ø Montagezeit Schwungscheibe Block 34 Tag B	jung = 21 bis 31	,155	13	,200*	,946	13	,545
	mittel = 34 bis 42	,299	7	,058	,871	7	,189
	alt = 46 bis 60	,130	15	,200*	,962	15	,732

*. Dies ist eine untere Grenze der echten Signifikanz.

Test der Homogenität der Varianzen	Levene-Statistik	df1	df2	Signifikanz
Ø Montagezeit Schwungscheibe Block 2 Tag A	,689	2	32	,509
Ø Montagezeit Schwungscheibe Block 12 Tag A	1,110	2	32	,342
Ø Montagezeit Schwungscheibe Block 3 Tag B	1,195	2	32	,316
Ø Montagezeit Schwungscheibe Block 4 Tag B	2,047	2	32	,146
Ø Montagezeit Schwungscheibe Block 34 Tag B	2,058	2	32	,144

Mittelwerte der Montagezeit im Arbeitsprozess Schwungscheibenmontage

	jung (bis 31) vs. mittel (34-42) vs. alt (ab 46)		Statistik	Standardfehler
Ø Montagezeit Schwungscheibe Block 1 Tag A	jung = 21 bis 31	Mittelwert	12,3398	,40414
		Standardabweichung	1,45716	
	mittel = 34 bis 42	Mittelwert	12,4381	,98476
		Standardabweichung	2,60544	
	alt = 46 bis 60	Mittelwert	12,7363	,48767
		Standardabweichung	1,88872	
Ø Montagezeit Schwungscheibe Block 2 Tag A	jung = 21 bis 31	Mittelwert	12,3111	,42570
		Standardabweichung	1,53487	
	mittel = 34 bis 42	Mittelwert	12,2000	,76684
		Standardabweichung	2,02886	

	alt = 46 bis 60	Mittelwert	12,6672	,43743
		Standardabweichung	1,69415	
Ø Montagezeit Schwungscheibe Block 12 Tag A	jung = 21 bis 31	Mittelwert	12,3203	,41185
		Standardabweichung	1,48495	
	mittel = 34 bis 42	Mittelwert	12,2911	,83888
		Standardabweichung	2,21947	
	alt = 46 bis 60	Mittelwert	12,6999	,42319
		Standardabweichung	1,63899	
Ø Montagezeit Schwungscheibe Block 3 Tag B	jung = 21 bis 31	Mittelwert	11,9085	,42789
		Standardabweichung	1,54278	
	mittel = 34 bis 42	Mittelwert	11,7460	,81532
		Standardabweichung	2,15713	
	alt = 46 bis 60	Mittelwert	12,3188	,46236
		Standardabweichung	1,79073	
Ø Montagezeit Schwungscheibe Block 4 Tag B	jung = 21 bis 31	Mittelwert	11,7253	,41485
		Standardabweichung	1,49577	
	mittel = 34 bis 42	Mittelwert	12,0222	,93617
		Standardabweichung	2,47687	
	alt = 46 bis 60	Mittelwert	12,5864	,45555
		Standardabweichung	1,76432	
Ø Montagezeit Schwungscheibe Block 34 Tag B	jung = 21 bis 31	Mittelwert	11,8525	,40592
		Standardabweichung	1,46357	
	mittel = 34 bis 42	Mittelwert	11,8833	,84354
		Standardabweichung	2,23180	
	alt = 46 bis 60	Mittelwert	12,4305	,45081
		Standardabweichung	1,74599	

			Statistik	Standardfehler
Montagezeit Schwungscheibe	Mittelwert		12,30293	,057238
	95% Konfidenzintervall des Mittelwerts	Untergrenze	12,19066	
		Obergrenze	12,41521	
	5% getrimmtes Mittel		12,25832	
	Median		12,13100	
	Varianz		4,767	
	Standardabweichung		2,183296	
	Minimum		6,898	
	Maximum		19,167	
	Spannweite		12,269	
	Interquartilbereich		3,103	
	Schiefe		,310	,064
	Kurtosis		-,362	,128

ANOVA zur Montagezeit im Arbeitsprozess Schwungscheibenmontage

		Quadratsumme	df	Mittel der Quadrate	F	Signifikanz
Ø Montagezeit Schwungscheibe Block 2 Tag A	Zwischen den Gruppen	1,393	2	,697	,239	,789
	Innerhalb der Gruppen	93,150	32	2,911		
	Gesamt	94,543	34			
Ø Montagezeit Schwungscheibe Block 12 Tag A	Zwischen den Gruppen	1,306	2	,653	,223	,801
	Innerhalb der Gruppen	93,626	32	2,926		
	Gesamt	94,932	34			
Ø Montagezeit Schwungscheibe Block 3 Tag B	Zwischen den Gruppen	1,991	2	,995	,314	,733
	Innerhalb der Gruppen	101,375	32	3,168		
	Gesamt	103,366	34			
Ø Montagezeit Schwungscheibe Block 4 Tag B	Zwischen den Gruppen	5,315	2	2,658	,793	,461
	Innerhalb der Gruppen	107,237	32	3,351		
	Gesamt	112,552	34			
Ø Montagezeit Schwungscheibe Block 34 Tag B	Zwischen den Gruppen	2,762	2	1,381	,450	,642
	Innerhalb der Gruppen	98,269	32	3,071		
	Gesamt	101,031	34			

Kruskal-Wallis-Test zur Montagezeit im Arbeitsprozess Schwungscheibenmontage

Hypothesentestübersicht

	Nullhypothese	Test	Sig.	Entscheidung
1	Die Verteilung von Durchschnittlich Montagezeit Schwungscheibe Block 1 Tag A ist über die Kategorien von jung (bis 31) vs. mittel (34-42) vs. alt (ab 46) identisch.	Kruskal-Wallis-Test bei unabhängigen Stichproben	724,000	Nullhypothese beibehalten

Korrelationen Alter und Montagezeit im Arbeitsprozess Schwungscheibenmontage

		Alter	Ø Montagezeit Schwungscheibe Block 1 Tag A	Ø Montagezeit Schwungscheibe Block 2 Tag A	Ø Montagezeit Schwungscheibe Block 12 Tag A	Ø Montagezeit Schwungscheibe Block 3 Tag B	Ø Montagezeit Schwungscheibe Block 4 Tag B	Ø Montagezeit Schwungscheibe Block 34 Tag B
Alter	Korrelation nach Pearson	1	,081	,090	,091	,073	,185	,117
	Signifikanz		,322	,303	,301	,339	,143	,251
	N	35	35	35	35	35	35	35

Streudiagramm zur Montagezeit im Arbeitsprozess Schwungscheibenmontage

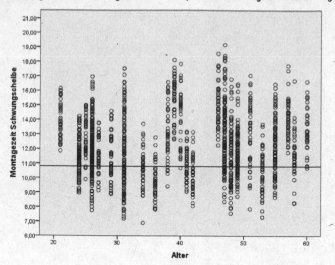

Anlage G SPSS- und HLM-Ausgaben auf Arbeitsplatzebene

Tests zur relativen Herzfrequenz an den Arbeitsplätzen

Tests auf Normalverteilung	jung (bis 31) vs. mittel (34-42) vs. alt (ab 46)	Kolmogorov-Smirnova			Shapiro-Wilk		
		Statistik	df	Signifikanz	Statistik	df	Signifikanz
Ø relHF AP Schwung_Ausgleich Block 1 Tag A	jung = 21 bis 31	,154	13	,200*	,918	13	,236
	mittel = 34 bis 42	,204	7	,200*	,937	7	,610
	alt = 46 bis 60	,176	15	,200*	,945	15	,448
Ø relHF AP Schwung_Ausgleich Block 2 Tag A	jung = 21 bis 31	,137	13	,200*	,953	13	,645
	mittel = 34 bis 42	,217	7	,200*	,914	7	,426
	alt = 46 bis 60	,150	14	,200*	,928	14	,284
Ø relHF AP Schwung_Ausgleich Block 12 Tag A	jung = 21 bis 31	,150	13	,200*	,931	13	,354
	mittel = 34 bis 42	,150	7	,200*	,981	7	,966
	alt = 46 bis 60	,182	15	,193	,946	15	,459
Ø relHF AP Schwung_Ausgleich Block 3 Tag A	jung = 21 bis 31	,150	13	,200*	,961	13	,766
	mittel = 34 bis 42	,257	7	,181	,925	7	,512
	alt = 46 bis 60	,168	15	,200*	,906	15	,119
Ø relHF AP Schwung_Ausgleich Block 4 Tag A	jung = 21 bis 31	,131	13	,200*	,959	13	,732
	mittel = 34 bis 42	,170	7	,200*	,970	7	,897
	alt = 46 bis 60	,210	14	,096	,868	14	,040
Ø relHF AP Schwung_Ausgleich Block 34 Tag A	jung = 21 bis 31	,175	13	,200*	,966	13	,843
	mittel = 34 bis 42	,255	7	,187	,947	7	,706
	alt = 46 bis 60	,189	15	,156	,889	15	,064
Ø relHF AP Schwung_Ausgleich Block 1234 Tag A	jung = 21 bis 31	,123	13	,200*	,969	13	,880
	mittel = 34 bis 42	,157	7	,200*	,988	7	,989
	alt = 46 bis 60	,190	15	,152	,907	15	,120
Ø relHF AP Ausgleich_Schwung Block 1 Tag B	jung = 21 bis 31	,158	13	,200*	,882	13	,076
	mittel = 34 bis 42	,204	7	,200*	,945	7	,683
	alt = 46 bis 60	,174	15	,200*	,883	15	,053
Ø relHF AP Ausgleich_Schwung Block 2 Tag B	jung = 21 bis 31	,179	13	,200*	,942	13	,478
	mittel = 34 bis 42	,201	7	,200*	,916	7	,442
	alt = 46 bis 60	,181	15	,198	,897	15	,085
Durchschnittliche relHF AP Ausgleich_Schwung Block 12 Tag B	jung = 21 bis 31	,183	13	,200*	,902	13	,141
	mittel = 34 bis 42	,287	7	,084	,886	7	,252
	alt = 46 bis 60	,180	15	,200*	,885	15	,055
Ø relHF AP Ausgleich_Schwung Block 3 Tag B	jung = 21 bis 31	,133	13	,200*	,981	13	,982
	mittel = 34 bis 42	,242	7	,200*	,931	7	,556
	alt = 46 bis 60	,190	15	,152	,905	15	,113
Ø relHF AP Ausgleich_Schwung Block 4 Tag B	jung = 21 bis 31	,163	13	,200*	,906	13	,160
	mittel = 34 bis 42	,172	7	,200*	,970	7	,901
	alt = 46 bis 60	,240	15	,020	,860	15	,024

© Springer Fachmedien Wiesbaden GmbH, ein Teil von Springer Nature 2019
K. Börner, *Die Altersabhängigkeit der Beanspruchung von Montagemitarbeitern*,
https://doi.org/10.1007/978-3-658-26378-2

Ø relHF AP Ausgleich_Schwung Block 34 Tag B	jung = 21 bis 31	,171	13	,200*	,929	13	,326
	mittel = 34 bis 42	,199	7	,200*	,942	7	,655
	alt = 46 bis 60	,184	15	,185	,887	15	,061
Ø relHF AP Ausgleich_ Schwung Block 1234 Tag B	jung = 21 bis 31	,172	13	,200*	,915	13	,213
	mittel = 34 bis 42	,210	7	,200*	,953	7	,753
	alt = 46 bis 60	,200	15	,111	,895	15	,079

*. Dies ist eine untere Grenze der echten Signifikanz.

Test der Homogenität der Varianzen	Levene-Statistik	df1	df2	Signifikanz
Ø relHF AP Schwung_Ausgleich Block 1 Tag A	5,833	2	32	,007
Ø relHF AP Schwung_Ausgleich Block 2 Tag A	1,474	2	31	,245
Ø relHF AP Schwung_Ausgleich Block 12 Tag A	4,475	2	32	,019
Ø relHF AP Schwung_Ausgleich Block 3 Tag A	1,314	2	32	,283
Ø relHF AP Schwung_Ausgleich Block 4 Tag A	1,569	2	31	,224
Ø relHF AP Schwung_Ausgleich Block 34 Tag A	1,354	2	32	,273
Ø relHF AP Schwung_Ausgleich Block 1234 Tag A	2,100	2	32	,139
Ø relHF AP Ausgleich_Schwung Block 1 Tag B	4,985	2	32	,013
Ø relHF AP Ausgleich_Schwung Block 2 Tag B	4,653	2	32	,017
Ø relHF AP Ausgleich_Schwung Block 12 Tag B	5,577	2	32	,008
Ø relHF AP Ausgleich_Schwung Block 3 Tag B	2,051	2	32	,145
Ø relHF AP Ausgleich_Schwung Block 4 Tag B	2,558	2	32	,093
Ø relHF AP Ausgleich_Schwung Block 34 Tag B	2,969	2	32	,066
Ø relHF AP Ausgleich_Schwung Block 1234 Tag B	3,001	2	32	,064

Mittelwerte der relativen Herzfrequenz an den Arbeitsplätzen

Deskriptive Statistik	jung (bis 31) vs. mittel (34-42) vs. alt (ab 46)		Statistik	Standardfehler
Ø relHF AP Schwung_Ausgleich Block 1 Tag A	jung = 21 bis 31	Mittelwert	45,6646335	1,01687433
		Standardabweichung	3,66639252	
	mittel = 34 bis 42	Mittelwert	54,8403839	1,23765333
		Standardabweichung	3,27452291	
	alt = 46 bis 60	Mittelwert	51,4233342	2,11292529
		Standardabweichung	8,18332445	
Ø relHF AP Schwung_Ausgleich Block 2 Tag A	jung = 21 bis 31	Mittelwert	45,8826917	,94448728
		Standardabweichung	3,40539731	
	mittel = 34 bis 42	Mittelwert	55,7317991	1,21266760
		Standardabweichung	3,20841689	
	alt = 46 bis 60	Mittelwert	52,3589251	1,82844660
		Standardabweichung	6,84142073	

Ø relHF AP Schwung_Ausgleich Block 12 Tag A	jung = 21 bis 31	Mittelwert	45,8650106	,88314816
		Standardabweichung	3,18423599	
	mittel = 34 bis 42	Mittelwert	55,3402866	1,16084522
		Standardabweichung	3,07130776	
	alt = 46 bis 60	Mittelwert	52,3906168	1,98511292
		Standardabweichung	7,68830928	
Ø relHF AP Schwung_Ausgleich Block 3 Tag A	jung = 21 bis 31	Mittelwert	42,5175766	1,06721007
		Standardabweichung	3,84788062	
	mittel = 34 bis 42	Mittelwert	51,1730109	2,10852854
		Standardabweichung	5,57864216	
	alt = 46 bis 60	Mittelwert	51,0792994	1,90013515
		Standardabweichung	7,35919180	
Ø relHF AP Schwung_Ausgleich Block 4 Tag A	jung = 21 bis 31	Mittelwert	44,6435523	1,03581012
		Standardabweichung	3,73466651	
	mittel = 34 bis 42	Mittelwert	52,7122904	1,85812743
		Standardabweichung	4,91614308	
	alt = 46 bis 60	Mittelwert	52,1629932	1,93805224
		Standardabweichung	7,25152747	
Ø relHF AP Schwung_Ausgleich Block 34 Tag A	jung = 21 bis 31	Mittelwert	43,5980400	1,02299023
		Standardabweichung	3,68844372	
	mittel = 34 bis 42	Mittelwert	51,8891721	1,96239295
		Standardabweichung	5,19200373	
	alt = 46 bis 60	Mittelwert	51,6204530	1,84141910
		Standardabweichung	7,13178552	
Ø relHF AP Schwung_Ausgleich Block 1234 Tag A	jung = 21 bis 31	Mittelwert	44,7585045	,89715898
		Standardabweichung	3,23475270	
	mittel = 34 bis 42	Mittelwert	53,6069045	1,52581458
		Standardabweichung	4,03692592	
	alt = 46 bis 60	Mittelwert	51,8715260	1,85432799
		Standardabweichung	7,18178144	
Ø relHF AP Ausgleich_Schwung Block 1 Tag B	jung = 21 bis 31	Mittelwert	44,4351493	,92071796
		Standardabweichung	3,31969583	
	mittel = 34 bis 42	Mittelwert	52,2130643	1,74051628
		Standardabweichung	4,60497322	
	alt = 46 bis 60	Mittelwert	48,2164644	1,91324808
		Standardabweichung	7,40997796	
Ø relHF AP Ausgleich_Schwung Block 2 Tag B	jung = 21 bis 31	Mittelwert	44,5454	,98541
		Standardabweichung	3,55296	
	mittel = 34 bis 42	Mittelwert	52,7141	1,68247
		Standardabweichung	4,45139	
	alt = 46 bis 60	Mittelwert	49,7459	2,08211
		Standardabweichung	8,06397	

Ø relHF AP Ausgleich_Schwung Block 12 Tag B	jung = 21 bis 31	Mittelwert	44,4928	,89377
		Standardabweichung	3,22254	
	mittel = 34 bis 42	Mittelwert	52,5162	1,54616
		Standardabweichung	4,09076	
	alt = 46 bis 60	Mittelwert	49,0503	1,99335
		Standardabweichung	7,72020	
Ø relHF AP Ausgleich_Schwung Block 3 Tag B	jung = 21 bis 31	Mittelwert	45,8709	1,22965
		Standardabweichung	4,43355	
	mittel = 34 bis 42	Mittelwert	54,3051	1,60534
		Standardabweichung	4,24734	
	alt = 46 bis 60	Mittelwert	51,9818	2,09690
		Standardabweichung	8,12127	
Ø relHF AP Ausgleich_Schwung Block 4 Tag B	jung = 21 bis 31	Mittelwert	48,6772	1,46099
		Standardabweichung	5,26766	
	mittel = 34 bis 42	Mittelwert	55,8231	1,26245
		Standardabweichung	3,34013	
	alt = 46 bis 60	Mittelwert	53,3637	2,13410
		Standardabweichung	8,26533	
Ø relHF AP Ausgleich_Schwung Block 34 Tag B	jung = 21 bis 31	Mittelwert	46,9891	1,10515
		Standardabweichung	3,98467	
	mittel = 34 bis 42	Mittelwert	54,9433	1,44715
		Standardabweichung	3,82880	
	alt = 46 bis 60	Mittelwert	52,6169	2,09892
		Standardabweichung	8,12910	
Ø relHF AP Ausgleich_Schwung Block 1234 Tag B	jung = 21 bis 31 ·	Mittelwert	45,6394	,92700
		Standardabweichung	3,34236	
	mittel = 34 bis 42	Mittelwert	53,7628	53,7628
		Standardabweichung	3,88917	
	alt = 46 bis 60	Mittelwert	1,46997	1,46997
		Standardabweichung	7,68038	

ANOVA zur relativen Herzfrequenz an den Arbeitsplätzen

Einfaktorielle ANOVA		Quadratsumme	df	Mittel der Quadrate	F	Signifikanz
Ø relHF AP Schwung_Ausgleich Block 2 Tag A	Zwischen den Gruppen	516,932	2	258,466	9,899	,000
	Innerhalb der Gruppen	809,390	31	26,109		
	Gesamt	1326,322	33			
Ø relHF AP Schwung_Ausgleich Block 3 Tag A	Zwischen den Gruppen	603,212	2	301,606	8,597	,001
	Innerhalb der Gruppen	1122,610	32	35,082		
	Gesamt	1725,822	34			
Ø relHF AP Schwung_Ausgleich Block 34 Tag A	Zwischen den Gruppen	537,520	2	268,760	8,293	,001
	Innerhalb der Gruppen	1037,070	32	32,408		
	Gesamt	1574,590	34			

Ø relHF AP Schwung_Ausgleich Block 1234 Tag A	Zwischen den Gruppen	494,486	2	247,243	8,368	,001
	Innerhalb der Gruppen	945,436	32	29,545		
	Gesamt	1439,922	34			
Ø relHF AP Ausgleich_Schwung Block 3 Tag B	Zwischen den Gruppen	409,206	2	204,603	5,166	,011
	Innerhalb der Gruppen	1267,485	32	39,609		
	Gesamt	1676,691	34			
Ø relHF AP Ausgleich_Schwung Block 34 Tag B	Zwischen den Gruppen	357,195	2	178,598	4,748	,016
	Innerhalb der Gruppen	1203,641	32	37,614		
	Gesamt	1560,837	34			
Ø relHF AP Ausgleich_Schwung Block 1234 Tag B	Zwischen den Gruppen	351,237	2	175,619	5,349	,010
	Innerhalb der Gruppen	1050,645	32	32,833		
	Gesamt	1401,882	34			

Mehrfachvergleiche Bonferroni

Abhängige Variable	(I) jung (bis 31) vs. mittel (34-42) vs. alt (ab 46)	(J) jung (bis 31) vs. mittel (34-42) vs. alt (ab 46)	Mittlere Differenz (I-J)	Standard-fehler	Sig-nifi-kanz	95%-Konfidenzintervall Untergrenze	Obergrenze
Ø relHF AP Schwung_Ausgleich Block 2 Tag A	jung = 21 bis 31	mittel = 34 bis 42	-9,84910748*	2,39547886	,001	-15,9118869	-3,7863281
		alt = 46 bis 60	-6,47623348*	1,96808672	,007	-11,4573150	-1,4951520
	mittel = 34 bis 42	jung = 21 bis 31	9,84910748*	2,39547886	,001	3,7863281	15,9118869
		alt = 46 bis 60	3,37287400	2,36534586	,492	-2,6136410	9,3593890
	alt = 46 bis 60	jung = 21 bis 31	6,47623348*	1,96808672	,007	1,4951520	11,4573150
		mittel = 34 bis 42	-3,37287400	2,36534586	,492	-9,3593890	2,6136410
Ø relHF AP Schwung_Ausgleich Block 3 Tag A	jung = 21 bis 31	mittel = 34 bis 42	-8,65543430*	2,77673019	,012	-15,6706386	-1,6402300
		alt = 46 bis 60	-8,56172282*	2,24440429	,002	-14,2320449	-2,8914007
	mittel = 34 bis 42	jung = 21 bis 31	8,65543430*	2,77673019	,012	1,6402300	15,6706386
		alt = 46 bis 60	,09371148	2,71116576	1,000	-6,7558491	6,9432721
	alt = 46 bis 60	jung = 21 bis 31	8,56172282*	2,24440429	,002	2,8914007	14,2320449
		mittel = 34 bis 42	-,09371148	2,71116576	1,000	-6,9432721	6,7558491
Ø relHF AP Schwung_Ausgleich Block 34 Tag A	jung = 21 bis 31	mittel = 34 bis 42	-8,29113212*	2,66884488	,012	-15,0337721	-1,5484921
		alt = 46 bis 60	-8,02241305*	2,15720164	,002	-13,4724241	-2,5724020
	mittel = 34 bis 42	jung = 21 bis 31	8,29113212*	2,66884488	,012	1,5484921	15,0337721
		alt = 46 bis 60	,26871907	2,60582785	1,000	-6,3147130	6,8521512
	alt = 46 bis 60	jung = 21 bis 31	8,02241305*	2,15720164	,002	2,5724020	13,4724241
		mittel = 34 bis 42	-,26871907	2,60582785	1,000	-6,8521512	6,3147130
Ø relHF AP Schwung_Ausgleich Block 1234 Tag A	jung = 21 bis 31	mittel = 34 bis 42	-8,84839999*	2,54821084	,005	-15,2862670	-2,4105330
		alt = 46 bis 60	-7,11302152*	2,05969430	,005	-12,3166875	-1,9093556
	mittel = 34 bis 42	jung = 21 bis 31	8,84839999*	2,54821084	,005	2,4105330	15,2862670
		alt = 46 bis 60	1,73537848	2,48804224	1,000	-4,5504770	8,0212339
	alt = 46 bis 60	jung = 21 bis 31	7,11302152*	2,05969430	,005	1,9093556	12,3166875
		mittel = 34 bis 42	-1,73537848	2,48804224	1,000	-8,0212339	4,5504770

Ø relHF AP Ausgleich_Schwung Block 3 Tag B	jung = 21 bis 31	mittel = 34 bis 42	-8,43428*	2,95047	,022	-15,8884	-,9801
		alt = 46 bis 60	-6,11091*	2,38483	,046	-12,1360	-,0858
	mittel = 34 bis 42	jung = 21 bis 31	8,43428*	2,95047	,022	,9801	15,8884
		alt = 46 bis 60	2,32336	2,88080	1,000	-4,9548	9,6015
	alt = 46 bis 60	jung = 21 bis 31	6,11091*	2,38483	,046	,0858	12,1360
		mittel = 34 bis 42	-2,32336	2,88080	1,000	-9,6015	4,9548
Ø relHF AP Ausgleich_Schwung Block 34 Tag B	jung = 21 bis 31	mittel = 34 bis 42	-7,95419*	2,87520	,028	-15,2182	-,6902
		alt = 46 bis 60	-5,62780	2,32400	,064	-11,4992	,2436
	mittel = 34 bis 42	jung = 21 bis 31	7,95419*	2,87520	,028	,6902	15,2182
		alt = 46 bis 60	2,32639	2,80731	1,000	-4,7661	9,4188
	alt = 46 bis 60	jung = 21 bis 31	5,62780	2,32400	,064	-,2436	11,4992
		mittel = 34 bis 42	-2,32639	2,80731	1,000	-9,4188	4,7661
Ø relHF AP Ausgleich_Schwung Block 1234 Tag B	jung = 21 bis 31	mittel = 34 bis 42	-8,12336*	2,68626	,015	-14,9100	-1,3367
		alt = 46 bis 60	-5,28214	2,17127	,062	-10,7677	,2034
	mittel = 34 bis 42	jung = 21 bis 31	8,12336*	2,68626	,015	1,3367	14,9100
		alt = 46 bis 60	2,84123	2,62283	,860	-3,7852	9,4676
	alt = 46 bis 60	jung = 21 bis 31	5,28214	2,17127	,062	-,2034	10,7677
		mittel = 34 bis 42	-2,84123	2,62283	,860	-9,4676	3,7852

Kruskal-Wallis-Test und Paarweiser Vergleich zur relativen Herzfrequenz an den Arbeitsplätzen

Hypothesentestübersicht

	Nullhypothese	Test	Sig.	Entscheidung
1	Die Verteilung von Durchschnittlich relHF AP Schwung_Ausgleich Block 1 Tag A ist über die Kategorien von jung (bis 31) vs. mittel (34-42) vs. alt (ab 46) identisch.	Kruskal-Wallis-Test bei unabhängigen Stichproben	,000	Nullhypothese ablehnen
2	Die Verteilung von Durchschnittlich relHF AP Schwung_Ausgleich Block 12 Tag A ist über die Kategorien von jung (bis 31) vs. mittel (34-42) vs. alt (ab 46) identisch.	Kruskal-Wallis-Test bei unabhängigen Stichproben	1,000	Nullhypothese ablehnen
3	Die Verteilung von Durchschnittlich relHF AP Schwung_Ausgleich Block 4 Tag A ist über die Kategorien von jung (bis 31) vs. mittel (34-42) vs. alt (ab 46) identisch.	Kruskal-Wallis-Test bei unabhängigen Stichproben	1,000	Nullhypothese ablehnen
4	Die Verteilung von Durchschnittlich relHF AP Ausgleich_Schwung Block 1 Tag B ist über die Kategorien von jung (bis 31) vs. mittel (34-42) vs. alt (ab 46) identisch.	Kruskal-Wallis-Test bei unabhängigen Stichproben	35,000	Nullhypothese ablehnen
5	Die Verteilung von Durchschnittlich relHF AP Ausgleich_Schwung Block 2 Tag B ist über die Kategorien von jung (bis 31) vs. mittel (34-42) vs. alt (ab 46) identisch.	Kruskal-Wallis-Test bei unabhängigen Stichproben	7,000	Nullhypothese ablehnen
6	Die Verteilung von Durchschnittlich relHF AP Ausgleich_Schwung Block 12 Tag B ist über die Kategorien von jung (bis 31) vs. mittel (34-42) vs. alt (ab 46) identisch.	Kruskal-Wallis-Test bei unabhängigen Stichproben	11,000	Nullhypothese ablehnen
7	Die Verteilung von Durchschnittlich relHF AP Ausgleich_Schwung Block 4 Tag B ist über die Kategorien von jung (bis 31) vs. mittel (34-42) vs. alt (ab 46) identisch.	Kruskal-Wallis-Test bei unabhängigen Stichproben	11,000	Nullhypothese ablehnen

Nullhypothese	Signifikanz nach Kruskal-Wallis-Test	Angepasste Signifikanz zwischen den Gruppen (Paarweiser Vergleich)		
		jung und alt	jung und mittel	mittel und alt
1	p = 0,004**	p = 0,134	p = 0,003*	p = 0,288
2	p = 0,001**	p = 0,022*	p = 0,001**	p = 0,413
3	p = 0,001**	p = 0,007*	p = 0,005*	p = 1,000
4	p = 0,035*	p = 0,824	p = 0,029*	p = 0,240
5	p = 0,007*	p = 0,161	p = 0,007*	p = 0,368
6	p = 0,011*	p = 0,235	p = 0,009*	p = 0,350
7	p = 0,011*	p = 0,209	p = 0,010*	p = 0,393

*. Die Korrelation ist auf dem Niveau von 0,05 signifikant. **. Die Korrelation ist auf dem Niveau von 0,01 signifikant.
Jede Zeile testet die Nullhypothese, dass die Verteilungen von Stichprobe 1 und Stichprobe 2 gleich sind. Asymptotischen Signifikanzen (2-seitige Tests) werden angezeigt. Signifikanzwerte werden von der Bonferroni-Korrektur für mehrere Tests angepasst.

Korrelationen Alter und relative Herzfrequenz an den Arbeitsplätzen

		Alter	Ø relHF AP Schwung_ Ausgleich Block 1 Tag A	Ø relHF AP Schwung_ Ausgleich Block 2 Tag A	Ø relHF AP Schwung_ Ausgleich Block 12 Tag A	Ø relHF AP Schwung_ Ausgleich Block 3 Tag A	Ø relHF AP Schwung_ Ausgleich Block 4 Tag A	Ø relHF AP Schwung_ Ausgleich Block 34 Tag A	Ø relHF AP Schwung_ Ausgleich Block 12 34 Tag A
Alter	Korrelation nach Pearson	1	,405**	,466**	,460**	,551**	,509**	,535**	,502**
	Signifikanz		,008	,003	,003	,000	,001	,000	,001
	N	35	35	34	35	35	34	35	35

		Alter	Ø relHF AP Ausgleich_ Schwung Block 1 Tag B	Ø relHF AP Ausgleich_ Schwung Block 2 Tag B	Ø relHF AP Ausgleich_ Schwung Block 12 Tag B	Ø relHF AP Ausgleich_ Schwung Block 3 Tag B	Ø relHF AP Ausgleich_ Schwung Block 4 Tag B	Ø relHF AP Ausgleich_ Schwung Block 34 Tag B	Ø relHF AP Ausgleich_ Schwung Block 12 34 Tag B
Alter	Korrelation nach Pearson	1	,302*	,373*	,348*	,431**	,343*	,413**	,406**
	Signifikanz		,039	,014	,020	,005	,022	,007	,008
	N	35	35	34	35	35	34	35	35

Partialkorrelationen Alter, relative Herzfrequenz an den Arbeitsplätzen

Kontrollvariablen			Alter	ØrelHF AP Schwung_ Ausgleich Block 1 Tag A	ØrelHF AP Schwung_ Ausgleich Block 2 Tag A	ØrelHF AP Schwung_ Ausgleich Block 12 Tag A	ØrelHF AP Schwung_ Ausgleich Block 3 Tag A	ØrelHF AP Schwung_ Ausgleich Block 4 Tag A	ØrelHF AP Schwung_ Ausgleich Block 34 Tag A	ØrelHF AP Schwung_ Ausgleich Block 12 34 Tag A
BMI	Alter	Korrelation	1	,340*	,412**	,387*	,440**	,416**	,427**	,418**
		Signifikanz	.	,028	,009	,014	,006	,009	,007	,009
		Freiheitsgrade	0	30	30	30	30	30	30	30

Kontrollvariablen			Alter	Ø relHF AP Schwung Ausgleich Block 1 Tag A	Ø relHF AP Schwung Ausgleich Block 2 Tag A	Ø relHF AP Schwung Ausgleich Block 12 Tag A	Ø relHF AP Schwung Ausgleich Block 3 Tag A	Ø relHF AP Schwung Ausgleich Block 4 Tag A	Ø relHF AP Schwung Ausgleich Block 34 Tag A	Ø relHF AP Schwung Ausgleich Block 12 34 Tag A
Zigaretten pro Tag	Alter	Korrelation	1	,359*	,468**	,425**	,489**	,455**	,473**	,457**
		Signifikanz	.	,022	,003	,008	,002	,004	,003	,004
		Freiheitsgrade	0	30	30	30	30	30	30	30

Kontrollvariablen			Alter	Ø relHF AP Schwung Ausgleich Block 1 Tag A	Ø relHF AP Schwung Ausgleich Block 2 Tag A	Ø relHF AP Schwung Ausgleich Block 12 Tag A	Ø relHF AP Schwung Ausgleich Block 3 Tag A	Ø relHF AP Schwung Ausgleich Block 4 Tag A	Ø relHF AP Schwung Ausgleich Block 34 Tag A	Ø relHF AP Schwung Ausgleich Block 12 34 Tag A
Schlafdauer min Messtag A	Alter	Korrelation	1	,412*	,497**	,464**	,516**	,485**	,502**	,489**
		Signifikanz	.	,011	,002	,004	,001	,003	,002	,003
		Freiheitsgrade	0	29	29	29	29	29	29	29

Kontrollvariablen			Alter	Ø relHF AP Schwung Ausgleich Block 1 Tag A	Ø relHF AP Schwung Ausgleich Block 2 Tag A	Ø relHF AP Schwung Ausgleich Block 12 Tag A	Ø relHF AP Schwung Ausgleich Block 3 Tag A	Ø relHF AP Schwung Ausgleich Block 4 Tag A	Ø relHF AP Schwung Ausgleich Block 34 Tag A	Ø relHF AP Schwung Ausgleich Block 12 34 Tag A
Ø Temperatur am Messtag A	Alter	Korrelation	1	,388*	,489**	,449**	,509**	,475*	,493**	,478**
		Signifikanz	.	,014	,002	,005	,001	,003	,002	,003
		Freiheitsgrade	0	30	30	30	30	30	30	30

Kontrollvariablen			Alter	Ø relHF AP Schwung Ausgleich Block 1 Tag A	Ø relHF AP Schwung Ausgleich Block 2 Tag A	Ø relHF AP Schwung Ausgleich Block 12 Tag A	Ø relHF AP Schwung Ausgleich Block 3 Tag A	Ø relHF AP Schwung Ausgleich Block 4 Tag A	Ø relHF AP Schwung Ausgleich Block 34 Tag A	Ø relHF AP Schwung Ausgleich Block 12 34 Tag A
Ø Lärm am Messtag A	Alter	Korrelation	1	,400*	,523**	,470**	,508**	,471**	,492**	,488**
		Signifikanz	.	,012	,001	,003	,001	,003	,002	,002
		Freiheitsgrade	0	30	30	30	30	30	30	30

Kontrollvariablen			Alter	Ø relHF AP Schwung Ausgleich Block 1 Tag A	Ø relHF AP Schwung Ausgleich Block 2 Tag A	Ø relHF AP Schwung Ausgleich Block 12 Tag A	Ø relHF AP Schwung Ausgleich Block 3 Tag A	Ø relHF AP Schwung Ausgleich Block 4 Tag A	Ø relHF AP Schwung Ausgleich Block 34 Tag A	Ø relHF AP Schwung Ausgleich Block 12 34 Tag A
Motor-stückzahl Messtag B	Alter	Korrelation	1	,391*	,489**	,450**	,519**	,483**	,502**	,484**
		Signifikanz	.	,014	,002	,005	,001	,003	,002	,003
		Freiheitsgrade	0	30	30	30	30	30	30	30

Kontrollvariablen			Alter	Ø relHF AP Ausgleich Schwung Block 1 Tag B	Ø relHF AP Ausgleich Schwung Block 2 Tag B	Ø relHF AP Ausgleich Schwung Block 12 Tag B	Ø relHF AP Ausgleich Schwung Block 3 Tag B	Ø relHF AP Ausgleich Schwung Block 4 Tag B	Ø relHF AP Ausgleich Schwung Block 34 Tag B	Ø relHF AP Schwung Ausgleich Block 12 34 Tag B
BMI	Alter	Korrelation	1	,278	,382*	,343*	,387*	,296*	,366*	,371*
		Signifikanz	.	,055	,013	,024	,012	,045	,017	,015
		Freiheitsgrade	0	32	32	32	32	32	32	32

Kontrollvariablen			Alter	Ø relHF AP Ausgleich Schwung Block 1 Tag B	Ø relHF AP Ausgleich Schwung Block 2 Tag B	Ø relHF AP Ausgleich Schwung Block 12 Tag B	Ø relHF AP Ausgleich Schwung Block 3 Tag B	Ø relHF AP Ausgleich Schwung Block 4 Tag B	Ø relHF AP Ausgleich Schwung Block 34 Tag B	Ø relHF AP Schwung Ausgleich Block 12 34 Tag B
Zigaretten pro Tag	Alter	Korrelation	1	,273	,349*	,322*	,412**	,317*	,393*	,386*
		Signifikanz	.	,059	,021	,032	,008	,034	,011	,012
		Freiheitsgrade	0	32	32	32	32	32	32	32

Kontrollvariablen			Alter	Ø relHF AP Ausgleich Schwung Block 1 Tag B	Ø relHF AP Ausgleich Schwung Block 2 Tag B	Ø relHF AP Ausgleich Schwung Block 12 Tag B	Ø relHF AP Ausgleich Schwung Block 3 Tag B	Ø relHF AP Ausgleich Schwung Block 4 Tag B	Ø relHF AP Ausgleich Schwung Block 34 Tag B	Ø relHF AP Schwung Ausgleich Block 12 34 Tag B
Schlaf-dauer min Messtag B	Alter	Korrelation	1	,306*	,385*	,357*	,458**	,378*	,445**	,425**
		Signifikanz	.	,044	,015	,023	,004	,016	,005	,008
		Freiheitsgrade	0	30	30	30	30	30	30	30

Kontrollvariablen			Alter	Ø relHF AP Ausgleich Schwung Block 1 Tag B	Ø relHF AP Ausgleich Schwung Block 2 Tag B	Ø relHF AP Ausgleich Schwung Block 12 Tag B	Ø relHF AP Ausgleich Schwung Block 3 Tag B	Ø relHF AP Ausgleich Schwung Block 4 Tag B	Ø relHF AP Ausgleich Schwung Block 34 Tag B	Ø relHF AP Schwung Ausgleich Block 12 34 Tag B
Ø Temperatur am Messtag B	Alter	Korrelation	1	,331*	,421**	,388*	,511**	,398*	,486**	,465**
		Signifikanz	.	,028	,007	,012	,001	,010	,002	,003
		Freiheitsgrade	0	32	32	32	32	32	32	32

Kontrollvariablen			Alter	Ø relHF AP Ausgleich Schwung Block 1 Tag B	Ø relHF AP Ausgleich Schwung Block 2 Tag B	Ø relHF AP Ausgleich Schwung Block 12 Tag B	Ø relHF AP Ausgleich Schwung Block 3 Tag B	Ø relHF AP Ausgleich Schwung Block 4 Tag B	Ø relHF AP Ausgleich Schwung Block 34 Tag B	Ø relHF AP Schwung Ausgleich Block 12 34 Tag B
Ø Lärm am Messtag B	Alter	Korrelation	1	,330*	,414**	,384*	,481**	,384*	,461**	,465**
		Signifikanz	.	,028	,008	,012	,002	,013	,003	,003
		Freiheitsgrade	0	32	32	32	32	32	32	32

Kontrollvariablen			Alter	Ø relHF AP Ausgleich Schwung Block 1 Tag B	Ø relHF AP Ausgleich Schwung Block 2 Tag B	Ø relHF AP Ausgleich Schwung Block 12 Tag B	Ø relHF AP Ausgleich Schwung Block 3 Tag B	Ø relHF AP Ausgleich Schwung Block 4 Tag B	Ø relHF AP Ausgleich Schwung Block 34 Tag B	Ø relHF AP Schwung Ausgleich Block 12 34 Tag B
Motorstückzahl Messtag B	Alter	Korrelation	1	,330*	,403**	,378*	,436**	,366*	,423**	,423**
		Signifikanz	.	,028	,009	,014	,005	,017	,006	,006
		Freiheitsgrade	0	32	32	32	32	32	32	32

Test auf Normalverteilung relHF am AP Tag A

Tests auf Normalverteilung	Kolmogorov-Smirnova		
	Statistik	df	Signifikanz
relative HF AP Schwung_Ausgleich	,053	12446	,000

Tests auf Normalverteilung	Probandenschlüssel	Kolmogorov-Smirnova			Shapiro-Wilk		
		Statistik	df	Signifikanz	Statistik	df	Signifikanz
relHF AP Schwung_Ausgleich	B03M3	,073	335	,000	,968	335	,000
	B05A3	,063	383	,001	,966	383	,000
	B08S1	,032	377	,200*	,994	377	,139
	E05G6	,061	319	,006	,988	319	,009
	F05C7	,110	408	,000	,951	408	,000
	F05M1	,137	362	,000	,917	362	,000
	F07A2	,035	411	,200*	,996	411	,405
	F07S1	,069	362	,000	,974	362	,000
	F11C3	,093	385	,000	,970	385	,000
	G04I1	,084	371	,000	,979	371	,000
	G05R1	,116	389	,000	,950	389	,000
	G09K4	,043	352	,199	,994	352	,185
	G11A2	,099	365	,000	,972	365	,000
	H06B5	,039	290	,200*	,991	290	,081
	H11A2	,056	358	,009	,987	358	,003
	H12S1	,064	382	,001	,987	382	,002
	I11R1	,086	400	,000	,979	400	,000
	K07N5	,091	301	,000	,972	301	,000
	K12R3	,056	381	,005	,974	381	,000
	M01F6	,078	353	,000	,977	353	,000
	M01L1	,107	340	,000	,949	340	,000
	M04H4	,151	367	,000	,917	367	,000
	M09I1	,086	291	,000	,964	291	,000
	N02H1	,118	402	,000	,943	402	,000
	N15A2	,041	341	,200*	,997	341	,685
	O05E2	,049	331	,056	,992	331	,080
	O11R3	,097	337	,000	,949	337	,000
	P09R1	,104	401	,000	,962	401	,000
	R10G1	,041	339	,200*	,990	339	,018
	S05U1	,049	285	,098	,994	285	,276
	S11H1	,108	362	,000	,881	362	,000
	T04A2	,053	385	,011	,991	385	,023
	W01R6	,065	310	,003	,989	310	,021
	W06G8	,055	375	,008	,988	375	,003
	W07E5	,138	296	,000	,924	296	,000

*. Dies ist eine untere Grenze der echten Signifikanz.

Hierarchisch Lineare Modelle relHF am AP Block 12 Tag A (= Schwungscheibe)

Nullmodell

Final estimation of variance components

Random Effect	Standard Deviation	Variance Component	d.f.	χ^2	p-value
INTRCPT1, r_0	6.67960	44.61700	33	38969.13665	<0.001
level-1, e	2.57754	6.64371			

Statistics for current covariance components model
Deviance = 29193.068586
Number of estimated parameters = 2

Random Coefficients

Final estimation of variance components

Random Effect	Standard Deviation	Variance Component	d.f.	χ^2	p-value
INTRCPT1, r_0	6.68041	44.62793	33	50910.61666	<0.001
ZEIT slope, r_1	0.01826	0.00033	33	1704.43100	<0.001
level-1, e	2.25508	5.08539			

Modell 1 – Alter

The maximum number of level-1 units = 6120
The maximum number of level-2 units = 34
The maximum number of iterations = 100
Method of estimation: restricted maximum likelihood

The outcome variable is RELHF

Summary of the model specified
Level-1 Model
$RELHF_{ti} = \pi_{0i} + \pi_{1i}*(ZEIT_{ti}) + e_{ti}$
Level-2 Model
$\pi_{0i} = \beta_{00} + \beta_{01}*(AGE_i) + r_{0i}$
$\pi_{1i} = \beta_{10} + \beta_{11}*(AGE_i) + r_{1i}$

ZEIT has been centered around the group mean.
AGE has been centered around the grand mean.

Mixed Model $RELHF_{ti} = \beta_{00} + \beta_{01}*AGE_i + \beta_{10}*ZEIT_{ti} + \beta_{11}*AGE_i*ZEIT_{ti} + r_{0i} + r_{1i}*ZEIT_{ti} + e_{ti}$

Final estimation of fixed effects (with robust standard errors)

Fixed Effect	Coefficient	Standard error	t-ratio	Approx. d.f.	p-value
For INTRCPT1, π_0					
INTRCPT2, β_{00}	50.401086	0.991782	50.819	32	<0.001
AGE, β_{01}	0.268633	0.071591	3.752	32	<0.001
For ZEIT slope, π_1					
INTRCPT2, β_{10}	0.005026	0.003066	1.639	32	0.111
AGE, β_{11}	0.000276	0.000248	1.111	32	0.275

Statistics for current covariance components model
Deviance = 27719.217181
Number of estimated parameters = 4
Variance-Covariance components test

χ^2 statistic = 1473.85140
Degrees of freedom = 2
p-value = <0.001

Modell 2 – Zigaretten pro Tag

The maximum number of level-1 units = 6120
The maximum number of level-2 units = 34
The maximum number of iterations = 100
Method of estimation: restricted maximum likelihood

The outcome variable is RELHF

Summary of the model specified
Level-1 Model
$RELHF_{ti} = \pi_{0i} + \pi_{1i}*(ZEIT_{ti}) + e_{ti}$
Level-2 Model
$\pi_{0i} = \beta_{00} + \beta_{01}*(ZIG\_TAG_i) + r_{0i}$
$\pi_{1i} = \beta_{10} + \beta_{11}*(ZIG\_TAG_i) + r_{1i}$

ZEIT has been centered around the group mean.
ZIG_TAG has been centered around the grand mean.

Mixed Model $RELHF_{ti} = \beta_{00} + \beta_{01}*ZIG\_TAG_i + \beta_{10}*ZEIT_{ti} + \beta_{11}*ZIG\_TAG_i*ZEIT_{ti} + r_{0i} + r_{1i}*ZEIT_{ti} + e_{ti}$

Final estimation of fixed effects (with robust standard errors)

Fixed Effect	Coefficient	Standard error	t-ratio	Approx. d.f.	p-value
For INTRCPT1, π_0					
INTRCPT2, β_{00}	50.401107	1.066247	47.270	32	<0.001
ZIG_TAG, β_{01}	0.302259	0.124142	2.435	32	0.021
For ZEIT slope, π_1					
INTRCPT2, β_{10}	0.005014	0.003107	1.614	32	0.116
ZIG_TAG, β_{11}	-0.000169	0.000378	-0.448	32	0.657

Statistics for current covariance components model
Deviance = 27724.100978
Number of estimated parameters = 4

Variance-Covariance components test
χ^2 statistic = 1468.96761
Degrees of freedom = 2
p-value = <0.001

Modell 3 – BMI

The maximum number of level-1 units = 6120
The maximum number of level-2 units = 34
The maximum number of iterations = 100
Method of estimation: restricted maximum likelihood

The outcome variable is RELHF

Summary of the model specified
Level-1 Model
$RELHF_{ti} = \pi_{0i} + \pi_{1i}*(ZEIT_{ti}) + e_{ti}$
Level-2 Model
$\pi_{0i} = \beta_{00} + \beta_{01}*(BMI_i) + r_{0i}$
$\pi_{1i} = \beta_{10} + \beta_{11}*(BMI_i) + r_{1i}$

ZEIT has been centered around the group mean.
BMI has been centered around the grand mean.

Mixed Model $RELHF_{ti} = \beta_{00} + \beta_{01}*ZIG\_TAG_i + \beta_{10}*ZEIT_{ti} + \beta_{11}*ZIG\_TAG_i*ZEIT_{ti} + r_{0i} + r_{1i}*ZEIT_{ti} + e_{ti}$

Final estimation of fixed effects (with robust standard errors)

Fixed Effect	Coefficient	Standard error	t-ratio	Approx. d.f.	p-value
For INTRCPT1, π_0					
INTRCPT2, β_{00}	50.401097	1.084289	46.483	32	<0.001
BMI, β_{01}	0.420223	0.244880	1.716	32	0.096
For ZEIT slope, π_1					
INTRCPT2, β_{10}	0.005031	0.003056	1.646	32	0.109
BMI, β_{11}	0.000814	0.000713	1.142	32	0.262

Statistics for current covariance components model
Deviance = 27721.413293
Number of estimated parameters = 4
Variance-Covariance components test

χ^2 statistic = 1471.65529
Degrees of freedom = 2
p-value = <0.001

Modell 4 – Sleep

The maximum number of level-1 units = 6120
The maximum number of level-2 units = 34
The maximum number of iterations = 100
Method of estimation: restricted maximum likelihood

The outcome variable is RELHF

Summary of the model specified
Level-1 Model
$RELHF_{ti} = \pi_{0i} + \pi_{1i}*(ZEIT_{ti}) + e_{ti}$
Level-2 Model
$\pi_{0i} = \beta_{00} + \beta_{01}*(SLEEP_i) + r_{0i}$
$\pi_{1i} = \beta_{10} + \beta_{11}*(SLEEP_i) + r_{1i}$

ZEIT has been centered around the group mean.
SLEEP has been centered around the grand mean.

Mixed Model $RELHF_{ti} = \beta_{00} + \beta_{01}*SLEEP_i + \beta_{10}*ZEIT_{ti} + \beta_{11}*SLEEP_i*ZEIT_{ti} + r_{0i} + r_{1i}*ZEIT_{ti} + e_{ti}$

Final estimation of fixed effects (with robust standard errors)

Fixed Effect	Coefficient	Standard error	t-ratio	Approx. d.f.	p-value
For INTRCPT1, π_0					
INTRCPT2, β_{00}	50.401076	1.128968	44.643	32	<0.001
SLEEP, β_{01}	0.001767	0.020102	0.088	32	0.930
For ZEIT slope, π_1					
INTRCPT2, β_{10}	0.004997	0.003085	1.620	32	0.115
SLEEP, β_{11}	-0.000057	0.000036	-1.568	32	0.127

Statistics for current covariance components model
Deviance = 27734.924684
Number of estimated parameters = 4

Variance-Covariance components test
χ^2 statistic = 1458.14390
Degrees of freedom = 2
p-value = <0.001

Modell 5 – Alter, Zig_Tag

The maximum number of level-1 units = 6120
The maximum number of level-2 units = 34
The maximum number of iterations = 100
Method of estimation: restricted maximum likelihood

The outcome variable is RELHF

Summary of the model specified
Level-1 Model
$RELHF_{ti} = \pi_{0i} + \pi_{1i}*(ZEIT_{ti}) + e_{ti}$
Level-2 Model
$\pi_{0i} = \beta_{00} + \beta_{01}*(AGE_i) + \beta_{02}*(ZIG\_TAG_i) + r_{0i}$
$\pi_{1i} = \beta_{10} + \beta_{11}*(AGE_i) + \beta_{12}*(ZIG\_TAG_i) + r_{1i}$

ZEIT has been centered around the group mean.
AGE ZIG_TAG have been centered around the grand mean.

Mixed Model $RELHF_{ti} = \beta_{00} + \beta_{01}*AGE_i + \beta_{02}*ZIG\_TAG_i + \beta_{10}*ZEIT_{ti} + \beta_{11}*AGE_i*ZEIT_{ti} + \beta_{12}*ZIG\_TAG_i*ZEIT_{ti} + r_{0i} + r_{1i}*ZEIT_{ti} + e_{ti}$

Final estimation of fixed effects (with robust standard errors)

Fixed Effect	Coefficient	Standard error	t-ratio	Approx. d.f.	p-value
For INTRCPT1, π_0					
INTRCPT2, β_{00}	50.401121	0.951467	52.972	31	<0.001
AGE, β_{01}	0.243458	0.068418	3.558	31	0.001
ZIG_TAG, β_{02}	0.231488	0.115582	2.003	31	0.054
For ZEIT slope, π_1					
INTRCPT2, β_{10}	0.005020	0.003045	1.649	31	0.109
AGE, β_{11}	0.000303	0.000240	1.263	31	0.216
ZIG_TAG, β_{12}	-0.000257	0.000375	-0.683	31	0.499

Statistics for current covariance components model
Deviance = 27732.211090
Number of estimated parameters = 4

Variance-Covariance components test
χ^2 statistic = 1460.85750
Degrees of freedom = 2
p-value = <0.00

Hierarchisch Lineare Modelle relHF am AP Block 34 Tag A (= Ausgleich)

Nullmodell
Final estimation of variance components

Random Effect	Standard Deviation	Variance Component	d.f.	χ^2	p-value
INTRCPT1, r_0	6.86603	47.14239	33	58810.49276	<0.001
level-1, e	2.15654	4.65067			

Statistics for current covariance components model
Deviance = 26259.377570
Number of estimated parameters = 2

Random Coefficients

Final estimation of variance components

Random Effect	Standard Deviation	Variance Component	d.f.	χ^2	p-value
INTRCPT1, r_0	6.86655	47.14956	33	75799.16154	<0.001
ZEIT slope, r_1	0.01190	0.00014	33	1218.20920	<0.001
level-1, e	1.89956	3.60833			

Modell 1 – Alter

The maximum number of level-1 units = 5945The maximum number of level-2 units = 34
The maximum number of iterations = 100
Method of estimation: restricted maximum likelihood

The outcome variable is RELHF

Summary of the model specified
Level-1 Model
$RELHF_{ti} = \pi_{0i} + \pi_{1i}*(ZEIT_{ti}) + e_{ti}$
Level-2 Model
$\pi_{0i} = \beta_{00} + \beta_{01}*(AGE_i) + r_{0i}$
$\pi_{1i} = \beta_{10} + \beta_{11}*(AGE_i) + r_{1i}$

ZEIT has been centered around the group mean.
AGE has been centered around the grand mean.

Mixed Model $RELHF_{ti} = \beta_{00} + \beta_{01}*AGE_i + \beta_{10}*ZEIT_{ti} + \beta_{11}*AGE_i*ZEIT_{ti} + r_{0i} + r_{1i}*ZEIT_{ti} + e_{ti}$

Final estimation of fixed effects (with robust standard errors)

Fixed Effect	Coefficient	Standard error	t-ratio	Approx. d.f.	p-value
For INTRCPT1, π_0					
INTRCPT2, β_{00}	48.571658	0.969911	50.078	32	<0.001
AGE, β_{01}	0.317114	0.069853	4.540	32	<0.001
For ZEIT slope, π_1					
INTRCPT2, β_{10}	0.007888	0.001955	4.035	32	<0.001
AGE, β_{11}	-0.000307	0.000195	-1.579	32	0.124

Statistics for current covariance components model
Deviance = 24888.627951
Number of estimated parameters = 4

Variance-Covariance components test
χ^2 statistic = 1370.74962
Degrees of freedom = 2
p-value = <0.001

Modell 2 – Zigaretten pro Tag

The maximum number of level-1 units = 5945
The maximum number of level-2 units = 34
The maximum number of iterations = 100
Method of estimation: restricted maximum likelihood

The outcome variable is RELHF

Summary of the model specified
Level-1 Model
$RELHF_{ti} = \pi_{0i} + \pi_{1i}*(ZEIT_{ti}) + e_{ti}$
Level-2 Model
$\pi_{0i} = \beta_{00} + \beta_{01}*(ZIG\_TAG_i) + r_{0i}$
$\pi_{1i} = \beta_{10} + \beta_{11}*(ZIG\_TAG_i) + r_{1i}$

ZEIT has been centered around the group mean.
ZIG_TAG has been centered around the grand mean.

Mixed Model $RELHF_{ti} = \beta_{00} + \beta_{01}*ZIG\_TAG_i + \beta_{10}*ZEIT_{ti} + \beta_{11}*ZIG\_TAG_i*ZEIT_{ti} + r_{0i} + r_{1i}*ZEIT_{ti} + e_{ti}$

Final estimation of fixed effects (with robust standard errors)

Fixed Effect	Coefficient	Standard error	t-ratio	Approx. d.f.	p-value
For INTRCPT1, π_0					
INTRCPT2, β_{00}	48.571674	1.114819	43.569	32	<0.001
ZIG_TAG, β_{01}	0.262105	0.126520	2.072	32	0.046
For ZEIT slope, π_1					
INTRCPT2, β_{10}	0.007910	0.001985	3.984	32	<0.001
ZIG_TAG, β_{11}	-0.000405	0.000255	-1.591	32	0.122

Statistics for current covariance components model
Deviance = 24895.358754
Number of estimated parameters = 4

Variance-Covariance components test
χ^2 statistic = 1364.01882
Degrees of freedom = 2
p-value = <0.001

Modell 3 – BMI

The maximum number of level-1 units = 5945
The maximum number of level-2 units = 34
The maximum number of iterations = 100
Method of estimation: restricted maximum likelihood

The outcome variable is RELHF

Summary of the model specified
Level-1 Model
$RELHF_{ti} = \pi_{0i} + \pi_{1i}*(ZEIT_{ti}) + e_{ti}$
Level-2 Model
$\pi_{0i} = \beta_{00} + \beta_{01}*(BMI_i) + r_{0i}$
$\pi_{1i} = \beta_{10} + \beta_{11}*(BMI_i) + r_{1i}$

ZEIT has been centered around the group mean.
BMI has been centered around the grand mean.

Mixed Model $RELHF_{ti} = \beta_{00} + \beta_{01}*BMI_i + \beta_{10}*ZEIT_{ti} + \beta_{11}*BMI_i*ZEIT_{ti} + r_{0i} + r_{1i}*ZEIT_{ti} + e_{ti}$

Final estimation of fixed effects (with robust standard errors)

Fixed Effect	Coefficient	Standard error	t-ratio	Approx. d.f.	p-value
For INTRCPT1, π_0					
INTRCPT2, β_{00}	48.571637	1.107104	43.873	32	<0.001
BMI, β_{01}	0.463955	0.213841	2.170	32	0.038
For ZEIT slope, π_1					
INTRCPT2, β_{10}	0.007905	0.002004	3.945	32	<0.001
BMI, β_{11}	-0.000553	0.000433	-1.277	32	0.211

Statistics for current covariance components model
Deviance = 24893.412914
Number of estimated parameters = 4

Variance-Covariance components test
χ^2 statistic = 1365.96466
Degrees of freedom = 2
p-value = <0.001

Modell 4 – Sleep

The maximum number of level-1 units = 5945
The maximum number of level-2 units = 34
The maximum number of iterations = 100
Method of estimation: restricted maximum likelihood

The outcome variable is RELHF

Summary of the model specified
Level-1 Model
$RELHF_{ti} = \pi_{0i} + \pi_{1i}*(ZEIT_{ti}) + e_{ti}$
Level-2 Model
$\pi_{0i} = \beta_{00} + \beta_{01}*(SLEEP_i) + r_{0i}$
$\pi_{1i} = \beta_{10} + \beta_{11}*(SLEEP_i) + r_{1i}$

ZEIT has been centered around the group mean.
SLEEP has been centered around the grand mean.

Mixed Model $RELHF_{ti} = \beta_{00} + \beta_{01}*SLEEP_i + \beta_{10}*ZEIT_{ti} + \beta_{11}*SLEEP_i*ZEIT_{ti} + r_{0i} + r_{1i}*ZEIT_{ti} + e_{ti}$

Final estimation of fixed effects (with robust standard errors)

Fixed Effect	Coefficient	Standard error	t-ratio	Approx. d.f.	p-value
For INTRCPT1, π_0					
INTRCPT2, β_{00}	48.571644	1.151562	42.179	32	<0.001
SLEEP, β_{01}	-0.015648	0.021517	-0.727	32	0.472
For ZEIT slope, π_1					
INTRCPT2, β_{10}	0.007886	0.002034	3.877	32	<0.001
SLEEP, β_{11}	-0.000024	0.000035	-0.681	32	0.501

Statistics for current covariance components model
Deviance = 24905.478137
Number of estimated parameters = 4

Variance-Covariance components test
χ^2 statistic = 1353.89943
Degrees of freedom = 2
p-value = <0.001

Modell 5 – Alter, Zig_Tag

The maximum number of level-1 units = 5945
The maximum number of level-2 units = 34
The maximum number of iterations = 100
Method of estimation: restricted maximum likelihood

The outcome variable is RELHF

Summary of the model specified
Level-1 Model
$RELHF_{ti} = \pi_{0i} + \pi_{1i}*(ZEIT_{ti}) + e_{ti}$
Level-2 Model
$\pi_{0i} = \beta_{00} + \beta_{01}*(AGE_i) + \beta_{02}*(ZIG\_TAG_i) + r_{0i}$
$\pi_{1i} = \beta_{10} + \beta_{11}*(AGE_i) + \beta_{12}*(ZIG\_TAG_i) + r_{1i}$

ZEIT has been centered around the group mean.
AGE ZIG_TAG have been centered around the grand mean.

Mixed Model $RELHF_{ti} = \beta_{00} + \beta_{01}*AGE_i + \beta_{02}*ZIG\_TAG_i + \beta_{10}*ZEIT_{ti} + \beta_{11}*AGE_i*ZEIT_{ti} + \beta_{12}*ZIG\_TAG_i*ZEIT_{ti} + r_{0i} + r_{1i}*ZEIT_{ti} + e_{ti}$

Final estimation of fixed effects (with robust standard errors)

Fixed Effect	Coefficient	Standard error	t-ratio	Approx. d.f.	p-value
For INTRCPT1, π_0					
INTRCPT2, β_{00}	48.571662	0.946416	51.322	31	<0.001
AGE, β_{01}	0.298026	0.068094	4.377	31	<0.001
ZIG_TAG, β_{02}	0.175463	0.112130	1.565	31	0.128
For ZEIT slope, π_1					
INTRCPT2, β_{10}	0.007898	0.001916	4.122	31	<0.001
AGE, β_{11}	-0.000270	0.000195	-1.388	31	0.175
ZIG_TAG, β_{12}	-0.000325	0.000256	-1.272	31	0.213

Statistics for current covariance components model
Deviance = 24902.889118
Number of estimated parameters = 4

Variance-Covariance components test
χ^2 statistic = 1356.48845
Degrees of freedom = 2
p-value = <0.001

Hierarchisch Lineare Modelle relHF am AP Block 1234 Tag A (= Schwungscheibe_Ausgleich)

Nullmodell
Final estimation of variance components

Random Effect	Standard Deviation	Variance Component	d.f.	χ^2	p-value
INTRCPT1, r_0	6.54992	42.90151	33	57445.45319	<0.001
level-1, e	2.95199	8.71424			

Statistics for current covariance components model
Deviance = 60609.817838
Number of estimated parameters = 2

Random Coefficients
Final estimation of variance components

Random Effect	Standard Deviation	Variance Component	d.f.	χ^2	p-value
INTRCPT1, r_0	6.55045	42.90839	33	78769.96198	<0.001
ZEIT slope, r_1	0.01060	0.00011	33	3943.05119	<0.001
level-1, e	2.52094	6.35513			

Modell 1 – Alter

The maximum number of level-1 units = 12065
The maximum number of level-2 units = 34
The maximum number of iterations = 100
Method of estimation: restricted maximum likelihood

The outcome variable is RELHF

Summary of the model specified
Level-1 Model
$RELHF_{ti} = \pi_{0i} + \pi_{1i}*(ZEIT_{ti}) + e_{ti}$
Level-2 Model
$\pi_{0i} = \beta_{00} + \beta_{01}*(AGE_i) + r_{0i}$
$\pi_{1i} = \beta_{10} + \beta_{11}*(AGE_i) + r_{1i}$

ZEIT has been centered around the group mean.
AGE has been centered around the grand mean.

Mixed Model $RELHF_{ti} = \beta_{00} + \beta_{01}*AGE_i + \beta_{10}*ZEIT_{ti} + \beta_{11}*AGE_i*ZEIT_{ti} + r_{0i} + r_{1i}*ZEIT_{ti} + e_{ti}$

Final estimation of fixed effects (with robust standard errors)

Fixed Effect	Coefficient	Standard error	t-ratio	Approx. d.f.	p-value
For INTRCPT1, π_0					
INTRCPT2, β_{00}	49.436605	0.946765	52.216	32	<0.001
AGE, β_{01}	0.285535	0.066659	4.284	32	<0.001
For ZEIT slope, π_1					
INTRCPT2, β_{10}	-0.003847	0.001764	-2.182	32	0.037
AGE, β_{11}	0.000175	0.000168	1.046	32	0.303

Statistics for current covariance components model
Deviance = 56990.296506
Number of estimated parameters = 4

Variance-Covariance components test
$\chi 2$ statistic = 3619.52133
Degrees of freedom = 2
p-value = <0.001

Modell 2 – Zigaretten pro Tag

The maximum number of level-1 units = 12065
The maximum number of level-2 units = 34
The maximum number of iterations = 100
Method of estimation: restricted maximum likelihood

The outcome variable is RELHF

Summary of the model specified
Level-1 Model
$RELHF_{ti} = \pi_{0i} + \pi_{1i}*(ZEIT_{ti}) + e_{ti}$
Level-2 Model
$\pi_{0i} = \beta_{00} + \beta_{01}*(ZIG\_TAG_i) + r_{0i}$
$\pi_{1i} = \beta_{10} + \beta_{11}*(ZIG\_TAG_i) + r_{1i}$

ZEIT has been centered around the group mean.
ZIG_TAG has been centered around the grand mean.

Mixed Model $RELHF_{ti} = \beta_{00} + \beta_{01}*ZIG\_TAG_i + \beta_{10}*ZEIT_{ti} + \beta_{11}*ZIG\_TAG_i*ZEIT_{ti} + r_{0i} + r_{1i}*ZEIT_{ti} + e_{ti}$

Final estimation of fixed effects (with robust standard errors)

Fixed Effect	Coefficient	Standard error	t-ratio	Approx. d.f.	p-value
For INTRCPT1, π_0					
INTRCPT2, β_{00}	49.436640	1.048914	47.131	32	<0.001
ZIG_TAG, β_{01}	0.287943	0.121055	2.379	32	0.024
For ZEIT slope, π_1					
INTRCPT2, β_{10}	-0.003848	0.001782	-2.160	32	0.038
ZIG_TAG, β_{11}	-0.000197	0.000202	-0.977	32	0.336

Statistics for current covariance components model
Deviance = 56995.729868
Number of estimated parameters = 4

Variance-Covariance components test
$\chi 2$ statistic = 3614.08797
Degrees of freedom = 2
p-value = <0.001

Modell 3 – BMI

The maximum number of level-1 units = 12065
The maximum number of level-2 units = 34
The maximum number of iterations = 100
Method of estimation: restricted maximum likelihood

The outcome variable is RELHF

Summary of the model specified
Level-1 Model
$RELHF_{ti} = \pi_{0i} + \pi_{1i}*(ZEIT_{ti}) + e_{ti}$
Level-2 Model
$\pi_{0i} = \beta_{00} + \beta_{01}*(BMI_i) + r_{0i}$
$\pi_{1i} = \beta_{10} + \beta_{11}*(BMI_i) + r_{1i}$

ZEIT has been centered around the group mean.
BMI has been centered around the grand mean.

Mixed Model $RELHF_{ti} = \beta_{00} + \beta_{01}*BMI_i + \beta_{10}*ZEIT_{ti} + \beta_{11}*BMI_i*ZEIT_{ti} + r_{0i} + r_{1i}*ZEIT_{ti} + e_{ti}$

Final estimation of fixed effects (with robust standard errors)

Fixed Effect	Coefficient	Standard error	t-ratio	Approx. d.f.	p-value
For INTRCPT1, π_0					
INTRCPT2, β_{00}	49.436606	1.059856	46.645	32	<0.001
BMI, β_{01}	0.426421	0.208265	2.047	32	0.049
For ZEIT slope, π_1					
INTRCPT2, β_{10}	-0.003848	0.001793	-2.147	32	0.039
BMI, β_{11}	0.000183	0.000641	0.286	32	0.776

Statistics for current covariance components model
Deviance = 56994.953620
Number of estimated parameters = 4

Variance-Covariance components test
$\chi 2$ statistic = 3614.86422
Degrees of freedom = 2
p-value = <0.001

Modell 4 – Sleep

The maximum number of level-1 units = 12065
The maximum number of level-2 units = 34
The maximum number of iterations = 100
Method of estimation: restricted maximum likelihood

The outcome variable is RELHF

Summary of the model specified
Level-1 Model
$RELHF_{ti} = \pi_{0i} + \pi_{1i}*(ZEIT_{ti}) + e_{ti}$
Level-2 Model
$\pi_{0i} = \beta_{00} + \beta_{01}*(SLEEP_i) + r_{0i}$
$\pi_{1i} = \beta_{10} + \beta_{11}*(SLEEP_i) + r_{1i}$

ZEIT has been centered around the group mean.
SLEEP has been centered around the grand mean.

Mixed Model $RELHF_{ti} = \beta_{00} + \beta_{01}*SLEEP_i + \beta_{10}*ZEIT_{ti} + \beta_{11}*SLEEP_i*ZEIT_{ti} + r_{0i} + r_{1i}*ZEIT_{ti} + e_{ti}$

Final estimation of variance components

Random Effect	Standard Deviation	Variance Component	d.f.	χ^2	p-value
INTRCPT1, r_0	6.63902	44.07665	32	78423.29758	<0.001
ZEIT slope, r_1	0.01021	0.00010	32	3446.81185	<0.001
level-1, e	2.52094	6.35514			

Statistics for current covariance components model
Deviance = 57004.456262
Number of estimated parameters = 4

Variance-Covariance components test
$\chi 2$ statistic = 3605.36158
Degrees of freedom = 2
p-value = <0.001

Modell 5 – Alter, Zig_Tag

The maximum number of level-1 units = 12065
The maximum number of level-2 units = 34
The maximum number of iterations = 100
Method of estimation: restricted maximum likelihood

The outcome variable is RELHF

Summary of the model specified
Level-1 Model
$RELHF_{ti} = \pi_{0i} + \pi_{1i}*(ZEIT_{ti}) + e_{ti}$
Level-2 Model
$\pi_{0i} = \beta_{00} + \beta_{01}*(AGE_i) + \beta_{02}*(ZIG\_TAG_i) + r_{0i}$
$\pi_{1i} = \beta_{10} + \beta_{11}*(AGE_i) + \beta_{12}*(ZIG\_TAG_i) + r_{1i}$

ZEIT has been centered around the group mean.
AGE ZIG_TAG have been centered around the grand mean.

Mixed Model $RELHF_{ti} = \beta_{00} + \beta_{01}*AGE_i + \beta_{02}*ZIG\_TAG_i + \beta_{10}*ZEIT_{ti} + \beta_{11}*AGE_i*ZEIT_{ti} + \beta_{12}*ZIG\_TAG_i*ZEIT_{ti} + r_{0i} + r_{1i}*ZEIT_{ti} + e_{ti}$

Final estimation of fixed effects (with robust standard errors)

Fixed Effect	Coefficient	Standard error	t-ratio	Approx. d.f.	p-value
For INTRCPT1, π_0					
INTRCPT2, β_{00}	49.436625	0.911528	54.235	31	<0.001
AGE, β_{01}	0.262518	0.063014	4.166	31	<0.001
ZIG_TAG, β_{02}	0.211626	0.108769	1.946	31	0.061
For ZEIT slope, π_1					
INTRCPT2, β_{10}	-0.003848	0.001736	-2.216	31	0.034
AGE, β_{11}	0.000203	0.000178	1.143	31	0.262
ZIG_TAG, β_{12}	-0.000256	0.000229	-1.121	31	0.271

Statistics for current covariance components model
Deviance = 57003.968456
Number of estimated parameters = 4

Variance-Covariance components test
$\chi 2$ statistic = 3605.84938
Degrees of freedom = 2
p-value = <0.001

Übersicht zu den Konstanten und Koeffizienten der Hierarchisch Linearen Modelle für die Regressionsgleichung der relHF für die Arbeitsplätze Schwungscheibe und Ausgleich

$relHF_{ti} = \beta_{00} + \beta_{01}*AGE_i + \beta_{10}*ZEIT_{ti} + \beta_{11}*AGE_i*ZEIT_{ti}$

Modell	Bereich	t in min	Konstanten und Koeffizienten			
			β_{00}	β_{01}	β_{10}	β_{11}
Alter	AP Schwungscheibe	0 < t < 240	50,401086	0,268633	0,005026	0.000276
Alter	AP Ausgleich	250 < t < 480	48,571658	0,317114	0,007888	-0,000307
Alter	AP Schwung_Ausgleich	0 < t < 480	49,436605	0,285535	-0,003847	0,000175

Test auf Normalverteilung relHF am AP Tag B

Tests auf Normalverteilung	Kolmogorov-Smirnova		
	Statistik	df	Signifikanz
relHF AP Ausgleich_Schwung	,069	12238	,000

Tests auf Normalverteilung	Probandenschlüssel	Kolmogorov-Smirnova			Shapiro-Wilk		
		Statistik	df	Signifikanz	Statistik	df	Signifikanz
relHF AP Ausgleich_Schwung	B03M3	,073	333	,000	,976	333	,000
	B05A3	,052	305	,047	,986	305	,006
	B08S1	,095	346	,000	,963	346	,000
	E05G6	,166	290	,000	,846	290	,000
	F05C7	,061	366	,003	,980	366	,000
	F05M1	,081	384	,000	,974	384	,000
	F07A2	,085	378	,000	,979	378	,000
	F07S1	,034	262	,200*	,994	262	,326
	F11C3	,067	383	,000	,981	383	,000
	G04I1	,056	353	,009	,981	353	,000
	G05R1	,088	361	,000	,971	361	,000
	G09K4	,069	347	,000	,983	347	,000
	G11A2	,027	375	,200*	,997	375	,719
	H06B5	,041	281	,200*	,990	281	,046
	H11A2	,036	330	,200*	,993	330	,158
	H12S1	,029	340	,200*	,991	340	,041
	I11R1	,044	383	,067	,992	383	,034
	K07N5	,083	300	,000	,970	300	,000
	K12R3	,057	354	,009	,990	354	,016
	M01F6	,096	340	,000	,959	340	,000
	M01L1	,049	359	,038	,989	359	,011
	M04H4	,202	375	,000	,893	375	,000
	M09I1	,042	377	,158	,990	377	,010
	N02H1	,064	360	,001	,989	360	,006
	N15A2	,048	375	,036	,991	375	,022
	O05E2	,047	335	,069	,991	335	,042
	O11R3	,073	302	,001	,979	302	,000
	P09R1	,039	340	,200*	,993	340	,098
	R10G1	,112	306	,000	,949	306	,000
	S05U1	,141	404	,000	,933	404	,000
	S11H1	,033	361	,200*	,987	361	,002
	T04A2	,110	401	,000	,925	401	,000
	W01R6	,052	346	,024	,981	346	,000

| | W06G8 | ,059 | 400 | ,002 | ,956 | 400 | ,000 |
| | W07E5 | ,109 | 386 | ,000 | ,952 | 386 | ,000 |

*. Dies ist eine untere Grenze der echten Signifikanz.

Hierarchisch Lineare Modelle relHF am AP Block 12 Tag B (= Ausgleich)

Nullmodell

Final estimation of variance components

Random Effect	Standard Deviation	Variance Component	d.f.	χ^2	p-value
INTRCPT1, r_0	6.53286	42.67829	32	52012.23230	<0.001
level-1, e	2.18638	4.78024			

Statistics for current covariance components model
Deviance = 25962.679255
Number of estimated parameters = 2

Random Coefficients

Final estimation of variance components

Random Effect	Standard Deviation	Variance Component	d.f.	χ^2	p-value
INTRCPT1, r_0	6.53349	42.68645	32	76818.63667	<0.001
ZEIT slope, r_1	0.01789	0.00032	32	2700.49191	<0.001
level-1, e	1.79906	3.23660			

Modell 1 – Alter

The maximum number of level-1 units = 5843
The maximum number of level-2 units = 33
The maximum number of iterations = 100
Method of estimation: restricted maximum likelihood

The outcome variable is RELHF

Summary of the model specified
Level-1 Model
$RELHF_{ti} = \pi_{0i} + \pi_{1i}*(ZEIT_{ti}) + e_{ti}$
Level-2 Model
$\pi_{0i} = \beta_{00} + \beta_{01}*(AGE_i) + r_{0i}$
$\pi_{1i} = \beta_{10} + \beta_{11}*(AGE_i) + r_{1i}$

ZEIT has been centered around the group mean.
AGE has been centered around the grand mean.

Mixed Model $RELHF_{ti} = \beta_{00} + \beta_{01}*AGE_i + \beta_{10}*ZEIT_{ti} + \beta_{11}*AGE_i*ZEIT_{ti} + r_{0i} + r_{1i}*ZEIT_{ti} + e_{ti}$

Final estimation of fixed effects (with robust standard errors)

Fixed Effect	Coefficient	Standard error	t-ratio	Approx. d.f.	p-value
For INTRCPT1, π_0					
INTRCPT2, β_{00}	48.015063	1.054626	45.528	31	<0.001
AGE, β_{01}	0.189619	0.088791	2.136	31	0.041
For ZEIT slope, π_1					
INTRCPT2, β_{10}	0.003469	0.002944	1.179	31	0.248
AGE, β_{11}	0.000463	0.000215	2.159	31	0.039

Statistics for current covariance components model
Deviance = 23860.294691
Number of estimated parameters = 4

Variance-Covariance components test
$\chi 2$ statistic = 2102.38456
Degrees of freedom = 2
p-value = <0.001

Modell 2 – Zigaretten pro Tag

The maximum number of level-1 units = 5843
The maximum number of level-2 units = 33
The maximum number of iterations = 100
Method of estimation: restricted maximum likelihood

The outcome variable is RELHF

Summary of the model specified
Level-1 Model
$RELHF_{ti} = \pi_{0i} + \pi_{1i}*(ZEIT_{ti}) + e_{ti}$
Level-2 Model
$\pi_{0i} = \beta_{00} + \beta_{01}*(ZIG\_TAG_i) + r_{0i}$
$\pi_{1i} = \beta_{10} + \beta_{11}*(ZIG\_TAG_i) + r_{1i}$

ZEIT has been centered around the group mean.
ZIG_TAG has been centered around the grand mean.

Mixed Model $RELHF_{ti} = \beta_{00} + \beta_{01}*ZIG\_TAG_i + \beta_{10}*ZEIT_{ti} + \beta_{11}*ZIG\_TAG_i*ZEIT_{ti} + r_{0i} + r_{1i}*ZEIT_{ti} + e_{ti}$

Final estimation of fixed effects (with robust standard errors)

Fixed Effect	Coefficient	Standard error	t-ratio	Approx. d.f.	p-value
For INTRCPT1, π_0					
INTRCPT2, β_{00}	48.015130	1.030474	46.595	31	<0.001
ZIG_TAG, β_{01}	0.330748	0.128740	2.569	31	0.015
For ZEIT slope, π_1					
INTRCPT2, β_{10}	0.003472	0.003023	1.148	31	0.260
ZIG_TAG, β_{11}	0.000465	0.000451	1.030	31	0.311

Statistics for current covariance components model
Deviance = 23858.677294
Number of estimated parameters = 4

Variance-Covariance components test
$\chi 2$ statistic = 2104.00196
Degrees of freedom = 2
p-value = <0.001

Modell 3 – BMI

The maximum number of level-1 units = 5843
The maximum number of level-2 units = 33
The maximum number of iterations = 100
Method of estimation: restricted maximum likelihood

The outcome variable is RELHF

Summary of the model specified
Level-1 Model
$RELHF_{ti} = \pi_{0i} + \pi_{1i}*(ZEIT_{ti}) + e_{ti}$
Level-2 Model
$\pi_{0i} = \beta_{00} + \beta_{01}*(BMI_i) + r_{0i}$
$\pi_{1i} = \beta_{10} + \beta_{11}*(BMI_i) + r_{1i}$

ZEIT has been centered around the group mean.
BMI has been centered around the grand mean.

Mixed Model $RELHF_{ti} = \beta_{00} + \beta_{01}*BMI_i + \beta_{10}*ZEIT_{ti} + \beta_{11}*BMI_i*ZEIT_{ti} + r_{0i} + r_{1i}*ZEIT_{ti} + e_{ti}$

Final estimation of fixed effects (with robust standard errors)

Fixed Effect	Coefficient	Standard error	t-ratio	Approx. d.f.	p-value
For INTRCPT1, π_0					
INTRCPT2, β_{00}	48.015066	1.113251	43.130	31	<0.001
BMI, β_{01}	0.163622	0.220881	0.741	31	0.464
For ZEIT slope, π_1					
INTRCPT2, β_{10}	0.003470	0.003075	1.128	31	0.268
BMI, β_{11}	-0.000319	0.000651	-0.490	31	0.627

Statistics for current covariance components model
Deviance = 23861.451390
Number of estimated parameters = 4

Variance-Covariance components test
$\chi 2$ statistic = 2101.22787
Degrees of freedom = 2
p-value = <0.001

Modell 4 – Sleep

The maximum number of level-1 units = 5843
The maximum number of level-2 units = 33
The maximum number of iterations = 100
Method of estimation: restricted maximum likelihood

The outcome variable is RELHF

Summary of the model specified
Level-1 Model
$RELHF_{ti} = \pi_{0i} + \pi_{1i}*(ZEIT_{ti}) + e_{ti}$
Level-2 Model
$\pi_{0i} = \beta_{00} + \beta_{01}*(SLEEP_i) + r_{0i}$
$\pi_{1i} = \beta_{10} + \beta_{11}*(SLEEP_i) + r_{1i}$

ZEIT has been centered around the group mean.
SLEEP has been centered around the grand mean.

Mixed Model $RELHF_{ti} = \beta_{00} + \beta_{01}*SLEEP_i + \beta_{10}*ZEIT_{ti} + \beta_{11}*SLEEP_i*ZEIT_{ti} + r_{0i} + r_{1i}*ZEIT_{ti} + e_{ti}$

Final estimation of fixed effects (with robust standard errors)

Fixed Effect	Coefficient	Standard error	t-ratio	Approx. d.f.	p-value
For INTRCPT1, π_0					
INTRCPT2, β_{00}	48.015066	1.110267	43.246	31	<0.001
SLEEP, β_{01}	-0.014169	0.014912	-0.950	31	0.349
For ZEIT slope, π_1					
INTRCPT2, β_{10}	0.003468	0.003064	1.132	31	0.266
SLEEP, β_{11}	-0.000034	0.000064	-0.541	31	0.593

Statistics for current covariance components model
Deviance = 23871.858694
Number of estimated parameters = 4

Variance-Covariance components test
χ^2 statistic = 2090.82056
Degrees of freedom = 2
p-value = <0.001

Modell 5 – Alter, Zig_Tag

The maximum number of level-1 units = 5843
The maximum number of level-2 units = 33
The maximum number of iterations = 100
Method of estimation: restricted maximum likelihood

The outcome variable is RELHF

Summary of the model specified
Level-1 Model
$RELHF_{ti} = \pi_{0i} + \pi_{1i}{}^*(ZEIT_{ti}) + e_{ti}$
Level-2 Model
$\pi_{0i} = \beta_{00} + \beta_{01}{}^*(AGE_i) + \beta_{02}{}^*(ZIG\_TAG_i) + r_{0i}$
$\pi_{1i} = \beta_{10} + \beta_{11}{}^*(AGE_i) + \beta_{12}{}^*(ZIG\_TAG_i) + r_{1i}$

ZEIT has been centered around the group mean.
AGE ZIG_TAG have been centered around the grand mean.

Mixed Model $RELHF_{ti} = \beta_{00} + \beta_{01}{}^*AGE_i + \beta_{02}{}^*ZIG\_TAG_i + \beta_{10}{}^*ZEIT_{ti} + \beta_{11}{}^*AGE^*ZEIT_{ti} + \beta_{12}{}^*ZIG\_TAG^*ZEIT_{ti} + r_{0i} + r_{1i}{}^*ZEIT_{ti} + e_{ti}$

Final estimation of fixed effects (with robust standard errors)

Fixed Effect	Coefficient	Standard error	t-ratio	Approx. d.f.	p-value
For INTRCPT1, π_0					
INTRCPT2, β_{00}	48.015109	0.985473	48.723	30	<0.001
AGE, β_{01}	0.153904	0.082154	1.873	30	0.071
ZIG_TAG, β_{02}	0.287811	0.123600	2.329	30	0.027
For ZEIT slope, π_1					
INTRCPT2, β_{10}	0.003471	0.002909	1.193	30	0.242
AGE, β_{11}	0.000420	0.000225	1.865	30	0.072
ZIG_TAG, β_{12}	0.000348	0.000443	0.784	30	0.439

Statistics for current covariance components model
Deviance = 23871.572057
Number of estimated parameters = 4

Variance-Covariance components test
χ^2 statistic = 2091.10720
Degrees of freedom = 2
p-value = <0.001

Hierarchisch Lineare Modelle relHF am AP Block 34 Tag B (= Schwungscheibe)

Nullmodell

Final estimation of variance components

Random Effect	Standard Deviation	Variance Component	d.f.	χ^2	p-value
INTRCPT1, r_0	6.98016	48.72260	32	45886.31475	<0.001
level-1, e	2.53812	6.44208			

Statistics for current covariance components model
Deviance = 27088.359584
Number of estimated parameters = 2

Random Coefficients

Final estimation of variance components

Random Effect	Standard Deviation	Variance Component	d.f.	χ^2	p-value
INTRCPT1, r_0	6.98076	48.73096	32	62532.20854	<0.001
ZEIT slope, r_1	0.02103	0.00044	32	1532.03116	<0.001
level-1, e	2.17422	4.72721			

Modell 1 – Alter

The maximum number of level-1 units = 5713
The maximum number of level-2 units = 33
The maximum number of iterations = 100
Method of estimation: restricted maximum likelihood

The outcome variable is RELHF

Summary of the model specified
Level-1 Model
$RELHF_{ti} = \pi_{0i} + \pi_{1i}*(ZEIT_{ti}) + e_{ti}$
Level-2 Model
$\pi_{0i} = \beta_{00} + \beta_{01}*(AGE_i) + r_{0i}$
$\pi_{1i} = \beta_{10} + \beta_{11}*(AGE_i) + r_{1i}$

ZEIT has been centered around the group mean.
AGE has been centered around the grand mean.

Mixed Model $RELHF_{ti} = \beta_{00} + \beta_{01}*AGE_i + \beta_{10}*ZEIT_{ti} + \beta_{11}*AGE_i*ZEIT_{ti} + r_{0i} + r_{1i}*ZEIT_{ti} + e_{ti}$

Final estimation of fixed effects (with robust standard errors)

Fixed Effect	Coefficient	Standard error	t-ratio	Approx. d.f.	p-value
For INTRCPT1, π_0					
INTRCPT2, β_{00}	51.018588	1.081646	47.168	31	<0.001
AGE, β_{01}	0.257386	0.093421	2.755	31	0.010
For ZEIT slope, π_1					
INTRCPT2, β_{10}	0.011045	0.003591	3.076	31	0.004
AGE, β_{11}	-0.000302	0.000365	-0.828	31	0.414

Statistics for current covariance components model
Deviance = 25488.561593
Number of estimated parameters = 4

Variance-Covariance components test
χ^2 statistic = 1599.79799
Degrees of freedom = 2
p-value = <0.001

Modell 2 – Zigaretten pro Tag

The maximum number of level-1 units = 5713
The maximum number of level-2 units = 33
The maximum number of iterations = 100
Method of estimation: restricted maximum likelihood

The outcome variable is RELHF

Summary of the model specified
Level-1 Model
$RELHF_{ti} = \pi_{0i} + \pi_{1i}*(ZEIT_{ti}) + e_{ti}$
Level-2 Model
$\pi_{0i} = \beta_{00} + \beta_{01}*(ZIG\_TAG_i) + r_{0i}$
$\pi_{1i} = \beta_{10} + \beta_{11}*(ZIG\_TAG_i) + r_{1i}$

ZEIT has been centered around the group mean.
ZIG_TAG has been centered around the grand mean.

Mixed Model $RELHF_{ti} = \beta_{00} + \beta_{01}*ZIG\_TAG_i + \beta_{10}*ZEIT_{ti} + \beta_{11}*ZIG\_TAG_i*ZEIT_{ti} + r_{0i} + r_{1i}*ZEIT_{ti} + e_{ti}$

Final estimation of fixed effects (with robust standard errors)

Fixed Effect	Coefficient	Standard error	t-ratio	Approx. d.f.	p-value
For INTRCPT1, π_0					
INTRCPT2, β_{00}	51.018745	1.100252	46.370	31	<0.001
ZIG_TAG, β_{01}	0.354902	0.124858	2.842	31	0.008
For ZEIT slope, π_1					
INTRCPT2, β_{10}	0.011032	0.003589	3.074	31	0.004
ZIG_TAG, β_{11}	-0.000437	0.000374	-1.170	31	0.251

Statistics for current covariance components model
Deviance = 25488.027088
Number of estimated parameters = 4

Variance-Covariance components test
χ^2 statistic = 1600.33250
Degrees of freedom = 2
p-value = <0.001

Modell 3 – BMI
The maximum number of level-1 units = 5713
The maximum number of level-2 units = 33
The maximum number of iterations = 100
Method of estimation: restricted maximum likelihood

The outcome variable is RELHF

Summary of the model specified
Level-1 Model
$RELHF_{ti} = \pi_{0i} + \pi_{1i}*(ZEIT_{ti}) + e_{ti}$
Level-2 Model
$\pi_{0i} = \beta_{00}' + \beta_{01}*(BMI_i) + r_{0i}$
$\pi_{1i} = \beta_{10} + \beta_{11}*(BMI_i) + r_{1i}$

ZEIT has been centered around the group mean.
BMI has been centered around the grand mean.

Mixed Model $RELHF_{ti} = \beta_{00} + \beta_{01}*BMI_i + \beta_{10}*ZEIT_{ti} + \beta_{11}*BMI_i*ZEIT_{ti} + r_{0i} + r_{1i}*ZEIT_{ti} + e_{ti}$

Final estimation of fixed effects (with robust standard errors)

Fixed Effect	Coefficient	Standard error	t-ratio	Approx. d.f.	p-value
For INTRCPT1, π_0					
INTRCPT2, β_{00}	51.018645	1.171405	43.553	31	<0.001
BMI, β_{01}	0.323009	0.247001	1.308	31	0.201
For ZEIT slope, π_1					
INTRCPT2, β_{10}	0.011036	0.003636	3.035	31	0.005
BMI, β_{11}	-0.000118	0.000663	-0.178	31	0.860

Statistics for current covariance components model
Deviance = 25490.155828
Number of estimated parameters = 4

Variance-Covariance components test
χ^2 statistic = 1598.20376
Degrees of freedom = 2
p-value = <0.001

Modell 4 – Sleep

The maximum number of level-1 units = 5713
The maximum number of level-2 units = 33
The maximum number of iterations = 100
Method of estimation: restricted maximum likelihood

The outcome variable is RELHF

Summary of the model specified
Level-1 Model
$RELHF_{ti} = \pi_{0i} + \pi_{1i}*(ZEIT_{ti}) + e_{ti}$
Level-2 Model
$\pi_{0i} = \beta_{00} + \beta_{01}*(SLEEP_i) + r_{0i}$
$\pi_{1i} = \beta_{10} + \beta_{11}*(SLEEP_i) + r_{1i}$

ZEIT has been centered around the group mean.
SLEEP has been centered around the grand mean.

Mixed Model $RELHF_{ti} = \beta_{00} + \beta_{01}*SLEEP_i + \beta_{10}*ZEIT_{ti} + \beta_{11}*SLEEP_i*ZEIT_{ti} + r_{0i} + r_{1i}*ZEIT_{ti} + e_{ti}$

Final estimation of fixed effects (with robust standard errors)

Fixed Effect	Coefficient	Standard error	t-ratio	Approx. d.f.	p-value
For INTRCPT1, π_0					
INTRCPT2, β_{00}	51.018719	1.190465	42.856	31	<0.001
SLEEP, β_{01}	-0.011866	0.015020	-0.790	31	0.436
For ZEIT slope, π_1					
INTRCPT2, β_{10}	0.011023	0.003592	3.069	31	0.004
SLEEP, β_{11}	0.000054	0.000040	1.361	31	0.183

Statistics for current covariance components model
Deviance = 25500.985661
Number of estimated parameters = 4

Variance-Covariance components test
χ^2 statistic = 1587.37392
Degrees of freedom = 2
p-value = <0.001

Modell 5 – Alter, Zig_Tag

The maximum number of level-1 units = 5713
The maximum number of level-2 units = 33
The maximum number of iterations = 100
Method of estimation: restricted maximum likelihood

The outcome variable is RELHF

Summary of the model specified
Level-1 Model
$RELHF_{ti} = \pi_{0i} + \pi_{1i}*(ZEIT_{ti}) + e_{ti}$
Level-2 Model
$\pi_{0i} = \beta_{00} + \beta_{01}*(AGE_i) + \beta_{02}*(ZIG\_TAG_i) + r_{0i}$
$\pi_{1i} = \beta_{10} + \beta_{11}*(AGE_i) + \beta_{12}*(ZIG\_TAG_i) + r_{1i}$

ZEIT has been centered around the group mean.
AGE ZIG_TAG have been centered around the grand mean.

Mixed Model $RELHF_{ti} = \beta_{00} + \beta_{01}*AGE_i + \beta_{02}*ZIG\_TAG_i + \beta_{10}*ZEIT_{ti} + \beta_{11}*AGE_i*ZEIT_{ti} + \beta_{12}*ZIG\_TAG_i*ZEIT_{ti} + r_{0i} + r_{1i}*ZEIT_{ti} + e_{ti}$

Final estimation of fixed effects (with robust standard errors)

Fixed Effect	Coefficient	Standard error	t-ratio	Approx. d.f.	p-value
For INTRCPT1, π_0					
INTRCPT2, β_{00}	51.018642	1.011677	50.430	30	<0.001
AGE, β_{01}	0.220997	0.084163	2.626	30	0.013
ZIG_TAG, β_{02}	0.293251	0.111125	2.639	30	0.013
For ZEIT slope, π_1					
INTRCPT2, β_{10}	0.011042	0.003562	3.100	30	0.004
AGE, β_{11}	-0.000256	0.000352	-0.728	30	0.472
ZIG_TAG, β_{12}	-0.000366	0.000352	-1.039	30	0.307

Statistics for current covariance components model
Deviance = 25499.443632
Number of estimated parameters = 4

Variance-Covariance components test
χ^2 statistic = 1588.91595
Degrees of freedom = 2
p-value = <0.001

Hierarchisch Lineare Modelle relHF am AP Block 1234 Tag B (= Ausgleich_ Schwungscheibe)

Nullmodell
Final estimation of variance components

Random Effect	Standard Deviation	Variance Component	d.f.	χ^2	p-value
INTRCPT1, r_0	6.60710	43.65373	32	51333.49677	<0.001
level-1, e	3.16873	10.04088			

Statistics for current covariance components model
Deviance = 59687.042359
Number of estimated parameters = 2

Random Coefficients
Final estimation of variance components

Random Effect	Standard Deviation	Variance Component	d.f.	χ^2	p-value
INTRCPT1, r_0	6.60797	43.66525	32	93194.37453	<0.001
ZEIT slope, r_1	0.01096	0.00012	32	4808.94204	<0.001
level-1, e	2.35175	5.53074			

Modell 1 – Alter
The maximum number of level-1 units = 11556
The maximum number of level-2 units = 33
The maximum number of iterations = 100
Method of estimation: restricted maximum likelihood

The outcome variable is RELHF

Summary of the model specified
Level-1 Model
$RELHF_{ti} = \pi_{0i} + \pi_{1i}*(ZEIT_{ti}) + e_{ti}$
Level-2 Model
$\pi_{0i} = \beta_{00} + \beta_{01}*(AGE_i) + r_{0i}$
$\pi_{1i} = \beta_{10} + \beta_{11}*(AGE_i) + r_{1i}$

ZEIT has been centered around the group mean.
AGE has been centered around the grand mean.

Mixed Model RELHF$_{ti}$ = β_{00} + β_{01}*AGE$_i$ + β_{10}*ZEIT$_{ti}$ + β_{11}*AGE*ZEIT$_{ti}$ + r$_{0i}$ + r$_{1i}$*ZEIT$_{ti}$ + e$_{ti}$

Final estimation of fixed effects (with robust standard errors)

Fixed Effect	Coefficient	Standard error	t-ratio	Approx. d.f.	p-value
For INTRCPT1, π_0					
INTRCPT2, β_{00}	49.526626	1.033767	47.909	31	<0.001
AGE, β_{01}	0.232747	0.086114	2.703	31	0.011
For ZEIT slope, π_1					
INTRCPT2, β_{10}	0.011306	0.001825	6.196	31	<0.001
AGE, β_{11}	0.000236	0.000185	1.280	31	0.210

Statistics for current covariance components model
Deviance = 53000.817302
Number of estimated parameters = 4

Variance-Covariance components test
χ^2 statistic = 6686.22506
Degrees of freedom = 2
p-value = <0.001

Modell 2 – Zigaretten pro Tag
The maximum number of level-1 units = 11556
The maximum number of level-2 units = 33
The maximum number of iterations = 100
Method of estimation: restricted maximum likelihood

The outcome variable is RELHF

Summary of the model specified

Level-1 Model
RELHF$_{ti}$ = π_{0i} + π_{1i}*(ZEIT$_{ti}$) + e$_{ti}$
Level-2 Model
π_{0i} = β_{00} + β_{01}*(ZIG_TAG$_i$) + r$_{0i}$
π_{1i} = β_{10} + β_{11}*(ZIG_TAG$_i$) + r$_{1i}$

ZEIT has been centered around the group mean.
ZIG_TAG has been centered around the grand mean.

Mixed Model RELHF$_{ti}$ = β_{00} + β_{01}*ZIG_TAG$_i$ + β_{10}*ZEIT$_{ti}$ + β_{11}*ZIG_TAG*ZEIT$_{ti}$ + r$_{0i}$ + r$_{1i}$*ZEIT$_{ti}$ + e$_{ti}$

Final estimation of fixed effects (with robust standard errors)

Fixed Effect	Coefficient	Standard error	t-ratio	Approx. d.f.	p-value
For INTRCPT1, π_0					
INTRCPT2, β_{00}	49.526704	1.039632	47.639	31	<0.001
ZIG_TAG, β_{01}	0.338975	0.123892	2.736	31	0.010
For ZEIT slope, π_1					
INTRCPT2, β_{10}	0.011307	0.001877	6.024	31	<0.001
ZIG_TAG, β_{11}	0.000131	0.000238	0.551	31	0.585

Statistics for current covariance components model
Deviance = 53000.844284
Number of estimated parameters = 4

Variance-Covariance components test
χ^2 statistic = 6686.19807
Degrees of freedom = 2
p-value = <0.001

Modell 3 – BMI

The maximum number of level-1 units = 11556
The maximum number of level-2 units = 33
The maximum number of iterations = 100
Method of estimation: restricted maximum likelihood

The outcome variable is RELHF

Summary of the model specified
Level-1 Model
$RELHF_{ti} = \pi_{0i} + \pi_{1i}*(ZEIT_{ti}) + e_{ti}$
Level-2 Model
$\pi_{0i} = \beta_{00} + \beta_{01}*(BMI_i) + r_{0i}$
$\pi_{1i} = \beta_{10} + \beta_{11}*(BMI_i) + r_{1i}$

ZEIT has been centered around the group mean.
BMI has been centered around the grand mean.

Mixed Model $RELHF_{ti} = \beta_{00} + \beta_{01}*BMI_i + \beta_{10}*ZEIT_{ti} + \beta_{11}*BMI_i*ZEIT_{ti} + r_{0i} + r_{1i}*ZEIT_{ti} + e_{ti}$

Final estimation of fixed effects (with robust standard errors)

Fixed Effect	Coefficient	Standard error	t-ratio	Approx. d.f.	p-value
For INTRCPT1, π_0					
INTRCPT2, β_{00}	49.526652	1.114083	44.455	31	<0.001
BMI, β_{01}	0.270203	0.216451	1.248	31	0.221
For ZEIT slope, π_1					
INTRCPT2, β_{10}	0.011306	0.001859	6.082	31	<0.001
BMI, β_{11}	0.000403	0.000628	0.642	31	0.526

Statistics for current covariance components model
Deviance = 53002.345764
Number of estimated parameters = 4

Variance-Covariance components test
χ^2 statistic = 6684.69660
Degrees of freedom = 2
p-value = <0.001

Modell 4 – Sleep

The maximum number of level-1 units = 11556
The maximum number of level-2 units = 33
The maximum number of iterations = 100
Method of estimation: restricted maximum likelihood

The outcome variable is RELHF

Summary of the model specified
Level-1 Model
$RELHF_{ti} = \pi_{0i} + \pi_{1i}*(ZEIT_{ti}) + e_{ti}$
Level-2 Model
$\pi_{0i} = \beta_{00} + \beta_{01}*(SLEEP_i) + r_{0i}$
$\pi_{1i} = \beta_{10} + \beta_{11}*(SLEEP_i) + r_{1i}$

ZEIT has been centered around the group mean.
SLEEP has been centered around the grand mean.

Mixed Model $RELHF_{ti} = \beta_{00} + \beta_{01}*SLEEP_i + \beta_{10}*ZEIT_{ti} + \beta_{11}*SLEEP_i*ZEIT_{ti} + r_{0i} + r_{1i}*ZEIT_{ti} + e_{ti}$

Final estimation of fixed effects (with robust standard errors)

Fixed Effect	Coefficient	Standard error	t-ratio	Approx. d.f.	p-value
For INTRCPT1, π_0					
INTRCPT2, β_{00}	49.526671	1.126583	43.962	31	<0.001
SLEEP, β_{01}	-0.011403	0.014684	-0.777	31	0.443
For ZEIT slope, π_1					
INTRCPT2, β_{10}	0.011307	0.001883	6.004	31	<0.001
SLEEP, β_{11}	0.000007	0.000028	0.255	31	0.800

Statistics for current covariance components model .
Deviance = 53014.026271
Number of estimated parameters = 4

Variance-Covariance components test
χ^2 statistic = 6673.01609
Degrees of freedom = 2
p-value = <0.001

Modell 5 – Alter, Zig_Tag

The maximum number of level-1 units = 11556
The maximum number of level-2 units = 33
The maximum number of iterations = 100
Method of estimation: restricted maximum likelihood

The outcome variable is RELHF

Summary of the model specified
Level-1 Model
$RELHF_{ti} = \pi_{0i} + \pi_{1i}*(ZEIT_{ti}) + e_{ti}$
Level-2 Model
$\pi_{0i} = \beta_{00} + \beta_{01}*(AGE_i) + \beta_{02}*(ZIG\_TAG_i) + r_{0i}$
$\pi_{1i} = \beta_{10} + \beta_{11}*(AGE_i) + \beta_{12}*(ZIG\_TAG_i) + r_{1i}$

ZEIT has been centered around the group mean.
AGE ZIG_TAG have been centered around grand mean.

Mixed Model $RELHF_{ti} = \beta_{00} + \beta_{01}*AGE_i + \beta_{02}*ZIG\_TAG_i + \beta_{10}*ZEIT_{ti} + \beta_{11}*AGE*ZEIT_{ti} + \beta_{12}*ZIG\_TAG_i*ZEIT_{ti} + r_{0i} + r_{1i}*ZEIT_{ti} + e_{ti}$

Final estimation of fixed effects (with robust standard errors)

Fixed Effect	Coefficient	Standard error	t-ratio	Approx. d.f.	p-value
For INTRCPT1, π_0					
INTRCPT2, β_{00}	49.526660	0.965103	51.317	30	<0.001
AGE, β_{01}	0.197522	0.077276	2.556	30	0.016
ZIG_TAG, β_{02}	0.283871	0.113095	2.510	30	0.018
For ZEIT slope, π_1					
INTRCPT2, β_{10}	0.011306	0.001822	6.204	30	<0.001
AGE, β_{11}	0.000228	0.000198	1.153	30	0.258
ZIG_TAG, β_{12}	0.000067	0.000252	0.267	30	0.791

Statistics for current covariance components model
Deviance = 53013.447196
Number of estimated parameters = 4

Variance-Covariance components test
χ^2 statistic = 6673.59516
Degrees of freedom = 2
p-value = <0.001

Übersicht zu den Konstanten und Koeffizienten der Hierarchisch Linearen Modelle für die Regressionsgleichung der relHF für die Arbeitsplätze Ausgleich und Schwungscheibe

$relHF_{ti} = \beta_{00} + \beta_{01}{}^*AGE_i + \beta_{10}{}^*ZEIT_{ti} + \beta_{11}{}^*AGE_i{}^*ZEIT_{ti}$

Modell	Bereich	t in min	Konstanten und Koeffizienten			
			β_{00}	β_{01}	β_{10}	β_{11}
Alter	AP Ausgleich	0 < t < 240	48,015063	0,189619	0,003469	0,000463
Alter	AP Schwungscheibe	250 < t < 480	51,018588	0,257386	0,011045	-0,000302
Alter	AP Ausgleich_ Schwung	0 < t < 480	49,526626	0,232747	0,011306	0,000236

Tests zum PAQ an den Arbeitsplätzen

Tests auf Normalverteilung	jung (bis 31) vs. mittel (34-42) vs. alt (ab 46)	Kolmogorov-Smirnova			Shapiro-Wilk		
		Statistik	df	Signifikanz	Statistik	df	Signifikanz
Ø PAQ AP Schwung_Ausgleich Block 1 Tag A	jung = 21 bis 31	,138	13	,200*	,965	13	,835
	mittel = 34 bis 42	,163	7	,200*	,981	7	,966
	alt = 46 bis 60	,252	15	,011	,883	15	,052
Ø PAQ AP Schwung_Ausgleich Block 2 Tag A	jung = 21 bis 31	,138	13	,200*	,945	13	,519
	mittel = 34 bis 42	,175	7	,200*	,949	7	,719
	alt = 46 bis 60	,142	14	,200*	,960	14	,725
Ø PAQ AP Schwung_Ausgleich Block 12 Tag A	jung = 21 bis 31	,157	13	,200*	,940	13	,458
	mittel = 34 bis 42	,137	7	,200*	,983	7	,972
	alt = 46 bis 60	,204	15	,093	,915	15	,160
Ø PAQ AP Schwung_Ausgleich Block 3 Tag A	jung = 21 bis 31	,140	13	,200*	,956	13	,698
	mittel = 34 bis 42	,162	7	,200*	,946	7	,695
	alt = 46 bis 60	,174	15	,200*	,940	15	,384
Ø PAQ AP Schwung_Ausgleich Block 4 Tag A	jung = 21 bis 31	,145	13 /	,200*	,956	13	,694
	mittel = 34 bis 42	,216	7	,200*	,942	7	,658
	alt = 46 bis 60	,249	14	,018	,866	14	,037
Ø PAQ AP Schwung_Ausgleich Block 34 Tag A	jung = 21 bis 31	,155	13	,200*	,963	13	,792
	mittel = 34 bis 42	,168	7	,200*	,961	7	,826
	alt = 46 bis 60	,210	15	,075	,877	15	,043
Ø PAQ AP Schwung_Ausgleich Block 1234 Tag A	jung = 21 bis 31	,123	13	,200*	,928	13	,324
	mittel = 34 bis 42	,226	7	,200*	,921	7	,477
	alt = 46 bis 60	,117	15	,200*	,957	15	,639
Ø PAQ AP Ausgleich_Schwung Block 1 Tag B	jung = 21 bis 31	,159	13	,200*	,923	13	,278
	mittel = 34 bis 42	,245	7	,200*	,918	7	,452
	alt = 46 bis 60	,115	15	,200*	,964	15	,758
Ø PAQ AP Ausgleich_Schwung Block 2 Tag B	jung = 21 bis 31	,131	13	,200*	,934	13	,380
	mittel = 34 bis 42	,213	7	,200*	,871	7	,188
	alt = 46 bis 60	,122	15	,200*	,967	15	,804

Ø PAQ AP Ausgleich_Schwung Block 12 Tag B	jung = 21 bis 31	,157	13	,200*	,929	13	,327
	mittel = 34 bis 42	,201	7	,200*	,952	7	,746
	alt = 46 bis 60	,107	15	,200*	,969	15	,838
Ø PAQ AP Ausgleich_Schwung Block 3 Tag B	jung = 21 bis 31	,180	13	,200*	,939	13	,448
	mittel = 34 bis 42	,210	7	,200*	,943	7	,662
	alt = 46 bis 60	,134	15	,200*	,964	15	,765
Ø PAQ AP Ausgleich_Schwung Block 4 Tag B	jung = 21 bis 31	,144	13	,200*	,919	13	,243
	mittel = 34 bis 42	,129	7	,200*	,987	7	,987
	alt = 46 bis 60	,164	15	,200*	,926	15	,241
Ø PAQ AP Ausgleich_Schwung Block 34 Tag B	jung = 21 bis 31	,157	13	,200*	,944	13	,511
	mittel = 34 bis 42	,157	7	,200*	,968	7	,882
	alt = 46 bis 60	,179	15	,200*	,934	15	,315
Ø PAQ AP Ausgleich_Schwung Block 1234 Tag B	jung = 21 bis 31	,197	13	,176	,901	13	,136
	mittel = 34 bis 42	,193	7	,200*	,929	7	,546
	alt = 46 bis 60	,147	15	,200*	,942	15	,404

*. Dies ist eine untere Grenze der echten Signifikanz.

Mittelwerte des PAQ an den Arbeitsplätzen

Deskriptive Statistik	jung (bis 31) vs. mittel (34-42) vs. alt (ab 46)		Statistik	Standardfehler
Ø PAQ AP Schwung_Ausgleich Block 1 Tag A	jung = 21 bis 31	Mittelwert	4,7699655	,11064802
		Standardabweichung	,39894710	
	mittel = 34 bis 42	Mittelwert	5,9725405	,23366106
		Standardabweichung	,61820905	
	alt = 46 bis 60	Mittelwert	5,3779345	,33039382
		Standardabweichung	1,27960976	
Ø PAQ AP Schwung_Ausgleich Block 2 Tag A	jung = 21 bis 31	Mittelwert	4,8107228	,11999251
		Standardabweichung	,43263914	
	mittel = 34 bis 42	Mittelwert	5,8964116	,16745549
		Standardabweichung	,44304557	
	alt = 46 bis 60	Mittelwert	5,5227910	,27769364
		Standardabweichung	1,03903445	
Ø PAQ AP Schwung_Ausgleich Block 12 Tag A	jung = 21 bis 31	Mittelwert	4,7975364	,11112665
		Standardabweichung	,40067283	
	mittel = 34 bis 42	Mittelwert	5,9327675	,19508675
		Standardabweichung	,51615103	
	alt = 46 bis 60	Mittelwert	5,5263142	,30405851
		Standardabweichung	1,17761353	
Ø PAQ AP Schwung_Ausgleich Block 3 Tag A	jung = 21 bis 31	Mittelwert	4,6104077	,13790995
		Standardabweichung	,49724141	
	mittel = 34 bis 42	Mittelwert	5,3483358	,16848946
		Standardabweichung	,44578122	

	alt = 46 bis 60	Mittelwert	5,8272115	,31422320
		Standardabweichung	1,21698121	
Ø PAQ AP Schwung_Ausgleich Block 4 Tag A	jung = 21 bis 31	Mittelwert	4,8366830	,16039684
		Standardabweichung	,57831902	
	mittel = 34 bis 42	Mittelwert	5,8068908	,30738294
		Standardabweichung	,81325883	
	alt = 46 bis 60	Mittelwert	5,8083522	,28547091
		Standardabweichung	1,06813435	
Ø PAQ AP Schwung_Ausgleich Block 34 Tag A	jung = 21 bis 31	Mittelwert	4,7208924	,14073558
		Standardabweichung	,50742935	
	mittel = 34 bis 42	Mittelwert	5,5469428	,20530931
		Standardabweichung	,54319737	
	alt = 46 bis 60	Mittelwert	5,8065648	,28263700
		Standardabweichung	1,09464839	
Ø PAQ AP Schwung_Ausgleich Block 1234 Tag A	jung = 21 bis 31	Mittelwert	4,7560185	,11544819
		Standardabweichung	,41625436	
	mittel = 34 bis 42	Mittelwert	5,7408534	,18813351
		Standardabweichung	,49775448	
	alt = 46 bis 60	Mittelwert	5,6309167	,24568553
		Standardabweichung	,95153597	
Ø PAQ AP Ausgleich_Schwung Block 1 Tag B	jung = 21 bis 31	Mittelwert	4,8485478	,13486688
		Standardabweichung	,48626944	
	mittel = 34 bis 42	Mittelwert	5,6978735	,19687398
		Standardabweichung	,52087959	
	alt = 46 bis 60	Mittelwert	5,4119582	,28339155
		Standardabweichung	1,09757077	
Ø PAQ AP Ausgleich_Schwung Block 2 Tag B	jung = 21 bis 31	Mittelwert	4,8410115	,13876701
		Standardabweichung	,50033155	
	mittel = 34 bis 42	Mittelwert	5,6359553	,14983285
		Standardabweichung	,39642047	
	alt = 46 bis 60	Mittelwert	5,4732359	,29431794
		Standardabweichung	1,13988846	
Ø PAQ AP Ausgleich_Schwung Block 12 Tag B	jung = 21 bis 31	Mittelwert	4,8442855	,12424588
		Standardabweichung	,44797490	
	mittel = 34 bis 42	Mittelwert	5,6589689	,14381570
		Standardabweichung	,38050059	
	alt = 46 bis 60	Mittelwert	5,4458739	,28861155
		Standardabweichung	1,11778771	
Ø PAQ AP Ausgleich_Schwung Block 3 Tag B	jung = 21 bis 31	Mittelwert	4,6455531	,18032295
		Standardabweichung	,65016366	
	mittel = 34 bis 42	Mittelwert	5,7135873	,25944216
		Standardabweichung	,68641943	

	alt = 46 bis 60	Mittelwert	5,2421143	,25147999
		Standardabweichung	,97397782	
Ø PAQ AP Ausgleich_Schwung Block 4 Tag B	jung = 21 bis 31	Mittelwert	4,8870287	,20386439
		Standardabweichung	,73504351	
	mittel = 34 bis 42	Mittelwert	5,8710446	,23826169
		Standardabweichung	,63038118	
	alt = 46 bis 60	Mittelwert	5,5909625	,32971725
		Standardabweichung	1,27698943	
Ø PAQ AP Ausgleich_Schwung Block 34 Tag B	jung = 21 bis 31	Mittelwert	4,7202666	,17423684
		Standardabweichung	,62821984	
	mittel = 34 bis 42	Mittelwert	5,7781326	,24081642
		Standardabweichung	,63714036	
	alt = 46 bis 60	Mittelwert	5,3911627	,28003165
		Standardabweichung	1,08455791	
Ø PAQ AP Ausgleich_Schwung Block 1234 Tag B	jung = 21 bis 31	Mittelwert	4,7836990	,13819677
		Standardabweichung	,49827555	
	mittel = 34 bis 42	Mittelwert	5,7345247	,15725816
		Standardabweichung	,41606597	
	alt = 46 bis 60	Mittelwert	5,4489312	,26752936
		Standardabweichung	1,03613677	

ANOVA zum PAQ an den Arbeitsplätzen

Einfaktorielle ANOVA		Quadratsumme	df	Mittel der Quadrate	F	Signifikanz
Ø PAQ AP Ausgleich_Schwung Block 3 Tag B	Zwischen den Gruppen	5,615	2	2,808	4,242	,023
	Innerhalb der Gruppen	21,180	32	,662		
	Gesamt	26,796	34			
Ø PAQ AP Ausgleich_Schwung Block 4 Tag B	Zwischen den Gruppen	5,514	2	2,757	2,783	,077
	Innerhalb der Gruppen	31,698	32	,991		
	Gesamt	37,211	34			
Ø PAQ AP Ausgleich_Schwung Block 34 Tag B	Zwischen den Gruppen	5,867	2	2,933	3,971	,029
	Innerhalb der Gruppen	23,639	32	,739		
	Gesamt	29,506	34			

Mehrfachvergleiche Bonferroni

	(I) jung (bis 31) vs. mittel (34-42) vs. alt (ab 46)	(J) jung (bis 31) vs. mittel (34-42) vs. alt (ab 46)	Mittlere Differenz (I-J)	Standardfehler	Signifikanz	95%-Konfidenzintervall	
						Untergrenze	Obergrenze
Ø PAQ AP Ausgleich_Schwung Block 3 Tag B	jung = 21 bis 31	mittel = 34 bis 42	-1,06803418*	,38140539	,026	-2,0316268	-,1044416
		alt = 46 bis 60	-,59656111	,30828631	,186	-1,3754238	,1823015
	mittel = 34 bis 42	jung = 21 bis 31	1,06803418*	,38140539	,026	,1044416	2,0316268
		alt = 46 bis 60	,47147307	,37239961	,644	-,4693671	1,4123132
	alt = 46 bis 60	jung = 21 bis 31	,59656111	,30828631	,186	-,1823015	1,3754238
		mittel = 34 bis 42	-,47147307	,37239961	,644	-1,4123132	,4693671
Ø PAQ AP Ausgleich_Schwung Block 4 Tag B	jung = 21 bis 31	mittel = 34 bis 42	-,98401593	,46658670	,129	-2,1628129	,1947810
		alt = 46 bis 60	-,70393378	,37713754	,213	-1,6567440	,2488764
	mittel = 34 bis 42	jung = 21 bis 31	,98401593	,46658670	,129	-,1947810	2,1628129
		alt = 46 bis 60	,28008215	,45556961	1,000	-,8708809	1,4310452
	alt = 46 bis 60	jung = 21 bis 31	,70393378	,37713754	,213	-,2488764	1,6567440
		mittel = 34 bis 42	-,28008215	,45556961	1,000	-1,4310452	,8708809
Ø PAQ AP Ausgleich_Schwung Block 34 Tag B	jung = 21 bis 31	mittel = 34 bis 42	-1,05786596*	,40293677	,039	-2,0758560	-,0398759
		alt = 46 bis 60	-,67089607	,32568992	,143	-1,4937276	,1519355
	mittel = 34 bis 42	jung = 21 bis 31	1,05786596*	,40293677	,039	,0398759	2,0758560
		alt = 46 bis 60	,38696989	,39342259	,998	-,6069833	1,3809231
	alt = 46 bis 60	jung = 21 bis 31	,67089607	,32568992	,143	-,1519355	1,4937276
		mittel = 34 bis 42	-,38696989	,39342259	,998	-1,3809231	,6069833

*. Die Differenz der Mittelwerte ist auf dem Niveau 0.05 signifikant.

Kruskal-Wallis-Test und Paarweiser Vergleich zum PAQ an den Arbeitsplätzen

Hypothesentestübersicht

	Nullhypothese	Test	Sig.	Entscheidung
1	Die Verteilung von Durchschnittlicher PAQ AP Schwung_Ausgleich Block 1 Tag A bei ist über die Kategorien von jung (bisnabhängig 31) vs. mittel (34-42) vs. alt (ab 46) en identisch.	Kruskal-Wallis-Test bei unabhängigen Stichproben	11,000	Nullhypothese ablehnen
2	Die Verteilung von Durchschnittlicher PAQ AP Schwung_Ausgleich Block 2 Tag A bei ist über die Kategorien von jung (bisnabhängig 31) vs. mittel (34-42) vs. alt (ab 46) en identisch.	Kruskal-Wallis-Test bei unabhängigen Stichproben	4,000	Nullhypothese ablehnen
3	Die Verteilung von Durchschnittlicher PAQ AP Schwung_Ausgleich Block 12 Tag A bei A ist über die Kategorien von jung unabhängig (bis 31) vs. mittel (34-42) vs. alt (ab 46) identisch.	Kruskal-Wallis-Test bei Stichproben	6,000	Nullhypothese ablehnen
4	Die Verteilung von Durchschnittlicher PAQ AP Schwung_Ausgleich Block 3 Tag A bei ist über die Kategorien von jung (bisnabhängig 31) vs. mittel (34-42) vs. alt (ab 46) en identisch.	Kruskal-Wallis-Test bei unabhängigen Stichproben	3,000	Nullhypothese ablehnen
5	Die Verteilung von Durchschnittlicher PAQ AP Schwung_Ausgleich Block 4 Tag A bei ist über die Kategorien von jung (bisnabhängig 31) vs. mittel (34-42) vs. alt (ab 46) en identisch.	Kruskal-Wallis-Test bei unabhängigen Stichproben	16,000	Nullhypothese ablehnen
6	Die Verteilung von Durchschnittlicher PAQ AP Schwung_Ausgleich Block 34 Tag A bei ist über die Kategorien von jung unabhängig (bis 31) vs. mittel (34-42) vs. alt (ab 46) identisch.	Kruskal-Wallis-Test bei Stichproben	0,000	Nullhypothese ablehnen
7	Die Verteilung von Durchschnittlicher PAQ AP Schwung_Ausgleich Block 1234 Tag A ist über die Kategorien von jung unabhängig (bis 31) vs. mittel (34-42) vs. alt (ab 46) identisch.	Kruskal-Wallis-Test bei Stichproben	4,000	Nullhypothese ablehnen

Hypothesentestübersicht

	Nullhypothese	Test	Sig.	Entscheidung
8	Die Verteilung von Durchschnittlicher PAQ AP Ausgleich_Schwung Block 1 Tag Bbei ist über die Kategorien von jung (bisunabhängig 31) vs. mittel (34-42) vs. alt (ab 46) en identisch.	Kruskal-Wallis-Test Stichproben	53,000	Nullhypothese beibehalten
9	Die Verteilung von Durchschnittlicher PAQ AP Ausgleich_Schwung Block 2 Tag Bbei ist über die Kategorien von jung (bisunabhängig 31) vs. mittel (34-42) vs. alt (ab 46) en identisch.	Kruskal-Wallis-Test Stichproben	40,000	Nullhypothese ablehnen
10	Die Verteilung von Durchschnittlicher PAQ AP Ausgleich_Schwung Block 12 Tag bei B ist über die Kategorien von jung unabhängig (bis 31) vs. mittel (34-42) vs. alt (ab en 46) identisch.	Kruskal-Wallis-Test Stichproben	22,000	Nullhypothese ablehnen
11	Die Verteilung von Durchschnittlicher PAQ AP Ausgleich_Schwung Block 1234 bei Tag B ist über die Kategorien von unabhängig jung (bis 31) vs. mittel (34-42) vs. en alt (ab 46) identisch.	Kruskal-Wallis-Test Stichproben	8,000	Nullhypothese ablehnen

Nullhypothese	Signifikanz nach Kruskal-Wallis-Test	Angepasste Signifikanz zwischen den Gruppen (Paarweiser Vergleich)		
		jung und alt	jung und mittel	mittel und alt
1	$p = 0,011*$	$p = 0,439$	$p = 0,008*$	$p = 0,181$
2	$p = 0,004*$	$p = 0,072$	$p = 0,004*$	$p = 0,504$
3	$p = 0,006*$	$p = 0,197$	$p = 0,005*$	$p = 0,272$
4	$p = 0,003*$	$p = 0,060$	$p = 0,004*$	$p = 1,000$
5	$p = 0,016*$	$p = 0,040*$	$p = 0,052$	$p = 1,000$
6	$p = 0,003*$	$p = 0,006*$	$p = 0,034*$	$p = 1,000$
7	$p = 0,004*$	$p = 0,019*$	$p = 0,012*$	$p = 1,000$
8	$p = 0,053$	Nullhypothese beibehalten		
9	$p = 0,040*$	$p = 0,209$	$p = 0,051$	$p = 1,000$
10	$p = 0,022*$	$p = 0,249$	$p = 0,022*$	$p = 0,567$
11	$p = 0,008*$	$p = 0,115$	$p = 0,009*$	$p = 0,545$

*. Die Korrelation ist auf dem Niveau von 0,05 signifikant. **. Die Korrelation ist auf dem Niveau von 0,01 signifikant.
Jede Zeile testet die Nullhypothese, dass die Verteilungen von Stichprobe 1 und Stichprobe 2 gleich sind. Asymptotischen Signifikanzen (2-seitige Tests) werden angezeigt. Signifikanzwerte werden von der Bonferroni-Korrektur für mehrere Tests angepasst.

Korrelationen Alter und PAQ an den Arbeitsplätzen

		Alter	Ø PAQ AP Schwung_ Ausgleich Block 1 Tag A	Ø PAQ AP Schwung_ Ausgleich Block 2 Tag A	Ø PAQ AP Schwung_ Ausgleich Block 12 Tag A	Ø PAQ AP Schwung_ Ausgleich Block 3 Tag A	Ø PAQ AP Schwung_ Ausgleich Block 4 Tag A	Ø PAQ AP Schwung_ Ausgleich Block 34 Tag A	Ø PAQ AP Schwung_ Ausgleich Block 1234 Tag A
Alter	Korrelation nach Pearson	1	,269	,363*	,344*	,539**	,453**	,514**	,475**
	Signifikanz		,059	,017	,022	,000	,004	,001	,002
	N	35	35	34	35	35	34	35	35

*. Die Korrelation ist auf dem Niveau von 0,05 signifikant.
**. Die Korrelation ist auf dem Niveau von 0,01 signifikant.

		Alter	Ø PAQ AP Ausgleich_ Schwung Block 1 Tag B	Ø PAQ AP Ausgleich_ Schwung Block 2 Tag B	Ø PAQ AP Ausgleich_ Schwung Block 12 Tag B	Ø PAQ AP Ausgleich_ Schwung Block 3 Tag B	Ø PAQ AP Ausgleich_ Schwung Block 4 Tag B	Ø PAQ AP Ausgleich_ Schwung Block 34 Tag B	Ø PAQ AP Ausgleich_ Schwung Block 1234 Tag B
Alter	Korrelation nach Pearson	1	,301*	,341*	,330*	,286*	,331*	,329*	,370*
	Signifikanz		,040	,023	,026	,048	,026	,027	,014
	N	35	35	35	35	35	35	35	35

*. Die Korrelation ist auf dem Niveau von 0,05 signifikant.
**. Die Korrelation ist auf dem Niveau von 0,01 signifikant.

Partialkorrelationen Alter und PAQ an den Arbeitsplätzen

Kontrollvariablen			Alter	Ø PAQ AP Schwung_ Ausgleich Block 1 Tag A	Ø PAQ AP Schwung_ Ausgleich Block 2 Tag A	Ø PAQ AP Schwung_ Ausgleich Block 12 Tag A	Ø PAQ AP Schwung_ Ausgleich Block 3 Tag A	Ø PAQ AP Schwung_ Ausgleich Block 4 Tag A	Ø PAQ AP Schwung_ Ausgleich Block 34 Tag A	Ø PAQ AP Schwung_ Ausgleich Block 12 34 Tag A
BMI	Alter	Korrelation	1,000	,083	,195	,143	,321*	,301*	,326*	,276
		Signifikanz	.	,326	,143	,218	,036	,047	,034	,063
		Freiheitsgrade	0	30	30	30	30	30	30	30

Kontrollvariablen			Alter	Ø PAQ AP Schwung Ausgleich Block 1 Tag A	Ø PAQ AP Schwung Ausgleich Block 2 Tag A	Ø PAQ AP Schwung Ausgleich Block 12 Tag A	Ø PAQ AP Schwung Ausgleich Block 3 Tag A	Ø PAQ AP Schwung Ausgleich Block 4 Tag A	Ø PAQ AP Schwung Ausgleich Block 34 Tag A	Ø PAQ AP Schwung Ausgleich Block 12 34 Tag A
Zigaretten pro Tag	Alter	Korrelation	1,000	,223	,371*	,303*	,542**	,444**	,520**	,464**
		Signifikanz	.	,110	,018	,046	,001	,005	,001	,004
		Freiheitsgrade	0	30	30	30	30	30	30	30

Kontrollvariablen			Alter	Ø PAQ AP Schwung Ausgleich Block 1 Tag A	Ø PAQ AP Schwung Ausgleich Block 2 Tag A	Ø PAQ AP Schwung Ausgleich Block 12 Tag A	Ø PAQ AP Schwung Ausgleich Block 3 Tag A	Ø PAQ AP Schwung Ausgleich Block 4 Tag A	Ø PAQ AP Schwung Ausgleich Block 34 Tag A	Ø PAQ AP Schwung Ausgleich Block 12 34 Tag A
Schlaf- dauer min Messtag A	Alter	Korrelation	1,000	,249	,381*	,321*	,530**	,432**	,508**	,455**
		Signifikanz	.	,088	,017	,039	,001	,008	,002	,005
		Freiheitsgrade	0	29	29	29	29	29	29	29

Kontrollvariablen			Alter	Ø PAQ AP Schwung Ausgleich Block 1 Tag A	Ø PAQ AP Schwung Ausgleich Block 2 Tag A	Ø PAQ AP Schwung Ausgleich Block 12 Tag A	Ø PAQ AP Schwung Ausgleich Block 3 Tag A	Ø PAQ AP Schwung Ausgleich Block 4 Tag A	Ø PAQ AP Schwung Ausgleich Block 34 Tag A	Ø PAQ AP Schwung Ausgleich Block 12 34 Tag A
Ø Temperatur Messtag A	Alter	Korrelation	1,000	,228	,369*	,303*	,528**	,437**	,507**	,458**
		Signifikanz	.	,105	,019	,046	,001	,006	,002	,004
		Freiheitsgrade	0	30	30	30	30	30	30	30

Kontrollvariablen			Alter	Ø PAQ AP Schwung Ausgleich Block 1 Tag A	Ø PAQ AP Schwung Ausgleich Block 2 Tag A	Ø PAQ AP Schwung Ausgleich Block 12 Tag A	Ø PAQ AP Schwung Ausgleich Block 3 Tag A	Ø PAQ AP Schwung Ausgleich Block 4 Tag A	Ø PAQ AP Schwung Ausgleich Block 34 Tag A	Ø PAQ AP Schwung Ausgleich Block 12 34 Tag A
Ø Lärm am Messtag A	Alter	Korrelation	1,000	,262	,411*	,342*	,525**	,425**	,499**	,467**
		Signifikanz	.	,074	,010	,028	,001	,008	,002	,004
		Freiheitsgrade	0	30	30	30	30	30	30	30

Kontrollvariablen			Alter	Ø PAQ AP Schwung Ausgleich Block 1 Tag A	Ø PAQ AP Schwung Ausgleich Block 2 Tag A	Ø PAQ AP Schwung Ausgleich Block 12 Tag A	Ø PAQ AP Schwung Ausgleich Block 3 Tag A	Ø PAQ AP Schwung Ausgleich Block 4 Tag A	Ø PAQ AP Schwung Ausgleich Block 34 Tag A	Ø PAQ AP Schwung Ausgleich Block 12 34 Tag A
Motorstückzahl Messtag A	Alter	Korrelation	1,000	,235	,370*	,309*	,527**	,439**	,507**	,460**
		Signifikanz	.	,098	,019	,043	,001	,006	,002	,004
		Freiheitsgrade	0	30	30	30	30	30	30	30

Kontrollvariablen			Alter	Ø PAQ AP Ausgleich Schwung Block 1 Tag B	Ø PAQ AP Ausgleich Schwung Block 2 Tag B	Ø PAQ AP Ausgleich Schwung Block 12 Tag B	Ø PAQ AP Ausgleich Schwung Block 3 Tag B	Ø PAQ AP Ausgleich Schwung Block 4 Tag B	Ø PAQ AP Ausgleich Schwung Block 34 Tag B	Ø PAQ AP Ausgleich Schwung Block 12 34 Tag B
BMI	Alter	Korrelation	1,000	,129	,219	,183	,162	,263	,227	,232
		Signifikanz	.	,233	,107	,150	,181	,067	,098	,094
		Freiheitsgrade	0	32	32	32	32	32	32	32

Kontrollvariablen			Alter	Ø PAQ AP Ausgleich Schwung Block 1 Tag B	Ø PAQ AP Ausgleich Schwung Block 2 Tag B	Ø PAQ AP Ausgleich Schwung Block 12 Tag B	Ø PAQ AP Ausgleich Schwung Block 3 Tag B	Ø PAQ AP Ausgleich Schwung Block 4 Tag B	Ø PAQ AP Ausgleich Schwung Block 34 Tag B	Ø PAQ AP Ausgleich Schwung Block 12 34 Tag B
Zigaretten pro Tag	Alter	Korrelation	1,000	,282	,320*	,309*	,267	,310*	,310*	,351*
		Signifikanz	.	,053	,033	,037	,063	,037	,037	,021
		Freiheitsgrade	0	32	32	32	32	32	32	32

Kontrollvariablen			Alter	Ø PAQ AP Ausgleich Schwung Block 1 Tag B	Ø PAQ AP Ausgleich Schwung Block 2 Tag B	Ø PAQ AP Ausgleich Schwung Block 12 Tag B	Ø PAQ AP Ausgleich Schwung Block 3 Tag B	Ø PAQ AP Ausgleich Schwung Block 4 Tag B	Ø PAQ AP Ausgleich Schwung Block 34 Tag B	Ø PAQ AP Ausgleich Schwung Block 12 34 Tag B
Schlafdauer Messtag B	Alter	Korrelation	1,000	,305*	,360*	,342*	,309*	,376*	,363*	,394*
		Signifikanz	.	,045	,021	,028	,043	,017	,021	,013
		Freiheitsgrade	0	30	30	30	30	30	30	30

Kontrollvariablen			Alter	Ø PAQ AP Ausgleich Schwung Block 1 Tag B	Ø PAQ AP Ausgleich Schwung Block 2 Tag B	Ø PAQ AP Ausgleich Schwung Block 12 Tag B	Ø PAQ AP Ausgleich Schwung Block 3 Tag B	Ø PAQ AP Ausgleich Schwung Block 4 Tag B	Ø PAQ AP Ausgleich Schwung Block 34 Tag B	Ø PAQ AP Ausgleich Schwung Block 12 34 Tag B
Ø Temperatur Messtag B	Alter	Korrelation	1,000	,313*	,376*	,354*	,373*	,410**	,415**	,425**
		Signifikanz	.	,036	,014	,020	,015	,008	,007	,006
		Freiheitsgrade	0	32	32	32	32	32	32	32

Kontrollvariablen			Alter	Ø PAQ AP Ausgleich Schwung Block 1 Tag B	Ø PAQ AP Ausgleich Schwung Block 2 Tag B	Ø PAQ AP Ausgleich Schwung Block 12 Tag B	Ø PAQ AP Ausgleich Schwung Block 3 Tag B	Ø PAQ AP Ausgleich Schwung Block 4 Tag B	Ø PAQ AP Ausgleich Schwung Block 34 Tag B	Ø PAQ AP Ausgleich Schwung Block 12 34 Tag B
Ø Lärm am Messtag B	Alter	Korrelation	1,000	,337*	,424**	,392*	,415**	,423**	,446**	,463**
		Signifikanz	.	,026	,006	,011	,007	,006	,004	,003
		Freiheitsgrade	0	32	32	32	32	32	32	32

Kontrollvariablen			Alter	Ø PAQ AP Ausgleich Schwung Block 1 Tag B	Ø PAQ AP Ausgleich Schwung Block 2 Tag B	Ø PAQ AP Ausgleich Schwung Block 12 Tag B	Ø PAQ AP Ausgleich Schwung Block 3 Tag B	Ø PAQ AP Ausgleich Schwung Block 4 Tag B	Ø PAQ AP Ausgleich Schwung Block 34 Tag B	Ø PAQ AP Ausgleich Schwung Block 12 34 Tag B
Motorstückzahl Messtag B	Alter	Korrelation	1,000	,293*	,344*	,327*	,271	,322*	,312*	,359*
		Signifikanz	.	,046	,023	,029	,061	,032	,036	,018
		Freiheitsgrade	0	32	32	32	32	32	32	32

Test auf Normalverteilung PAQ am AP Tag A

	Kolmogorov-Smirnova		
	Statistik	df	Signifikanz
PAQ AP Schwung_Ausgleich	,075	12446	,000

		Kolmogorov-Smirnova			Shapiro-Wilk		
	Probandenschlüssel	Statistik	df	Signifikanz	Statistik	df	Signifikanz
PAQ AP	B03M3	,106	335	,000	,925	335	,000
Schwung_Ausgleich	B05A3	,145	383	,000	,906	383	,000
	B08S1	,085	377	,000	,960	377	,000
	E05G6	,089	319	,000	,970	319	,000
	F05C7	,094	408	,000	,935	408	,000
	F05M1	,067	362	,001	,972	362	,000
	F07A2	,066	411	,000	,927	411	,000
	F07S1	,065	362	,001	,979	362	,000
	F11C3	,064	385	,001	,983	385	,000
	G04I1	,075	371	,000	,969	371	,000
	G05R1	,061	389	,001	,981	389	,000
	G09K4	,076	352	,000	,969	352	,000
	G11A2	,067	365	,000	,982	365	,000
	H06B5	,067	290	,003	,970	290	,000
	H11A2	,080	358	,000	,957	358	,000
	H12S1	,081	382	,000	,965	382	,000
	I11R1	,128	400	,000	,898	400	,000
	K07N5	,088	301	,000	,971	301	,000
	K12R3	,079	381	,000	,966	381	,000
	M01F6	,042	353	,200*	,985	353	,001
	M01L1	,033	340	,200*	,992	340	,080
	M04H4	,049	367	,037	,967	367	,000
	M09I1	,072	291	,001	,975	291	,000
	N02H1	,071	402	,000	,977	402	,000
	N15A2	,059	341	,007	,982	341	,000
	O05E2	,075	331	,000	,961	331	,000
	O11R3	,041	337	,200*	,987	337	,005
	P09R1	,039	401	,154	,994	401	,104
	R10G1	,095	339	,000	,953	339	,000
	S05U1	,036	285	,200*	,989	285	,029
	S11H1	,083	362	,000	,951	362	,000
	T04A2	,089	385	,000	,951	385	,000
	W01R6	,049	310	,074	,976	310	,000
	W06G8	,056	375	,006	,981	375	,000
	W07E5	,115	296	,000	,923	296	,000

ANOVA mit Messwiederholung zum PAQ für ausgewählte Zeitblöcke

Block 1 zu Block 2 Tag A (Gruppe mittel)

Tests der Innersubjekteffekte Maß: MEASURE_1		Quadrat-summe vom Typ III	df	Mittel der Quadrate	F	Sig.	Partielles Eta-Quadrat
PAQ_AP_B1_B2_A	Sphärizität angenommen	,020	1	,020	,546	,488	,083
	Greenhouse-Geisser	,020	1,000	,020	,546	,488	,083
	Huynh-Feldt	,020	1,000	,020	,546	,488	,083
	Untergrenze	,020	1,000	,020	,546	,488	,083

Block 3 zu Block 4 Tag A (Gruppe alt)

Tests der Innersubjekteffekte Maß: MEASURE_1		Quadrat-summe vom Typ III	df	Mittel der Quadrate	F	Sig.	Partielles Eta-Quadrat
PAQ_AP_B3_B4_A	Sphärizität angenommen	,018	1	,018	,098	,759	,007
	Greenhouse-Geisser	,018	1,000	,018	,098	,759	,007
	Huynh-Feldt	,018	1,000	,018	,098	,759	,007
	Untergrenze	,018	1,000	,018	,098	,759	,007

Block 1 zu Block 2 Tag B (Gruppe jung)

Tests der Innersubjekteffekte Maß: MEASURE_1		Quadrat-summe vom Typ III	df	Mittel der Quadrate	F	Sig.	Partielles Eta-Quadrat
PAQ_AP_B1_B2_B	Sphärizität angenommen	,000	1	,000	,005	,944	,000
	Greenhouse-Geisser	,000	1,000	,000	,005	,944	,000
	Huynh-Feldt	,000	1,000	,000	,005	,944	,000
	Untergrenze	,000	1,000	,000	,005	,944	,000

Block 2 zu Block 2 Tag B (Gruppe mittel)

Tests der Innersubjekteffekte Maß: MEASURE_1		Quadrat-summe vom Typ III	df	Mittel der Quadrate	F	Sig.	Partielles Eta-Quadrat
PAQ_AP_B1_B2_B	Sphärizität angenommen	,013	1	,013	,103	,759	,017
	Greenhouse-Geisser	,013	1,000	,013	,103	,759	,017
	Huynh-Feldt	,013	1,000	,013	,103	,759	,017
	Untergrenze	,013	1,000	,013	,103	,759	,017

Hierarchisch Lineare Modelle PAQ am AP Block 12 Tag A (= Schwungscheibe)

Nullmodell

Final estimation of variance components

Random Effect	Standard Deviation	Variance Component	d.f.	χ^2	p-value
INTRCPT1, r_0	0.94531	0.89362	33	5379.34708	<0.001
level-1, e	0.95615	0.91422			

Statistics for current covariance components model
Deviance = 16993.480215
Number of estimated parameters = 2

Random Coefficients

Final estimation of variance components

Random Effect	Standard Deviation	Variance Component	d.f.	χ^2	p-value
INTRCPT1, r_0	0.94538	0.89375	33	5549.34890	<0.001
ZEIT slope, r_1	0.00244	0.00001	33	214.82914	<0.001
level-1, e	0.94139	0.88622			

Modell 1 – Alter

The maximum number of level-1 units = 6120
The maximum number of level-2 units = 34
The maximum number of iterations = 100
Method of estimation: restricted maximum likelihood

The outcome variable is PAQ

Summary of the model specified
Level-1 Model
$PAQ_{ti} = \pi_{0i} + \pi_{1i}*(ZEIT_{ti}) + e_{ti}$
Level-2 Model
$\pi_{0i} = \beta_{00} + \beta_{01}*(AGE_i) + r_{0i}$
$\pi_{1i} = \beta_{10} + \beta_{11}*(AGE_i) + r_{1i}$

ZEIT has been centered around the group mean.
AGE has been centered around the grand mean.

Mixed Model $PAQ_{ti} = \beta_{00} + \beta_{01}*AGE_i + \beta_{10}*ZEIT_{ti} + \beta_{11}*AGE_i*ZEIT_{ti} + r_{0i} + r_{1i}*ZEIT_{ti} + e_{ti}$

Final estimation of fixed effects (with robust standard errors)

Fixed Effect	Coefficient	Standard error	t-ratio	Approx. d.f.	p-value
For INTRCPT1, π_0					
INTRCPT2, β_{00}	5.331385	0.150248	35.484	32	<0.001
AGE, β_{01}	0.027689	0.012490	2.217	32	0.034
For ZEIT slope, π_1					
INTRCPT2, β_{10}	0.000497	0.000431	1.154	32	0.257
AGE, β_{11}	0.000061	0.000032	1.917	32	0.064

Statistics for current covariance components model
Deviance = 16894.526361
Number of estimated parameters = 4

Variance-Covariance components test
χ^2 statistic = 98.95385
Degrees of freedom = 2
p-value = <0.001

Modell 2 – Zigaretten pro Tag

The maximum number of level-1 units = 6120
The maximum number of level-2 units = 34
The maximum number of iterations = 100
Method of estimation: restricted maximum likelihood

The outcome variable is PAQ

Summary of the model specified
Level-1 Model
$PAQ_{ti} = \pi_{0i} + \pi_{1i}*(ZEIT_{ti}) + e_{ti}$
Level-2 Model
$\pi_{0i} = \beta_{00} + \beta_{01}*(ZIG\_TAG_i) + r_{0i}$
$\pi_{1i} = \beta_{10} + \beta_{11}*(ZIG\_TAG_i) + r_{1i}$

ZEIT has been centered around the group mean.
ZIG_TAG has been centered around the grand mean.

Mixed Model $PAQ_{ti} = \beta_{00} + \beta_{01}*ZIG\_TAG_i + \beta_{10}*ZEIT_{ti} + \beta_{11}*ZIG\_TAG_i*ZEIT_{ti} + r_{0i} + r_{1i}*ZEIT_{ti} + e_{ti}$

Final estimation of fixed effects (with robust standard errors)

Fixed Effect	Coefficient	Standard error	t-ratio	Approx. d.f.	p-value
For INTRCPT1, π_0					
INTRCPT2, β_{00}	5.331396	0.159720	33.380	32	<0.001
ZIG_TAG, β_{01}	0.010001	0.021290	0.470	32	0.642
For ZEIT slope, π_1					
INTRCPT2, β_{10}	0.000483	0.000445	1.086	32	0.286
ZIG_TAG, β_{11}	-0.000043	0.000056	-0.759	32	0.453

Statistics for current covariance components model
Deviance = 16902.460063
Number of estimated parameters = 4

Variance-Covariance components test
χ^2 statistic = 91.02015
Degrees of freedom = 2
p-value = <0.001

Modell 3 – BMI

The maximum number of level-1 units = 6120
The maximum number of level-2 units = 34
The maximum number of iterations = 100
Method of estimation: restricted maximum likelihood

The outcome variable is PAQ

Summary of the model specified
Level-1 Model
$PAQ_{ti} = \pi_{0i} + \pi_{1i}*(ZEIT_{ti}) + e_{ti}$
Level-2 Model
$\pi_{0i} = \beta_{00} + \beta_{01}*(BMI_i) + r_{0i}$
$\pi_{1i} = \beta_{10} + \beta_{11}*(BMI_i) + r_{1i}$

ZEIT has been centered around the group mean.
BMI has been centered around the grand mean.

Mixed Model $PAQ_{ti} = \beta_{00} + \beta_{01}*BMI_i + \beta_{10}*ZEIT_{ti} + \beta_{11}*BMI_i*ZEIT_{ti} + r_{0i} + r_{1i}*ZEIT_{ti} + e_{ti}$

Final estimation of fixed effects (with robust standard errors)

Fixed Effect	Coefficient	Standard error	t-ratio	Approx. d.f.	p-value
For INTRCPT1, π_0					
INTRCPT2, β_{00}	5.331364	0.148407	35.924	32	<0.001
BMI, β_{01}	0.080522	0.045516	1.769	32	0.086
For ZEIT slope, π_1					
INTRCPT2, β_{10}	0.000488	0.000446	1.095	32	0.282
BMI, β_{11}	0.000086	0.000093	0.924	32	0.362

Statistics for current covariance components model
Deviance = 16893.238091
Number of estimated parameters = 4

Variance-Covariance components test
χ^2 statistic = 100.24212
Degrees of freedom = 2
p-value = <0.001

Modell 4 – Sleep

The maximum number of level-1 units = 6120
The maximum number of level-2 units = 34
The maximum number of iterations = 100
Method of estimation: restricted maximum likelihood

The outcome variable is PAQ

Summary of the model specified
Level-1 Model
$PAQ_{ti} = \pi_{0i} + \pi_{1i}*(ZEIT_{ti}) + e_{ti}$
Level-2 Model
$\pi_{0i} = \beta_{00} + \beta_{01}*(SLEEP_i) + r_{0i}$
$\pi_{1i} = \beta_{10} + \beta_{11}*(SLEEP_i) + r_{1i}$

ZEIT has been centered around the group mean.
SLEEP has been centered around the grand mean.

Mixed Model $PAQ_{ti} = \beta_{00} + \beta_{01}*SLEEP_i + \beta_{10}*ZEIT_{ti} + \beta_{11}*SLEEP_i*ZEIT_{ti} + r_{0i} + r_{1i}*ZEIT_{ti} + e_{ti}$

Final estimation of fixed effects (with robust standard errors)

Fixed Effect	Coefficient	Standard error	t-ratio	Approx. d.f.	p-value
For INTRCPT1, π_0					
INTRCPT2, β_{00}	5.331414	0.158041	33.734	32	<0.001
SLEEP, β_{01}	0.002868	0.002684	1.069	32	0.293
For ZEIT slope, π_1					
INTRCPT2, β_{10}	0.000486	0.000451	1.077	32	0.289
SLEEP, β_{11}	-0.000005	0.000006	-0.955	32	0.347

Statistics for current covariance components model
Deviance = 16909.986724
Number of estimated parameters = 4

Variance-Covariance components test
χ^2 statistic = 83.49349
Degrees of freedom = 2
p-value = <0.001

Modell 5 – Alter, Zig_Tag

The maximum number of level-1 units = 6120
The maximum number of level-2 units = 34
The maximum number of iterations = 100
Method of estimation: restricted maximum likelihood

The outcome variable is PAQ

Summary of the model specified
Level-1 Model
$PAQ_{ti} = \pi_{0i} + \pi_{1i}*(ZEIT_{ti}) + e_{ti}$
Level-2 Model
$\pi_{0i} = \beta_{00} + \beta_{01}*(AGE_i) + \beta_{02}*(ZIG\_TAG_i) + r_{0i}$
$\pi_{1i} = \beta_{10} + \beta_{11}*(AGE_i) + \beta_{12}*(ZIG\_TAG_i) + r_{1i}$

ZEIT has been centered around the group mean.
AGE ZIG_TAG have been centered around the grand mean.

Mixed Model $PAQ_{ti} = \beta_{00} + \beta_{01}*AGE_i + \beta_{02}*ZIG\_TAG_i + \beta_{10}*ZEIT_{ti} + \beta_{11}*AGE_i*ZEIT_{ti} + \beta_{12}*ZIG\_TAG_i*ZEIT_{ti} + r_{0i} + r_{1i}*ZEIT_{ti} + e_{ti}$

Final estimation of fixed effects (with robust standard errors)

Fixed Effect	Coefficient	Standard error	t-ratio	Approx. d.f.	p-value
For INTRCPT1, π_0					
INTRCPT2, β_{00}	5.331393	0.150236	35.487	31	<0.001
AGE, β_{01}	0.027470	0.012920	2.126	31	0.042
ZIG_TAG, β_{02}	0.002020	0.022857	0.088	31	0.930
For ZEIT slope, π_1					
INTRCPT2, β_{10}	0.000486	0.000422	1.152	31	0.258
AGE, β_{11}	0.000067	0.000033	2.046	31	0.049
ZIG_TAG, β_{12}	-0.000061	0.000053	-1.170	31	0.251

Statistics for current covariance components model
Deviance = 16916.937622
Number of estimated parameters = 4

Variance-Covariance components test
χ^2 statistic = 76.54259
Degrees of freedom = 2
p-value = <0.001

Modell 6 – Alter, BMI

The maximum number of level-1 units = 6120
The maximum number of level-2 units = 34
The maximum number of iterations = 100
Method of estimation: restricted maximum likelihood

The outcome variable is PAQ

Summary of the model specified
Level-1 Model
$PAQ_{ti} = \pi_{0i} + \pi_{1i}*(ZEIT_{ti}) + e_{ti}$
Level-2 Model
$\pi_{0i} = \beta_{00} + \beta_{01}*(AGE_i) + \beta_{02}*(BMI_i) + r_{0i}$
$\pi_{1i} = \beta_{10} + \beta_{11}*(AGE_i) + \beta_{12}*(BMI_i) + r_{1i}$

ZEIT has been centered around the group mean.
AGE BMI have been centered around the grand mean.

Mixed Model $PAQ_{ti} = \beta_{00} + \beta_{01}*AGE_i + \beta_{02}*BMI_i + \beta_{10}*ZEIT_{ti} + \beta_{11}*AGE_i*ZEIT_{ti} + \beta_{12}*BMI_i*ZEIT_{ti} + r_{0i} + r_{1i}*ZEIT_{ti} + e_{ti}$

Final estimation of fixed effects (with robust standard errors)

Fixed Effect	Coefficient	Standard error	t-ratio	Approx. d.f.	p-value
For INTRCPT1, π_0					
INTRCPT2, β_{00}	5.331382	0.145994	36.518	31	<0.001
AGE, β_{01}	0.015965	0.012200	1.309	31	0.200
BMI, β_{02}	0.056871	0.050326	1.130	31	0.267
For ZEIT slope, π_1					
INTRCPT2, β_{10}	0.000496	0.000431	1.150	31	0.259
AGE, β_{11}	0.000062	0.000034	1.808	31	0.080
BMI, β_{12}	-0.000004	0.000102	-0.039	31	0.969

Statistics for current covariance components model
Deviance = 16913.228324
Number of estimated parameters = 4

Variance-Covariance components test
χ^2 statistic = 819.23121
Degrees of freedom = 2
p-value = <0.001

Hierarchisch Lineare Modelle PAQ am AP Block 34 Tag A (= Ausgleich)

Nullmodell
Final estimation of variance components

Random Effect	Standard Deviation	Variance Component	d.f.	χ^2	p-value
INTRCPT1, r0	0.95352	0.90920	33	5621.03449	<0.001
level-1, e	0.98470	0.96964			

Statistics for current covariance components model
Deviance = 16861.759151
Number of estimated parameters = 2

Random Coefficients
Final estimation of variance components

Random Effect	Standard Deviation	Variance Component	d.f.	χ^2	p-value
INTRCPT1, r0	0.95370	0.90955	33	6042.43322	<0.001
ZEIT slope, r1	0.00368	0.00001	33	464.18287	<0.001
level-1, e	0.94975	0.90202			

Modell 1 – Alter

The maximum number of level-1 units = 5945
The maximum number of level-2 units = 34
The maximum number of iterations = 100
Method of estimation: restricted maximum likelihood

The outcome variable is PAQ

Summary of the model specified
Level-1 Model
$PAQ_{ti} = \pi_{0i} + \pi_{1i}*(ZEIT_{ti}) + e_{ti}$
Level-2 Model
$\pi_{0i} = \beta_{00} + \beta_{01}*(AGE_i) + r_{0i}$
$\pi_{1i} = \beta_{10} + \beta_{11}*(AGE_i) + r_{1i}$

ZEIT has been centered around the group mean.
AGE has been centered around the grand mean.

Mixed Model $PAQ_{ti} = \beta_{00} + \beta_{01}*AGE_i + \beta_{10}*ZEIT_{ti} + \beta_{11}*AGE_i*ZEIT_{ti} + r_{0i} + r_{1i}*ZEIT_{ti} + e_{ti}$

Final estimation of fixed effects (with robust standard errors)

Fixed Effect	Coefficient	Standard error	t-ratio	Approx. d.f.	p-value
For INTRCPT1, π_0					
INTRCPT2, β_{00}	5.352397	0.138512	38.642	32	<0.001
AGE, β_{01}	0.041437	0.011766	3.522	32	0.001
For ZEIT slope, π_1					
INTRCPT2, β_{10}	0.000537	0.000637	0.844	32	0.405
AGE, β_{11}	-0.000084	0.000053	-1.579	32	0.124

Statistics for current covariance components model
Deviance = 16545.584236
Number of estimated parameters = 4

Variance-Covariance components test
χ^2 statistic = 316.17492
Degrees of freedom = 2
p-value = <0.001

Modell 2 – Zigaretten pro Tag
The maximum number of level-1 units = 5945
The maximum number of level-2 units = 34
The maximum number of iterations = 100
Method of estimation: restricted maximum likelihood

The outcome variable is PAQ

Summary of the model specified
Level-1 Model
$PAQ_{ti} = \pi_{0i} + \pi_{1i}*(ZEIT_{ti}) + e_{ti}$
Level-2 Model
$\pi_{0i} = \beta_{00} + \beta_{01}*(ZIG\_TAG_i) + r_{0i}$
$\pi_{1i} = \beta_{10} + \beta_{11}*(ZIG\_TAG_i) + r_{1i}$

ZEIT has been centered around the group mean.
ZIG_TAG has been centered around the grand mean.

Mixed Model $PAQ_{ti} = \beta_{00} + \beta_{01}*ZIG\_TAG_i + \beta_{10}*ZEIT_{ti} + \beta_{11}*ZIG\_TAG_i*ZEIT_{ti} + r_{0i} + r_{1i}*ZEIT_{ti} + e_{ti}$

Final estimation of fixed effects (with robust standard errors)

Fixed Effect	Coefficient	Standard error	t-ratio	Approx. d.f.	p-value
For INTRCPT1, π_0					
INTRCPT2, β_{00}	5.352457	0.161604	33.121	32	<0.001
ZIG_TAG, β_{01}	-0.000775	0.017817	-0.044	32	0.966
For ZEIT slope, π_1					
INTRCPT2, β_{10}	0.000546	0.000648	0.843	32	0.406
ZIG_TAG, β_{11}	0.000043	0.000113	0.378	32	0.708

Statistics for current covariance components model
Deviance = 16555.190762
Number of estimated parameters = 4

Variance-Covariance components test
χ^2 statistic = 306.56839
Degrees of freedom = 2
p-value = <0.001

Modell 3 – BMI

The maximum number of level-1 units = 5945
The maximum number of level-2 units = 34
The maximum number of iterations = 100
Method of estimation: restricted maximum likelihood

The outcome variable is PAQ

Summary of the model specified
Level-1 Model
$PAQ_{ti} = \pi_{0i} + \pi_{1i}*(ZEIT_{ti}) + e_{ti}$
Level-2 Model
$\pi_{0i} = \beta_{00} + \beta_{01}*(BMI_i) + r_{0i}$
$\pi_{1i} = \beta_{10} + \beta_{11}*(BMI_i) + r_{1i}$

ZEIT has been centered around the group mean.
BMI has been centered around the grand mean.

Mixed Model $PAQ_{ti} = \beta_{00} + \beta_{01}*BMI_i + \beta_{10}*ZEIT_{ti} + \beta_{11}*BMI_i*ZEIT_{ti} + r_{0i} + r_{1i}*ZEIT_{ti} + e_{ti}$

Final estimation of fixed effects (with robust standard errors)

Fixed Effect	Coefficient	Standard error	t-ratio	Approx. d.f.	p-value
For INTRCPT1, π_0					
INTRCPT2, β_{00}	5.352303	0.139434	38.386	32	<0.001
BMI, β_{01}	0.108999	0.035781	3.046	32	0.005
For ZEIT slope, π_1					
INTRCPT2, β_{10}	0.000569	0.000604	0.942	32	0.353
BMI, β_{11}	-0.000304	0.000129	-2.349	32	0.025

Statistics for current covariance components model
Deviance = 16539.771329
Number of estimated parameters = 4

Variance-Covariance components test
χ^2 statistic = 321.98782
Degrees of freedom = 2
p-value = <0.001

Modell 4 – Sleep

The maximum number of level-1 units = 5945
The maximum number of level-2 units = 34
The maximum number of iterations = 100
Method of estimation: restricted maximum likelihood

The outcome variable is PAQ

Summary of the model specified
Level-1 Model
$PAQ_{ti} = \pi_{0i} + \pi_{1i}*(ZEIT_{ti}) + e_{ti}$
Level-2 Model
$\pi_{0i} = \beta_{00} + \beta_{01}*(SLEEP_i) + r_{0i}$
$\pi_{1i} = \beta_{10} + \beta_{11}*(SLEEP_i) + r_{1i}$

ZEIT has been centered around the group mean.
SLEEP has been centered around the grand mean.

Mixed Model $PAQ_{ti} = \beta_{00} + \beta_{01}*SLEEP_i + \beta_{10}*ZEIT_{ti} + \beta_{11}*SLEEP_i*ZEIT_{ti} + r_{0i} + r_{1i}*ZEIT_{ti} + e_{ti}$

Final estimation of fixed effects (with robust standard errors)

Fixed Effect	Coefficient	Standard error	t-ratio	Approx. d.f.	p-value
For INTRCPT1, π_0					
INTRCPT2, β_{00}	5.352414	0.155818	34.350	32	<0.001
SLEEP, β_{01}	-0.004685	0.003467	-1.351	32	0.186
For ZEIT slope, π_1					
INTRCPT2, β_{10}	0.000543	0.000647	0.839	32	0.408
SLEEP, β_{11}	-0.000009	0.000010	-0.856	32	0.398

Statistics for current covariance components model
Deviance = 16560.330639
Number of estimated parameters = 4

Variance-Covariance components test
χ^2 statistic = 301.42851
Degrees of freedom = 2
p-value = <0.001

Modell 5 – Alter, Zig_Tag
The maximum number of level-1 units = 5945
The maximum number of level-2 units = 34
The maximum number of iterations = 100
Method of estimation: restricted maximum likelihood

The outcome variable is PAQ

Summary of the model specified
Level-1 Model
$PAQ_{ti} = \pi_{0i} + \pi_{1i}*(ZEIT_{ti}) + e_{ti}$
Level-2 Model
$\pi_{0i} = \beta_{00} + \beta_{01}*(AGE_i) + \beta_{02}*(ZIG\_TAG_i) + r_{0i}$
$\pi_{1i} = \beta_{10} + \beta_{11}*(AGE_i) + \beta_{12}*(ZIG\_TAG_i) + r_{1i}$

ZEIT has been centered around the group mean.
AGE ZIG_TAG have been centered around the grand mean.

Mixed Model $PAQ_{ti} = \beta_{00} + \beta_{01}*AGE_i + \beta_{02}*ZIG\_TAG_i + \beta_{10}*ZEIT_{ti} + \beta_{11}*AGE*ZEIT_{ti} + \beta_{12}*ZIG\_TAG_i*ZEIT_{ti} + r_{0i} + r_{1i}*ZEIT_{ti} + e_{ti}$

Final estimation of fixed effects (with robust standard errors)

Fixed Effect	Coefficient	Standard error	t-ratio	Approx. d.f.	p-value
For INTRCPT1, π_0					
INTRCPT2, β_{00}	5.352378	0.137580	38.904	31	<0.001
AGE, β_{01}	0.042881	0.012056	3.557	31	0.001
ZIG_TAG, β_{02}	-0.013255	0.018429	-0.719	31	0.477
For ZEIT slope, π_1					
INTRCPT2, β_{10}	0.000530	0.000632	0.839	31	0.408
AGE, β_{11}	-0.000093	0.000054	-1.710	31	0.097
ZIG_TAG, β_{12}	0.000072	0.000113	0.639	31	0.528

Statistics for current covariance components model
Deviance = 16567.193787
Number of estimated parameters = 4

Variance-Covariance components test
χ^2 statistic = 294.56536
Degrees of freedom = 2
p-value = <0.001

Modell 6 – Alter, BMI

The maximum number of level-1 units = 5945

The maximum number of level-2 units = 34

The maximum number of iterations = 100

Method of estimation: restricted maximum likelihood

The outcome variable is PAQ

Summary of the model specified

Level-1 Model

$PAQ_{ti} = \pi_{0i} + \pi_{1i}*(ZEIT_{ti}) + e_{ti}$

Level-2 Model

$\pi_{0i} = \beta_{00} + \beta_{01}*(AGE_i) + \beta_{02}*(BMI_i) + r_{0i}$

$\pi_{1i} = \beta_{10} + \beta_{11}*(AGE_i) + \beta_{12}*(BMI_i) + r_{1i}$

ZEIT has been centered around the group mean.

AGE BMI have been centered around the grand mean.

Mixed Model $PAQ_{ti} = \beta_{00} + \beta_{01}*AGE_i + \beta_{02}*BMI_i + \beta_{10}*ZEIT_{ti} + \beta_{11}*AGE_i*ZEIT_{ti} + \beta_{12}*BMI_i*ZEIT_{ti} + r_{0i} + r_{1i}*ZEIT_{ti} + e_{ti}$

Final estimation of fixed effects (with robust standard errors)

Fixed Effect	Coefficient	Standard error	t-ratio	Approx. d.f.	p-value
For INTRCPT1, π_0					
INTRCPT2, β_{00}	5.352296	0.131737	40.628	31	<0.001
AGE, β_{01}	0.027294	0.011617	2.349	31	0.025
BMI, β_{02}	0.068556	0.039423	1.739	31	0.092
For ZEIT slope, π_1					
INTRCPT2, β_{10}	0.000558	0.000613	0.910	31	0.370
AGE, β_{11}	-0.000027	0.000069	-0.399	31	0.693
BMI, β_{12}	-0.000263	0.000179	-1.468	31	0.152

Statistics for current covariance components model

Deviance = 16559.890100

Number of estimated parameters = 4

Variance-Covariance components test

χ^2 statistic = 620.21010

Degrees of freedom = 2

p-value = <0.001

Hierarchisch Lineare Modelle PAQ am AP Block 1234 Tag A (= Schwungscheibe_Ausgleich)

Nullmodell

Final estimation of variance components

Random Effect	Standard Deviation	Variance Component	d.f.	χ^2	p-value
INTRCPT1, r_0	0.83398	0.69552	33	7372.82888	<0.001
level-1, e	1.05693	1.11711			

Statistics for current covariance components model

Deviance = 35759.669170

Number of estimated parameters = 2

Random Coefficients

Final estimation of variance components

Random Effect	Standard Deviation	Variance Component	d.f.	χ^2	p-value
INTRCPT1, r_0	0.83423	0.69595	33	8532.32364	<0.001
ZEIT slope, r_1	0.00273	0.00001	33	1905.20110	<0.001
level-1, e	0.98250	0.96530			

Modell 1 – Alter

The maximum number of level-1 units = 12065
The maximum number of level-2 units = 34
The maximum number of iterations = 100
Method of estimation: restricted maximum likelihood

The outcome variable is PAQ

Summary of the model specified
Level-1 Model
$PAQ_{ti} = \pi_{0i} + \pi_{1i}*(ZEIT_{ti}) + e_{ti}$
Level-2 Model
$\pi_{0i} = \beta_{00} + \beta_{01}*(AGE_i) + r_{0i}$
$\pi_{1i} = \beta_{10} + \beta_{11}*(AGE_i) + r_{1i}$

ZEIT has been centered around the group mean.
AGE has been centered around the grand mean.

Mixed Model $PAQ_{ti} = \beta_{00} + \beta_{01}*AGE_i + \beta_{10}*ZEIT_{ti} + \beta_{11}*AGE_i*ZEIT_{ti} + r_{0i} + r_{1i}*ZEIT_{ti} + e_{ti}$

Final estimation of fixed effects (with robust standard errors)

Fixed Effect	Coefficient	Standard error	t-ratio	Approx. d.f.	p-value
For INTRCPT1, π_0					
INTRCPT2, β_{00}	5.325368	0.124051	42.929	32	<0.001
AGE, β_{01}	0.033606	0.009991	3.364	32	0.002
For ZEIT slope, π_1					
INTRCPT2, β_{10}	0.000227	0.000456	0.497	32	0.622
AGE, β_{11}	0.000045	0.000043	1.031	32	0.310

Statistics for current covariance components model
Deviance = 34164.201228
Number of estimated parameters = 4

Variance-Covariance components test
χ^2 statistic = 1595.46794
Degrees of freedom = 2
p-value = <0.001

Modell 2 – Zigaretten pro Tag

The maximum number of level-1 units = 12065
The maximum number of level-2 units = 34
The maximum number of iterations = 100
Method of estimation: restricted maximum likelihood

The outcome variable is PAQ

Summary of the model specified
Level-1 Model
$PAQ_{ti} = \pi_{0i} + \pi_{1i}*(ZEIT_{ti}) + e_{ti}$
Level-2 Model
$\pi_{0i} = \beta_{00} + \beta_{01}*(ZIG\_TAG_i) + r_{0i}$
$\pi_{1i} = \beta_{10} + \beta_{11}*(ZIG\_TAG_i) + r_{1i}$

ZEIT has been centered around the group mean.
ZIG_TAG has been centered around the grand mean.

Mixed Model $PAQ_{ti} = \beta_{00} + \beta_{01}*ZIG\_TAG_i + \beta_{10}*ZEIT_{ti} + \beta_{11}*ZIG\_TAG_i*ZEIT_{ti} + r_{0i} + r_{1i}*ZEIT_{ti} + e_{ti}$

Final estimation of fixed effects (with robust standard errors)

Fixed Effect	Coefficient	Standard error	t-ratio	Approx. d.f.	p-value
For INTRCPT1, π_0					
INTRCPT2, β_{00}	5.325376	0.141146	37.730	32	<0.001
ZIG_TAG, β_{01}	0.003957	0.017153	0.231	32	0.819
For ZEIT slope, π_1					
INTRCPT2, β_{10}	0.000226	0.000463	0.489	32	0.628
ZIG_TAG, β_{11}	-0.000031	0.000057	-0.546	32	0.589

Statistics for current covariance components model
Deviance = 34172.017289
Number of estimated parameters = 4

Variance-Covariance components test
χ^2 statistic = 1587.65188
Degrees of freedom = 2
p-value = <0.001

Modell 3 – BMI
The maximum number of level-1 units = 12065
The maximum number of level-2 units = 34
The maximum number of iterations = 100
Method of estimation: restricted maximum likelihood

The outcome variable is PAQ

Summary of the model specified
Level-1 Model
$PAQ_{ti} = \pi_{0i} + \pi_{1i}*(ZEIT_{ti}) + e_{ti}$
Level-2 Model
$\pi_{0i} = \beta_{00} + \beta_{01}*(BMI_i) + r_{0i}$
$\pi_{1i} = \beta_{10} + \beta_{11}*(BMI_i) + r_{1i}$

ZEIT has been centered around the group mean.
BMI has been centered around the grand mean.

Mixed Model $PAQ_{ti} = \beta_{00} + \beta_{01}*BMI_i + \beta_{10}*ZEIT_{ti} + \beta_{11}*BMI_i*ZEIT_{ti} + r_{0i} + r_{1i}*ZEIT_{ti} + e_{ti}$

Final estimation of fixed effects (with robust standard errors)

Fixed Effect	Coefficient	Standard error	t-ratio	Approx. d.f.	p-value
For INTRCPT1, π_0					
INTRCPT2, β_{00}	5.325356	0.124028	42.937	32	<0.001
BMI, β_{01}	0.090135	0.030630	2.943	32	0.006
For ZEIT slope, π_1					
INTRCPT2, β_{10}	0.000226	0.000463	0.489	32	0.628
BMI, β_{11}	0.000056	0.000176	0.319	32	0.752

Statistics for current covariance components model
Deviance = 34161.570753
Number of estimated parameters = 4

Variance-Covariance components test
χ^2 statistic = 1598.09842
Degrees of freedom = 2
p-value = <0.001

Modell 4 – Sleep

The maximum number of level-1 units = 12065
The maximum number of level-2 units = 34
The maximum number of iterations = 100
Method of estimation: restricted maximum likelihood

The outcome variable is PAQ

Summary of the model specified
Level-1 Model
$PAQ_{ti} = \pi_{0i} + \pi_{1i}*(ZEIT_{ti}) + e_{ti}$
Level-2 Model
$\pi_{0i} = \beta_{00} + \beta_{01}*(SLEEP_i) + r_{0i}$
$\pi_{1i} = \beta_{10} + \beta_{11}*(SLEEP_i) + r_{1i}$

ZEIT has been centered around the group mean.
SLEEP has been centered around the grand mean.

Mixed Model $PAQ_{ti} = \beta_{00} + \beta_{01}*SLEEP_i + \beta_{10}*ZEIT_{ti} + \beta_{11}*SLEEP_i*ZEIT_{ti} + r_{0i} + r_{1i}*ZEIT_{ti} + e_{ti}$

Final estimation of fixed effects (with robust standard errors)

Fixed Effect	Coefficient	Standard error	t-ratio	Approx. d.f.	p-value
For INTRCPT1, π_0					
INTRCPT2, β_{00}	5.325366	0.140814	37.818	32	<0.001
SLEEP, β_{01}	-0.001186	0.002889	-0.411	32	0.684
For ZEIT slope, π_1					
INTRCPT2, β_{10}	0.000225	0.000410	0.550	32	0.586
SLEEP, β_{11}	-0.000024	0.000007	-3.435	32	0.002

Statistics for current covariance components model
Deviance = 34171.899360
Number of estimated parameters = 4

Variance-Covariance components test
χ^2 statistic = 1587.76981
Degrees of freedom = 2
p-value = <0.001

Übersicht zu den Konstanten und Koeffizienten der Hierarchisch Linearen Modelle für die Regressionsgleichung PAQ für die Arbeitsplätze Schwungscheibe und Ausgleich

$PAQ_{ti} = \beta_{00} + \beta_{01}*AGE_i + \beta_{10}*ZEIT_{ti} + \beta_{11}*AGE_i*ZEIT_{ti}$

Modell	Bereich	t in min	Konstanten und Koeffizienten			
			β_{00}	β_{01}	β_{10}	β_{11}
Alter	AP Schwungscheibe	0 < t < 240	5,331385	0,027689	0,000497	0,000061
Alter	AP Ausgleich	250 < t < 480	5,352397	0,041437	0,000537	-0,000084
Alter	AP Schwung_Ausgleich	0 < t < 480	5,325368	0,033606	0,000227	0,000045

Test auf Normalverteilung PAQ am AP Tag B

	Kolmogorov-Smirnov[a]		
Tests auf Normalverteilung	Statistik	df	Signifikanz
PAQ AP Ausgleich_Schwung	,061	12238	,000

Tests auf Normalverteilung	Probandenschlüssel	Kolmogorov-Smirnovb			Shapiro-Wilk		
		Statistik	df	Signifikanz	Statistik	df	Signifikanz
PAQ AP Ausgleich_Schwung	B03M3	,077	333	,000	,967	333	,000
	B05A3	,085	305	,000	,963	305	,000
	B08S1	,135	346	,000	,905	346	,000
	E05G6	,063	290	,007	,963	290	,000
	F05C7	,098	366	,000	,930	366	,000
	F05M1	,060	384	,002	,984	384	,000
	F07A2	,091	378	,000	,946	378	,000
	F07S1	,058	262	,031	,982	262	,002
	F11C3	,061	383	,002	,971	383	,000
	G04I1	,041	353	,200*	,975	353	,000
	G05R1	,112	361	,000	,925	361	,000
	G09K4	,037	347	,200*	,985	347	,001
	G11A2	,065	375	,001	,971	375	,000
	H06B5	,078	281	,000	,963	281	,000
	H11A2	,044	330	,200*	,985	330	,002
	H12S1	,096	340	,000	,960	340	,000
	I11R1	,096	383	,000	,937	383	,000
	K07N5	,066	300	,003	,962	300	,000
	K12R3	,058	354	,007	,970	354	,000
	M01F6	,072	340	,000	,961	340	,000
	M01L1	,078	359	,000	,950	359	,000
	M04H4	,048	375	,039	,982	375	,000
	M09I1	,027	377	,200*	,995	377	,277
	N02H1	,061	360	,002	,980	360	,000
	N15A2	,054	375	,012	,975	375	,000
	O05E2	,092	335	,000	,963	335	,000
	O11R3	,051	302	,059	,981	302	,001
	P09R1	,036	340	,200*	,994	340	,234
	R10G1	,034	306	,200*	,991	306	,052
	S05U1	,092	404	,000	,957	404	,000
	S11H1	,105	361	,000	,920	361	,000
	T04A2	,052	401	,011	,980	401	,000
	W01R6	,060	346	,005	,982	346	,000
	W06G8	,065	400	,000	,965	400	,000
	W07E5	,085	386	,000	,963	386	,000

*. Dies ist eine untere Grenze der echten Signifikanz.

Hierarchisch Lineare Modelle PAQ am AP Block 12 Tag B (= Ausgleich)

Nullmodell

Final estimation of variance components

Random Effect	Standard Deviation	Variance Component	d.f.	χ^2	p-value
INTRCPT1, r_0	0.86404	0.74657	32	5039.90590	<0.001
level-1, e	0.94562	0.89420			

Statistics for current covariance components model
Deviance = 16093.997119
Number of estimated parameters = 2

Random Coefficients

Final estimation of variance components

Random Effect	Standard Deviation	Variance Component	d.f.	χ^2	p-value
INTRCPT1, r_0	0.86412	0.74670	32	5181.29378	<0.001
ZEIT slope, r_1	0.00221	0.00000	32	189.29617	<0.001
level-1, e	0.93263	0.86980			

Modell 1 – Alter

The maximum number of level-1 units = 5843
The maximum number of level-2 units = 33
The maximum number of iterations = 100
Method of estimation: restricted maximum likelihood

The outcome variable is PAQ

Summary of the model specified
Level-1 Model
$PAQ_{ti} = \pi_{0i} + \pi_{1i}*(ZEIT_{ti}) + e_{ti}$
Level-2 Model
$\pi_{0i} = \beta_{00} + \beta_{01}*(AGE_i) + r_{0i}$
$\pi_{1i} = \beta_{10} + \beta_{11}*(AGE_i) + r_{1i}$

ZEIT has been centered around the group mean.
AGE has been centered around the grand mean.

Mixed Model $PAQ_{ti} = \beta_{00} + \beta_{01}*AGE_i + \beta_{10}*ZEIT_{ti} + \beta_{11}*AGE_i*ZEIT_{ti} + r_{0i} + r_{1i}*ZEIT_{ti} + e_{ti}$

Final estimation of fixed effects (with robust standard errors)

Fixed Effect	Coefficient	Standard error	t-ratio	Approx. d.f.	p-value
For INTRCPT1, π_0					
INTRCPT2, β_{00}	5.289345	0.140288	37.704	31	<0.001
AGE, β_{01}	0.024606	0.012865	1.913	31	0.065
For ZEIT slope, π_1					
INTRCPT2, β_{10}	-0.000354	0.000411	-0.860	31	0.397
AGE, β_{11}	0.000039	0.000028	1.364	31	0.183

Statistics for current covariance components model
Deviance = 16022.443770
Number of estimated parameters = 4

Variance-Covariance components test
χ^2 statistic = 71.55335
Degrees of freedom = 2
p-value = <0.001

Modell 2 – Zigaretten pro Tag

The maximum number of level-1 units = 5843
The maximum number of level-2 units = 33
The maximum number of iterations = 100
Method of estimation: restricted maximum likelihood

The outcome variable is PAQ

Summary of the model specified
Level-1 Model
$PAQ_{ti} = \pi_{0i} + \pi_{1i}*(ZEIT_{ti}) + e_{ti}$
Level-2 Model
$\pi_{0i} = \beta_{00} + \beta_{01}*(ZIG\_TAG_i) + r_{0i}$
$\pi_{1i} = \beta_{10} + \beta_{11}*(ZIG\_TAG_i) + r_{1i}$

ZEIT has been centered around the group mean.
ZIG_TAG has been centered around the grand mean.

Mixed Model $PAQ_{ti} = \beta_{00} + \beta_{01}*ZIG\_TAG_i + \beta_{10}*ZEIT_{ti} + \beta_{11}*ZIG\_TAG_i*ZEIT_{ti} + r_{0i} + r_{1i}*ZEIT_{ti} + e_{ti}$

Final estimation of fixed effects (with robust standard errors)

Fixed Effect	Coefficient	Standard error	*t*-ratio	Approx. d.f.	*p*-value
For INTRCPT1, π_0					
INTRCPT2, β_{00}	5.289439	0.144645	36.568	31	<0.001
ZIG_TAG, β_{01}	0.025721	0.016245	1.583	31	0.124
For ZEIT slope, π_1					
INTRCPT2, β_{10}	-0.000351	0.000417	-0.843	31	0.406
ZIG_TAG, β_{11}	0.000024	0.000056	0.436	31	0.666

Statistics for current covariance components model
Deviance = 16023.707500
Number of estimated parameters = 4

Variance-Covariance components test
χ^2 statistic = 70.28962
Degrees of freedom = 2
p-value = <0.001

Modell 3 – BMI

The maximum number of level-1 units = 5843
The maximum number of level-2 units = 33
The maximum number of iterations = 100
Method of estimation: restricted maximum likelihood

The outcome variable is PAQ

Summary of the model specified
Level-1 Model
$PAQ_{ti} = \pi_{0i} + \pi_{1i}*(ZEIT_{ti}) + e_{ti}$
Level-2 Model
$\pi_{0i} = \beta_{00} + \beta_{01}*(BMI_i) + r_{0i}$
$\pi_{1i} = \beta_{10} + \beta_{11}*(BMI_i) + r_{1i}$

ZEIT has been centered around the group mean.
BMI has been centered around the grand mean.

Mixed Model $PAQ_{ti} = \beta_{00} + \beta_{01}*BMI_i + \beta_{10}*ZEIT_{ti} + \beta_{11}*BMI_i*ZEIT_{ti} + r_{0i} + r_{1i}*ZEIT_{ti} + e_{ti}$

Final estimation of fixed effects (with robust standard errors)

Fixed Effect	Coefficient	Standard error	t-ratio	Approx. d.f.	p-value
For INTRCPT1, π_0					
INTRCPT2, β_{00}	5.289360	0.140670	37.601	31	<0.001
BMI, β_{01}	0.062928	0.031582	1.993	31	0.055
For ZEIT slope, π_1					
INTRCPT2, β_{10}	-0.000352	0.000417	-0.843	31	0.406
BMI, β_{11}	-0.000050	0.000071	-0.704	31	0.487

Statistics for current covariance components model
Deviance = 16019.677884
Number of estimated parameters = 4

Variance-Covariance components test
χ^2 statistic = 74.31923
Degrees of freedom = 2
p-value = <0.001

Modell 4 – Sleep

The maximum number of level-1 units = 5843
The maximum number of level-2 units = 33
The maximum number of iterations = 100
Method of estimation: restricted maximum likelihood

The outcome variable is PAQ

Summary of the model specified
Level-1 Model
$PAQ_{ti} = \pi_{0i} + \pi_{1i}*(ZEIT_{ti}) + e_{ti}$
Level-2 Model
$\pi_{0i} = \beta_{00} + \beta_{01}*(SLEEP_i) + r_{0i}$
$\pi_{1i} = \beta_{10} + \beta_{11}*(SLEEP_i) + r_{1i}$

ZEIT has been centered around the group mean.
SLEEP has been centered around the grand mean.

Mixed Model $PAQ_{ti} = \beta_{00} + \beta_{01}*SLEEP_i + \beta_{10}*ZEIT_{ti} + \beta_{11}*SLEEP_i*ZEIT_{ti} + r_{0i} + r_{1i}*ZEIT_{ti} + e_{ti}$

Final estimation of fixed effects (with robust standard errors)

Fixed Effect	Coefficient	Standard error	t-ratio	Approx. d.f.	p-value
For INTRCPT1, π_0					
INTRCPT2, β_{00}	5.289377	0.148092	35.717	31	<0.001
SLEEP, β_{01}	-0.001205	0.001591	-0.757	31	0.455
For ZEIT slope, π_1					
INTRCPT2, β_{10}	-0.000354	0.000417	-0.849	31	0.402
SLEEP, β_{11}	-0.000001	0.000009	-0.119	31	0.906

Statistics for current covariance components model
Deviance = 16033.616802
Number of estimated parameters = 4

Variance-Covariance components test
χ^2 statistic = 60.38032
Degrees of freedom = 2
p-value = <0.001

Modell 5 – Alter, Zig_Tag

The maximum number of level-1 units = 5843
The maximum number of level-2 units = 33
The maximum number of iterations = 100
Method of estimation: restricted maximum likelihood

The outcome variable is PAQ

Summary of the model specified
Level-1 Model
$PAQ_{ti} = \pi_{0i} + \pi_{1i}*(ZEIT_{ti}) + e_{ti}$
Level-2 Model
$\pi_{0i} = \beta_{00} + \beta_{01}*(AGE_i) + \beta_{02}*(ZIG\_TAG_i) + r_{0i}$
$\pi_{1i} = \beta_{10} + \beta_{11}*(AGE_i) + \beta_{12}*(ZIG\_TAG_i) + r_{1i}$

ZEIT has been centered around the group mean.
AGE ZIG_TAG have been centered around the grand mean.

Mixed Model $PAQ_{ti} = \beta_{00} + \beta_{01}*AGE_i + \beta_{02}*ZIG\_TAG_i + \beta_{10}*ZEIT_{ti} + \beta_{11}*AGE_i*ZEIT_{ti} + \beta_{12}*ZIG\_TAG_i*ZEIT_{ti} + r_{0i} + r_{1i}*ZEIT_{ti} + e_{ti}$

Final estimation of fixed effects (with robust standard errors)

Fixed Effect	Coefficient	Standard error	t-ratio	Approx. d.f.	p-value
For INTRCPT1, π_0					
INTRCPT2, β_{00}	5.289375	0.137954	38.342	30	<0.001
AGE, β_{01}	0.022181	0.013436	1.651	30	0.109
ZIG_TAG, β_{02}	0.019529	0.016543	1.181	30	0.247
For ZEIT slope, π_1					
INTRCPT2, β_{10}	-0.000352	0.000411	-0.856	30	0.399
AGE, β_{11}	0.000037	0.000028	1.290	30	0.207
ZIG_TAG, β_{12}	0.000014	0.000054	0.253	30	0.802

Statistics for current covariance components model
Deviance = 16045.082866
Number of estimated parameters = 4

Variance-Covariance components test
χ^2 statistic = 48.91425
Degrees of freedom = 2
p-value = <0.001

Modell 6 – Alter, BMI

The maximum number of level-1 units = 5843
The maximum number of level-2 units = 33
The maximum number of iterations = 100
Method of estimation: restricted maximum likelihood

The outcome variable is PAQ

Summary of the model specified
Level-1 Model
$PAQ_{ti} = \pi_{0i} + \pi_{1i}*(ZEIT_{ti}) + e_{ti}$
Level-2 Model
$\pi_{0i} = \beta_{00} + \beta_{01}*(AGE_i) + \beta_{02}*(BMI_i) + r_{0i}$
$\pi_{1i} = \beta_{10} + \beta_{11}*(AGE_i) + \beta_{12}*(BMI_i) + r_{1i}$

ZEIT has been centered around the group mean.
AGE BMI have been centered around the grand mean.

Mixed Model $PAQ_{ti} = \beta_{00} + \beta_{01}*AGE_i + \beta_{02}*BMI_i + \beta_{10}*ZEIT_{ti} + \beta_{11}*AGE_i*ZEIT_{ti} + \beta_{12}*BMI_i*ZEIT_{ti} + r_{0i} + r_{1i}*ZEIT_{ti} + e_{ti}$

Final estimation of fixed effects (with robust standard errors)

Fixed Effect	Coefficient	Standard error	t-ratio	Approx. d.f.	p-value
For INTRCPT1, π_0					
INTRCPT2, β_{00}	5.289331	0.138094	38.302	30	<0.001
AGE, β_{01}	0.016207	0.016093	1.007	30	0.322
BMI, β_{02}	0.039186	0.039887	0.982	30	0.334
For ZEIT slope, π_1					
INTRCPT2, β_{10}	-0.000351	0.000400	-0.876	30	0.388
AGE, β_{11}	0.000071	0.000037	1.942	30	0.062
BMI, β_{12}	-0.000155	0.000097	-1.588	30	0.123

Statistics for current covariance components model
Deviance = 16040.713251
Number of estimated parameters = 4

Variance-Covariance components test
χ^2 statistic = 53.28387
Degrees of freedom = 2
p-value = <0.001

Hierarchisch Lineare Modelle PAQ am AP Block 34 Tag B (= Schwungscheibe)

Nullmodell

Final estimation of variance components

Random Effect	Standard Deviation	Variance Component	d.f.	χ^2	p-value
INTRCPT1, r_0	0.95279	0.90781	32	6026.58280	<0.001
level-1, e	0.96197	0.92539			

Statistics for current covariance components model
Deviance = 15939.680000
Number of estimated parameters = 2

Random Coefficients

Final estimation of variance components

Random Effect	Standard Deviation	Variance Component	d.f.	χ^2	p-value
INTRCPT1, r_0	0.95291	0.90803	32	6503.33898	<0.001
ZEIT slope, r_1	0.00349	0.00001	32	421.61966	<0.001
level-1, e	0.92604	0.85755			

Modell 1 – Alter

The maximum number of level-1 units = 5713
The maximum number of level-2 units = 33
The maximum number of iterations = 100
Method of estimation: restricted maximum likelihood

The outcome variable is PAQ

Summary of the model specified
Level-1 Model
$PAQ_{ti} = \pi_{0i} + \pi_{1i}*(ZEIT_{ti}) + e_{ti}$
Level-2 Model
$\pi_{0i} = \beta_{00} + \beta_{01}*(AGE_i) + r_{0i}$
$\pi_{1i} = \beta_{10} + \beta_{11}*(AGE_i) + r_{1i}$

ZEIT has been centered around the group mean.
AGE has been centered around the grand mean.

Mixed Model $PAQ_{ti} = \beta_{00} + \beta_{01}{*}AGE_i + \beta_{10}{*}ZEIT_{ti} + \beta_{11}{*}AGE_i{*}ZEIT_{ti} + r_{0i} + r_{1i}{*}ZEIT_{ti} + e_{ti}$

Final estimation of fixed effects (with robust standard errors)

Fixed Effect	Coefficient	Standard error	t-ratio	Approx. d.f.	p-value
For INTRCPT1, π_0					
INTRCPT2, β_{00}	5.199772	0.153255	33.929	31	<0.001
AGE, β_{01}	0.029011	0.014446	2.008	31	0.044
For ZEIT slope, π_1					
INTRCPT2, β_{10}	0.001372	0.000588	2.332	31	0.026
AGE, β_{11}	0.000104	0.000055	1.899	31	0.067

Statistics for current covariance components model
Deviance = 15616.358368
Number of estimated parameters = 4

Variance-Covariance components test
χ^2 statistic = 323.32163
Degrees of freedom = 2
p-value = <0.001

Modell 2 – Zigaretten pro Tag

The maximum number of level-1 units = 5713
The maximum number of level-2 units = 33
The maximum number of iterations = 100
Method of estimation: restricted maximum likelihood

The outcome variable is PAQ

Summary of the model specified
Level-1 Model
$PAQ_{ti} = \pi_{0i} + \pi_{1i}{*}(ZEIT_{ti}) + e_{ti}$
Level-2 Model
$\pi_{0i} = \beta_{00} + \beta_{01}{*}(ZIG\_TAG_i) + r_{0i}$
$\pi_{1i} = \beta_{10} + \beta_{11}{*}(ZIG\_TAG_i) + r_{1i}$

ZEIT has been centered around the group mean.
ZIG_TAG has been centered around the grand mean.

Mixed Model $PAQ_{ti} = \beta_{00} + \beta_{01}{*}ZIG\_TAG_i + \beta_{10}{*}ZEIT_{ti} + \beta_{11}{*}ZIG\_TAG_i{*}ZEIT_{ti} + r_{0i} + r_{1i}{*}ZEIT_{ti} + e_{ti}$

Final estimation of fixed effects (with robust standard errors)

Fixed Effect	Coefficient	Standard error	t-ratio	Approx. d.f.	p-value
For INTRCPT1, π_0					
INTRCPT2, β_{00}	5.199916	0.160176	32.464	31	<0.001
ZIG_TAG, β_{01}	0.025817	0.016596	1.556	31	0.130
For ZEIT slope, π_1					
INTRCPT2, β_{10}	0.001389	0.000630	2.205	31	0.035
ZIG_TAG, β_{11}	0.000004	0.000090	0.046	31	0.963

Statistics for current covariance components model
Deviance = 15619.984307
Number of estimated parameters = 4

Variance-Covariance components test
χ^2 statistic = 319.69569
Degrees of freedom = 2
p-value = <0.001

Modell 3 – BMI

The maximum number of level-1 units = 5713
The maximum number of level-2 units = 33
The maximum number of iterations = 100
Method of estimation: restricted maximum likelihood

The outcome variable is PAQ

Summary of the model specified
Level-1 Model
$PAQ_{ti} = \pi_{0i} + \pi_{1i}*(ZEIT_{ti}) + e_{ti}$
Level-2 Model
$\pi_{0i} = \beta_{00} + \beta_{01}*(BMI_i) + r_{0i}$
$\pi_{1i} = \beta_{10} + \beta_{11}*(BMI_i) + r_{1i}$

ZEIT has been centered around the group mean.
BMI has been centered around the grand mean.

Mixed Model $PAQ_{ti} = \beta_{00} + \beta_{01}*BMI_i + \beta_{10}*ZEIT_{ti} + \beta_{11}*BMI_i*ZEIT_{ti} + r_{0i} + r_{1i}*ZEIT_{ti} + e_{ti}$

Final estimation of fixed effects (with robust standard errors)

Fixed Effect	Coefficient	Standard error	t-ratio	Approx. d.f.	p-value
For INTRCPT1, π_0					
INTRCPT2, β_{00}	5.199807	0.156659	33.192	31	<0.001
BMI, β_{01}	0.062673	0.053087	1.181	31	0.247
For ZEIT slope, π_1					
INTRCPT2, β_{10}	0.001390	0.000624	2.228	31	0.033
BMI, β_{11}	0.000044	0.000148	0.294	31	0.771

Statistics for current covariance components model
Deviance = 15616.430392
Number of estimated parameters = 4

Variance-Covariance components test
χ^2 statistic = 323.24961
Degrees of freedom = 2
p-value = <0.001

Modell 4 – Sleep

The maximum number of level-1 units = 5713
The maximum number of level-2 units = 33
The maximum number of iterations = 100
Method of estimation: restricted maximum likelihood

The outcome variable is PAQ

Summary of the model specified
Level-1 Model
$PAQ_{ti} = \pi_{0i} + \pi_{1i}*(ZEIT_{ti}) + e_{ti}$
Level-2 Model
$\pi_{0i} = \beta_{00} + \beta_{01}*(SLEEP_i) + r_{0i}$
$\pi_{1i} = \beta_{10} + \beta_{11}*(SLEEP_i) + r_{1i}$

ZEIT has been centered around the group mean.
SLEEP has been centered around the grand mean.

Mixed Model $PAQ_{ti} = \beta_{00} + \beta_{01}*SLEEP_i + \beta_{10}*ZEIT_{ti} + \beta_{11}*SLEEP_i*ZEIT_{ti} + r_{0i} + r_{1i}*ZEIT_{ti} + e_{ti}$

Final estimation of fixed effects (with robust standard errors)

Fixed Effect	Coefficient	Standard error	t-ratio	Approx. d.f.	p-value
For INTRCPT1, π_0					
INTRCPT2, β_{00}	5.199903	0.163393	31.825	31	<0.001
SLEEP, β_{01}	-0.001078	0.002069	-0.521	31	0.606
For ZEIT slope, π_1					
INTRCPT2, β_{10}	0.001397	0.000627	2.228	31	0.033
SLEEP, β_{11}	-0.000007	0.000009	-0.695	31	0.492

Statistics for current covariance components model
Deviance = 15629.226025
Number of estimated parameters = 4

Variance-Covariance components test
χ^2 statistic = 310.45398
Degrees of freedom = 2
p-value = <0.001

Modell 5 – Alter, Zig_Tag

The maximum number of level-1 units = 5713
The maximum number of level-2 units = 33
The maximum number of iterations = 100
Method of estimation: restricted maximum likelihood

The outcome variable is PAQ

Summary of the model specified
Level-1 Model
$PAQ_{ti} = \pi_{0i} + \pi_{1i}*(ZEIT_{ti}) + e_{ti}$
Level-2 Model
$\pi_{0i} = \beta_{00} + \beta_{01}*(AGE_i) + \beta_{02}*(ZIG\_TAG_i) + r_{0i}$
$\pi_{1i} = \beta_{10} + \beta_{11}*(AGE_i) + \beta_{12}*(ZIG\_TAG_i) + r_{1i}$

ZEIT has been centered around the group mean.
AGE ZIG_TAG have been centered around the grand mean.

Mixed Model $PAQ_{ti} = \beta_{00} + \beta_{01}*AGE_i + \beta_{02}*ZIG\_TAG_i + \beta_{10}*ZEIT_{ti} + \beta_{11}*AGE_i*ZEIT_{ti} + \beta_{12}*ZIG\_TAG_i*ZEIT_{ti} + r_{0i} + r_{1i}*ZEIT_{ti} + e_{ti}$

Final estimation of fixed effects (with robust standard errors)

Fixed Effect	Coefficient	Standard error	t-ratio	Approx. d.f.	p-value
For INTRCPT1, π_0					
INTRCPT2, β_{00}	5.199800	0.151363	34.353	30	<0.001
AGE, β_{01}	0.026731	0.015402	1.736	30	0.093
ZIG_TAG, β_{02}	0.018360	0.017911	1.025	30	0.314
For ZEIT slope, π_1					
INTRCPT2, β_{10}	0.001371	0.000589	2.326	30	0.027
AGE, β_{11}	0.000107	0.000052	2.044	30	0.050
ZIG_TAG, β_{12}	-0.000026	0.000075	-0.349	30	0.730

Statistics for current covariance components model
Deviance = 15638.307283
Number of estimated parameters = 4

Variance-Covariance components test
χ^2 statistic = 301.37272
Degrees of freedom = 2
p-value = <0.001

Modell 6 – Alter, BMI

The maximum number of level-1 units = 5713
The maximum number of level-2 units = 33
The maximum number of iterations = 100
Method of estimation: restricted maximum likelihood

The outcome variable is PAQ

Summary of the model specified
Level-1 Model
$PAQ_{ti} = \pi_{0i} + \pi_{1i}*(ZEIT_{ti}) + e_{ti}$
Level-2 Model
$\pi_{0i} = \beta_{00} + \beta_{01}*(AGE_i) + \beta_{02}*(BMI_i) + r_{0i}$
$\pi_{1i} = \beta_{10} + \beta_{11}*(AGE_i) + \beta_{12}*(BMI_i) + r_{1i}$

ZEIT has been centered around the group mean.
AGE BMI have been centered around the grand mean.

Mixed Model $PAQ_{ti} = \beta_{00} + \beta_{01}*AGE_i + \beta_{02}*BMI_i + \beta_{10}*ZEIT_{ti} + \beta_{11}*AGE_i*ZEIT_{ti} + \beta_{12}*BMI_i*ZEIT_{ti} + r_{0i} + r_{1i}*ZEIT_{ti} + e_{ti}$

Final estimation of fixed effects (with robust standard errors)

Fixed Effect	Coefficient	Standard error	t-ratio	Approx. d.f.	p-value
For INTRCPT1, π_0					
INTRCPT2, β_{00}	5.199755	0.152114	34.183	30	<0.001
AGE, β_{01}	0.022700	0.014751	1.539	30	0.134
BMI, β_{02}	0.029425	0.058133	0.506	30	0.616
For ZEIT slope, π_1					
INTRCPT2, β_{10}	0.001378	0.000581	2.374	30	0.024
AGE, β_{11}	0.000136	0.000067	2.021	30	0.052
BMI, β_{12}	-0.000152	0.000167	-0.907	30	0.372

Statistics for current covariance components model
Deviance = 15634.923033
Number of estimated parameters = 4

Variance-Covariance components test
χ^2 statistic = 304.75697
Degrees of freedom = 2
p-value = <0.001

Hierarchisch Lineare Modelle PAQ am AP Block 1234 Tag B (= Ausgleich_Schwungscheibe)

Nullmodell

Final estimation of variance components

Random Effect	Standard Deviation	Variance Component	d.f.	χ^2	p-value
INTRCPT1, r_0	0.86594	0.74986	32	8595.67529	<0.001
level-1, e	1.01060	1.02130			

Statistics for current covariance components model
Deviance = 33220.286778
Number of estimated parameters = 2

Random Coefficients

Final estimation of variance components

Random Effect	Standard Deviation	Variance Component	d.f.	χ^2	p-value
INTRCPT1, r_0	0.86610	0.75013	32	9537.93722	<0.001
ZEIT slope, r_1	0.00229	0.00001	32	1290.83713	<0.001
level-1, e	0.95938	0.92041			

Modell 1 – Alter

The maximum number of level-1 units = 11556
The maximum number of level-2 units = 33
The maximum number of iterations = 100
Method of estimation: restricted maximum likelihood

The outcome variable is PAQ

Summary of the model specified
Level-1 Model
$PAQ_{ti} = \pi_{0i} + \pi_{1i}*(ZEIT_{ti}) + e_{ti}$
Level-2 Model
$\pi_{0i} = \beta_{00} + \beta_{01}*(AGE_i) + r_{0i}$
$\pi_{1i} = \beta_{10} + \beta_{11}*(AGE_i) + r_{1i}$

ZEIT has been centered around the group mean.
AGE has been centered around the grand mean.

Mixed Model $PAQ_{ti} = \beta_{00} + \beta_{01}*AGE_i + \beta_{10}*ZEIT_{ti} + \beta_{11}*AGE_i*ZEIT_{ti} + r_{0i} + r_{1i}*ZEIT_{ti} + e_{ti}$

Final estimation of fixed effects (with robust standard errors)

Fixed Effect	Coefficient	Standard error	t-ratio	Approx. d.f.	p-value
For INTRCPT1, π_0					
INTRCPT2, β_{00}	5.263272	0.137529	38.270	31	<0.001
AGE, β_{01}	0.028417	0.012674	2.242	31	0.032
For ZEIT slope, π_1					
INTRCPT2, β_{10}	-0.000176	0.000392	-0.450	31	0.656
AGE, β_{11}	0.000031	0.000039	0.800	31	0.430

Statistics for current covariance components model
Deviance = 32175.680748
Number of estimated parameters = 4

Variance-Covariance components test
χ^2 statistic = 1044.60603
Degrees of freedom = 2
p-value = <0.001

Modell 2 – Zigaretten pro Tag

The maximum number of level-1 units = 11556
The maximum number of level-2 units = 33
The maximum number of iterations = 100
Method of estimation: restricted maximum likelihood

The outcome variable is PAQ

Summary of the model specified
Level-1 Model
$PAQ_{ti} = \pi_{0i} + \pi_{1i}*(ZEIT_{ti}) + e_{ti}$
Level-2 Model
$\pi_{0i} = \beta_{00} + \beta_{01}*(ZIG\_TAG_i) + r_{0i}$
$\pi_{1i} = \beta_{10} + \beta_{11}*(ZIG\_TAG_i) + r_{1i}$

ZEIT has been centered around the group mean.
ZIG_TAG has been centered around the grand mean.

Mixed Model $PAQ_{ti} = \beta_{00} + \beta_{01}*ZIG\_TAG_i + \beta_{10}*ZEIT_{ti} + \beta_{11}*ZIG\_TAG_i*ZEIT_{ti} + r_{0i} + r_{1i}*ZEIT_{ti} + e_{ti}$

Final estimation of fixed effects (with robust standard errors)

Fixed Effect	Coefficient	Standard error	*t*-ratio	Approx. d.f.	*p*-value
For INTRCPT1, π_0					
INTRCPT2, β_{00}	5.263337	0.145042	36.288	31	<0.001
ZIG_TAG, β_{01}	0.024774	0.015104	1.640	31	0.111
For ZEIT slope, π_1					
INTRCPT2, β_{10}	-0.000176	0.000397	-0.443	31	0.661
ZIG_TAG, β_{11}	0.000008	0.000048	0.156	31	0.877

Statistics for current covariance components model
Deviance = 32177.663752
Number of estimated parameters = 4

Variance-Covariance components test
χ^2 statistic = 1042.62303
Degrees of freedom = 2
p-value = <0.001

Modell 3 – BMI

The maximum number of level-1 units = 11556
The maximum number of level-2 units = 33
The maximum number of iterations = 100
Method of estimation: restricted maximum likelihood

The outcome variable is PAQ

Summary of the model specified
Level-1 Model
$PAQ_{ti} = \pi_{0i} + \pi_{1i}*(ZEIT_{ti}) + e_{ti}$
Level-2 Model
$\pi_{0i} = \beta_{00} + \beta_{01}*(BMI_i) + r_{0i}$
$\pi_{1i} = \beta_{10} + \beta_{11}*(BMI_i) + r_{1i}$

ZEIT has been centered around the group mean.
BMI has been centered around the grand mean.

Mixed Model $PAQ_{ti} = \beta_{00} + \beta_{01}*BMI_i + \beta_{10}*ZEIT_{ti} + \beta_{11}*BMI_i*ZEIT_{ti} + r_{0i} + r_{1i}*ZEIT_{ti} + e_{ti}$

Final estimation of fixed effects (with robust standard errors)

Fixed Effect	Coefficient	Standard error	*t*-ratio	Approx. d.f.	*p*-value
For INTRCPT1, π_0					
INTRCPT2, β_{00}	5.263275	0.139660	37.686	31	<0.001
BMI, β_{01}	0.067099	0.039297	1.708	31	0.098
For ZEIT slope, π_1					
INTRCPT2, β_{10}	-0.000176	0.000397	-0.443	31	0.661
BMI, β_{11}	0.000005	0.000146	0.037	31	0.971

Statistics for current covariance components model
Deviance = 32173.024604
Number of estimated parameters = 4

Variance-Covariance components test
χ^2 statistic = 1047.26217
Degrees of freedom = 2
p-value = <0.001

Modell 4 – Sleep

The maximum number of level-1 units = 11556

The maximum number of level-2 units = 33

The maximum number of iterations = 100

Method of estimation: restricted maximum likelihood

The outcome variable is PAQ

Summary of the model specified

Level-1 Model

$PAQ_{ti} = \pi_{0i} + \pi_{1i}*(ZEIT_{ti}) + e_{ti}$

Level-2 Model

$\pi_{0i} = \beta_{00} + \beta_{01}*(SLEEP_i) + r_{0i}$

$\pi_{1i} = \beta_{10} + \beta_{11}*(SLEEP_i) + r_{1i}$

ZEIT has been centered around the group mean.

SLEEP has been centered around the grand mean.

Mixed Model $PAQ_{ti} = \beta_{00} + \beta_{01}*SLEEP_i + \beta_{10}*ZEIT_{ti} + \beta_{11}*SLEEP_i*ZEIT_{ti} + r_{0i} + r_{1i}*ZEIT_{ti} + e_{ti}$

Final estimation of fixed effects (with robust standard errors)[1]

Fixed Effect	Coefficient	Standard error	t-ratio	Approx. d.f.	p-value
For INTRCPT1, π_0					
INTRCPT2, β_{00}	5.263320	0.148166	35.523	31	<0.001
SLEEP, β_{01}	-0.001228	0.001720	-0.714	31	0.481
For ZEIT slope, π_1					
INTRCPT2, β_{10}	-0.000176	0.000398	-0.443	31	0.661
SLEEP, β_{11}	0.000000	0.000005	0.069	31	0.945

Statistics for current covariance components model

Deviance = 32187.244700

Number of estimated parameters = 4

Variance-Covariance components test

χ^2 statistic = 1033.04208

Degrees of freedom = 2

p-value = <0.001

Model 5 – Alter, Zig_Tag

The maximum number of level-1 units = 11556

The maximum number of level-2 units = 33

The maximum number of iterations = 100

Method of estimation: restricted maximum likelihood

The outcome variable is PAQ

Summary of the model specified

Level-1 Model

$PAQ_{ti} = \pi_{0i} + \pi_{1i}*(ZEIT_{ti}) + e_{ti}$

Level-2 Model

$\pi_{0i} = \beta_{00} + \beta_{01}*(AGE_i) + \beta_{02}*(ZIG\_TAG_i) + r_{0i}$

$\pi_{1i} = \beta_{10} + \beta_{11}*(AGE_i) + \beta_{12}*(ZIG\_TAG_i) + r_1$

ZEIT has been centered around the group mean.

AGE ZIG_TAG have been centered around the grand mean.

Mixed Model $PAQ_{ti} = \beta_{00} + \beta_{01}*AGE_i + \beta_{02}*ZIG\_TAG_i + \beta_{10}*ZEIT_{ti} + \beta_{11}*AGE_i*ZEIT_{ti} + \beta_{12}*ZIG\_TAG_i*ZEIT_{ti} + r_{0i} + r_{1i}*ZEIT_{ti} + e_{ti}$

Final estimation of fixed effects (with robust standard errors)

Fixed Effect	Coefficient	Standard error	t-ratio	Approx. d.f.	p-value
For INTRCPT1, π_0					
INTRCPT2, β_{00}	5.263288	0.135628	38.807	30	<0.001
AGE, β_{01}	0.026251	0.013290	1.975	30	0.057
ZIG_TAG, β_{02}	0.017450	0.015435	1.131	30	0.267

For ZEIT slope, π_1					
INTRCPT2, β_{10}	-0.000176	0.000392	-0.450	30	0.656
AGE, β_{11}	0.000031	0.000043	0.724	30	0.475
ZIG_TAG, β_{12}	-0.000001	0.000055	-0.020	30	0.984

Statistics for current covariance components model
Deviance = 32198.720242
Number of estimated parameters = 4

Variance-Covariance components test
χ^2 statistic = 1021.56654
Degrees of freedom = 2
p-value = <0.001

Übersicht zu den Konstanten und Koeffizienten der Hierarchisch Linearen Modelle für die Regressionsgleichung PAQ für die Arbeitsplätze Ausgleich und Schwungscheibe

$PAQ_{ti} = \beta_{00} + \beta_{01}*AGE_i + \beta_{10}*ZEIT_{ti} + \beta_{11}*AGE_i*ZEIT_{ti}$

Modell	Bereich	t in min	Konstanten und Koeffizienten			
			β_{00}	β_{01}	β_{10}	β_{11}
Alter	AP Ausgleich	0 < t < 240	5,289345	0,024606	-0,000354	0,000039
Alter	AP Schwungscheibe	250 < t < 480	5,199772	0,029011	0,001372	0,000104
Alter	AP Ausgleich_ Schwung	0 < t < 480	5,263272	0,028417	-0,000176	0,000031

Subjektive Einschätzung

	jung (bis 31) vs. mittel (34-42) vs. alt (ab 46)			Statistik	Standardfehler
Psychische Ermüdung Schwungscheibe Tag A	jung = 21 bis 31	Mittelwert		2,38462	,284565
		Standardabweichung		1,026015	
	mittel = 34 bis 42	Mittelwert		2,16667	,475595
		Standardabweichung		1,258306	
	alt = 46 bis 60	Mittelwert		2,00000	,220629
		Standardabweichung		,854493	
Sättigung/Stress Schwungscheibe Tag A	jung = 21 bis 31	Mittelwert		1,2821	,10572
		Standardabweichung		,38118	
	mittel = 34 bis 42	Mittelwert		1,5714	,32297
		Standardabweichung		,85449	
	alt = 46 bis 60	Mittelwert		1,8667	,28877
		Standardabweichung		1,11839	
Monotonie Schwungscheibe Tag A	jung = 21 bis 31	Mittelwert		2,7308	,30809
		Standardabweichung		1,11084	
	mittel = 34 bis 42	Mittelwert		1,8571	,34007
		Standardabweichung		,89974	
	alt = 46 bis 60	Mittelwert		2,5000	,34503
		Standardabweichung		1,33631	

Psychische Ermüdung Schwungscheibe Tag B	jung = 21 bis 31	Mittelwert	2,6410	,26811
		Standardabweichung	,96668	
	mittel = 34 bis 42	Mittelwert	2,4762	,37696
		Standardabweichung	,99735	
	alt = 46 bis 60	Mittelwert	2,1556	,22506
		Standardabweichung	,87166	
Sättigung/Stress Schwungscheibe Tag B	jung = 21 bis 31	Mittelwert	1,2949	,13628
		Standardabweichung	,49138	
	mittel = 34 bis 42	Mittelwert	1,2381	,14019
		Standardabweichung	,37090	
	alt = 46 bis 60	Mittelwert	1,6889	,28446
		Standardabweichung	1,10171	
Monotonie Schwungscheibe Tag B	jung = 21 bis 31	Mittelwert	2,6538	,32711
		Standardabweichung	1,17942	
	mittel = 34 bis 42	Mittelwert	2,0000	,37796
		Standardabweichung	1,00000	
	alt = 46 bis 60	Mittelwert	2,4000	,34226
		Standardabweichung	1,32557	

		Alter	Psychische Ermüdung Schwung- scheibe Tag A	Sättigung/ Stress Schwung- scheibe Tag A	Monotonie Schwung- scheibe Tag A	Psychische Ermüdung Schwung- scheibe Tag B	Sättigung/ Stress Schwung- scheibe Tag B	Monotonie Schwung- scheibe Tag B
Alter	Korrelation nach Pearson	1	-,136	,329*	-,123	-,223	,229	-,162
	Signifikanz		,217	,027	,241	,099	,093	,176
	N	35	35	35	35	35	35	35

*. Die Korrelation ist auf dem Niveau von 0,05 signifikant. **. Die Korrelation ist auf dem Niveau von 0,01 signifikant.

		Alter	körperliche Anforderung Schwung- scheibe Tag A	Leistung Schwung- scheibe Tag A	Anstrengun g Schwung- scheibe Tag A	körperliche Anforderung Schwung- scheibe Tag B	Leistung Schwung- scheibe Tag B	Anstrengun g Schwung- scheibe Tag B
Alter	Korrelation nach Pearson	1	-,094	,099	,006	-,016	,233	-,034
	Signifikanz		,299	,289	,488	,464	,093	,425
	N	35	34	34	34	34	34	34

*. Die Korrelation ist auf dem Niveau von 0,05 signifikant. **. Die Korrelation ist auf dem Niveau von 0,01 signifikant.

		Alter	körperliche Anforderung Schwung-scheibe Tag A	Leistung Schwung-scheibe Tag A	Anstreng-ung Schwung-scheibe Tag A	körperliche Anforderung Schwung-scheibe Tag B	Leistung Schwung-scheibe Tag B	Anstreng-ung Schwung-scheibe Tag B
Alter	Korrelation nach Pearson	1	-,134	,101	-,032	-,060	,201	-,074
	Signifikanz		,444	,563	,855	,732	,248	,672
	N	35	35	35	35	35	35	35

*. Die Korrelation ist auf dem Niveau von 0,05 signifikant. **. Die Korrelation ist auf dem Niveau von 0,01 signifikant.

Subjektive Einschätzung der Anforderung am Arbeitsplatz: Welcher Arbeitsplatz wird als anstrengender empfunden?

		Häufigkeit	Prozent	Gültige Prozente	Kumulierte Prozente
Gültig	niedriges Belastungsrisiko (100 bzw. A36)	10	14,3	28,6	28,6
	hohes Belastungsrisiko (140 bzw. B34)	22	31,4	62,9	91,4
	kein Unterschied	3	4,3	8,6	100,0
	Gesamt	35	50,0	100,0	
Fehlend	System	35	50,0		
Gesamt		70	100,0		

Deskriptive Statistik	jung (bis 31) vs. mittel (34-42) vs. alt (ab 46)		Statistik	Standardfehler
körperliche Anforderung Schwungscheibe Tag A	jung = 21 bis 31	Mittelwert	11,31	1,298
		Standardabweichung	4,679	
	mittel = 34 bis 42	Mittelwert	13,57	1,950
		Standardabweichung	5,159	
	alt = 46 bis 60	Mittelwert	9,13	1,362
		Standardabweichung	5,276	
Leistung Schwungscheibe Tag A	jung = 21 bis 31	Mittelwert	4,46	,882
		Standardabweichung	3,178	
	mittel = 34 bis 42	Mittelwert	9,29	2,222
		Standardabweichung	5,880	
	alt = 46 bis 60	Mittelwert	6,67	1,022
		Standardabweichung	3,958	
Anstrengung Schwungscheibe Tag A	jung = 21 bis 31	Mittelwert	10,08	1,448
		Standardabweichung	5,220	
	mittel = 34 bis 42	Mittelwert	11,57	3,337
		Standardabweichung	8,829	
	alt = 46 bis 60	Mittelwert	9,80	1,391
		Standardabweichung	5,388	

körperliche Anforderung Schwungscheibe Tag B	jung = 21 bis 31	Mittelwert	11,54	1,309
		Standardabweichung	4,719	
	mittel = 34 bis 42	Mittelwert	13,43	1,172
		Standardabweichung	3,101	
	alt = 46 bis 60	Mittelwert	10,00	1,746
		Standardabweichung	6,761	
Leistung Schwungscheibe Tag B	jung = 21 bis 31	Mittelwert	4,54	,903
		Standardabweichung	3,256	
	mittel = 34 bis 42	Mittelwert	6,86	2,029
		Standardabweichung	5,367	
	alt = 46 bis 60	Mittelwert	7,53	1,492
		Standardabweichung	5,780	
Anstrengung Schwungscheibe Tag B	jung = 21 bis 31	Mittelwert	10,69	1,389
		Standardabweichung	5,006	
	mittel = 34 bis 42	Mittelwert	11,71	1,629
		Standardabweichung	4,309	
	alt = 46 bis 60	Mittelwert	9,33	1,582
		Standardabweichung	6,126	

Printed in the United States
By Bookmasters